LEÇONS

DE

PHYSIOLOGIE

EXPÉRIMENTALE

APPLIQUÉE A LA MÉDECINE

TOME II

OUVRAGES DE M. CL. BERNARD

CHEZ LES MÊMES LIBRAIRES

Recherches expérimentales sur les fonctions du nerf spinal ou accessoire de Willis (*Mémoires présentés par divers savants étrangers à l'Académie des Sciences.* Paris, 1851, tome XI.)

Nouvelle fonction du foie, considéré comme organe producteur de matière sucrée chez l'homme et chez les animaux. Paris, 1853. In-4 de 94 pages.

Mémoire sur le pancréas et sur le rôle du suc pancréatique dans les phénomènes digestifs, particulièrement dans la digestion des matières grasses neutres. Paris, 1856, in-4 de 190 pages, avec 9 planches gravées, en partie coloriées. 12 fr.

Leçons de physiologie expérimentale appliquée à la médecine, faites au Collége de France. Semestre d'hiver, 1854-1855. 1 vol. in-8, avec 22 figures intercalées dans le texte. 7 fr.

SOUS PRESSE :

Leçons sur les effets des substances toxiques et médicamenteuses. Paris, 1857. 1 vol. in-8, avec figures intercalées dans le texte. 7 fr.

Leçons sur la physiologie et la pathologie du système nerveux. Paris, 1858. 2 vol. in-8, avec figures intercalées dans le texte. 14 fr.

Leçons sur les propriétés physiologiques et les altérations pathologiques des liquides de l'organisme. Paris, 1859. 2 vol. in-8, avec figures. 14 fr.

Principes de médecine expérimentale, ou de l'expérimentation appliquée à la physiologie, à la pathologie et à la thérapeutique. 2 vol. grand in-8, avec figures intercalées dans le texte.

CORBEIL. — TYP. ET STÉR. DE CRÉTÉ.

LEÇONS

DE

PHYSIOLOGIE

EXPÉRIMENTALE

APPLIQUÉE A LA MÉDECINE

FAITES AU COLLÉGE DE FRANCE

PAR

M. Claude BERNARD

Membre de l'Institut de France,
Professeur suppléant de M. Magendie au Collége de France,
Professeur de physiologie générale à la Faculté des Sciences,
Membre des Sociétés de Biologie, philomatique de Paris,
Correspondant de l'Académie de médecine de Turin, des Sociétés médicales
et des sciences naturelles de Lyon, de Suisse, de Vienne, etc.

TOME II

COURS DU SEMESTRE D'ÉTÉ 1855

Avec 78 figures intercalées dans le texte.

PARIS

J. B. BAILLIÈRE et FILS,

LIBRAIRES DE L'ACADÉMIE IMPÉRIALE DE MÉDECINE,

Rue Hautefeuille, 19

Londres	Madrid	New-York
HIPPOLYTE BAILLIÈRE	C. BAILLY-BAILLIÈRE	BAILLIÈRE BROTHERS

LEIPZIG, E. JUNG-TREUTTEL, QUERSTRASSE, 10

1856

1865

AVANT-PROPOS

J'offre au public le second volume de mes Leçons faites au Collége de France. Elles ont été dictées dans le même esprit que les premières, et sont destinées à tenir les médecins et les physiologistes qui s'intéressent aux progrès de la science au courant des questions nouvelles qui ne peuvent surgir et bien se développer qu'en dehors de l'enseignement régulier des Facultés.

En effet, on peut concevoir, comme je le disais dans le premier volume de ces leçons, deux sortes d'enseignements. L'un est dogmatique ; il donne aux élèves l'ensemble des notions positives et applicables que la science possède, et il les rattache au moyen de ces liens que l'on nomme des théories, dont l'effet est de dissimuler, autant que possible, les points obscurs et controversés qui troubleraient sans profit l'esprit de l'élève qui débute. Lorsqu'on sort de semblables Cours, on pourrait croire que la science est finie et qu'il ne reste plus qu'à étendre et à généraliser les principes qui lui servent de base. Mais nous sommes, en médecine et en physiologie,

loin d'un semblable état de choses. Toutes ces théories que l'on développe ne peuvent que marquer
des états temporaires de la science ; au lieu d'être
solides et bien établies, telles que l'enseignement
systématique peut les présenter, elles sont le plus
souvent très-chancelantes et croulent lorsqu'on soumet au criterium d'une expérimentation rigoureuse
les faits sur lesquels on les édifie.

Pour l'homme qui veut entrer réellement dans
la science, il faut donc qu'il y ait un autre enseignement pour ainsi dire opposé au précédent, et qui,
au lieu de présenter la science comme toute faite,
dans un cadre régulier et avec des arguments choi-
sis pour la simplifier, la montre, au contraire, dans
ses incertitudes et sa complexité, en signalant les
points obscurs ou douteux vers la solution desquels
les travaux de l'avenir doivent être dirigés. Un semblable cours devra être fait en dehors de toute préoc-
cupation systématique. Son unique objet sera de
tenir la science dans la voie du progrès en montrant
tout ce qui reste à étudier, afin de faire naître dans
l'esprit des jeunes savants le désir des découvertes,
qu'en raison même de sa nature et de son but,
l'enseignement dogmatique ne saurait éveiller.

En effet, lorsqu'on a une théorie et qu'on la croit
complète, l'esprit se repose dans sa généralisation ;
mais, lorsqu'au contraire on vient à indiquer le
désaccord entre certains résultats et les théories

régnantes, l'esprit fait des efforts pour chercher la vérité, et c'est ainsi que prennent naissance les travaux de recherches qui feront faire à la science de nouveaux progrès.

Cet enseignement, tel que je le comprends ici, me semble offrir encore un autre avantage incontestable, celui de montrer aux jeunes gens les difficultés particulières que présente l'expérimentation physiologique, lorsqu'on veut l'appliquer à la recherche de faits nouveaux ou à la solution des questions obscures ou indécises. L'expérimentation peut, en effet, être dirigée suivant deux méthodes en rapport avec deux buts bien différents : dans un cas, on institue l'expérience d'après une méthode arrêtée d'avance pour arriver à connaître les lois d'un phénomène dont la nature est déterminée clairement. Dans l'autre cas, au contraire, l'observateur se trouve comme plongé au milieu de phénomènes complexes et en apparence contradictoires ; il doit alors les élucider à l'aide d'un procédé de tâtonnements tout particulier. ou bien saisir la question de telle façon qu'il arrive à resserrer le nœud de la difficulté dans une seule expérience décisive. Les exemples qu'on rencontrera dans ces leçons sont plus spécialement relatifs à cette dernière méthode d'investigation expérimentale.

Toutefois, si, dans ce second volume, la méthode suivie est la même que dans le premier, le sujet qui y est traité est tout à fait différent. Je me suis particulièrement appliqué à faire ressortir les rapports que l'anatomie et la physiologie peuvent avoir dans leurs progrès respectifs, en prenant pour exemple l'anatomie et la physiologie des principales glandes qui déversent leurs produits de sécrétion dans l'appareil digestif. Les idées générales qui m'ont guidé dans cette comparaison se trouvent développées dans la première leçon qui sert en quelque sorte d'introduction au volume.

Après ce qui précède on ne saurait demander à ces leçons les qualités d'ordre et de suite qu'on est en droit d'exiger d'un traité dogmatique, et on doit leur appliquer une critique d'une tout autre nature. Si elles ont éclairé quelques points obscurs de la science et si les faits nouveaux qu'elles contiennent deviennent le point de départ de recherches utiles aux progrès de la médecine et de la physiologie, elles auront atteint leur but.

Les leçons de ce second volume ont été recueillies sous mes yeux et rédigées, par mes élèves et amis, M. H. Lefèvre, licencié ès sciences naturelles, et M. le docteur A. Tripier.

Paris, 18 septembre 1856.

CLAUDE BERNARD.

LEÇONS

DE PHYSIOLOGIE

APPLIQUÉE

A LA MÉDECINE

PREMIÈRE LEÇON

2 MAI 1855.

SOMMAIRE : De ce qu'on appelle la déduction anatomique. — Elle est impossible. — Rôle de l'anatomie dans les recherches sur l'être vivant. — De l'induction anatomique. — Elle ne peut pas se séparer de l'expérimentation. — Du point de vue anatomique. — Du point de vue physiologique.

MESSIEURS,

Nous avons consacré le cours du dernier semestre (1) à vous exposer expérimentalement les divers phénomènes de la fonction glycogénique du foie, que l'investigation physiologique sur l'organisme vivant nous a fait découvrir.

Vous avez pu remarquer que dans nos recherches nous n'avons été guidé primitivement par aucune idée de localisation anatomique, et que ce n'était pas, par

(1) *Leçons de physiologie*, etc. Paris, 1855, 1 vol. in-8.

exemple, en nous demandant quelles pouvaient être les propriétés ou les fonctions du foie, que nous étions arrivé à cette découverte. Au contraire, dans notre manière de procéder, la localisation anatomique n'est arrivée qu'après coup et comme conséquence de l'investigation physiologique. Nous avons poursuivi un phénomène, celui des diverses mutations du sucre dans l'organisme animal, et nous sommes arrivé à trouver un fait physiologique qu'on ignorait entièrement, à savoir, que le foie fabrique incessamment cette substance chez l'homme et les animaux.

Vous avez pu voir ainsi que nos recherches ont toujours primitivement pour base et pour point de départ des observations ou des expériences faites sur l'être vivant, et que, dans nos investigations, la physique, la chimie, et même l'anatomie, n'étaient employées qu'à titre d'instruments ou de moyens destinés seulement à localiser et à expliquer *à posteriori* les phénomènes que l'expérimentation nous avait fait voir d'abord. Il y a là toute une question de méthode que je veux aborder devant vous, avant d'entrer dans l'objet du cours de ce second semestre.

On fait sans doute aujourd'hui beaucoup d'expériences sur les animaux vivants. Cependant on attache encore une grande importance à ce qu'on appelle la *déduction anatomique*, c'est-à-dire à la possibilité de découvrir les fonctions d'un organe par la seule inspection directe, ou armée du microscope, des différentes parties qui composent sa texture anatomique ou cadavérique.

Parmi les connaissances nombreuses que le physio‑
logiste doit posséder, l'anatomie se place sans contredit
au premier rang. On comprend, en effet, que l'investi‑
gation physiologique devienne absolument impossible
à celui qui ne connaîtra pas exactement toutes les
parties qui composent l'organisme, leurs rapports, leur
conformation, leur structure intime, etc. En un mot,
si l'on n'est pas un bon anatomiste, il est impossible
de devenir physiologiste. Mais de quelle manière l'ana‑
tomie est‑elle utile au physiologiste ? Et comment
doit‑elle intervenir dans la solution d'un problème
physiologique ? Ces questions dont on ne semble pas
avoir soupçonné l'existence, puisqu'on ne les a jamais
posées, sont cependant de la plus haute importance.

Les anatomistes, qui naturellement sont au point
de vue anatomique, croient généralement que la loca‑
lisation anatomique doit être le *point de départ* de toute
recherche physiologique, et que la fonction se déduit
ensuite en quelque sorte comme une conséquence de
la connaissance anatomique exacte des parties sur le
cadavre. Je crois, au contraire, que la localisation ana‑
tomique a été constamment le *point d'arrivée* ou la con‑
séquence de l'investigation physiologique expérimen‑
tale sur le vivant. Si l'on a cru qu'il en était autrement,
c'est qu'il a existé à ce sujet, pendant fort longtemps,
des illusions qui sont encore loin d'être dissipées, et sur
lesquelles je désire insister.

Messieurs, on a pensé, disions‑nous, que l'anatomie
d'un organe pouvait en donner la physiologie. Cette
idée date de très‑loin ; elle est, pour ainsi dire, aussi

vieille que l'anatomie ; elle se trouve indiquée dans le titre même de l'ouvrage de Galien *De usu partium*. La même pensée est encore exprimée par Haller, quand il définit la physiologie : *anatomia animata*. Enfin, cette tradition d'anatomie soi-disant physiologique se trouve encore aujourd'hui dans les thèses des Facultés, dans les sujets de concours toujours posés ainsi : *Anatomie*, *physiologie* d'un organe, comme si la seconde se déduisait de la première.

Cependant des exemples célèbres paraissent ne pas manquer pour montrer que cette voie est la bonne, et pour prouver que d'après la forme et la structure d'un organe ou d'un appareil, on doit nécessairement conclure à ses usages. C'est ainsi qu'on a pu dire : N'est-il pas évident, d'après leur forme, que la vessie, que l'estomac, sont des réservoirs ; que les veines et les artères sont des vaisseaux pour transporter les liquides ; que les os sont des leviers, etc. ? L'inspection des valvules veineuses n'a-t-elle pas suffi à Harvey pour lui indiquer dans quel sens se fait la circulation ? Donc, plus nous poursuivrons l'anatomie, disait-on, plus nous entrerons dans la connaissance de la physiologie, qui n'en est que la conséquence.

Le fait n'a pas confirmé cette espérance, car ces déductions ont été bientôt épuisées, et rien ne s'est plus ajouté à la science qui ne soit venu par une autre voie.

Mais, Messieurs, il faut encore ajouter que, si ces déductions anatomiques ont paru servir dans les cas cités plus haut, il y en a beaucoup d'autres dans lesquels on n'a pu tirer aucune espèce d'utilité.

A quoi ont servi, par exemple, les dissections les plus minutieuses du cerveau ou de la rate, du corps thyroïde, des capsules surrénales, etc. ? Sylvius, Varole, et tant d'autres, ont disséqué le cerveau, y ont attaché leur nom, mais ont-ils connu pour cela les propriétés ou les usages des parties qu'ils décrivaient ? Aucunement. Ces grands anatomistes ont-ils donné à ce sujet autre chose que des opinions, déduites des comparaisons les plus grossières, mais sans aucune espèce de valeur réelle ? Des anatomistes célèbres, les Meckel, ont disséqué le trijumeau ou nerf de la cinquième paire ; ils ont découvert ses ganglions, décrit ses anastomoses ; mais ont-ils pour cela soupçonné ses fonctions ? Pas le moins du monde. Il a fallu y arriver par une autre voie, par l'expérimentation. Ne connaît-on pas aujourd'hui très-exactement l'anatomie microscopique de la rate, du corps thyroïde, des capsules surrénales ? Connaît-on pour cela leurs fonctions ? Non, et on ne les saura jamais que par l'expérimentation. C'est en vain qu'on s'est flatté pendant un temps que les études microscopiques pourraient avancer la question, c'était encore une illusion ; car l'anatomie microscopique, comme l'anatomie descriptive, ne peut jamais montrer que des formes cadavériques. L'expérimentation peut seule apprendre quelque chose sur les propriétés des objets que l'anatomiste constate et décrit.

Mais pourquoi, dira-t-on, la seule inspection anatomique n'a-t-elle rien appris sur les propriétés des nerfs et du cerveau, et pourquoi est-ce par l'expérimentation seulement qu'on a pu aborder les fonctions de ces parties ; tandis que pour l'estomac, la vessie, les vaisseaux, les valvules, les os, etc., la seule inspection anatomique a suffi pour déduire les usages des organes sans qu'on ait eu besoin, pour ainsi dire, d'expérimentation sur le vivant ?

Dans les deux circonstances, Messieurs, l'observation et l'expérimentation ont été la source de nos connaissances, car nous n'acquérons jamais aucune notion dans nos sciences par une autre voie. Seulement, dans le second cas, on a été victime d'une illusion : on a cru inventer et découvrir, et l'on n'a fait qu'appliquer à l'anatomie des connaissances venues d'ailleurs. On a rapproché des formes analogues et l'on a induit des usages semblables. Ainsi on savait déjà, par des connaissances acquises expérimentalement dans les usages de la vie, ce que c'était qu'un réservoir, qu'un canal, qu'un levier, qu'une charnière, quand on a dit, par simple comparaison, que la vessie devait être un réservoir servant à contenir des liquides, que les artères et les veines étaient des canaux destinés à conduire des fluides, que les os et les articulations faisaient office de charpente, de charnières, de leviers, etc.

Ce qui prouve ce que je viens de dire, c'est que les choses ont été bien différentes quand on s'est trouvé en face de parties comme la rate, le cerveau, les fibres nerveuses, dont les formes n'avaient point leur représentant, en dehors de l'organisme, dans les produits de l'industrie humaine. Tous les efforts des anatomistes ont été impuissants pour dire à quoi pouvaient servir ces organes. Il n'y avait qu'un moyen d'y arriver, c'était de les voir fonctionner et d'analyser expérimentalement leurs phénomènes sur le vivant.

Et du reste, Messieurs, il suffit d'une comparaison
bien simple pour vous convaincre que l'observation des
organes à l'état cadavérique est absolument insuffisante
pour connaître leurs fonctions; celles-ci ne peuvent
être dévoilées que par l'observation ou l'expérimentation sur le vivant, lorsque les organes sont en fonction.

Si l'on entre, par exemple, dans un atelier où s'accomplit un travail dont les procédés sont inconnus, on
a beau en examiner les instruments, on ne saurait en
soupçonner l'usage, tant qu'on ne les a pas vus fonctionner. Alors, seulement quand on a vu en œuvre ces
diverses parties d'un mécanisme, on peut en comprendre
le jeu; les formes, les connexions s'expliquent alors, et
l'on met facilement en rapport les usages qui sont connus avec des formes qui avant n'étaient pour l'observateur que des particularités sans raison d'être et sans
but.

Un exemple se présente par hasard sous ma main.
Voici un petit instrument qui a été confectionné pour
un but particulier que personne ne devinerait jamais
d'après sa conformation, qui est d'ailleurs assez bizarre.
Cet instrument nous offre une petite pointe terminale
et deux petites ailes latérales tranchantes vers leurs parties inférieures, et qui se confondent supérieurement
avec la tige. Cette pointe que vous voyez est destinée à
blesser la moelle allongée, vers le plancher du quatrième ventricule, pour faire apparaître le sucre dans
l'urine des lapins. Quand on a regardé fonctionner l'in-

strument, on sait que la pointe et les ailes tranchantes sont destinées à agir sur des tissus différents qu'il faut traverser successivement, et l'on comprend très-bien la raison de la forme particulière de l'instrument dont l'examen, je le répète, n'aurait *à priori* jamais fait prévoir les usages.

Tout ceci, Messieurs, signifie une chose que personne ne contestera, c'est que les propriétés de la matière, qui n'en sont que les fonctions, ne sauraient nous être dévoilées que par l'observation et l'expérimentation. L'*induction* nous met sur la voie, quand nous trouvons dans ce que nous étudions des caractères communs avec des choses déjà connues expérimentalement. Mais, dans le cas contraire, la *déduction* est radicalement impossible. Il faut forcément recourir à l'observation et à l'expérimentation, et c'est justement pour cela qu'on a appelé ces sciences, *sciences expérimentales*. Comment l'intelligence seule, en effet, pourrait-elle arriver à découvrir des choses qui se réduisent à des questions de fait pur et simple que nos sens n'ont qu'à constater? La propriété d'un corps est telle, parce que l'observation et l'expérimentation ont prouvé à nos sens qu'elle était ainsi; et il n'y a aucune raison logique *à priori* pour qu'il en soit de cette façon plutôt qu'autrement. Mais une fois que nos sens ont constaté expérimentalement la *forme* et les *propriétés* de la matière, seulement alors le rôle du raisonnement commence; notre esprit établit entre la forme et les propriétés un rapport constant qui devient le point de départ de l'induction pour prédire la propriété d'après la forme, et *vice versá*.

En physiologie, les propriétés vitales de la matière vivante doivent être constatées directement par nos sens sur le vivant, et elles ne sauraient se déduire en aucune manière de la conformation de la matière morte. J'insiste, Messieurs, sur ces idées, afin que vous en soyez bien pénétrés, et que vous sachiez bien que toutes les fois qu'il vous tombera un tissu nouveau ou un organe inconnu sous les yeux, vous ne pourrez avoir des notions sur ses fonctions qu'en l'observant sur le vivant. En effet, nous savons que les glandes sécrètent, parce que nous les avons vues sécréter des liquides sur le vivant ; nous savons que les fibres musculaires se contractent, parce que nous les avons vues se contracter sur le vivant, etc. Ce n'est jamais l'inspection des parties sur le cadavre qui nous a appris cela.

Mais, disions-nous, une fois que l'expérimentation ou l'observation sur le vivant nous ont permis de constater expérimentalement par nos sens les propriétés d'un organe ou d'un tissu, nous établissons dans notre esprit un rapport qui est immuable entre la forme et les propriétés de la matière, et alors l'*induction anatomique* commence et peut rendre les plus grands services. C'est ainsi que, lorsque nous avons constaté que le tissu contractile musculaire est rouge, formé de fibres striées, etc., nous disons, toutes les fois que nous rencontrons ce tissu dans un organe, qu'il doit y avoir des mouvements contractiles. Quand nous rencontrons le tissu nerveux ou des fibres nerveuses, nous disons qu'il doit y avoir là du mouvement ou du sentiment, parce que nous savons par expérience que ces éléments anatomiques sont en rapport avec ces fonctions. C'est par cette induction anatomique que Bichat a établi ses systèmes. C'est en rapprochant les tissus anatomiques analogues et en concluant de l'analogie de forme à l'analogie de propriété et de fonction, qu'il a créé réellement l'anatomie générale.

Mais remarquez-le bien, Messieurs, l'induction anatomique ne vaut que par la physiologie, car ce n'est que, lorsque les rapports entre les formes et les propriétés vitales des tissus ou des organes nous sont expérimentalement connues, que nous en rapprochons d'autres dont la forme seule nous est connue pour en induire les propriétés, et *vice versâ*. Nous sommes d'autant plus portés à faire ce rapprochement que notre esprit a la certitude que ce rapport entre la forme de la matière et ses propriétés doit être rigoureux et absolu, car sans cela la science n'existerait pas. En effet, ainsi que nous l'avons dit plus haut, quoiqu'il n'y ait aucune raison logique appréciable à notre intelligence et nécessairement déductible *à priori* entre la nature d'un corps entièrement inconnu pour nous et le phénomène auquel il donnera lieu, cependant une fois que ce phénomène a été constaté par nos sens, expérimentalement il reste l'attribut de cette matière. Toutes les fois que nous aurons ce corps de nature identique dans des conditions semblables, nous admettons qu'il donnera lieu aux mêmes phénomènes, parce que nous avons scientifiquement conscience qu'il y a un rapport tellement nécessaire et constant entre l'identité de la matière et l'identité des phénomènes, que, l'un des deux nous étant connu, nous pouvons en induire l'autre. Le rapport doit être absolu et cette induction serait certaine si nous connaissions bien exactement tous les termes du rapport.

Mais dans les sciences qui s'occupent de la vie, les éléments de la matière et ceux des phénomènes sont si complexes, que souvent nous pouvons être trompés par l'apparence ou bien arrêtés par l'imperfection de nos moyens d'observation. Si dans tous ces cas l'induction anatomique est un fil conducteur que nous ne devons pas négliger, cependant nous ne pouvons jamais nous en contenter, et, quelque probable que paraisse le raisonnement inductif, il faut toujours que la preuve expérimentale vienne s'y ajouter pour permettre une conclusion rigoureuse et définitive. D'après une structure en apparence semblable, on a pu rapprocher des organes qui ont des fonctions très-différentes à certains égards. C'est ainsi qu'on a pu considérer le pancréas comme une glande salivaire, parce que la texture est identique pour les anatomistes dans les deux organes. Inversement, des formes histologiques différentes sont parfois en rapport avec des propriétés physiologiques semblables : par exemple, les fibres musculaires striées et non striées sont contractiles les unes et les autres, etc.

Ces exemples ne prouvent aucunement que l'induction anatomique soit vicieuse, car s'il y a à nos yeux une forme identique dans la composition des éléments anatomiques du pancréas et des glandes salivaires, et que cependant nous trouvions expérimentalement que ces organes donnent lieu à une sécrétion différente, nous ne devons pas en conclure que des tissus identiques donnent lieu à des actions physiologiques différentes ; ce serait une conclusion absurde qui mènerait à la négation de la science. Nous ne pouvons que conclure, dans ce cas, que les tissus ne sont pas identiques, quoiqu'ils nous le paraissent. Ces éléments anatomiques peuvent avoir la même forme histologique, mais la matière qui les constitue peut avoir des propriétés chimiques d'une autre nature, que l'anatomie ne nous révèle pas, et c'est ce qui a lieu, en effet, ainsi que nous le verrons dans ce cours. Quand il s'agit de conclure de l'identité de forme ou même de l'identité apparente de texture des éléments anatomiques à leur fonction, combien l'induction ne doit-elle pas être circonspecte si elle considère les exemples sans nombre de polymorphisme que nous offre le règne minéral, dans lequel nous voyons des corps de même composition chimique avoir des formes très-différentes, et des corps de même forme avoir des compositions très-diverses. Dans les composés de la chimie organique, ne voyons-nous pas des corps formés des mêmes éléments et dans les mêmes proportions avoir des propriétés essentiellement différentes qui ne sauraient être que la conséquence du mode de groupement de ces éléments? Aussi, dans les tissus qui constituent l'organisme animal, la composition chimique élémentaire, qu'il est très-important et indispensable de connaître au point de vue de la constitution statique de l'organisme, n'est-elle d'aucun secours pour faire découvrir les propriétés physiologiques. Les tissus musculaires, nerveux, cutanés, glandulaires, etc., ne sont-ils pas

tous composés d'oxygène, d'hydrogène, de carbone et
d'azote, avec une certaine quantité de substances minérales? La proportion de ces éléments ne saurait rendre compte en aucune façon des différences physiologiques si profondes qui existent entre ces divers tissus.
Tous les chimistes qui sont au courant des questions
physiologiques savent très-bien que les analyses élémentaires qui seraient entreprises à ce point de vue
n'auraient aucun sens. Ce serait à peu près, Messieurs,
comme si, voulant trouver la différence qui existe entre
deux genres de littérature très-divers, le tragique et le
comique, par exemple, on pensait y arriver en décomposant tous les mots qui forment une tragédie et une
comédie en leurs derniers éléments, qui sont les lettres
de l'alphabet, et qu'après avoir compté ces éléments,
on constatât qu'il y a plus d'a, de b ou de toute autre lettre
de l'alphabet dans la comédie que dans la tragédie.
Cette comparaison est même assez juste à différents
égards. En effet, les lettres ne sont rien par elles-
mêmes, elles ne signifient quelque chose que par leur
groupement sous telle ou telle forme qui donne un mot
de telle ou telle signification. Le mot lui-même est un
élément composé qui prend une signification spéciale
par son mode de groupement dans la phrase, et la
phrase, à son tour, doit concourir avec d'autres à
l'expression complète de l'idée totale du sujet. Dans les
matières organiques, il y a des éléments simples, communs, qui ne prennent une signification spéciale que
par leur mode de groupement. Ces premiers groupements se joignent, se combinent eux-mêmes ensuite,

pour former des groupements plus complexes, ou principes immédiats organiques, qui entrent dans la constitution du tissu, dont la propriété physiologique n'est
que la résultante de tous ces rapports divers des éléments chimiques bien plus que de leur nature elle-
même.

Tout ceci, Messieurs, doit vous prouver qu'il faut
connaître non-seulement les formes histologiques, mais
aussi la composition chimique et les propriétés physiques, pour que l'induction anatomo-physiologique soit
convenablement établie. Mais même avec ces connaissances, on n'est pas sûr de tout posséder. La règle in-
variable est donc de se guider par l'induction, mais de
ne jamais conclure qu'après que l'expérience aura
prononcé. Ceci revient à dire, en d'autres termes, que
l'induction anatomique, qui consiste à déterminer
les fonctions d'un organe, d'après des considérations
de forme, de structure, etc., n'est jamais pure aujour-
d'hui. Elle s'accompagne toujours de l'expérimentation,
qui non-seulement lui sert de point de départ et de
base, ainsi que nous l'avons dit, mais qui aussi doit
toujours la suivre. Si l'induction pouvait prendre un
caractère absolu et se passer de la confirmation expérimentale, ce serait alors une *déduction* ; celle-ci, avons-
nous dit, est impossible dans notre science.

Mais, Messieurs, quittons ce terrain un peu trop
philosophique sur lequel nous nous sommes laissé entraîner, et revenons à des questions plus pratiques. Je
veux vous entretenir encore du point de vue auquel il
faut, suivant moi, se placer pour se livrer avec fruit à

l'investigation physiologique. J'ai dit, au commencement de cette leçon, queles anciens s'étaient toujours mis au point de vue que j'appellerai *anatomique* ou *organique*, c'est-à-dire qu'ils cherchaient la solution d'un problème physiologique d'après un cadre anatomique préalablement tracé. J'ai ajouté que la méthode inverse me paraissait préférable. Ici je veux parler du point de vue *physiologique* ou *fonctionnel,* d'après lequel on suit un phénomène dans l'organisme vivant sans aucune localisation anatomique préalable, et n'acceptant que celle que l'expérience montre directement. Examinons chacune de ces deux manières de procéder.

Dans la méthode anatomique, on prend les organes les uns après les autres et l'on se demande, à propos de chacun, à quoi sert-il ?

Mais, s'il est possible de disséquer toutes les parties d'un cadavre, de les isoler pour les étudier dans leur structure, leur forme et leurs rapports, il n'en est plus de même pendant la vie, où toutes les parties à la fois concourent simultanément à un but commun. Un organe ne vit pas par lui-même, on pourrait souvent dire qu'il n'existe pas anatomiquement, car la délimitation qu'on en a faite, à ce point de vue, est quelquefois purement arbitraire. Ce qui vit, ce qui existe, c'est l'ensemble, et si l'on étudie isolément les unes après les autres toutes les pièces d'un mécanisme quelconque, on n'a pas l'idée de la manière dont il marche. De même, en procédant anatomiquement, on démonte l'organisme, mais on n'en saisit pas l'ensemble. Cet ensemble ne peut se voir que lorsque les organes sont en mouvement.

Quand on dit, comme cela se fait encore tous les jours : *un organe étant donné, trouver ou déterminer sa fonction*, cela semble indiquer qu'une fonction est constamment localisée exclusivement et complétement dans un organe : ce qui n'a jamais lieu ; une fonction exige toujours la coopération de plusieurs organes, et de même un organe a ordinairement plusieurs usages. Les organes même les mieux délimités anatomiquement en sont là. Ainsi, à propos du pancréas, nous aurons occasion de vous montrer que cette glande a un rôle multiple dans l'acte de la digestion. De même, le foie, qui a la propriété de faire de la bile et du sucre, agit encore dans d'autres fonctions générales, telles que celle de la production de la chaleur animale, etc.

Si un chimiste ou un physicien peuvent étudier les propriétés d'un seul corps, parce que ce corps s'isole parfaitement des objets qui l'environnent, le physiologiste ne peut pas séparer aussi facilement une partie d'un être vivant sans que cette partie elle-même ait perdu dès ce moment la principale de ses propriétés, qui est celle de vivre avec l'ensemble.

L'anatomiste, qui ne cherche que les fonctions des parties qu'il dissèque, tombe dans un autre inconvénient, celui de négliger le rôle des liquides de l'économie ; car, bien qu'on en distingue quelques-uns au microscope, toujours est-il que c'est surtout par les moyens chimiques qu'on acquiert le plus de notions sur eux. Aussi la physiologie de Haller et celle de Bichat, qui étaient surtout à ce point de vue anatomique, ont-elles donné la plus grande part aux propriétés des par-

ties solides de l'organisme, et la pathologie de Brous-
sais, qui n'a été que la conséquence logique du même
point de vue, a-t-elle abouti au *solidisme.*

Nous sommes loin, Messieurs, de méconnaître les
services que l'induction anatomique a pu rendre ;
nous voulons seulenent ici limiter son rôle, et prouver
qu'elle ne peut seule, et sans l'expérimentation, faire
découvrir aucune propriété nouvelle. Je n'exprime
pas seulement ici mon opinion, je vous donne celle de
beaucoup d'anatomistes très-éminents qui m'ont dit
que l'anatomie n'avait jamais réalisé les espérances
physiologiques qu'ils avaient fondées sur elle, et qu'ils
regrettaient de ne pas s'être livrés plus tôt à l'expérimentation, qui leur paraissait plus féconde. En effet,
Messieurs, l'expérimentation sur le vivant doit toujours
avoir l'initiative. La véritable place de l'anatomie est
dans l'explication *à posteriori* des phénomènes dé-
couverts par l'expérimentation physiologique. L'anatomie permet alors de comprendre par la structure les
rapports et la forme des organes, les particularités que
présente la fonction ; elle intervient dans l'explication
de son mécanisme pour une part plus ou moins large,
suivant la nature des phénomènes étudiés. Ainsi, dans
tout ce qui concerne la statique et la mécanique animale, la forme anatomique donne immédiatement l'explication des conditions de repos et de mouvement du
corps vivant. Mais quand il s'agit d'une glande agissant
chimiquement, par exemple, l'anatomie ne suffit plus,
et la chimie doit venir en aide à la physiologie pour
donner la solution du problème.

Enfin, l'expérimentation physiologique sur le vivant exige des connaissances très-précises d'anatomie descriptive et topographique. Nous parlons ici de l'anatomie à un autre point de vue, ainsi que nous l'avons déjà dit, car autre chose est de se servir des notions anatomiques pour instituer une expérience, autre chose est de vouloir en tirer l'explication d'un mécanisme vital.

Abordons actuellement la méthode que nous avons appelée physiologique, et qui procède tout différemment de la précédente.

En effet, au lieu d'envisager l'organe pour en chercher les propriétés ou les usages, elle constate un phénomène vital et en poursuit les modifications à travers l'organisme.

A son point de vue physiologique, le physiologiste prend l'être vivant en contact avec le milieu extérieur et étudie les influences réciproques qui résultent de leur action mutuelle ; et, à mesure qu'il rencontre des phénomènes nouveaux, il cherche à les rattacher à des organes ou à des tissus dans lesquels ils seront désormais localisés.

En un mot, tandis que dans la méthode anatomique on cherche un phénomène pour utiliser l'organe, dans la méthode physiologique, au contraire, on se laisse guider par la nature du problème posé, et l'on cherche l'organe pour y rattacher le phénomène qu'on suit et qu'on a en vue de localiser. La dernière méthode résout des questions qu'on ne pourrait pas aborder par le point de vue anatomique.

Par exemple, on s'est demandé pendant bien longtemps, et l'on se demande encore, à quoi sert la rate,
la thyroïde, etc. Je ne pense pas, Messieurs, que ce
soit en se posant la question de cette manière qu'on
arrivera jamais à quelque découverte nouvelle sur ces
organes.

Si j'ai été amené à trouver la fonction glycogénique
du foie, c'est par le point de vue physiologique, c'est en
poursuivant le phénomène de la disparition du sucre
dans l'organisme, que j'ai vu qu'il y avait un point où,
bien loin de disparaître, cette substance se formait en
plus grande quantité, formation qui est devenue alors
une fonction du foie. Mais ce n'est pas, je le répète, en
me demandant à quoi pouvait servir le foie, d'après la
structure anatomique de cet organe.

De même, ainsi que vous le verrez dans le cours de
ce semestre, ce n'est pas en me demandant à quoi
pouvait servir le pancréas que j'ai été conduit à trouver
que cet organe avait pour fonction d'agir d'une manière spéciale dans la digestion des corps gras ; c'est
en poursuivant expérimentalement dans l'intestin de
l'animal vivant les modifications de la graisse que j'ai
vu le point où ces modifications s'opéraient, et que j'ai
été conduit à en attribuer la cause au suc pancréatique
dont la fonction s'est trouvée déterminée de cette manière.

Nous pourrions citer d'autres exemples, pour prouver que c'est là la méthode par excellence pour attaquer les problèmes physiologiques.

Nous vous ferons seulement remarquer que, dans le

mode de procéder physiologiquement, on ne s'adresse pas une question vague, qui n'a qu'un seul terme, comme quand on se demande à quoi sert tel organe? On pose au contraire un problème à deux termes dont on cherche le rapport : savoir, un aliment d'une part, par exemple, et l'appareil digestif qui doit le modifier de l'autre. La solution, quelle qu'elle soit, est nécessairement précise comme la question elle-même.

Enfin, Messieurs, si l'expérimentation se fonde sur les connaissances anatomiques les plus précises, de même l'anatomie ne vaut qu'en appelant l'expérimentation à son aide ; les deux ordres de notions se combinent nécessairement.

Mais l'expérimentation présente en physiologie plus de difficulté que dans toute autre science, non-seulement par les raisons que nous avons données plus haut, mais surtout parce que toutes les fonctions sont intimement liées les unes aux autres dans l'être vivant. De là, il résulte que le trouble qu'on fait porter sur une fonction retentit ordinairement sur les autres, et que des phénomènes généraux viennent plus ou moins modifier ou compliquer les actions locales qu'on a déterminées. On peut alors, si l'on n'est pas prévenu, prendre le phénomène secondaire pour le fait principal, le phénomène pathologique pour l'état normal. Ce sont des causes d'erreurs qui, en s'introduisant dans l'expérimentation, donnent naissance à des assertions contradictoires avancées par les physiologistes. Mais ce ne sont jamais au fond que des faits différents, produits dans des conditions diverses incomplétement analysées par les observateurs qui les rapportent.

Dans une autre occasion, nous vous tracerons les principes de l'expérimentation physiologique, telle que nous la comprenons. Nous avons seulement voulu, pour aujourd'hui, vous faire remarquer que toutes nos connaissances en physiologie, sans exception, nous viennent de l'expérimentation ou de l'observation sur l'animal vivant. On ne sait, ainsi que nous vous le disions, que les muscles se contractent que parce qu'on les a vus se contracter sur le vivant ; que les glandes sécrètent que parce qu'on a vu sortir des liquides de leurs conduits ; que les nerfs conduisent le sentiment et le mouvement, que parce qu'après les avoir coupés, ces deux fonctions ont été éteintes, etc.

Enfin, nous répéterons encore, en terminant, que l'induction anatomique, quoiqu'elle se fonde sur ces premières données expérimentales, devient fautive aussitôt qu'elle néglige l'expérimentation comme moyen de contrôle à *posteriori*, et ce cours sera consacré principalement à rectifier par la méthode expérimentale des erreurs que l'induction anatomique employée seule avait fait commettre.

DEUXIÈME LEÇON

4 mai 1855.

SOMMAIRE : Sujet du cours. — De la distinction dans l'appareil digestif de deux ordres d'organes, les uns agissant physiquement ou mécaniquement, les autres chimiquement. — Cette division est en rapport avec les propriétés physiques et chimiques des aliments. — Les instincts des animaux se rapportent seulement aux propriétés physiques des aliments. — Distinction établie par les anatomistes dans les glandes salivaires. — Considérations sur la structure comparée des glandes salivaires chez l'homme et les animaux.

MESSIEURS,

Nous avons choisi pour sujet du cours de ce semestre l'étude des fonctions des diverses glandes qui déversent leurs produits dans la cavité du tube intestinal.

L'appareil digestif est constitué dans l'homme et dans les animaux supérieurs par deux ordres d'organes qui concourent, les uns d'une manière mécanique ou physique, les autres d'une manière chimique, à l'accomplissement des phénomènes de la digestion.

Les agents mécaniques de la digestion offrent une complication différente suivant que les animaux se nourrissent d'aliments dont les propriétés physiques sont différentes. Chez les animaux qui se nourrissent d'aliments végétaux dont la trame très-dure est formée de cellulose, ou qui sont contenus dans des enveloppes coriaces difficiles à broyer, il faut que les agents mécaniques de la digestion puissent exercer une action plus énergique sur ces substances ; et en effet, les granivores, les ruminants, sont pourvus des appareils broyeurs et masticateurs les plus puissants.

Les qualités physiques de l'aliment, et les modifications que subissent certains organes du tube intestinal en rapport avec ces qualités, limitent le genre d'alimentation de chaque animal, et sont la base de ces divisions des animaux en *phytophages*, parmi lesquels on distingue les granivores, les herbivores, les frugivores, suivant qu'ils se nourrissent plus particulièrement d'herbes, de graines, de fruits ou de racines, et en *sarcophages*, parmi lesquels on distingue les carnassiers, les piscivores, les insectivores, etc.

Mais la qualité purement physique de l'aliment n'amène pas seulement une modification dans les organes mécaniques du canal intestinal, les appareils de la vie de relation de l'animal se trouvent également modifiés dans un rapport nécessaire avec cette nature de l'aliment. Ainsi, un animal, pour saisir une proie vivante, doit être organisé, sous le rapport de ses sens et de ses appareils locomoteurs, d'une manière particulière. Ces rapports si bien établis par Cuvier sont d'un très-haut intérêt pour le naturaliste, mais ce n'est pas notre objet de les décrire : nous voulons seulement établir ici que tout cela a son point de départ dans la nature purement physique de l'aliment, et que c'est cette qualité physique à laquelle l'instinct de l'animal se trouve particulièrement appliqué.

Lorsqu'un animal se nourrit exclusivement de sub-

stances végétales et qu'un autre se nourrit au contraire
des ubstances animales, chacun d'eux n'y est pas déterminé en raison de la diversité chimique des aliments ; car sous ce rapport il y a similitude entre les
principes élémentaires immédiats végétaux et animaux.
Ces deux classes d'aliments renferment en effet des
matières albuminoïdes, graisseuses et sucrées ou féculentes, et le règne végétal, aussi bien que le règne animal, peut parfaitement suffire à l'alimentation.

C'est donc à raison de la contexture purement physique de l'aliment que l'instinct de l'animal le guide
dans sa détermination ; la preuve qu'on en peut fournir, c'est qu'en changeant la forme physique d'un aliment sans modifier sa composition chimique, on fait
accepter à un animal une substance qu'il aurait re-
poussée auparavant. Que l'on donne, par exemple, du
blé à un chien, il ne le mangera certainement pas, et
il mourra d'inanition auprès de cette substance. Si
maintenant on transforme ce blé en farine, et cette
farine en pain, la nature physique de l'aliment aura
seule changé ; et cependant alors l'animal s'en nourrira
sans répugnance.

De même on peut faire manger de la viande cuite
à des animaux herbivores. De même aussi on comprend
que l'homme, qui peut modifier à son gré la nature
physique de ses aliments, ne soit arrêté à aucun d'eux
et puisse être omnivore.

Mais, Messieurs, à côté de ces agents mécaniques
de la digestion, dont nous ne voulons pas nous occuper
en ce moment, se trouvent, ainsi que nous l'avons dit,

des agents chimiques constitués particulièrement par des glandes annexées au tube digestif, dans lequel elles déversent successivement leurs produits de sécrétion. Ces glandes ou agents digestifs chimiques subissent généralement moins de variations que les agents mécaniques de la digestion. Toutefois, comme il y a un certain nombre de ces glandes qui sécrètent des liquides destinés à des usages physiques, ces dernières sont sujettes à des variations assez considérables ; tandis que les glandes dont les produits de sécrétion sont destinés à des usages purement chimiques ne subissent ordinairement que des modifications beaucoup moins sensibles.

En résumé, nous avons dans les matières alimentaires deux ordres de propriétés à distinguer, des propriétés physiques et des propriétés chimiques : les premières excessivement variables, les autres beaucoup plus fixes et pouvant se réduire à un très-petit nombre de principes immédiats. En rapport avec ces deux états de l'aliment, nous avons à considérer dans l'appareil digestif deux ordres d'actions : les actions physiques ou mécaniques excessivement variables, ainsi que le développement des organes destinés à les accomplir ; les autres, les actions chimiques, présentant une très-grande généralité dans les phénomènes, et peu de variations dans les organes qui les effectuent. Ce sera surtout de ces actions chimiques que nous aurons à nous occuper. Elles sont l'effets de propriété plus spéciales des organes glandulaires dont nous nous proposons de faire l'objet du cours de ce semestre, et dont nous allons commencer immédiatement l'étude.

Les agents des phénomènes chimiques de la digestion se composent d'une foule d'organes glandulaires
qui lui sont annexés aux différents points de sa hau-
teur. Les premiers qui nous occuperont sont les glandes
salivaires, qui se trouvent placées comme à l'entrée du
canal intestinal.

Nous allons reprendre ce qu'on a dit de ces glandes
depuis les anatomistes les plus anciens jusqu'à nos
jours, afin de comparer leur histoire anatomique avec .
leur histoire physiologique. Vous pourrez ainsi constater par vous-mêmes que les connaissances physiologiques positives sur ces organes ne datent que de ces
derniers temps. Voici l'historique anatomique et physiologique des glandes salivaires, qui, bien que nous
l'ayons abrégé autant que possible, est encore assez
long. Vous verrez enfin que les connaissances un peu
précises sur l'anatomie de ces organes ne datent guère
que du quinzième siècle.

·HIPPOCRATE parle dans quelques-uns de ses écrits
des *parotides* (1) ; mais pour lui comme pour la plupart
des anciens, ce mot signifie des tumeurs placées auprès
et au devant des oreilles.

GALIEN, dans son remarquable traité *De usu partium*,
indique la position des conduits sous-maxillaires et su-
·blinguaux (2).

ORIBASE, de Sardes, décrit avec plus de soin que Ga-

---

(1) *Œuvres complètes*, trad. par E. Littré, t. VIII, p. 559, DES GLANDES.
(2) *Œuvres anatomiques, physiologiques et médicales*, trad. par Ch. Da-
emberg.

lien le point où viennent déboucher les conduits sous-maxillaires.

En 1520, ALEXANDRE ACHILLIN décrivit les orifices des glandes sublinguales.

En 1521, JACOB BERENGER, qui le premier fit de l'anatomie humaine, présenta quelques données sur les conduits salivaires de Wharton, mais ces connaissances étaient encore pour la plupart empruntées à Galien.

1542. ANDRÉ VÉSALE, le premier des anatomistes de son siècle, donna, dans son ouvrage *De corporis humani fabrica,* une bonne description de la parotide.

1609. JULIEN CASSERIUS présente quelques considérations sur le conduit de Wharton ; il indique aussi la position du conduit de Sténon, mais il le prend pour un ligament.

1621. GASPARD BAUHIN décrit avec soin la parotide, et paraît soupçonner le conduit de Sténon.

En 1656, VAN HOORNE décrivit les conduits de Wharton sur l'homme et les animaux.

1656. THOMAS WHARTON fit avec beaucoup de soin l'anatomie de toutes les glandes du corps. Il en donna la figure, le poids, les conduits excréteurs, et indiqua la nature de la sécrétion.

N. STÉNON fit la découverte, en avril 1660, sur la brebis, du conduit de la parotide, et l'annonça dans sa thèse inaugurale soutenue à Leyde en 1661 devant Van Hoorne. Il décrit en même temps des petits conduits des glandes buccales et palatines.

1662. N. HOBOKEN et son ami BLASIUS réclament la priorité de la découverte du conduit de Sténon.

1667. Gualtherus Needham réclame aussi l'antério-rité de la découverte du conduit de Sténon, qu'il pré-tend avoir trouvé dans l'année 1658.

1673. Gérard Blasius (Blaes) décrivit le canal de Sténon sur l'homme, il réclame également la priorité pour la découverte de ce conduit. Les recherches ana-tomiques passionnèrent alors vivement les esprits.

1677. Muraltus parla de la salive dans un *Vade-me-cum* d'anatomie, et s'attribua la découverte des con-duits sublinguaux.

1678. Aug. Quirinus Rivinus décrivit les petits con-duits de la glande sublinguale.

A. Nuck indique déjà en 1682 les conduits de la glande qui porte son nom, mais il n'en annonce la dé-couverte complète qu'en 1685. Il donne déjà une ébauche d'analyse des propriétés de la salive, de sa quantité et de ses réactions.

1684. Gaspard Bartholin, fils de Thomas, donna la description anatomique d'un conduit salivaire qu'on n'avait pas décrit avant lui. C'est le long conduit qui, chez le chien, sort de la glande sublinguale, et va, à ce qu'il croyait, se jeter dans le conduit de Wharton.

1685. B. Albinus parle des conduits molaires et pa-latins, et réclame pour sienne la découverte du canal de Nuck.

1698. Jacob Baier publia un traité assez estimé sur la séméiotique et la pathologie de la salive.

1699. Duverney traita des organes de la digestion et de toutes les glandes salivaires et intestinales aux-quelles il attribue une action dissolvante sur les aliments. Il avance que la salive est acide, surtout chez les adultes.

1700. BAGLIVI donna une analyse de la salive, qu'il traita par le feu et par divers réactifs.

1705. HENNINGER ⎱ firent quelques travaux peu impor-
1708. DEIDIER ⎰ tants sur le même sujet.

1709. MARTIN LISTER fait venir du chyle toutes les sécrétions.

1720. A. VATER découvre le *foramen cœcum*, qu'il prend pour un conduit salivaire.

1724. G. COSCHWIZ décrivit et figura un conduit salivaire qui, né de la glande maxillaire, de la glande sublinguale et d'autres glandules, décrirait une arcade sur le dos de la langue auprès de l'épiglotte, d'où partiraient de nombreux rameaux qui iraient s'ouvrir à la surface de la langue.

1724. Mais KULMUS, en disséquant les veines dorsales de la langue, montra que Coschwiz s'était trompé en prenant ces vaisseaux pour des conduits salivaires.

1724. AUGUSTIN WALTHER fit des recherches nouvelles sur les conduits salivaires et sur les glandules dorsales de la langue. Il indiqua quelques autres ouvertures de glandes dans la langue ; il crut que la glande sublinguale se continuait avec la glande sous-maxillaire.

1727. A. DE HALLER réfuta de nouveau l'opinion de Coschwiz sur le prétendu conduit salivaire décrit par cet anatomiste ; il fit voir, comme Kulmus, que ce n'était qu'une veine.

1734. CHR. TREW décrit de nouveau des glandules

salivaires, leurs conduits, le réseau veineux du dos de la langue, les glandes muqueuses de la base de la langue, les amygdales et les petits conduits latéraux.

1742. Th. Bordeu rangea les glandules molaires de Heister au nombre des glandules salivaires. Il nie que pendant la mastication la glande parotide soit pressée par le masséter. Il pensait que la thyroïde avait un de ses conduits qui se versent dans la trachée-artère. Dans ses *Recherches anatomiques sur la position des glandes et leur action*, il donne déjà quelques notions physiologiques sur les glandes, et enseigne que le pancréas doit être comprimé quand l'estomac est plein.

1775. Santorinus publia une belle planche de la face, des muscles, des glandes parotide et sous-maxillaire.

1780. I.-A. Weber fait l'analyse chimique de la salive. Il y trouve de l'eau, des matières grasses, de l'acide carbonique, de l'ammoniaque, des terres calcaires, du sel marin et du chlorure de calcium.

Messieurs, malgré toutes ces recherches si multipliées et d'autres que nous négligerons comme moins importantes, on ne connaissait encore, à cette époque, qu'une espèce de salive, la salive *mixte* ou *buccale*, qui résulte de la sécrétion de toutes les glandes salivaires réunies, et qui s'obtient directement chez l'homme par l'action de cracher. Toutefois les anatomistes attribuaient à cette salive mixte deux origines distinctes, savoir : d'une part, les *glandes salivaires proprement dites* ; et d'autre part, les *glandes mucipares*. Haller allait plus loin, et admettait en outre une humeur exhalée par la terminaison des vaisseaux artériels de la muqueuse buccale.

C'est pour la première fois, en 1780, qu'un expérimentateur, nommé Hapel de la Chenaie, obtint la salive parotidienne isolément par la section du canal de Sténon sur un cheval. Depuis lors, on connut deux fluides salivaires : la salive mixte ou la salive parotidienne.

En 1827, TIEDEMANN et GMELIN (1) firent cette même distinction, en donnant le nom de *salive pure* à la salive parotidienne, et celui de *salive impure* à la salive mixte ou buccale.

Plus récemment, en 1846, les expériences de MM. Magendie et Rayer (2) ont appris que la salive buccale du cheval se différencie de la salive parotidienne du même animal par sa propriété de transformer l'amidon en glycose.

Dans tous les travaux précédemment cités, la comparaison des fluides salivaires, ainsi que vous le voyez, était toujours restée limitée entre la salive buccale et la salive parotidienne, à laquelle on assimilait, par analogie, les autres salives non encore isolées que fournissaient les diverses glandes salivaires.

Il vous paraîtra sans doute surprenant, Messieurs, qu'avant 1847, personne n'ait jamais songé à recueillir isolément et à l'état de pureté les liquides sécrétés par les glandes sous-maxillaire et sublinguale. Je crois en

---

(1) *Recherches expériment. sur la digestion.* Paris, 1827, 2 vol. in-8.

(2) *Recueil de mémoires sur l'hygiène et la médecine vétérinaires militaires.* Paris, 1847, t. I.

effet avoir le premier, à cette époque, obtenu les salives sous-maxillaire et sublinguale chez le chien, et avoir montré qu'elles différaient de la salive parotidienne du même animal par plusieurs caractères tirés de leurs propriétés physiques et chimiques. Après moi, ces expériences ont été répétées, avec des résultats analogues, par MM. Jacubowitsch, Bidder et Schmidt (1), à Dorpat ; par M. Colin (2), en France, etc., tant sur le chien que sur d'autres animaux.

Ainsi, Messieurs, en démontrant cette variété de propriétés dans les différentes salives d'un même animal, mes observations ne concordaient point avec les idées généralement reçues sur la nature des glandes salivaires. En effet, les anatomistes et les physiologistes, pour ainsi dire de tout temps, avaient admis dans la bouche deux sortes de glandes salivaires, ayant des usages distincts, savoir : 1° les *glandes salivaires mucipares*, destinées à sécréter le mucus, et qui ne sont autre chose que les glandules bucco-labiales et linguales ; 2° les *glandes salivaires proprement dites,* destinées à sécréter la vraie salive, et comprenant les glandes parotide, sous-maxillaire, sublinguale et la glande de Nuck, qui est spéciale aux carnassiers et à quelques animaux ruminants.

Depuis 1847, j'ai poursuivi mes recherches, et à l'aide d'expériences anatomo-physiologiques très-nombreuses, je suis parvenu à une détermination plus

(1) *Archives générales de médecine.*
(2) *Traité de physiologie comparée des animaux domestiques.* Paris, 1854-1856, 2 vol. in-8.

rigoureuse du rôle fonctionnel des différents organes salivaires. J'ai surtout acquis la conviction qu'il faut renoncer complétement à cette distinction des glandes en mucipares et en salivaires, distinction très-ancienne que le temps semble avoir consacrée, mais que la science ne peut connaître d'aucune façon. En effet, s'adresse-t-on à l'anatomie et s'appuie-t-on exclusivement sur la structure intime des glandes, on arrive, dans l'état actuel de la science, à la négation absolue de tout caractère distinctif, et conséquemment, à l'impossibilité d'une classification anatomique des glandes salivaires. S'appuie-t-on, au contraire, sur la physiologie, c'est-à-dire sur les propriétés et les usages des liquides sécrétés, on y trouve alors les bases de distinctions réelles et fondamentales ; mais les faits, loin de justifier cet ancien rapprochement des glandes parotide, sublinguale et sous-maxillaire, sous le nom de *glandes salivaires vraies*, démontrent justement l'inverse, et prouvent qu'au lieu d'être réunies, ces trois glandes doivent être bien soigneusement distinguées sous le rapport des propriétés et des usages de leurs produits de sécrétion.

Mais il est nécessaire à ce propos, et pour prouver la vérité de ce que je viens d'avancer, que vous me permettiez, Messieurs, d'entrer dans quelques considérations anatomiques sur la structure comparée des glandes salivaires chez l'homme et chez les animaux.

Chez l'homme et les *mammifères*, la structure des glandes mucipares et des glandes salivaires proprement dites n'offre aucune différence réelle. Ramenées à leur texture microscopique, les glandes parotide, sous-maxillaire, sublinguale, les glandes bucco-labiales et la glande de Nuck, rentrent sans exception dans la catégorie des *glandes en grappe*, et sont toutes constituées, en définitive, par des vésicules glandulaires ou culs-de-sac dans lesquels se voient des cellules épithéliales contenant des granulations élémentaires et un ou quelquefois plusieurs noyaux.

Le diamètre des vésicules glandulaires et celui des cellules épithéliales peut varier de 0,03 à 0,04 de millimètre pour les premières, et de 0,01 à 0,02 de millimètre pour les secondes; mais ces variations peuvent avoir lieu dans les glandes parotide, sous-maxillaire et sublinguale, aussi bien que dans les glandes dites mucipares.

Voici, du reste, en tableau, mes observations sur le diamètre des cellules glandulaires et sur celui des cellules de la bouche dans différents animaux.

Raie....	Grand diamètre des cellules de la bouche...................	$0^{mm},06 — 0^{mm},07$
Lapin...	Glande sous-maxillaire, cellules de........................	$0,01 — 0,015$
—	Sublinguale...................	$0,015$
—	Parotide....................	$0,01 — 0,012$
Chien...	Sous-maxillaire...............	» »
—	Sublinguale..................	$0,012$
—	Parotide.....................	$0,01$
Mouton..	Massétérine..................	$0,01 — 0,015$
—	Sublinguale..................	$0,02$
—	Parotide.....................	$0,01 — 0,012$
Rat.....	Sous-maxillaire...............	$0,01 — 0,02$
—	Sublinguale..................	$0,015 — 0,02$
—	Parotide.	$0,02$ et plus.
Cochon .	Sous-maxillaire postérieure....	$0,015$

Cochon..	Parotide.....................	Cellules très-diffi-cilement isolabl.
Cheval..	Sous-maxillaire..............	$0^{mm},02$
—	Sublinguale.................	0,015
—	Parotide....................	0,01
Dindon..	Sublinguale.................	0,015 — 0,02
Homme..	Sous-maxillaire..............	0,01 — 0,015
—	Sublinguale.................	0,02 et plus.
—	Parotide.	0,015

Diamètre des culs-de-sac glandulaires.

Lapin...	Glande sous-maxillaire........	$0^{mm},03$
—	Sublinguale.................	0,03 — 0,04
—	Parotide....................	0,04
Chien...	Parotide....................	0,03
Mouton..	Massétérine.	0,04
Cochon..	Sous-maxillaire..............	0,04
—	Sublinguale.................	0,04
—	Parotide....................	0,03
Cheval..	Parotide....................	0,035
Homme..	Sublinguale.................	0,045
—	Parotide....................	0,04

Le plus ou moins de transparence des cellules, la plus ou moins grande facilité de leur isolement, le nombre des noyaux, ne sauraient non plus servir de caractères distinctifs, parce que ces particularités anatomiques peuvent se rencontrer pour les mêmes glandes dans des animaux différents et pour les mêmes animaux dans des glandes différentes. C'est ce dont on peut se convaincre en comparant les figures que vous voyez ici.

En général, cependant, les cellules de la glande parotide s'altèrent plus facilement et sont plus difficiles à isoler que celles des autres glandes; toutefois on parvient à les séparer au moyen de l'eau sucrée ou d'une solution modérément concentrée de sulfate de soude.

L'immersion dans l'eau sucrée est également un

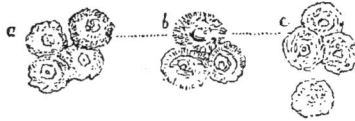

Fig. 1.

a, cellules de la glande parotide; — b, de la sous-maxillaire; — c, de la sublinguale.

bon moyen pour conserver ensuite sans altération les glandes desséchées ; elles reprennent très-bien leurs caractères quand on les remet pendant quelques instants dans l'eau.

De cette similitude de structure dans les organes salivaires résulte l'impossibilité de distinguer les diverses glandes les unes des autres par l'inspection microscopique. Avec mon ami M. le docteur Davaine, nous avons essayé bien souvent, mais toujours sans succès, d'arriver à ce diagnostic micrographique. Il est important d'ajouter que les anatomistes les plus versés dans les études microscopiques n'ont pas été plus heureux. Ainsi M. Kölliker, en parlant de la structure des glandes salivaires chez l'homme, s'exprime ainsi :

« Les glandes salivaires, parotide, sous-maxillaire, sublinguale, et les glandules mucipares, ont une texture tellement semblable, que, lorsqu'on en a décrit une, on peut parfaitement se dispenser de décrire les autres.

Les différences que M. Ch. Robin a observées dans le volume des épithéliums glandulaires n'ont pas pour but la distinction des glandes entre elles, mais se rapportent bien plutôt à la spécialité de l'épithélium des conduits excréteurs des glandes, qui doivent en effet être considérées comme des organes distincts de la partie sécrétante proprement dite. Sous ce rapport, la physiologie est d'accord avec l'anatomie. J'ai plusieurs fois apporté à la Société de biologie des pancréas que j'avais détruits par des injections de graisse dans les conduits; et l'on a pu voir qu'après la destruction et la résorption de la partie glandulaire, les conduits restaient intacts et isolés comme un arbre dépouillé de ses feuilles.

Chez les *oiseaux*, les glandes salivaires offrent un tout autre type de structure que chez les mammifères, et l'on ne peut pas les faire rentrer dans la catégorie des glandes dites en grappe. En effet, au lieu de présenter, comme chez les mammifères, un conduit excréteur principal qui se divise en branches de plus en plus grêles, portant çà et là des lobules glandulaires fixés, soit latéralement sur ces conduits, soit tout à fait à leur extrémité terminale, les glandes salivaires des oiseaux offrent (fig. 2) au contraire l'aspect d'une petite masse comme spongieuse, adhérant à la face externe de la membrane muqueuse et s'ouvrant habituellement dans la cavité de la bouche par plusieurs orifices punctiformes visibles à l'œil nu. Chacun de ces orifices conduit dans une espèce de réservoir ou de petit sac dont la cavité intérieure, très-anfractueuse est divisée par des saillies membraneuses en un nombre considérable de cellules incomplètes, communiquant les unes avec les autres (fig. 3). Quand on a débarrassé les cellules glandulaires du mucus épais qui les remplit, on re-

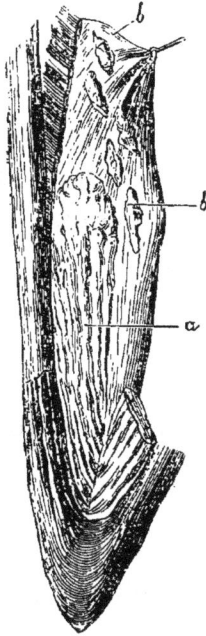

Fig. 2.

a, glande sublinguale du dindon; — b, b, glandules salivaires.

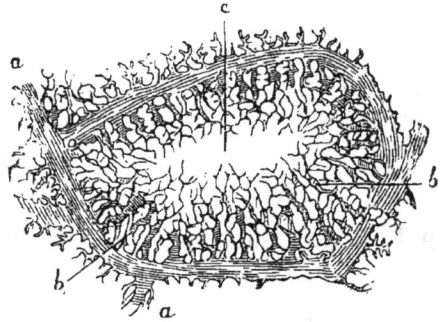

Fig. 3. — *Coupe d'une glande sublinguale de canard.*

a, cloison fibreuse séparant les vacuoles les unes des autres; — b, b, prolongements partant de cette cloison fibreuse; — c, centre de la vacuole glandulaire, libre de prolongements de la paroi interne de la vacuole.

connaît, à l'inspection microscopique, qu'elles sont tapissées intérieurement par des cellules épithéliales offrant par leur arrangement l'apparence de lignes onduleuses, qu'on peut suivre jusque sur le bord lisse des saillies membraneuses des vacuoles les plus déliées de la glande. Vous pouvez voir (fig. 4) ces différents aspects de structure. J'ai constamment rencontré cette même disposition anatomique dans les glandes sali-

vaires de différents oiseaux que j'ai examinés : le coq,
le dindon, le canard, la mouette et le freux.

Au milieu de cette texture en apparence si différente
dans les organes sali-
vaires des oiseaux et
dans ceux des mammi-
fères, on doit cependant
remarquer que les cel-
lules épithéliales qui
constituent un des élé-
ments anatomiques fon-
damentaux de la glande
restent à peu près les
mêmes. Par leur dia-
mètre, qui est de 0,015
0,020 de millimètre, et
par l'apparence de leur
contenu, ces cellules se
rapprochent complète-
ment de celles des mam-

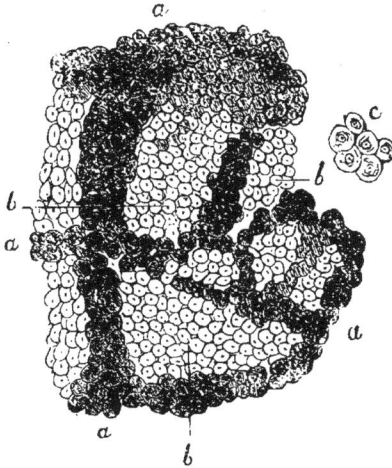

Fig. 4. — *Vacuoles glandulaires de la glande sous-maxillaire du freux.*

a, a, a, cloisons incomplètes séparant les vacuoles salivaires les unes des autres ; — *b, b, b,* fond des vacuoles salivaires ; — *c,* cellules épithéliales détachées.

mifères, et il serait certainement impossible de les
en distinguer par aucun caractère absolu et rigoureux.
Seulement, au lieu d'être disposées en cul-de-sac sur
un conduit glandulaire rameux accompagné de vaisseaux et de nerfs, comme cela a lieu chez les mammifères, ces cellules, chez les oiseaux, sont étalées
sur les parois d'une utricule qui reçoit également
des vaisseaux et des nerfs, et dont la surface intérieure est accrue par la présence d'une multitude d'an-
fractuosités. Au fond, les mêmes éléments anatomi-

ques existent, seulement ils sont autrement disposés.

Mais l'espèce de rapport qui doit, pour l'accomplissement de l'acte sécrétoire, exister entre les cellules épithéliales, les vaisseaux sanguins ou lymphatiques et les nerfs, est jusqu'à présent complétement ignoré des anatomistes et des physiologistes, aussi bien chez les oiseaux que chez les animaux mammifères. Toutefois il m'a paru que la communication des cavités glandulaires était assez facile avec les vaisseaux lymphatiques, parce qu'il m'est souvent arrivé, en injectant les conduits salivaires, de voir passer l'injection dans les vaisseaux lymphatiques voisins.

Chez les *reptiles* vivant dans l'air qui sont pourvus de glandes salivaires, tels que la tortue terrestre, j'ai retrouvé le même type de structure que chez les oiseaux, avec cette légère variante que les vacuoles de l'utricule glandulaire sont plus ténues, et que les cellules épithéliales, au lieu d'être simplement étalées sur des parois, sont disposées en sorte de mamelons festonnés proéminents dans la cavité glandulaire générale (fig. 5).

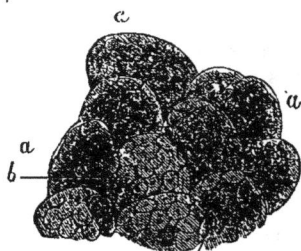

Fig. 5. — *Mamelon glandulaire faisant saillie à la face interne des vacuoles des glandes salivaires chez la tortue.*

a, a, a, mamelon glandulaire; — *b*, cellules épithéliales.

Chez les reptiles qui vivent dans l'eau, il y a, comme chez les poissons, absence de glandes conglomérées ; mais une particularité singulière, et qui, je crois, n'a pas été signalée, c'est que, dans ce cas, la membrane

muqueuse de la bouche, à peu près complétement pri-
vée de ces larges cellules épithéliales caractéristiques
qu'on rencontre chez l'homme et chez les animaux qui
vivent dans l'air, est seulement revêtue par des cellules
qui, à raison de leur diamètre, de leur contenu et de
leur apparence, sont analogues aux cellules des glandes
conglomérées. En résumé, chez tous les animaux, on
pourrait retrouver les cellules des glandes salivaires,
seulement disposées en culs-de-sac chez les mammifères, tapissant des cavités anfractueuses chez les oiseaux, et étalées à la surface de la muqueuse de la
bouche chez les poissons et chez certains reptiles.

Dans tous les cas, d'après ce qui existe, on pourrait
dire que tous les animaux qui vivent dans l'air, quelle
que soit la classe à laquelle ils appartiennent, se distinguent par la présence des larges cellules épithéliales
de la bouche, tandis que les animaux vivant dans l'eau
en seraient dépourvus, et de plus les animaux qui peuvent vivre à la fois dans l'air et dans l'eau présente-
raient les deux espèces de cellules. J'ai examiné ces
diverses espèces de cellules épithéliales de la bouche
chez la carpe, la raie (fig. 6), le brochet, la tortue, le
crapaud, etc. (fig. 7), de même aussi que certaines pa-
pilles baignées d'une humeur gluante et visqueuse que
j'ai rencontrées dans la bouche de quelques poissons,
tels que la raie, mais plus spécialement dans la paroi
inférieure de la cavité buccale des tortues terrestres et
aquatiques.

Ainsi, Messieurs, en résumé, on constate deux types
de structure qui permettent de distinguer sans peine

les glandes salivaires des mammifères de celles des oiseaux et des reptiles ; mais l'anatomie ne peut fournir

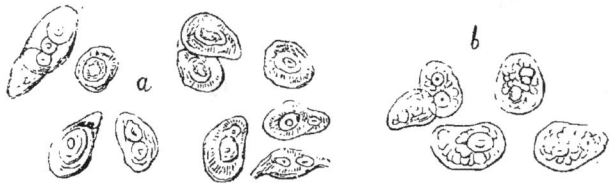

Fig. 6.

a, cellules épithéliales de la bouche de la raie ; — *b*, cellules épithéliales de la bouche de la carpe.

aucun caractère capable de faire discerner les glandes et les glandules salivaires entre elles chez le même

Fig. 7.

a, grandes cellules épithéliales de la bouche de la tortue terrestre ; — *b*, petites cellules épithéliales en groupes ; — *c*, petites cellules épithéliales isolées chez le même animal.

animal ; de sorte que chez un mammifère, par exemple, toutes les glandes et glandules salivaires se ressemblent, et la texture anatomique d'une parotide ne diffère en rien de la texture d'une sublinguale.

Il suffira de vous avoir prouvé par les détails anatomiques dans lesquels nous sommes entré que par
cette voie nous n'avons pu acquérir aucune notion physiologique nouvelle ; aussi abandonnerons-nous désormais le point de vue anatomique pour aborder l'étude
de ces glandes par la voie de l'expérimentation sur l'a-
nimal vivant, la seule qui, ainsi que nous le verrons
dans la prochaine séance, puisse nous permettre de
distinguer les divers organes par la nature même de
leurs fonctions et la connaissance exacte des liquides
qu'ils sécrètent.

TROISIÈME LEÇON

9 MAI 1855.

SOMMAIRE : Classifications anatomiques des glandes salivaires. — Classification des mêmes glandes au point de vue physiologique. — Du rôle des diverses salives. — Étude de la salive parotidienne au point de vue physique, chimique et physiologique. — Influence de la salive parotidienne sur la mastication ; — sur la soif. — Expériences comparatives, tableaux. — Manuel opératoire pour pratiquer des fistules parotidiennes chez divers animaux. — Caractères physiques de la salive parotidienne. — Sa composition chimique. — Influence du système nerveux sur la sécrétion parotidienne.

MESSIEURS,

Nous avons vu dans la dernière séance que toutes les glandes salivaires proprement dites avaient été assimilées les unes aux autres par les anatomistes, parce que l'aspect extérieur de ces glandes et leur texture microscopique ne permettaient pas de les distinguer entre elles, ni du pancréas, avec lequel on les avait également confondues.

La physiologie seule va nous montrer que chacun de ces organes a des propriétés spéciales bien distinctes en rapport avec des fonctions bien déterminées.

On ne saurait, avec certains anatomistes, donner le nom de glandes salivaires à toutes celles dont le produit se verse dans la cavité buccale. Car chez les animaux ont les fosses nasales ne sont point séparées de la bouche par une cloison appelée voûte palatine, la glande lacrymale verse son produit directement dans la bouche ; les glandes nasales sont aussi dans le même cas, et cependant personne ne dira que ces glandes sont des glandes salivaires.

M. Duvernoy avait divisé le système salivaire en deux groupes : les glandes salivaires antérieures, et les glandes salivaires postérieures, d'après le point où elles viennent déverser le produit de leur sécrétion.

Selon une classification qui revient à la précédente, on les a encore distinguées suivant qu'elles versent leur fluide dans le vestibule de la bouche ou dans la cavité buccale proprement dite, en dehors ou en dedans des arcades dentaires.

Ces divisions n'ont qu'une valeur purement anato-mique, et, à notre point de vue, nous ne devons pas nous y arrêter plus longtemps.

En considérant les usages de chacune de ces glandes, nous verrons qu'on peut les grouper autour des trois phénomènes physiologiques de gustation, de mastica-tion et de déglutition ; qu'à chacune de ces fonctions distinctes est annexé un appareil salivaire spécial que nous allons étudier actuellement.

Aux fonctions de mastication est annexée la glande parotide. L'histoire de cette glande est entièrement liée à celle de la mastication elle-même. Chez les dif-férents animaux, nous voyons, en effet, son volume et son développement être constamment en rapport avec l'importance et l'intensité de la mastication.

Ainsi la parotide n'existe que chez des animaux qui ont des dents pour broyer leurs aliments. Elle est d'autant plus volumineuse, que la trituration est plus difficile et plus lente ; elle diminue chez ceux où la mastication est moins énergique. La parotide n'existe pas chez les oiseaux, qui ne mâchent pas leurs aliments, La glande qu'on trouve chez ces derniers derrière la mâchoire ne saurait être considérée comme l'analogue de la parotide des mammifères, et nous verrons, en effet, que sa sécrétion est très-différentes de la sécrétion parotidienne.

Les animaux, au contraire, chez lesquels la mastication atteint sa plus haute intensité, ont aussi un développement bien plus considérable de la parotide. Il suffit, pour s'en rendre compte, de comparer le poids de cette glande chez le cheval et chez le chien. Ainsi, chez le cheval, le poids de la parotide est de 400 grammes, celui de la sous-maxillaire n'étant que de 86 grammes ; la première est donc environ cinq fois plus grosse que la seconde. Chez un chien, au contraire, la parotide ne pèse que 12 grammes, la sous-maxillaire 13 ; celle-ci, dans le chien, est donc plus développée que l'autre, et vous savez, en effet, que la mastication est très-incomplète chez les animaux carnassiers.

Les animaux qui vivent dans l'eau, et qui prennent des aliments constamment imprégnés de liquide, ont une parotide extrêmement petite, et quelquefois même n'en ont plus du tout. Le phoque est dans ce cas, mais la maxillaire n'est pas moins développée chez lui que dans les espèces voisines et terricoles.

L'examen comparé de la parotide et des modifications de la mastication chez les divers animaux peut donc déjà nous faire presseutir le rôle spécial de cette glande.

La physiologie va nous montrer qu'elle est le siége d'une sécrétion toute spéciale, et qu'elle se distingue, en outre, des autres glandes, par les influences nerveuses qui agissent sur elle.

La sécrétion parotidienne est remarquable en ce que elle a lieu spécialement quand il se produit des mouvements de mastication. On a fait cette observation nonseulement sur les animaux, mais chez l'homme luimême, lorsqu'à la suite d'une blessure, le conduit de Sténon avait été divisé et que la salive parotidienne se versait au dehors. Les observations faites sur l'homme concordent avec les résultats obtenus chez le chien, le cheval, la brebis, etc., et l'on a constaté que la sécrétion salivaire parotidienne est complétement intermittente, qu'elle n'a lieu qu'au moment de la mastication, et qu'elle n'existe pas dans l'intervalle des repas.

M. G. Colin (1) a fait des observations intéressantes sur des chevaux et sur des animaux qui mâchent alternativement d'un côté et de l'autre. Si l'on place des tubes de façon à recueillir la salive parotidienne des deux côtés, et qu'on donne à manger à l'animal, on voit que la salivation parotidienne est constamment plus forte du côté sur lequel se fait la mastication, pour y devenir plus faible lorsque l'inverse a lieu. Il semble donc y avoir un rapport constant entre la quantité de salive parotidienne sécrétée par une glande salivaire et l'effort exercé par les dents du côté correspondant.

_____

(1) *Traité de physiologie comparée des animaux domestiques.* Paris, 1854.

La sécrétion parotidienne est la plus abondante de toutes chez les ruminants ; elle est du reste en rapport avec le volume de la glande chez les divers animaux : toutefois, chez un même animal, elle n'est pas également abondante à tous les moments où on l'observe. C'est au commencement de la mastication que cette salive coule en plus grande quantité, surtout si l'animal a été mis à l'abstinence depuis quelque temps ; peu à peu elle diminue, et à la fin elle finit par être très-faible : il semble qu'il y ait une espèce de fatigue dans l'élément sécrétoire, ou plutôt que l'impressionnabilité, très-vive dans les commencements, s'éteint peu à peu lorsque l'excitation se continue.

La salive parotidienne a, comme nous le verrons, des caractères physiques propres à jouer un rôle spécial dans la mastication des aliments qu'elle est surtout destinée à imbiber. Lorsque les aliments sont très-durs et très-secs, que les efforts des mâchoires pour les broyer doivent être très-énergiques, la quantité de salive sécrétée est très-considérable. Il suffit, pour vous en convaincre, de mettre sous vos yeux un tableau qui indique la quantité de salive sécrétée suivant la dureté ou la sécheresse plus ou moins grande des substances alimentaires. Si l'on change la qualité physique des aliments et si on les humecte, on voit la quantité de salive parotidienne devenir moins considérable.

Voici quelques expériences qui mettent ces faits en lumière. Sur un cheval les deux conduits parotidiens étaient réséqués déjà depuis quelque temps, et il existait deux fistules parotidiennes. On donna divers aliments à manger à l'animal, et l'on vit que pour le même poids d'aliments divers il s'écoulait par les deux conduits parotidiens des quantités de salive différentes, et que la quantité de salive devenait moindre à mesure que la mastication était plus facile. Ces résultats se trouvent consignés dans le tableau suivant :

Nature de l'aliment.	Poids de l'aliment mangé.	Quantité de salive fournie par les conduits parotidiens.	Durée de la mastication.
Foin...........	250 gr.	932 gr.	12 min.
Luzerne.......	250	890	10
Son...........	250	370	5
Pain frais......	250	185	3

La mastication se trouve ralentie considérablement par la soustraction de la salive parotidienne, et d'autant plus que l'aliment est de mastication plus difficile. Les expériences suivantes ont été faites comparativement sur deux chevaux dont l'un avait toute sa salive parotidienne, tandis que cette salive s'écoulait au dehors chez l'autre.

Nature de l'aliment.		Poids de l'aliment mangé.	Temps employé à manger.	
			Cheval possédant toute sa salive.	Cheval dont les 2 conduits parotidiens ont été resequés.
Paille......	1re expér.	1k,600	45 min.	70 min.
Id.......	2o —	1k,600	48	79
Id.......	3o —	1k,600	50	105
Foin.......	1re expér.	1k,400	40	56
Id.......	2o —	1k,400	37	52
Id.......	3o —	1k,400	39	62
Avoine.....	1ro expér.	1k,500	14	22
Id.......	2o —	1k,500	15	21

La déperdition de la salive parotidienne par les conduits divisés doit amener une diminution des liquides

de l'économie, et par conséquent un besoin de réparation de ces liquides qui se traduit par le sentiment de
la soif. Aussi la soif est-elle très-exagérée chez les chevaux dont les conduits parotidiens sont divisés, comme
on peut le voir dans le tableau suivant, dont les résultats ont été obtenus sur deux chevaux placés dans les
mêmes conditions d'alimentation, excepté que l'un
était sain et que l'autre avait les deux conduits parotidiens divisés.

JOUR de l'expé-rience.	CHEVAL POSSÉDANT TOUTE SA SALIVE.			CHEVAL DONT LES DEUX CONDUITS PAROTIDIENS ONT ÉTÉ RESÉQUÉS.		
	QUANTITÉS D'EAU BUE.		Total.	QUANTITÉS D'EAU BUE		Total.
	Matin.	Soir.		Matin.	Soir.	
	k	k	k	k	k	k
1er	10 »	11 500	21 500	18 500	13 500	32 »
2e	13 500	9 500	23 »	15 500	14 500	30 »
3e	11 »	8 500	19 500	16 500	14 500	31 »
4e	9 500	12 »	21 500	19 »	14 »	23 »
5e	8 »	9 500	17 500	16 500	13 »	29 500
6e	9 500	11 500	21 »	14 500	19 500	34 »
7e	8 500	12 500	21 »	14 500	19 »	33 500
8e	12 500	9 »	21 500	48 500	13 »	31 500
9e	8 500	7 500	16 »	16 »	14 »	30 »
10e	7 »	9 500	16 500	19 »	17 500	36 500
11e	11 500	8 500	20 »	14 500	16 »	36 500
12e	9 500	11 500	21 »	18 500	18 »	36 500

Il ne faudrait pas croire, Messieurs, que cette soif
exagérée après la section des conduits parotidiens vient
de ce qu'il y a une sécheresse plus grande du pharynx
qui donne lieu au sentiment de la soif. Ce sentiment
est bien l'expression du besoin général causé par la
diminution de quantité des liquides du corps. Si l'on

vient à diviser l'œsophage vers la partie inférieure du cou, chez un cheval dont les deux conduits parotidiens ont été coupés, et qu'on lui donne à boire, l'eau, à chaque déglutition, est lancée avec force entre les deux jambes de devant du cheval jusqu'au-dessous du ventre, et ne peut plus être absorbée dans l'intestin. Aussi, dans ces circonstances, la soif de l'animal ne se calme pas, bien qu'il s'humecte le gosier, et il boit toujours jusqu'à ce qu'il soit fatigué, pour recommencer jusqu'à ce que la fatigue le force à s'arrêter de nouveau ; ainsi de suite. J'ai souvent répété cette expérience d'une manière un peu différente sur un chien muni d'une fistule gastrique. Je donnais pendant quelques jours des aliments au chien en le privant de boisson, puis on lui donnait de l'eau à boire après avoir préalablement débouché la canule de l'estomac. L'animal se mettait à lapper, et l'eau traversait la gueule, le pharynx, l'œsophage, arrivait dans l'estomac, d'où elle sortait immédiatement par la canule ouverte. Malgré cette humectation de toute la partie supérieure du canal intestinal, la soif n'était pas apaisée : l'animal, réduit à une sorte de tonneau des Danaïdes, buvait jusqu'à ce que la fatigue l'arrêtât ; un instant après, quand il s'était reposé ; il recommençait, et ainsi de suite. Mais si l'on bouchait la canule, dès que l'eau était retenue et pouvait être absorbée dans l'estomac et dans l'intestin, la soif se montrait bien vite satisfaite par l'absorption de la boisson, comme cela a lieu aussi quand on injecte directement l'eau dans les veines.

Je vous ai fait, Messieurs, cette petite digression

parce que l'occasion se présentait de vous montrer que la soif n'est pas une sensation locale, comme l'avaient pensé certains physiologistes, mais qu'elle est au contraire l'expression d'un besoin général de réparation des liquides de l'économie qui ont subi une déperdition. C'est pour cette même raison encore que souvent la saignée produit le sentiment de la soif.

Je dois signaler encore un autre phénomène qui a lieu chez les chevaux munis de fistules parotidiennes. Quand ils boivent, l'écoulement de la salive parotidienne s'arrête d'une manière complète ; il en est de même chez le chien. Mais nous verrons ultérieurement qu'il n'en est pas ainsi pour les autres glandes salivaires.

Enfin, Messieurs, je dois vous signaler une dernière conséquence de la suppression de la salive parotidienne. Chez les chevaux, la mastication étant entravée, la nutrition se fait moins bien, et les animaux privés de leurs conduits, se nourrissant plus mal, restent plus maigres. Cela a lieu d'une manière bien moins évidente quand il n'y a qu'un conduit parotidien divisé, parce que l'autre glande supplée en partie à celle qui manque à raison de leur analogie de fonction. Chez le chien, la résection des conduits parotidiens n'entraîne pas cet effet funeste sur la nutrition, parce que la mastication a très-peu d'importance chez les carnassiers comparés aux herbivores.

Maintenant que nous avons étudié les usages principaux de la sécrétion parotidienne, il nous reste à étudier le produit de la sécrétion en lui-même, c'est-à-dire la salive. Mais avant tout nous devons donner les moyens employés pour se procurer ce liquide animal.

Chez le cheval, le conduit parotidien vient passer ·
en dehors de la mâchoire, et remonte ensuite vers la
face avec l'artère et la veine faciales pour aller s'enfoncer dans le muscle buccinateur, au niveau de la
seconde molaire supérieure. Ce conduit se reconnaît
aisément à sa densité et à sa couleur blanche. Il est
plus superficiel que les vaisseaux, et placé un peu plus
en arrière.

La veine est au milieu, elle se distingue aisément
par la couleur bleuâtre, qu'elle doit au sang qui la
remplit ; l'artère est plus profonde et plus en avant, on
la reconnaît à ses pulsations.

Pour découvrir le canal parotidien, il faut le prendre
au moment où il passe sur l'os maxillaire au-devant du
muscle masséter. Dans ce point, on sent parfaitement
sous la peau, à l'aide du doigt, le paquet formé par le
canal parotidien, l'artère faciale et la veine qui l'accompagne. On fait à la peau, qu'on soulève par un pli,
une incision perpendiculaire à la direction des vaisseaux
offrant entre eux les rapports indiqués plus haut. Le
conduit étant reconnu et isolé, on le divise et l'on introduit dans le bout qui est du côté de la glande un tube
de verre ou de métal, approprié à la grosseur du conduit salivaire du cheval offrant de 4 à 5 millimètres de
diamètre. Cette précaution est nécessaire pour avoir de
la salive parotidienne pure de tout mélange, et surtout
parfaitement exempte de sang.

Pour extraire la salive parotidienne du chien, ainsi
que nous l'avons pratiqué sur l'animal que vous avez

sous les yeux, on remarquera d'abord que le conduit parotidien passe transversalement sur le muscle masséter,
à la réunion du tiers inférieur avec les deux tiers supérieurs de ce muscle.

Le procédé de Tiedemann et Gmelin, pour obtenir
cette salive, consiste à isoler le conduit de Sténon à son
entrée dans la cavité de la bouche. D'autres expérimentateurs l'ont isolé sur le muscle masséter. Mais le
procédé est plus commode en recherchant le canal à
l'endroit où il se rend dans la cavité buccale. Voici
celui dont je me sers depuis 1847 : On suit avec le
doigt le bord inférieur de l'arcade zygomatique, jusqu'à
sa racine inférieure et antérieure, qui s'insère sur l'os
maxillaire en formant un arc à convexité postérieure.
Dès qu'on est arrivé à l'extrémité de cette arcade, on
sent une petite dépression qui se trouve au niveau de
la deuxième molaire supérieure, entre la saillie que
forme l'alvéole de cette dent et l'insertion de l'arcade
zygomatique.

Dans ce point, et exactement au niveau de cette dépression, on fait une incision oblique et dirigée de
l'angle interne de l'œil vers la commissure buccale.
On divise le tissu cellulaire sous-cutané, et l'on trouve
dans un seul paquet la veine, l'artère faciale, un nerf
et le conduit salivaire. Ce dernier est d'un blanc nacré,
et il se reconnaît en ce qu'il est le plus profondément
situé et croise la direction du paquet vasculo-nerveux.
Dès qu'on a isolé le canal, on fait une incision à ses
parois, qui sont très-épaisses comparativement à celles
des conduits des autres glandes salivaires, et l'on intro-

duit dans son intérieur un petit tube d'argent B muni
d'un petit mandrin A (fig. 8) dont l'extrémité mousse
et conique dépasse légèrement le tube, de manière à favoriser son introduction. Après avoir
posé une ligature sur le tube, on retire le
mandrin, et l'on obtient de cette façon de la
salive parotidienne parfaitement pure.

On ne l'obtiendrait pas pure si l'on ne prenait pas la précaution d'introduire assez profondément le tube métallique ; car, près de
l'embouchure du canal de Sténon, dans la cavité buccale, il existe quelquefois de petites
glandes qui s'abouchent dans ce conduit et
mêlent le liquide visqueux qu'elles sécrètent au
liquide parotidien. C'est là une cause d'erreur
que n'ont pas connu Tiedemann et Gmelin.
Aussi la salive parotidienne qu'ils ont obtenue
chez le chien n'avait-elle pas la fluidité de la
salive parotidienne pure. Quelquefois cette
glandule parotidienne accessoire, à sécrétion
visqueuse, que j'ai trouvée le plus souvent

Fig. 8.

chez les gros chiens dogues, est située plus en arrière
vers le masséter. Dans ce cas, il devient impossible
d'enfoncer le tube assez profondément. Pour éviter son
mélange avec la salive parotidienne pure, il est nécessaire alors de prendre le conduit de Sténon sur le
masséter, et non loin du lieu où il émerge de la glande
parotide (fig. 9).

Pour découvrir le canal parotidien chez le mouton,
le procédé est très-simple. Le conduit parotidien est

pour ainsi dire sous-cutané et vient traverser le muscle buccinateur, au niveau de la seconde molaire supé-

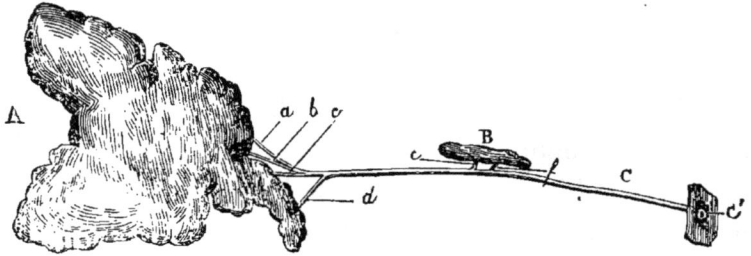

Fig. 9.

A, glande parotide du chien donnant une salive dépourvue de viscosité. — B, petite glandule génienne venant par exception s'ouvrir sur le trajet du canal de Sténon, et fournissant une salive très-visqueuse. — *a*, *b*, *c*, *d*, branches du conduit de Sténon sortant de la parotide. — *e*, *f*, petits conduits de la glandule s'ouvrant dans le conduit de Sténon. — C', orifice du canal de Sténon dans la bouche. Dans le cas de l'exception anatomique ci-desous, on a de la salive différente, suivant le point du canal de Sténon qu'on incise. Si l'on ouvre le canal en C, après la glandule, on a de la salive visqueuse, qui arrive non par le fait de la sécrétion parotidienne, mais par le mélange de cette salive avec celle provenant de la petite glandule B : ce qui le prouve, c'est qu'en prenant le conduit en arrière de la petite glandule entre elle et la glande parotide, on a de la salive dépourvue de viscosité. C'est pour être tombé sur une exception de ce genre et avoir pris le conduit de Sténon à son embouchure dans la bouche, que Tiedemann et Gmelin ont cru que la salive du chien était visqueuse; il n'en est rien, et l'exception de la disposition anatomique, mise en rapport avec l'expérience sur le vivant, explique l ephénomène physiologique lui-même exceptionnel.

rieure. On le découvre facilement par une incision faite sur le masséter, et l'on introduit, comme à l'ordinaire, un tube qu'on fixe de manière à recueillir la salive pure.

Chez le lapin, le conduit salivaire est excessivement petit, et il est à peu près impossible d'introduire un tube dans son intérieur. Aussi, pour obtenir la salive parotidienne du lapin, le procédé que j'emploie consiste à faire sur la joue, préalablement débarrassée de ses poils, une incision verticale qui divise la peau, le tissu cellulaire sous-cutané, les vaisseaux et nerfs jusqu'au muscle masséter ; puis on laisse le sang s'étancher dans la plaie. Au moment où l'animal fait des mouvements de mastication, on voit ensuite sortir goutte à goutte la salive parotidienne qui s'échappe du conduit de Sténon ouvert. Il est bien entendu qu'on ne peut jamais, chez cet animal, obtenir que des petites quantités de salive.

Chez l'homme on a eu fréquemment occasion d'observer des fistules parotidiennes causées par des plaies du conduit de Sténon ou par des obstructions de ce canal, résultant d'inflammation (oreillons, etc.). Dans quelques-uns de ces cas, on observe sur la joue, au moment de la mastication, une rosée salivaire qui suinte en arrière de l'endroit obstrué, et quelquefois en assez grande abondance pour mouiller un linge en très-peu de temps. M. Ph. Bérard a observé ces phénomènes chez son père dont le canal de Sténon avait été obstrué à la suite d'un abcès de la parotide survenu dans le cours d'une fièvre grave. J'ai eu l'occasion de voir deux exemples dans le service de M. Baillarger, à l'hospice de la Salpêtrière.

L'observation anatomique de ces cas montre que le conduit parotidien est plus ou moins complétement oblitéré au-devant de l'obstacle, et que la parotide a subi en même temps une sorte d'atrophie.

Les fistules salivaires exigent chez l'homme des procédés opératoires particuliers pour leur guérison, sans cela les fistules persistent indéfiniment. Chez les animaux, au contraire, quand on fait la section du canal de Sténon, la fistule ne persiste que très-peu de temps, et tend à se détruire par un mécanisme tout à fait particulier qui est toujours à peu près le même. Lorsque le canal est divisé chez un chien, le bout qui tient à la cavité buccale se rétrécit à cause de la cessation de ses fonctions, et se cicatrise par son extrémité coupée ; au contraire, le bout parotidien se maintient encore perméable et verse la salive au dehors ; mais bientôt la plaie tendant à se fermer de plus en plus, l'orifice fistulaire du conduit parotidien se resserre également et finit par se cicatriser dans le tissu inodulaire de la plaie. Il en résulte alors une véritable obstruction des voies salivaires parotidiennes, et quand l'animal fait des efforts de mastication, la salive qui est sécrétée s'accumule dans le conduit et ses ramifications, qu'elle distend d'une manière considérable. Mais on ne voit pas, sous l'influence de cette pression du liquide retenu dans ces conduits, de suintement salivaire se produire par la peau, comme cela a lieu chez l'homme. Peu à peu par la pression du liquide salivaire retenu dans les conduits dilatés, la glande, dont le tissu est également comprimé, s'atrophie progressivement, et le liquide salivaire emprisonné s'altère et devient visqueux. Tous ces phénomènes s'accomplissent dans l'espace de six semaines à deux mois ; je n'ai pas examiné les phénomènes ultérieurs.

Par suite de cette tendance des fistules des animaux à la cicatrisation, on est forcé, pour obtenir des fistules

salivaires permanentes, chez le chien, par exemple,
d'avoir recours à des moyens artificiels propres à empêcher l'occlusion des plaies naturelles ou artificielles.
On se sert de différents moyens, suivant le but que l'on
se propose. Si l'on veut obtenir seulement une fistule
salivaire coulant continuellement au dehors, il suffit de
faire une incision sur la joue, de chercher le conduit
de Sténon, de le mettre à nu, de le diviser. Alors on
introduit son bout parotidien dans un petit tube d'argent à double rebord, dont une extrémité communique
au dehors. La cicatrisation s'opère autour du tube, le
maintient dans ses parties molles, et la salive s'écoule
d'une manière continue dans le tube par le bout parotidien divisé. Le procédé changerait si l'on voulait obtenir une fistule salivaire intermittente, versant le liquide sécrété tantôt dans la bouche, tantôt au dehors.
Dans ce cas, on perce toute la joue et l'on introduit
dans la plaie un tube d'argent, à double rebord et ouvert à ses deux bouts, dont l'un communique au dehors,
et l'autre dans l'intérieur de la bouche. Au milieu de
ce tube est une ouverture latérale qu'on place vis-à-vis
le bout parotidien du conduit divisé. La salive coule
dans le tube et va moitié au dehors, moitié dans la
bouche. Si l'on veut qu'elle coule exclusivement dans
la bouche, on n'a qu'à fermer l'extrémité externe du
tube ; si, au contraire, on veut l'obtenir en totalité au
dehors, il suffit de boucher l'ouverture buccale du tube.
On se sert à cet effet du petit bouchon de liége muni
d'une tige. On commence par enfoncer la tige, et on
laisse le liége à l'extrémité externe, si l'on veut que la

salive coule dans la bouche ; dans le cas contraire, on enfonce d'abord la tige qu'on fait parvenir jusqu'à l'ouverture buccale du tube.

Examinons maintenant les propriétés physiques et chimiques de la salive parotidienne.

La salive parotidienne, lorsqu'elle est pure, est dépourvue de viscosité alcaline, fluide et limpide comme de l'eau au moment où elle est sécrétée ; mais bientôt, par le refroidissement, cette salive devient ordinairement un peu opaline par la précipitation d'un sous-sel. J'ai constaté ce caractère de fluidité de la salive parotidienne chez l'homme, le cheval, le lapin et le chien. Toutefois, chez ce dernier animal, Tiedemann et Gmelin ont obtenu de la salive parotidienne qui était douée d'une viscosité très-évidente, ce qui tient, comme nous l'avons dit, à ce que ces expérimentateurs n'avaient pas eu la salive parotidienne pure, mais mélangée avec le produit visqueux de glandules de la joue qui se déversent quelquefois dans le canal de Sténon.

Les premières gouttes de salive qui coulent du conduit parotidien après une longue suspension de la sécrétion entraînent toujours avec elles quelques parcelles de mucosités grisâtres et un peu troubles. Dans les conduits d'autres glandes et sur les parois de l'estomac, il se produit également, pendant le repos de l'organe sécréteur, une couche de mucosités grisâtres qui sont enlevées par la sécrétion fonctionnelle lorsqu'elle vient à entrer en activité.

Le dépôt de la salive parotidienne se forme le plus souvent immédiatement après son écoulement, et il se produit en même temps une pellicule blanchâtre à sa surface, comme sur de l'eau de chaux. Quelquefois cependant ce n'est que le lendemain que ce dépôt a lieu, et il me semble avoir observé plus fréquemment ce fait chez des animaux à jeun. Chez le chien, ce précipité dans la salive parotidienne ne se voit pas quand elle est mêlée d'un peu de salive visqueuse. Ce dépôt est dû sans doute à ce que les bicarbonates de la salive perdent une partie de leur acide carbonique au contact de l'air, ce qui donne naissance à un carbonate insoluble qui se précipite au moins en partie.

Ce précipité de la salive parotidienne, qui est formé par du carbonate de chaux, entraîne toujours avec lui une matière organique insoluble. Cette dernière particularité a déterminé Lehmann à donner du phénomène une explication différente de celle que nous avons signalée plus haut. Pour ce chimiste, la chaux serait normalement combinée avec la matière organique de la salive, au moyen de laquelle elle serait rendue soluble. Au contact de l'air, l'acide carbonique de l'air s'emparerait de la chaux et précipiterait alors la matière organique déplacée avec le carbonate de chaux formé. Pour juger expérimentalement l'une ou l'autre des opinions précitées, il faudrait savoir si la salive au contact de l'air gagne de l'acide carbonique au lieu d'en perdre. Tout ce que je puis dire, c'est qu'au moment où la salive parotidienne sort de son conduit sécréteur, et avant d'avoir été exposée à l'air, elle renferme des quantités énormes d'acide carbonique, ce qu'on reconnaît à l'effervescence excessivement vive qui a lieu par l'addition d'un acide énergique quelconque.

La formation de ce dépôt de carbonate de chaux, qui se constate avec la plus grande facilité par les caractères chimiques et par l'examen microscopique, distingue la salive parotidienne des salives sous-maxillaire et sublinguale, qui en diffèrent en outre par leur degré de viscosité plus ou moins considérable.

La *densité* de la salive parotidienne a été trouvée :

Chez l'homme, de.....	1,0061 à 1,0088 (Mitscherlich.)
— le chien.........	1,0040 à 1.0047 (Jacubowitch.)
— —	1,0036 à 1,0041 (Bernard.)
— le cheval........	1,0051 à 1,0074 (Lehmann.)

Les variations de densité, dans les limites que nous venons d'indiquer, peuvent être absorbées sur le même individu à des instants très-rapprochés les uns des autres, ainsi que le prouve l'expérience suivante de Lehmann. Sur un cheval auquel on avait pratiqué la section du canal de Sténon, la densité de la salive parotidienne, recueillie la première, fut égale à 1,0061. Dix minutes après, le cheval ayant un peu mangé et bu 3 kilogrammes d'eau, la salive examinée n'avait plus une densité que de 1,0051. L'animal fut ensuite laissé à l'abstinence pendant douze heures, et sa salive parotidienne, de nouveau examinée, avait une densité de 1,0074.

L'*alcalinité* de la salive parotidienne est un fait constant, d'après tous les observateurs. Sur un très-grand nombre d'expériences, j'ai également toujours rencontré chez l'homme et les animaux la salive parotidienne avec une réaction alcaline très-marquée. On cite quelquefois, en opposition avec cette règle, une observation de Mitscherlich, qui a constaté chez l'homme que les bords d'une fistule salivaire parotidienne étaient acides pendant l'abstinence. Mais aussitôt que la salive venait à couler, elle se montrait avec sa réaction alcaline : de sorte que cette acidité, qui coïncidait avec l'absence de la salive, n'était due qu'à l'altération d'un peu de mucus. Il est, du reste, très-fréquent de voir des ouvertures fistuleuses quelconques qui ont suppuré offrir une réaction acide au papier de tournesol.

La salive parotidienne est généralement plus alcaline que la salive mixte. Ce fait a été constaté sur le cheval par la commission d'hygiène.

D'après Wright, la quantité de soude trouvée dans la salive est de :

Chez l'homme en état de santé..   0,095 à 0,353 p. 100.
  — le chien.................   0,151 à 0,653
  — la brebis...............   0,087 à 0,261
  — le cheval...............   0,098 à 0,513

Il est à remarquer que ces nombres ne sont pas exactement comparables, parce qu'ils n'appartiennent pas tous à la salive parotidienne. Du reste, le degré d'alcalinité de la salive parotidienne elle-même peut varier suivant diverses circonstances.

Mitscherlich a observé, chez l'homme atteint de fistule parotidienne, que la salive était moins alcaline au commencement de l'écoulement, et que l'énergie de sa réaction dans ce sens augmentait ensuite progressivement et d'autant plus que les aliments étaient plus durs et plus irritants.

Tiedemann et Gmelin disent que, dans la salive de l'homme, l'alcali est constitué presque exclusivement par de la potasse, tandis que, dans celle du chien et de la brebis, la soude se trouve en très-forte proportion avec très-peu de potasse.

Les proportions d'eau, de matières solides organiques et inorganiques, dans la salive parotidienne, ont été déterminées dans les analyses de la manière suivante :

	Eau.		Matières solides.		
Chez l'homme.	98,532 à 98,368		De 1,468 à 1,632	(Mitscherlich.)
Id.	98,038	—	1,062	—	(Van Setten.)
Chez le chien.	99,053	—	0,047	—	(Jacubowitch.)
Id.	97,042	—	2,057	—	(T. et Gmelin.)
Chez le cheval.	98,090	—	1,010	—	(Comm. d'hyg.)
Chez la brebis.	98,010	—	1,090	—	(T. et Gmelin.)

Il y a une différence considérable dans le résultat obtenu par Tiedemann et Gmelin avec la salive du chien ; mais nous avons vu précédemment que ces expérimentateurs ont obtenu un fluide qui ne peut pas être considéré comme de la salive parotidienne pure.

Les matériaux solides de la salive qui nous occupe sont constitués par des matières organiques et par des substances inorganiques. Bidder et Schmidt ont trouvé dans la salive parotidienne du chien 1,4 de substances organiques et 3,3 de matières inorganiques, sur 1,000 parties. La commission d'hygiène trouva 33,33 de matières inorganiques pour 100 parties du résidu sec de la salive parotidienne du cheval. Tiedmann et Gmelin ont constaté chez la brebis 56 pour cent du résidu sec.

Les matières organiques de la salive parotidienne sont constituées principalement par une substance coagulable par la chaleur, précipitable par les acides énergiques et par le tanin, qu'on a considérée tour à tour comme de l'albumine ou de la caséine. Il existe en outre des matières organiques mal déterminées et connues sous le nom de *ptyaline*. D'après Lehmann, ces matières organiques se trouvent à un état de combinaison soluble avec l'alcali de la salive. Les matières salines de la salive parotidienne sont le bicarbonate de potasse, le chlorure de potassium, les carbonate et phosphate de chaux, et enfin le sulfo-cyanure de potassium, qui a été signalé par quelques auteurs.

Les variations qui peuvent survenir dans le rapport de l'eau et des matières solides de la salive parotidienne sont peu connues ; cependant, dans certaines circonstances, les proportions d'eau et de matières salines qu'elle peut renfermer varient d'une manière évidente. Généralement les portions de salive qui se trouvent sécrétées les dernières contiennent une plus grande portion d'eau ; de sorte qu'on pourrait trouver des différences dans les analyses à ce point de vue, si l'on n'avait pas eu soin de mélanger toutes les portions de salive obtenues.

Un fait singulier a été observé par la commission d'hygiène sur un cheval auquel on avait pratiqué une

fistule parotidienne. On remarqua, en effet, des variations dans les matières salines de la salive à mesure
qu'on examinait cette sécrétion, en s'éloignant de l'é-
poque où avait été pratiquée la fistule.

Voici les résultats de cette expérience, rangés en tableaux :

INDICATION des jours où fut recueillie la salive parotidienne.	ANALYSES.			MATIÈRES sèches formant la somme des matières organiques et inorgan.	TABLEAU CALCULÉ p. 100 de mat. sèche	
	Eau.	Matières salines.	Matières organ.		Matières organ.	Matières inorgan.
24 avril....	99,100	0.800	0,000	0,900	66,66	33.33
29 avril....	98,175	0,609	0,416	1 025	40,25	59,75
9 mai....	99,140	0,573	0,287	0,860	33,33	66,66
26 mai....	99,500	0,480	0.020	0,500	4,00	96,00
6 juin....	99,124	0,692	0.184	0.876	21,00	79,00
19 juin....	98,700	0,873	0,427	1.300	32,83	67.17
3 juillet..	99.260	0,640	0 100	0,740	13,55	86,48
21 août....	98,970	0,942	0,088	1,030	7,16	92,84

L'*albumine* a été admise dans la salive parotidienne,
parce que, par la chaleur ou par l'acide nitrique, il se
forme dans ce liquide un précipité plus ou moins abondant. C'est principalement dans la salive du cheval que
ce phénomène s'observe.

La commission d'hygiène admet 20 à 24 pour cent
d'albumine dans le résidu sec de la salive parotidienne
du cheval ; elle considère cette matière albumineuse
salivaire comme identique avec celle du blanc d'œuf et
comme bien distincte de la caséine.

La *caséine* a pourtant été signalée, à l'exclusion de
l'albumine, dans la salive parotidienne du cheval,

par Simon, par Schulz et par d'autres auteurs.

Il me paraît évident néanmoins que tous ces observateurs ont eu affaire à la même substance salivaire, qui offre en effet, ainsi qu'on va le voir, des caractères communs à la caséine et à l'albumine.

J'ai recueilli sur un cheval vieux, mais parfaitement sain, de la salive parotidienne bien pure, par la section du conduit de Sténon. Traitée par la chaleur ou par l'acide nitrique, il se formait un coagulum assez abondant, ayant toutes les apparences d'un précipité albumineux. Dans deux autres portions de cette même salive, j'ajoutai à l'une un excès de sulfate de soude cristallisé, et à l'autre un excès de sulfate de magnésie également cristallisé. Au bout de quelques instants de contact à la température ordinaire, on filtra les deux mélanges. Le liquide qui filtra après l'action du sulfate de soude coagulait comme auparavant, tandis que le liquide qui filtra après l'action du sulfate de magnésie ne coagulait plus, parce que sa matière albuminoïde avait été complétement retenue sur le filtre. Cette dernière réaction, qui appartient aussi à la caséine du lait, différencie donc la matière organique salivaire de la parotide d'avec l'albumine du blanc d'œuf. Cette matière albuminoïde de la salive parotidienne est très-peu abondante chez le chien et chez l'homme; cependant j'en ai trouvé des traces évidentes.

Cette matière albuminoïde de la salive parotidienne, en arrivant dans la salive mixte, paraît s'altérer rapidement et disparaître en partie. La matière organique appelée diastase salivaire, n'existe pas dans la salive parotidienne fraîche des animaux. Nous reviendrons plus tard sur ce sujet à propos des usages des salives.

Les matières salines qu'on rencontre dans la salive parotidienne ne diffèrent que par leur proportion d'avec celles de la salive mixte. Les carbonates alcalins sont beaucoup plus abondants dans la salive parotidienne que dans la salive mixte, ce qui peut expliquer comment la salive mixte est beaucoup moins alcaline que la salive parotidienne.

Le sulfocyanure n'a jamais pu être constaté directement par les sels ferriques dans la salive parotidienne pure, soit fraîche, soit ancienne. Ce n'est qu'après l'avoir traitée par l'alcool et lui avoir fait subir les manipulations indiquées ailleurs, qu'on a pu constater la présence du sulfocyanure dans la salive de certains animaux, tels que le chien.

Au point de vue de ses qualités physiques, la salive parotidienne, quand elle est pure, se distingue essentiellement des autres salives par sa grande fluidité, qui la rend propre à imbiber les substances. Cette fluidité favorise aussi les dépôts de sels de chaux, qui n'a pas lieu dans les autres liquides salivaires toujours plus ou moins visqueux.

La sécrétion de cette salive est en rapport avec certains nerfs, et c'est là un des caractères les plus importants et qui serviront à grouper les appareils salivaires autour des phénomènes physiologiques auxquels ils sont liés. D'abord la parotide sécrète au moment où il y a des mouvements des mâchoires, et quand on galvanise les nerfs qui déterminent des contractions dans les muscles masticateurs, on voit la sécrétion salivaire se produire aussitôt du côté correspondant.

Ainsi, quand on excite dans le crâne la cinquième paire qui fournit des branches aux muscles des mâchoires, on voit aussitôt la sécrétion parotidienne devenir très-intense.

Il y a deux nerfs qui agissent spécialement sur la sécrétion parotidienne, ce sont le nerf de la cinquième paire et le facial. Quand on irrite ces nerfs, on détermine une salivation abondante. Il est curieux de voir une sécrétion sous l'influence d'un nerf moteur, mais nous vous montrerons que dans la cinquième paire, il y a d'autres portions qui n'influencent pas du tout la parotide, mais qui agissent sur d'autres glandes ; ainsi le nerf lingual détermine, quand on l'excite, une sécrétion très-active dans la sous-maxillaire, mais non dans la parotide.

On a dit que la salive parotidienne était sécrétée par suite de la compression qu'exerçaient contre la glande les muscles masticateurs, et l'on a discuté pour savoir comment il pouvait se faire que la parotide fût comprimée dans les mouvements des mâchoires.

La sécrétion ne saurait être expliquée de cette façon. Elle est le fait d'une action nerveuse directe, dont nous aurons plus tard à étudier le mécanisme.

Vous voyez donc, Messieurs, que la salive parotidienne se trouve surtout en rapport avec les nerfs qui régissent la mastication, de même que le rôle qu'elle remplit se rapporte à cette fonction. Nous verrons que chacune des autres glandes qui versent leurs produits de sécrétion dans la cavité buccale se distingue également par la spécialité de son produit et par les nerfs qui président à la sécrétion.

QUATRIÈME LEÇON

11 MAI 1855.

MESSIEURS,

Vous avez vu la salive parotidienne avoir un rôle bien nettement déterminé dans l'un des actes qui s'accomplissent dans la cavité buccale, dans le phénomène de l'imbibition des aliments secs ou solides. Nous allons voir aujourd'hui une autre salive présider à un acte tout à fait différent, et que je vous ai déjà fait pressentir par une expérience rapportée dans la séance précédente.

On était tellement dans l'idée que les diverses salives ressemblaient toutes les unes aux autres, en raison de la conformité de structure des organes qui les produisent, qu'on ne s'était même pas donné la peine de vérifier cette opinion par l'expérience.

Nous avons déjà dit qu'avant nous personne, à notre connaissance, n'avait recueilli la salive sous-maxillaire sur un animal vivant.

L'expérience se fait ainsi que vous allez nous la voir pratiquer.

L'animal est placé sur le dos, le cou tendu et la tête renversée ; nous faisons une incision de 3 à 4 centimètres sur le bord interne de la mâchoire inférieure, et de telle façon que le milieu de l'incision corresponde à peu près au milieu de la mâchoire elle-même et au niveau de l'insertion antérieure du muscle digastrique. Nous divisons la peau et le peaucier, et au-dessous nous voyons le muscle mylo-hyoïdien dont les fibres sont transversales ; nous incisons ce muscle perpendiculairement à la direction de ses fibres, et nous trouvons au-dessous de lui un paquet formé par la réunion de l'artère, de la veine et du nerf lingual. Le conduit salivaire sous-maxillaire accompagne les vaisseaux, nous le reconnaissons à sa transparence, et nous le distinguons du conduit de la glande sublinguale placé un peu plus en dedans, par son volume qui est plus considérable. Une fois ce conduit sous-maxillaire reconnu, nous passons au-dessous de lui un fil, à l'aide d'une aiguille courbe ; avec des ciseaux fins nous le divisons, et nous y introduisons le petit tube muni de son mandrin, puis nous fixons le tout avec une ligature.

Nous injectons maintenant un peu de vinaigre dans la gueule de l'animal, et vous voyez aussitôt couler une salive un peu filante, tombant par gouttes perlées.

La salive obtenue ainsi d'une fistule sous-maxillaire pratiquée à un chien, est, comme nous le voyons, d'une limpidité parfaite, mais elle est beaucoup moins fluide que la salive parotidienne. Par le refroidissement elle devient quelquefois comme gélatineuse, et ne laisse pas, comme la salive parotidienne, déposer des cristaux de carbonate de chaux, quoiqu'elle contienne cependant ce sel et qu'elle fasse effervescence avec l'acide nitrique ; il ne se forme pas non plus une pellicule blanchâtre à sa surface. Son alcalinité paraît un peu plus forte que celle de la salive parotidienne.

Par l'ébullition on n'y détermine aucune coagulation, mais le liquide mousse, se boursoufle, sans cesser d'être filant. Relativement à la composition chimique de la salive sous-maxillaire, les analyses de Bidder et Schmidt ont donné chez le chien :

Dans une première analyse :

Eau.	996,04
Matière organique.	1,51
Matière inorganique.	2,45
	1,000

Dans une deuxième analyse :

Eau.	991,45
Matière organique.	2,89
Matière inorganique.	5,66
	1,000

Ces matières organiques, dans cette deuxième analyse, contenaient :

Chlorure de calcium. . . . . }	4,50
— de sodium. . . . . }	
Carbonate de chaux. . . . . }	
Phosphate de chaux. . . . . }	1,16
— de magnésie. . . . . }	
	5,66

Vous voyez, d'après ces deux analyses, que les rapports entre les différentes matières contenues dans la salive peuvent varier chez un animal, ce qui tient, comme nous l'avons déjà dit à propos de la salive parotidienne, aux circonstances dans lesquelles s'opère la sécrétion ; et nous savons d'ailleurs que l'état de jeûne ou d'abstinence amène des différences notables dans le rapport qui existe entre les substances constituantes des produits de sécrétion.

On n'a pas signalé dans la salive sous-maxillaire fraîche la présence du sulfocyanure de potassium, que nous verrons bientôt exister dans la salive mixte.

Vue au microscope, la salive sous-maxillaire est un liquide transparent complétement dépourvu d'épithélium ; elle renferme une substance organique qui, à la température de l'animal, est parfaitement fluide, mais qui, par le refroidissement, devient souvent visqueuse et même se prend en gelée ; cette matière perd ensuite ses propriétés quand la salive s'altère.

Les caractères de la salive sous-maxillaire sont les mêmes chez l'homme que chez les animaux ; c'est elle qui chez l'homme s'échappe de la bouche, et est lancée par jets à la vue d'un mets succulent. Ce phénomène nous fait déjà pressentir son rôle.

En effet, la sécrétion sous-maxillaire est intimement liée au phénomène de la gustation. Si, après avoir fait une fistule et placé un tube dans le conduit de Wharton sur un chien, on vient à mettre un corps sapide, du poivre, par exemple, sur la langue, on voit aussitôt la sécrétion sous-maxillaire devenir très-abondante ; si un

autre tube est placé en même temps dans le conduit parotidien, on ne voit pas ou très-peu de liquide couler par
ce dernier.

C'est là une manière de démontrer l'indépendance
des glandes au moyen des nerfs qui les influencent,
et ce procédé est très-concluant, parce qu'on peut
soler ainsi, pour la glande sous-maxillaire, l'impression gustative d'avec les mouvements masticateurs.
Quand on galvanise le facial ou la portion motrice de
la cinquième paire, on produit une sécrétion salivaire
dans la parotide seulement. On peut également produire une sécrétion salivaire dans la glande sous-
maxillaire en agissant précisément sur le nerf du goût,
qui est une branche linguale de la cinquième paire.

Nous allons, Messieurs, faire l'expérience devant
vous ; vous comprendrez mieux ensuite l'explication
du phénomène.

Nous avons découvert ici sur ce chien le conduit
sous-maxillaire et nous y avons adapté un tube ; on peut
voir le nerf lingual qui se dirige vers la langue en croi-
sant la direction du conduit salivaire, puis il y a un
autre filet nerveux qui part du nerf lingual et se dirige
en arrière vers la glande ; c'est ce filet qui va au ganglion sous-maxillaire en connexion, ainsi qu'on le sait,
avec le nerf lingual. De plus il y a un autre filet qui va
à la glande, et qui provient du ganglion cervical supérieur du grand sympathique.

Ici nous voulons montrer l'influence particulière du
nerf du goût sur laglande sous-maxillaire ; pour cela
nous avons, ainsi que vous le voyez, mis un tube dans

le conduit de la glande sous-maxillaire et un autre dans le conduit de la glande parotide, afin de comparer l'influence du nerf lingual sur la sécrétion de chacune de ces deux glandes. Nous avons sous les yeux le nerf lingual (voy. fig. 10), nous le coupons en S', et nous avons deux bouts résultant de cette section, un bout périphérique, qui se rend à la langue, et un bout central, qui communique avec le cerveau ; nous excitons successivement chacun de ces deux bouts avec une pince galvanique, dont nous nous servons habituellement. Lorsque nous galvanisons le bout périphérique, nous n'avons absolument aucune sécrétion salivaire ni dans une glande ni dans l'autre, parce qu'il n'y a aucune sensation ni aucun mouvement développé. En galvanisant avec précaution et pas trop fortement le bout central, nous avons immédiatement un écoulement de salive par le tube placé dans le conduit sous-maxillaire, mais il y a absence complète d'écoulement par le tube placé dans le conduit parotidien. Nous répétons cette expérience plusieurs fois toujours avec le même résultat, à savoir, que l'excitation du nerf lingual n'influence que la sécrétion salivaire sous-maxillaire.

Quant à l'explication du phénomène, elle paraît bien simple : en galvanisant le bout central, nous produisons quelque chose d'analogue à l'impression gustative, et cette impression gustative réagit sur la glande par action réflexe, c'est-à-dire que l'impression, après être montée aux centres nerveux, retourne vers la glande dans une direction centrifuge. Les filets qui portent l'impression au cerveau sont les filets mêmes

du rameau lingual de la cinquième paire, et ceux qui
rapportent l'impression sur la glande sont des nerfs
d'une autre nature et peut-être la corde du tympan ;
ses filets se rendent en partie dans le ganglion sous-
maxillaire.

Quand on agit directement sur les filets qui se rendent dans le ganglion, on produit à l'instant une sécrétion très-abondante. Au lieu d'exciter les nerfs centri-
pètes, on peut donc aussi exciter les nerfs centrifuges,
c'est-à-dire les filets qui se rendent au ganglion sous-
maxillaire pour aller ensuite à la glande ; dans ces deux
cas nous obtenons de même une sécrétion abondante.

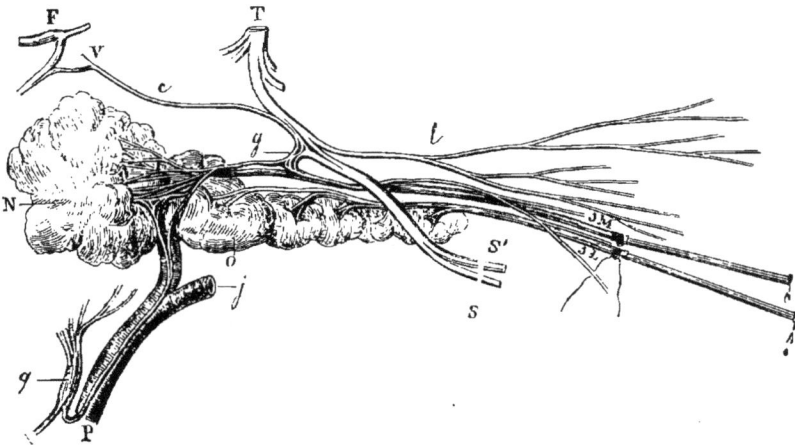

Fig. 10. — *Glandes sous-maxillaires et sublinguale du chien. Rapports
des nerfs avec la glande sous-maxillaire.*

N, glande sous-maxillaire ; — O, glande sublinguale ; S, M, conduit de
Wharton dans lequel on a introduit un tube ; — S, L, conduit de la glande
sublinguale dans lequel on a introduit un tube ; — T, S, S′, nerf lingual provenant de la cinquième paire ; — F, nerf facial ; — c, corde du tympan ; —
g, ganglion sous-maxillaire ; — q, ganglion cervical supérieur ; — P, filet
allant à la glande sous-maxillaire ; — j, artère maxillaire profonde ; — v, nerf
vidien ; — l, rameau du nerf lingual se ramifiant dans la muqueuse buccale.

Cette influence d'un nerf de la sensation gustative sur la glande sous-maxillaire, dont la sécrétion est liée à cette fonction, se manifeste, comme vous le voyez, par l'action réflexe ordinaire qui a lieu de la langue à la glande sous-maxillaire ; toutefois cette action n'est pas limitée à une seule glande, et quand nous galvanisons le nerf du côté gauche, nous faisons, il est vrai, sécréter surtout la glande du côté gauche, mais aussi un peu la glande du côté droit. C'est ainsi que, après avoir coupé le nerf lingual, ou même la cinquième paire d'un côté, on voit la sécrétion salivaire avoir encore lieu dans les glandes de ce même côté quand on introduit une substance sapide dans la bouche, parce que l'impression perçue par le nerf d'un côté se transmet à la glande de l'autre côté, par le mécanisme que nous venons de voir. Cette réaction de deux nerfs droit et gauche l'un sur l'autre est un fait qui se rencontre ailleurs; ainsi, quand on pince un nerf optique, on détermine la contraction de la pupille du même côté et en même temps celle de la pupille du côté opposé. Cela tient dans ce cas, à l'entrecroisement des nerfs optiques qui a lieu au *chiasma*.

Voici une expérience dans laquelle ce que nous venons de dire précédemment pour les nerfs salivaires va être rendu évident.

Sur un gros chien qui autrefois avait porté une fistule pancréatique dont il est guéri, nous découvrons ici les conduits sous-maxillaire et sublingual du côté gauche, et nous introduisons dans chacun d'eux un petit tube d'argent. Nous avons également mis à nu le nerf lingual de la cinquième paire.

Alors nous voyons les deux branches de bifurcation du nerf lingual, et nous en coupons d'abord une, l'inférieure ; nous galvanisons son bout périphérique sans provoquer de sécrétion ; mais si nous versons du vinaigre dans la bouche de l'animal, nous voyons aussitôt la salive s'écouler abondamment par le conduit de la glande sous-maxillaire. Nous divisons alors l'autre branche du nerf lingual, et nous galvanisons le bout central sans produire de sécrétion salivaire, tandis que le contact du vinaigre produit l'écoulement de la salive ; ce dernier effet a lieu par l'excitation du nerf du côté opposé. Toutefois, l'écoulement de la salive est alors moins considérable, et il paraît plus faible encore après la section du deuxième rameau du nerf lingual.

Ensuite, nous agissons sur le bout central du nerf lingual, au-dessous du ganglion, c'est-à-dire au point d'émergence du filet qui va à la glande, et nous avons une sécrétion abondante de salive qui se montre aussi un peu dans la glande sublinguale. Mais alors nous coupons le tronc du nerf lingual au-dessus du ganglion, au point d'émergence du filet, et alors nous avons un résultat inverse, c'est-à-dire qu'en galvanisant le bout central du nerf, nous n'obtenons plus de sécrétion, mais en galvanisant le bout périphérique nous excitons énergiquement la sécrétion salivaire. Ce résultat se comprend très-bien, parce qu'en coupant le nerf lingual au-dessus de l'émergence du filet glandulaire, nous avons coupé les nerfs de retour par lesquels se produisait l'action réflexe ; tandis qu'en excitant le bout périphérique, nous agissons directement sur les filets centrifuges qui vont à la glande.

J'ai essayé de voir si, en galvanisant directement le tissu de la glande sous-maxillaire, on déterminerait par là l'écoulement de la salive. Mais je n'ai rien produit. Cela prouverait-il qu'il faut absolument agir par l'intermédiaire du nerf? C'est une question qui serait intéressante à examiner.

Cette sécrétion de la salive sous-maxillaire se trouve également liée à d'autres influences nerveuses. Ainsi, il y a une relation entre la sécrétion gastrique et la sécrétion de la glande sous-maxillaire. Quand on fait sécréter cette glande sous l'influence d'une substance sapide, on observe que le suc gastrique se sécrète également. De même, quand on agit par une excitation mécanique ou galvanique sur les pneumo-gastriques intacts, ou sur le bout supérieur quand ils sont coupés, on peut déterminer une sécrétion de suc gastrique par action réflexe et l'on produit également une sécrétion de la glande sous-maxillaire.

Quand on pique certaines parties du pont de Varole, on produit aussi une sécrétion salivaire très-abondante, et celle-ci n'a lieu quelquefois que dans la glande sous-maxillaire. C'est ainsi, par exemple, qu'en piquant le plancher du quatrième ventricule pour produire le diabète artificiel, il arrive souvent, quand la piqûre se prolonge un peu trop en avant, de voir une salivation très-abondante, qui ne se fait alors que par la glande sous-maxillaire.

Mais il y a, comme vous savez, plusieurs sortes de

saveurs qui sont perçues sur la membrane muqueuse de la bouche ; il serait intéressant également de savoir avec laquelle de ces saveurs la salive sous-maxillaire est plus spécialement en rapport.

Nous allons vous donner les résultats d'une première expérience que nous avons faite à ce sujet.

Sur un gros chien de chasse qui déjà avait antérieurement servi pour une fistule pancréatique dont il est aujourd'hui guéri, nous avons découvert les trois conduits salivaires : le conduit parotidien, le conduit sous-maxillaire et le conduit sublingual du côté droit ; puis nous avons fixé un petit tube d'argent comme à l'ordinaire sur chacun de ces conduits. Ces petits tubes ont environ 1 millimètre de diamètre. Nous remarquons, en passant, que les conduits salivaires sont généralement doués d'une sensibilité assez vive, et particulièrement vers le conduit parotidien.

Alors nous avons introduit avec une pipette un peu de vinaigre dans la gueule de l'animal. L'animal éprouva la sensation gustative, et fit sous cette influence dès mouvements de mâchoire et des mouvements de déglutition. Aussitôt les trois salives coulèrent, mais très-inégalement ; la salive sous-maxillaire coulait très-abondamment ; la salive parotidienne coulait beaucoup moins, et la salive sublinguale coulait très-faiblement. La salive sous-maxillaire, au moment où elle s'écoulait, était claire, limpide, à peine filante ; les gouttes qui sortaient du tube se succédaient avec une telle rapidité qu'elles formaient parfois un jet continu. La salive parotidienne, au moment où elle s'écoulait, était claire, limpide, mais elle devenait bientôt opaline, et il se formait à sa surface une pellicule blanchâtre, comme sur de l'eau de chaux, ce qui n'avait pas lieu pour la salive sous-maxillaire. La salive sublinguale coulait par quelques grosses gouttes rares, elle était très-visqueuse et excessivement gluante, à tel point qu'elle coulait difficilement. Les premières gouttes qui sortaient du tube n'étaient pas parfaitement transparentes.

. Ainsi le vinaigre avait produit une sécrétion salivaire abondante, mais très-inégale dans les trois glandes. Ce sont donc les saveurs acides qui paraissent provoquer le plus abondamment la sécrétion salivaire, ainsi qu'on le verra par ce qui va suivre.

J'ai ensuite introduit dans la gueule de l'animal, à l'aide d'une pipette, une solution faible de carbonate de soude. L'animal a paru en éprouver une sensation gustative désagréable ; il a fait des mouvements avec les mâchoires et avec la langue, et il a fait également des mouvements de déglutition. La sécrétion s'est alors montrée dans les trois glandes, mais beaucoup moindre qu'avec le vinaigre. Toutefois c'est toujours la glande sous-maxillaire qui a donné le plus de salive, ensuite la glande parotidienne et enfin la sublinguale.

Un instant après, et lorsque toutes les sécrétions étaient arrêtées, j'ai introduit de l'eau dans la gueule de l'animal. Il exécuta des mouvements avec la langue et avec les mâchoires, et fit aussi quelques mouvements de déglutition ; mais c'est à peine s'il s'écoulait quelques gouttes de salive par les trois conduits. Les sécrétions salivaires cessent, ou du moins ne sont pas réveillées par la présence de l'eau. J'ai encore mis dans la gueule de l'eau fortement sucrée, et le même résultat s'est montré, c'est-à-dire qu'il n'y a pas eu excitation sensible de la sécrétion salivaire sous cette influence.

Alors j'ai introduit sous les dents de l'animal des morceaux de coloquinte tenus en suspension dans l'eau. L'animal a bien vite éprouvé la sensation amère ; il fit des mouvements de la langue, des mâchoires et des mouvements de déglutition, et aussitôt les sécrétions salivaires ont été réveillées et excitées. L'écoulement de salive a eu lieu pour les trois salives, mais moins abondant que par le carbonate de soude, qui a lui-même excité la salivation moins énergiquement que le vinaigre. Ainsi, dans cette circonstance comme dans les autres, c'est toujours la glande sous-maxillaire qui a fourni le plus de salive, ensuite la glande parotide, et en dernier lieu la glande sublinguale.

Enfin une dernière expérience a été faite en réinjectant du vinaigre dans la gueule de l'animal. Instantanément la salive est devenue excessivement abondante. La salive sous-maxillaire coulait en jet continu, la parotidienne coulait encore fortement, et la sublinguale donnait toujours des grosses gouttes très-gluantes et assez rares.

Toutes ces opérations avaient duré environ une heure et un quart, et l'on avait recueilli séparément les salives qui s'étaient écoulées durant ce temps ; voici ce qu'avait fourni chaque glande :

La glande sous-maxillaire......... 44 c. c. de salive.
— parotide.............. 23 —
— sublinguale........... 5 —

Enfin, Messieurs, puisque nous sommes dans cette expérience, je vous signalerai encore les autres observations que nous avons faites avec les salives obtenues.

La salive parotidienne était fortement alcaline. Cette salive, qui était limpide au moment de son écoulement, était devenue opaline par le refroidissement, par la précipitation d'un sous-sel ; en y ajoutant de l'acide azotique, elle donnait une vive effervescence due à la présence des carbonates qu'elle contenait. Elle donnait une trace de précipité par la chaleur et par l'acide azotique, elle contenait donc un peu de matière albumineuse.

Nous avons pris la densité de cette salive ; pour cela nous en avons pesé une quantité qui remplissait exactement un petit flacon densimètre, et nous avons eu son poids pris à la même température comparé au poids de l'eau distillée contenue dans le même flacon :

1° Poids du flacon plein d'eau distillée........ = 25,665
2° Poids du flacon plein de la salive parotide. . = 25,744
3° Poids du flacon vide..................... = 10,000

Pour obtenir la densité de la salive, il suffit de diviser la première quantité par la deuxième, après avoir toutefois soustrait de chacune d'elles le poids du flacon, ce qui nous a donné 1,00504 comme densité de la salive parotidienne du chien.

La salive sous-maxillaire était très-alcaline ; elle avait conservé sa transparence à l'air ; il s'y est seulement fait un petit dépôt floconneux. Par l'acide azotique elle ne donnait pas de précipité ni d'effervescence bien manifeste.

La densité de la salive sous-maxillaire prise par le procédé précédent était de 1,00261. La densité d'une autre salive sous-maxillaire de chien nous avait donné précédemment 1,00362. On voit que la densité de la salive parotidienne est ici plus considérable que celle de la glande sous-maxillaire.

La salive sublinguale était également alcaline, elle était de plus excessivement gluante. Par l'acide azotique, elle ne donnait ni précipité ni effervescence évidente. Par la chaleur, elle se boursouflait sans cesser d'être gluante et ne donnait lieu à aucune coagulation.

D'après ce que nous avons vu plus haut, la sécrétion de la salive sous-maxillaire est donc celle qui est le plus excitée par l'impression des substances sapides.

En résumé, la sécrétion sous-maxillaire est tout à fait spéciale et distincte de la sécrétion parotidienne; elle a un rôle particulier, correspondant à l'un des actes accessoires de la digestion, à la gustation des aliments. L'anatomie comparée vient confirmer d'une autre manière les données expérimentales de la physiologie, en ce que nous voyons disparaître la glande sous-maxillaire partout où la gustation n'a plus besoin de s'accomplir. Chez les animaux carnivores, la sous-maxillaire est très-développée, tandis que chez les oiseaux granivores, elle disparaît presque complétement.

Nous avons vu que l'impossibilité de l'écoulement de la salive parotidienne gênait beaucoup l'insalivation. La même question pourrait être posée à l'occasion de la glande sous-maxillaire, afin de savoir si la gustation est gênée par suite du défaut d'écoulement de la salive sous-maxillaire. On comprend que de telles expériences sont difficiles sur les animaux, parce qu'ils ne nous rendent pas compte directement de leurs sensations. Chez les hommes, on n'a pas observé de fistules sous-maxillaires, et l'on ne connaît pas par conséquent l'altération gustative qui aurait pu survenir dans ces cas.

Messieurs, on a observé chez l'homme, et rattaché à la sécrétion sous-maxillaire, une affection à laquelle on donne le nom de *grenouillette*. Nous allons entrer dans quelques détails à sujet.

Beaucoup de chirurgiens ont considéré la *grenouillette* comme une dilatation du conduit de Wharton survenue par suite d'une obstruction de ce canal. Nous ne voulons pas juger si l'affection se produit toujours par le même mécanisme, seulement nous voulons dire que, chez les animaux, il est impossible de produire des dilatations circonscrites du canal de Wharton ; et quand on vient, comme nous l'avons fait, à lier le canal de la glande sous-maxillaire, non-seulement le conduit se dilate derrière la ligature, mais cette dilatation se prolonge en arrière et atteint même les ramuscules des conduits salivaires jusque dans la glande.

Les liquides filants qu'on a rencontrés dans les grenouillettes se rapportent aussi bien par leurs caractères aux liquides provenant de kystes qu'aux liquides salivaires sous-maxillaires. On a trouvé des concrétions dans les conduits salivaires sous-maxillaires, chez l'homme, dont la composition était principalement formée par des carbonates et des phosphates de chaux avec des traces de fer et de manganèse. On a remarqué que la présence de ces calculs qui obstruent le conduit salivaire détermine généralement comme symptôme une douleur excessivement vive, qui s'irradie vers la glande; ce qui viendrait encore à l'appui de cette pensée, que la grenouillette n'est pas due à une obstruction du canal, car elle se développe habituellement sans douleur. Du reste, il faut le dire, l'idée de considérer la grenouillette comme une dilatation du conduit salivaire est loin d'être appuyée sur des preuves solides. Celse, Ambroise Paré, etc., considéraient cette tumeur comme un abcès; ce n'est qu'après 1665, lorsque Wharton eut donné la description du conduit de la glande sous-maxillaire, que l'on regarda cette dilatation comme résultant d'une rétention de salive : cependant Fabrice d'Aquapendente la considère encore comme une tumeur enkystée. Depuis cette époque, les deux opinions sont restées dans la science; mais il faut ajouter que, dans ces derniers temps, les dissections qu'on a eu occasion de faire ont prouvé qu'il s'agissait le plus ordinairement de tumeurs enkystées, placées en dehors du canal de Wharton. J'ai eu l'occasion d'observer trois cas de grenouillette peu développés, dans lesquels il était parfaitement facile de voir l'orifice du conduit de la sous-maxillaire donnant issue à la salive, et étant parfaitement libre et indépendant de la tumeur. Je vidai ces gre-

nouillettes par l'incision, puis je les cautérisai avec le
nitrate d'argent, et il ne resta aucune espèce d'ouverture libre à l'extérieur, et la guérison fut complète : ce
qui prouvait bien qu'il n'y avait pas de communication
avec le conduit glandulaire.

D'après les symptômes et les dissections anatomiques, on est donc autorisé à admettre que la grenouillette n'est pas une dilatation du conduit de Wharton,
et qu'elle paraît, au contraire, être une tumeur indépendante de cette glande ; cependant, d'après quelques
observations, je serais porté à penser que la grenouillette a souvent un rapport avec le système salivaire sublingual, et qu'elle résulte d'une dilatation des petits
lobules de cette glande, par suite d'une obstruction des
petits conduits de Rivinus. J'ai observé sur un cheval
l'obstruction de ces conduits, et par suite un kyste qui
en était la conséquence et qui contenait un fluide analogue à celui de la grenouillette.

Le liquide contenu dans les grenouillettes chez
l'homme a, du reste, la plus grande analogie avec le
liquide de la glande sublinguale ; il est excessivement
visqueux et filant ; seulement dans certains cas il
change de nature, et peut devenir purulent quand le
kyste s'est enflammé : c'est ce qui expliquerait la di-
vergence des auteurs relativement à la description de
ces liquides.

Ces considérations terminent ce que nous avions à
dire de la sécrétion de la glande sous-maxillaire. Nous
examinerons dans la prochaine séance le rôle de la
salive sublinguale.

CINQUIÈME LEÇON

16 mai 1855.

SOMMAIRE : Salive sublinguale, ses caractères distinctifs. — Glandules buccales. — Salive buccale. — Composition chimique. — Des substances qui
peuvent se trouver accidentellement dans la salive. — Propriétés physiques
des salives caractéristiques des tissus glandulaires. — Salives artificielles. —
Considérations sur le mécanisme de la sécrétion salivaire. — De l'absorption
par les surfaces glandulaires. — Des quantités de salive sécrétées.

MESSIEURS,

Pour achever l'histoire des salives simples, il nous
reste à étudier la salive sublinguale.

Il en fut pour cette sécrétion comme pour toutes les
autres : on la crut identique avec la sécrétion parotidienne, parce que les glandes qui les produisaient paraissaient avoir une structure anatomique analogue,
et l'on ne se donna pas la peine de vérifier cette induction par l'expérience directe.

Lorsque j'obtins cette salive pour la première fois,
en 1847 (1), je lui trouvai des caractères tout à fait
différents de ceux de la salive parotidienne.

D'après ce que nous avons dit dans une précédente
leçon, la présence de la glande sublinguale doit être
constante comme la fonction à laquelle elle correspond. Aussi avons-nous été amené à rectifier, d'après

(1) *Archives générales de médecine*, 1847.

cette vue physiologique, les opinions des anatomistes
qui considéraient cette glande comme manquant chez
le chien et chez le surmulot, par exemple.

L'existence de la glande sublinguale chez le chien
a été niée par beaucoup d'anatomistes. Dans ces derniers temps Bider et Schmidt, et quelques autres, ont
continué à soutenir que la glande sous-maxillaire et la
sublinguale étaient confondues chez les carnivores.
Mais cette fusion n'est qu'apparente, et les conduits
de ces deux glandes, très-voisins l'un de l'autre dans
la plus grande partie de leur trajet, se séparent un peu
avant d'arriver dans la bouche et s'ouvrent par deux
orifices distincts.

Si l'on veut se convaincre de la distinction des deux
glandes d'une manière plus nette, il suffit d'injecter
chacun de ces conduits avec des substances de couleur
différente ; on voit bientôt par la distribution de la
couleur ce qui appartient en réalité à chacune de ces
deux glandes intimement unies l'une à l'autre, mais

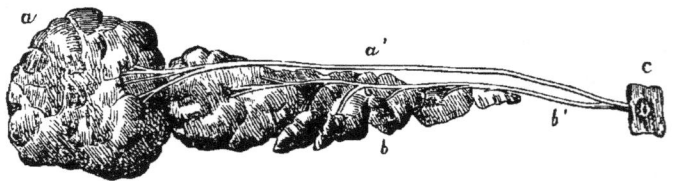

Fig. 11. — *Glande sous-maxillaire et sublinguale chez le chien.*

a, glande sous-maxillaire ; — a', conduit de cette glande ; — b, glande sublinguale ; — b', conduit de cette glande ; — c, orifice commun des deux
conduits sur la muqueuse de la bouche.

cependant réellement distinctes. Vous voyez ici (fig. 11)
ces deux glandes distinguées et isolées.

J'ai également constaté l'existence de la glande sublinguale du surmulot qui est niée par quelques anatomistes, et notamment par M. Duvernoy, et je l'ai fait
figurer.

Les figures 12 et 13 représentent la glande sublinguale du surmulot.   •

La préparation montre une moitié de la mâchoire

Fig. 12.

a, glande sublinguale vue par la
face inférieure.

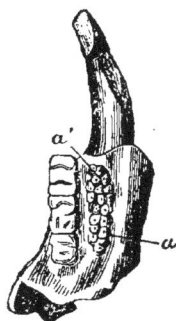

Fig. 13. — *Glande vue par la face
buccale.*

En a, a', on voit les orifices glandulaires à la surface de la muqueuse
buccale, en dedans de l'arcade den-
taire.

inférieure et un morceau de la membrane muqueuse
de la bouche à laquelle adhère la glande sublinguale.

Pour mettre à découvert le conduit de la glande sublinguale chez le chien, le procédé est le même que pour
trouver le canal de Wharton ; c'est en dedans de ce dernier qu'on rencontre le conduit sublingual, il est un
peu plus petit que le conduit de la glande sous-maxillaire. On introduit de même dans son intérieur un petit

tube qui permet de recueillir la salive parfaitement pure
et sans aucun mélange de sang.

La salive sublinguale se distingue de toutes les autres
salives par une viscosité très-grande ; ce liquide est tellement filant qu'il ne s'écoule qu'avec une extrême difficulté du tube placé dans le conduit de la glande, et qu'il
s'attache comme de la glu aux différentes parties avec
lesquelles il se met en contact. Du reste, il est transparent et ne laisse jamais déposer des sels par le refroidissement. Il est alcalin, mais il ne fait pas sensiblement effervescence avec les acides.

Sa composition chimique chez le chien est, d'après
Bidder et Schmidt :

Eau..		990,02
Matières organiques solubles dans l'alcool......		1,18
Matière inorganique.	Chlorure de sodium.. — de calcium..	5,29
	Phosphate de soude... — de chaux... — de magnésie	0,84

Au point de vue physique, cette salive se distingue de
toutes les autres par la grande proportion de cette matière organique filante que Berzélius appelle *ptyaline*,
qui a des caractères tout à fait spéciaux. Cette matière
ne coagule pas par la chaleur ni par les acides, elle n'est
précipitée par aucun sel métallique ni par le tanin ;
desséchée, elle se redissout dans l'eau en reprenant sa
viscosité première ; l'eau chargée de cette matière dissout plus difficilement les substances salines.

En résumé, la salive sous-maxillaire, la salive paroti-

dienne et la salive sublinguale, peuvent se distinguer
les unes des autres par leur matière organique, qui
leur donne des propriétés physiques et tout à fait spéciales.

La salive parotidienne, tout à fait aqueuse, contient
en quantité plus ou moins grande une matière analogue
à l'albumine. La salive sous-maxillaire, assez fluide,
contient une matière devenant plus visqueuse et se prenant en gelée par le refroidissement.

La salive sublinguale contient une matière très-visqueuse et ne s'épaississant pas davantage par le refroidissement.

Après avoir distingué ainsi les trois produits de ce
qu'on a appelé les glandes salivaires proprement dites,
il faudrait pouvoir isoler le produit des différentes glandules buccales qu'on a dénommées à tort *glandes mucipares*. Nous venons de voir, en effet, que la glande sublinguale devrait aussi être considérée comme une glande
salivaire mucipare, puisqu'elle sécrète un liquide qui a
les caractères de ce qu'on est convenu d'appeler un
mucus; il faudrait donc, si l'on voulait admettre cette
distinction, ne reconnaître que deux glandes salivaires
proprement dites, et placer la sublinguale parmi les
glandes mucipares.

La glande de Nuck est dans le même cas, elle produit
également un liquide visqueux, gluant, analogue à celui
de la sublinguale. Pour obtenir ce liquide, le procédé est
le même que pour les autres glandes; seulement il est
beaucoup plus laborieux à cause de la situation profonde
du conduit.

Je vous signalerai encore ici une glande buccale qui chez le lapin est dans l'épaisseur de la joue, immédiatement au-dessus de la mâchoire inférieure et au devant des masséters (fig. 14, 15).

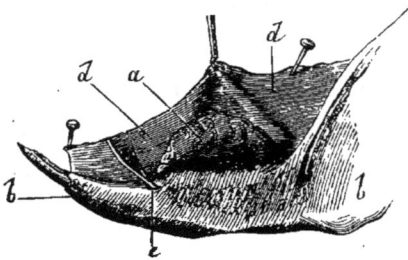

Fig. 14.

a, glande massétérine du lapin vue par la face externe; — *b, b*, mâchoire inférieure; — *c*, nerf mentonnier; — *d, d*, membrane muqueuse de la joue à laquelle adhère la glande.

Pour obtenir chez le chien le liquide des petites glandules buccales, le procédé le plus simple consiste à détourner de la cavité buccale la sécrétion salivaire des quatre paires de glandes, parotide, sous-maxillaire, sublinguale et de Nuck. Le liquide qu'on trouvera alors dans la bouche sera évidemment produit par la sécrétion des autres petites glandes.

Bidder et Schmidt ont fait des expériences sur ce liquide ainsi obtenu, seulement ils avaient négligé de détourner le produit de la glande de Nuck. Quoi qu'il en

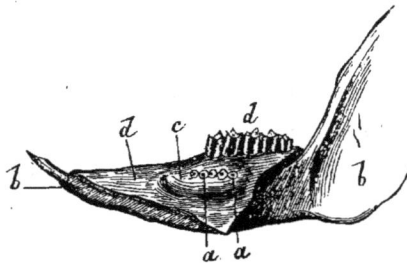

Fig. 15.

a, a, la même glande vue par la face buccale : on voit les ouvertures des conduits excréteurs; — *b, b*, mâchoire inférieure ; — *c*, glande faisant saillie sous la muqueuse; — *d*, dents molaires.

soit, voici les résultats auxquels il sont arrivés.

Le liquide, extrêmement visqueux, au point qu'on ne

peut prendre sa densité, avait une réaction fortement alcaline. 21^{gr},53 de ce mucus qui avaient été produits en cinquante-deux minutes furent soumis aux épreuves suivantes.

Cette salive, additionnée d'alcool de 50 pour 100, forma un coagulum épais, gélatineux, qui, séché à 120 degrés, laissa pour résidu 0,065, qui renfermait 0,018 de sels. La solution alcoolique, évaporée à 120 degrés, laissa 0,150 d'un résidu qui donna 0,114 de cendres; par conséquent, on peut ainsi donner l'analyse du mucus de la bouche calculée pour 1000.

Résidu sec.....	Matière organique soluble dans l'alcool.		1,67
	Matière insoluble...................		2,18
	Chlorure de potassium.......	3,29	6,13
	— de sodium.........		
	Phosphate de soude.........		
	— de chaux.........	0,84	
	— de magnésie......		
			1000,00

Ainsi, Messieurs, d'après ce que nous vous avons dit des divers liquides salivaires, vous voyez que leurs propriétés chimiques ne sauraient servir à les distinguer les uns des autres.

Sous le rapport purement physique, au contraire, la présence ou l'absence de cette matière salivaire visqueuse peut permettre de distinguer parfaitement ces salives entre elles, et sous ce point de vue, on doit confondre la salive sublinguale avec celle des glandes de Nuck et des glandules buccales.

Nous verrons plus tard que c'est dans le tissu même de ces glandes qu'il faut chercher le principe qui donne à la sécrétion ses propriétés physiques différentes.

Mais, Messieurs, après avoir envisagé la salive normale au point de vue de ses propriétés physiques et chimiques, nous devons appeler votre attention sur la modification accidentelle qu'apportent dans la composition de cette sécrétion certaines substances médicamenteuses ou toxiques.

Les organes sécréteurs de la salive présentent la singulière propriété de laisser passer facilement un certain nombre de substances dans leur sécrétion, tandis qu'au contraire ils se refusent d'une manière presque absolue à en laisser passer d'autres qui néanmoins sont parfaitement solubles, et trouvent dans d'autres appareils sécréteurs une élimination très-facile.

Sur un gros chien je mis à découvert le canal parotidien et le canal de Wharton du côté gauche ; après quoi j'introduisis dans chacun de ces conduits un petit tube d'argent, afin de pouvoir recueillir sans aucun mélange de sang les fluides salivaires. Alors on fit par la veine jugulaire droite une injection de 25 grammes d'eau tiède contenant en dissolution 5 décigrammes de prussiate jaune de potasse, plus 5 décigrammes d'iodure de potassium et 4 grammes de sucre de raisin. Aussitôt après que cette injection fut poussée dans le sang, on provoqua la sécrétion salivaire en laissant tomber avec une pipette du vinaigre sur la langue de l'animal. Les salives provenant du conduit parotidien et sous-maxillaire contenaient toutes deux, d'une manière très-évidente, de l'iodure, sans aucun indice de prussiate jaune de potasse ni de sucre. Sept minutes après ce premier essai, on provo-

qua encore la sécrétion d'une nouvelle quantité des deux
salives, dans lesquelles on trouva de même la présence
très-évidente de l'iodure, sans aucun indice de prussiate
jaune de potasse ni de sucre. On retira alors à l'aide
d'une sonde un peu d'urine de la vessie du chien, dans
laquelle on reconnut très-nettement la présence du prussiate jaune de potasse, tandis qu'on ne put y démontrer
ni l'iode ni le sucre. Vingt-cinq minutes après l'injection, on examina encore les salives et l'urine. Cette fois
l'urine contenait beaucoup de prussiate jaune de potasse
et des traces de sucre, mais l'iode n'y apparaissait aucunement. Rien n'était changé pour les salives; elles renfermaient toujours beaucoup d'iodure, mais pas la
moindre trace de prussiate jaune de potasse ni de sucre.
Les produits de sécrétion, recueillis et examinés alors
de demi-heure en demi-heure, montrèrent qu'au bout
de trois heures environ après l'injection, l'iodure apparut dans les urines du chien. De sorte qu'à ce moment
on avait dans l'urine à la fois : 1° du prussiate de potasse
qui y était arrivé après sept minutes ; 2° du sucre de
raisin qui s'y était montré de 25 à 40 minutes après, et
3° de l'iode (probablement à l'état d'iodure de potassium)
qui, bien qu'à la même dose que le prussiate, avait demandé trois heures de plus pour parvenir dans l'urine.
Les salives n'avaient éliminé ni sucre ni prussiate jaune
de potasse, et quatre heures après l'injection, l'iodure
était toujours la seule des substances injectées dont on
pût manifester la présence.

Ces expériences, répétées un grand nombre de fois,
toujours avec les mêmes résultats, ont toujours montré

que l'iodure de potassium, qui passe en quelque sorte instantantanément dans les salives, demande un temps plus considérable pour passer dans l'urine ; seulement, quand on l'injecte à la dose de 2 ou 3 grammes pour 25 ou 30 grammes d'eau, son passage dans l'urine peut être beaucoup plus rapide.

Les mêmes expériences furent répétées en administrant séparément, soit par voie d'injection dans les veines, soit par voie d'absorption stomacale, les substances qui, dans l'expérience précédente, avaient été mélangées. Les résultats furent identiques, à cela près que la première apparition de la substance dans les sécrétions fut plus rapide quand elle était injectée directement que lorsqu'elle était confiée à l'absorption d'une membrane muqueuse.

Le sucre de canne est exactement dans le même cas que le sucre de raisin, et n'est jamais éliminé par la sécrétion salivaire. J'ai pu m'en convaincre en répétant avec du sucre de canne les expériences rapportées plus haut, et en examinant aussi la sécrétion salivaire chez des chiens que j'avais rendus artificiellement diabétiques et qui éliminaient dans leur urine jusqu'à 8 ou 10 pour 100 de sucre. Jamais, dans ce cas, je n'ai pu constater la présence du sucre dans la sécrétion salivaire.

Ces résultats ne semblent pas s'accorder avec les observations de quelques auteurs qui disent avoir trouvé sucrée la salive des diabétiques. Cette différence de résultats m'a conduit à faire, sur les diabétiques, des recherches directes dont nous vous avons parlé dans le cours du semestre dernier, et j'ai pu me convaincre, chez plusieurs diabétiques observés dans le service de M. Rayer, à la Charité, que la salive obtenue par l'excitation des glandes au moyen d'un sialagogue, tel que la racine de pyrèthre, ne renferme jamais de sucre.

Le *lactate de fer*, soit qu'on l'ait introduit dans le sang, soit qu'on l'ait ingéré dans l'estomac, s'est comporté, relativement à la sécrétion salivaire, comme le prussiate jaune de potasse et les sucres, c'est-à-dire qu'il n'a jamais passé dans cette sécrétion.

Il était intéressant de voir ce qui arriverait à l'iodure de fer, combinaison de deux substances, dont l'une, l'*iode*, a une très-grande tendance à passer dans la salive, tandis que l'autre, le *fer*, s'y refuse complétement. J'injectai dans la jugulaire d'un chien de forte taille 5 grammes d'une dissolution assez concentrée d'iodure de fer, récemment préparée, que j'avais étendue de 10 grammes d'eau distillée. Cette injection, faite lentement, ne produisit aucun accident, et la sécrétion salivaire recueillie contenait très-évidemment de l'iode et du fer. On voit donc que, sous l'influence de l'iode, le fer a été entraîné à passer par une sécrétion dans laquelle il ne se montre pas lorsqu'on l'injecte sous une autre combinaison (lactate).

Il restait à savoir si l'iodure de fer n'avait pas, au moins en partie, été décomposé avant d'arriver dans la salive. L'expérience suivante rend très-probable l'opinion que la substance est éliminée par cette voie à l'état d'iodure de fer.

Sur un chien porteur d'une fistule stomacale et d'une fistule salivaire permanente, on introduisit par la fistule de l'estomac 20 grammes d'une dissolution saturée de lactate de fer. Pendant l'heure suivante, on recueillit à plusieurs reprises de la salive parotidienne, sans pouvoir y constater la présence du fer. Après ce temps, on introduisit dans la fistule stomacale une dissolution de 2 grammes d'iodure de potassium dans 15 grammes d'eau. La salive, recueillie de nouveau, contenait de l'iodure en grande quantité ; incinérée, elle laissait constater la présence du fer d'une manière évidente. Ainsi, après l'injection du lactate de fer dans l'estomac et avant celle de l'iodure, on ne constatait aucune trace de fer dans la salive ; après l'injection de l'iodure alcalin, le fer devient au contraire manifeste dans cette même salive. On est donc autorisé à conclure que c'est à sa combinaison préalable avec l'iode dans l'estomac que le fer a dû la propriété de se montrer dans la salive.

Si, au lieu d'introduire successivement ou simultanément les deux substances dans l'estomac, on les injecte dans le sang, les mêmes phénomènes ne se montrent plus. On constate toujours dans la salive la présence de l'iodure, mais on ne peut y démontrer la présence du fer.

Cette différence de résultat tient à ce que, dans le premier cas, la combinaison s'est opérée dans l'estomac entre l'iode et le fer, et que l'iodure de fer a pu être absorbé en nature ; tandis que, dans le dernier cas, les matières organiques du sang, en s'opposant à la com-

binaison, ont empêché la production de l'iodure de fer,
seul composé capable de passer dans la salive.

Cette influence des matières organiques du sang,
pour empêcher les combinaisons des substances salines
que ne gêne pas le suc gastrique, n'est pas un fait isolé
qui se rapporte uniquement au lactate de fer et à l'iodure
de potassium. Mais, quelque intérêt que présente cette
question, nous devons aujourd'hui nous contenter de
la signaler.

Nous avons vu qu'après l'ingestion de l'iodure de
potassium, il en apparaissait des traces dans les urines
au bout d'un temps variable, d'autant plus long que
la dose administrée était moins considérable. Eh bien,
Messieurs, le lendemain du jour où l'expérience a été
faite, on ne trouve plus dans l'urine ni dans la bile la
présence de l'iodure. Dès lors on pourrait croire que
l'iodure est complétement éliminé de l'économie. Il
n'en est rien cependant. J'ai institué cette expérience
sur des chiens porteurs de fistules salivaires, gastriques
et biliaires, permanentes. Une dissolution de 2 grammes d'iodure de potassium était introduite par la fistule
stomacale. Or, quand l'urine n'accusait plus trace
d'iodure de potassium, l'examen de la salive en offrait
toujours la réaction. Il en était de même du suc gastrique, soit que le sel eût été amené dans l'estomac avec
la salive, soit qu'il eût été fourni directement par la
muqueuse de l'estomac. Cette persistance de l'iode dans
la salive et dans le suc gastrique se maintient pendant
trois semaines ; il est possible qu'elle puisse durer plus
longtemps encore.

Actuellement, Messieurs, nous allons aborder une question d'une autre nature. Ces propriétés si différentes des diverses salives, au point de vue purement physique, vont nous servir à distinguer les tissus mêmes des organes qui les produisent, et à former des salives artificielles de même qu'on forme d'autres liquides intestinaux artificiels.

Ce qui nous fournira une nouvelle source de caractères différentiels pour distinguer des tissus que l'anatomie avait confondus et signalés comme identiques.

Si l'on prend les tissus des différentes glandes salivaires du chien, qu'on en fasse une infusion dans de l'eau tiède, on voit l'eau prendre bientôt des propriétés tout à fait analogues à celles de la salive qui sort normalement de la glande dont on emploie le tissu. Par exemple, si l'on prend du tissu d'une glande sublinguale, ou d'une glande de Nuck, et qu'on le fasse infuser dans l'eau tiède, on voit l'eau prendre bientôt une consistance visqueuse et gluante qui la fait complétement ressembler à de la salive sublinguale elle-même. Si l'on prend au contraire une glande parotide, l'eau conservera sa fluidité ordinaire.

Voici des infusions ainsi préparées, et vous voyez pour chacune d'elles les propriétés que je viens de vous signaler : l'infusion de la parotide est limpide et fluide comme de l'eau ; l'infusion de la sublinguale est au contraire très-visqueuse ; l'infusion de la sous-maxillaire est une fluidité intermédiaire aux deux précédentes.

Nous trouvons donc là un caractère qui va nous permettre de reconnaître le tissu d'une glande salivaire, non pas par ses caractères anatomiques, mais par un procédé tout à fait expérimental et physiologico-chimique.

Il en résulte aussi que nous pouvons faire des salives artificielles qui posséderont toutes les propriétés des salives naturelles. Nous avons fait à ce sujet des expériences nombreuses dont voici quelques-unes :

Des *glandes sous-maxillaires* ont été broyées seules : il en est résulté une espèce de pâte grisâtre excessivement gluante ; on y ajouta ensuite de l'eau et on laissa pendant vingt-quatre heures la macération à une température ambiante de 15 à 20 degrés, en ayant soin d'agiter. Au bout de ce temps, le mélange était excessivement gluant ; on jeta sur un filtre, et la matière filtrée était très-gluante et filante et parfaitement limpide, excepté les premières portions qui étaient restées troubles. Ce liquide ressemblait en réalité à la salive sous-maxillaire. Voici les caractères qu'il présentait : liquide limpide, légèrement rosé, visqueux, filant, neutre, sans odeur, sans goût ; ce liquide donnait sur la langue la sensation d'une eau fortement gommée. On obtint les réactions chimiques suivantes :

Par l'alcool, précipité blanc abondant.

Par la chaleur, précipité abondant et blanc qui disparaissait par l'addition d'une goutte de potasse.

Par une faible quantité d'acide chlorhydrique, la viscosité disparaissait dans la liqueur, et l'on obtenait un précipité qui se dissolvait dans un excès d'acide chlorhydrique.

Par une goutte d'acide acétique concentrée, précipité grisâtre et membraneux, gluant, très-abondant, se dissolvant également dans un excès du même acide.

Par le sous-acétate de plomb, précipité grisâtre, floconneux, tomenteux, surnageant le liquide, insoluble dans une plus grande partie du même réactif.

Par l'acide sulfurique, précipité soluble dans un excès d'acide avec effervescence et coloration brune.

Par la teinture de noix de galle, précipité abondant et floconneux, insoluble dans un excès.

Par l'acide phosphorique trihydraté, précipité blanchâtre, gluant, très-abondant, insoluble dans un excès.

Le bichlorure de mercure ajouté à cette salive, de même que la salive sous-maxillaire naturelle, augmenta considérablement la viscosité de la salive. Cette salive devint gluante, se prit en masse et adhérait au verre, la masse gélatineuse restant du reste parfaitement transparente.

Des *glandes parotides* de chien furent broyées : il en résulta une espèce de pâte couleur de chair ; on y ajouta de l'eau, et le mélange forma une espèce de liquide blanchâtre comme du lait qu'on laissa macérer pendant vingt-quatre heures. Le liquide était clair ; le tissu glandulaire s'était déposé au fond du liquide et à sa surface il existait une légère couche blanchâtre et comme crémeuse. Quarante-huit heures après on jeta le tout dans un filtre et l'on examina le liquide.

Ce liquide coulait comme de l'eau sans présenter aucune viscosité. Il était neutre au papier de tournesol, sans odeur, ne donnant pas au goût la sensation de l'eau gommeuse comme l'infusion des glandes sublinguales et sous-maxillaires.

Par la chaleur on n'avait pas de précipité ; par la noix de galle, un léger trouble ; par l'acide tartrique, trouble disparaissant par un excès de réactif.

Le bichlorure de mercure, dans cette infusion comme dans la salive parotidienne naturelle, donne un précipité blanchâtre assez abondant ; mais le liquide ne devint pas visqueux et gélatineux, comme cela a lieu pour la glande sous-maxillaire.

Avec les glandes sublinguales, de Nuck, on obtint d'autres infusions tout à fait analogues aux liquides sécrétés par ces glandes et qui donnent aux réactifs les mêmes réactions que les salives naturelles.

Nous voyons, d'après tout ce qui précède, que les matières caractéristiques des salives et celles que leur donnent leurs caractères physiologiques propres en rapport avec leurs fonctions, sont dans le tissu glandulaire même. Pour les autres organes digestifs qui agissent chimiquement, nous verrons qu'il en est de même, et que dans les glandules de l'estomac, ainsi que dans le pancréas, par exemple, nous rencontrerons la matière organique qui donne au liquide sécrété par ces glandes leurs propriétés chimiques, de même que nous trouvons dans le tissu des glandes salivaires la matière qui donne aux liquides qu'elles sécrètent leurs propriétés distinctives.

Le phénomène physiologique de la sécrétion consisterait donc à créer dans la glande la matière qui caractérise la sécrétion ; le phénomène mécanique de la sécrétion consisterait à la dissoudre dans un véhicule alcalin qui provient du sang, et à l'expulser non pas du sang, mais directement de l'organe glandulaire dans lequel elle se trouve formée par un développement mor-phologique.

Nous devons à ce propos vous dire quelques mots des théories qui ont régné sur le mécanisme des sécrétions.

On a dit que la sécrétion d'une glande était déter-minée par le défaut d'équilibre entre deux pressions ; que la pression du sang était plus forte au moment de la sécrétion.

On ignore comment s'opère l'action du système nerveux sur un appareil glandulaire, mais il est cer-tain que ce n'est pas par une contraction des muscles que la salive est exprimée.

Chez un animal récemment mort, dont on a coupé les muscles masticateurs, si l'on vient à agir sur le nerf facial, bien qu'alors il n'y ait plus de mouvements mus-culaires de mastication, on voit néanmoins la sécrétion salivaire avoir lieu en abondance, ce qui contredit l'ex-plication donnée à ce sujet.

Quant à la supposition qu'on avait faite sur un état tel du système vasculaire, que la pression augmentait considérablement au moment de la sécrétion, de sorte que les liquides auraient de la tendance à transsuder au dehors, on a institué des expériences qui n'ont pas non plus confirmé cette vue. Ludwig a pris la pression dans l'artère et dans le conduit parotidien avec son kymo-graphion. Il a vu que, tandis qu'un premier manomè-tre, dans l'artère, donnait une pression de 140 millimètres par exemple, la pression dans le conduit parotidien arrivait à être beaucoup plus considérable, de sorte que la pression était plus forte dans l'intérieur de la glande que dans les vaisseaux qui y apportent le sang, et néanmoins la sécrétion continuait.

S'il fallait attribuer un effet à la pression du sang, les liquides salivaires auraient dû rebrousser chemin, ce qui n'a pas eu lieu.

Bien plus, si l'on décapite un animal et qu'on vienne à exciter les nerfs de ces glandes, on produit encore une sécrétion abondante, alors qu'évidemment toute pression a disparu dans les artères.

On doit penser que les surfaces de sécrétion sont re-présentées par des cellules glandulaires sur lesquelles se fait un mouvement inverse à celui de l'absorption. Nous avons voulu savoir si, pendant que la sécrétion avait lieu, l'absorption pouvait également s'effectuer sur ces mêmes surfaces. Pour cela nous avons injecté dans la glande parotide d'un gros chien 5 grammes d'une dis-solution de strychnine, et l'animal est mort presque instantanément dans des convulsions ; ce qui prouve que l'absorption est très-rapide par cette voie. Nous avons également injecté de l'iodure de potassium, dans une glande parotidienne, et constaté que l'absorption s'en faisait avec une rapidité extraordinaire.

Voici comment l'expérience fut faite : les deux con-duits salivaires parotidiens ayant été préalablement dé-couverts et munis de tubes, on fit l'injection dans le conduit parotidien droit, et au même instant on re-cueillit par le conduit de la glande gauche de la salive dont la sécrétion avait été provoquée avec du vinaigre. On constataque, dans ce peu de temps, l'iodure de potassium apparaissait déjà dans la sécrétion salivaire de ce côté. Il avait donc été absorbé par l'autre glande.

Une autre expérience curieuse est la suivante : en injectant dans une glande salivaire une petite quantité (4 ou 5 centimètres cubes pour ne pas infiltrer la glande) de prussiate de potasse, on vit qu'au bout de quelques minutes cette substance avait été absorbée, puisqu'elle était parvenue dans les urines. Ce qu'il y eut de remarquable, c'est qu'en faisant sécréter la glande par laquelle l'injection avait été faite, on ne trouvait pas de prussiate de potasse dans cette salive. La glande sous-maxillaire se comporta à l'égard de ces phénomènes d'absorption exactement comme la glande parotide.

Voici encore d'autres expériences faites sur le même sujet ; elles sont intéressantes, et je désire vous en signaler les résultats :

Sur un chien de forte taille, on fit l'injection, dans le conduit parotidien gauche, de 4 centimètres cubes d'une dissolution de 15 centigrammes pour 100 d'iodure de potassium. On avait placé dans le conduit de la glande parotidienne du côté droit un tube pour recevoir la salive.

Aussitôt après l'injection de l'iodure de potassium dans la glande et la ligature du conduit, on fit sécréter la salive par l'excitation du vinaigre, et l'on recueillit celle qui s'écoula de la glande parotide non injectée. Les premières gouttes de la salive qui s'écoulèrent, et qu'on recueillit immédiatement après l'injection faite par l'autre glande, contenaient déjà des traces d'iodure de potassium. Au bout de quelques minutes, l'iodure de potassium s'était montré en forte proportion, et cela continua pendant assez longtemps. A ce moment, l'u- rine ne contenait pas d'iodure de potassium.

. Environ trois heures après l'injection signalée plus haut d'iodure de potassium dans la parotide, on défit la ligature du conduit, on y fixa un tube, et alors on in- troduisit du vinaigre dans la gueule de l'animal. Sous cette influence, la sécrétion salivaire eut lieu dans les deux glandes, mais elle était plus faible dans la glande qui avait été injectée que dans celle qui ne l'avait pas été. Mais on constata dans les deux glandes que la sa- live contenait de l'iodure de potassium d'une façon évi- dente.

Cette expérience prouve que l'absorption de l'io- dure de potassium a été très-rapide dans la glande sa- livaire, puisque cette substance a paru immédiatement dans la sécrétion de la glande du côté opposé. Il est évident que, pour y arriver, cette substance, qui n'avait pas pu passer d'une glande à l'autre, avait dû être absorbée par les veines, être portée au cœur et rap- portée avec le sang artériel, tout cela dans un temps inappréciable.

Quant à l'iodure de potassium qu'on a retrouvé ensuite dans la salive, du côté où l'injection avait été faite, il provient de la même source. On ne saurait croire, en effet, que ce soit l'iodure de potassium injecté qu'on retrouve après qu'il a demeuré dans le tissu. Car, si, au lieu d'iodure de potassium qui s'élimine très-facilement par les glandes salivaires, on prend une substance qui ne soit pas éliminée par ces glandes, du prussiate de potasse, par exemple, on voit que cette substance ne se retrouve pas dans la glande par laquelle elle a été injectée.

Ce fait dont nous avons déjà donné des exemples a été vérifié directement sur le même animal de la manière suivante :

Par le tube d'argent resté fixé à son conduit glandulaire on injecta dans la glande salivaire droite, qui trois heures auparavant avait reçu l'injection d'iodure de potassium, 4 centimètres cubes d'une dissolution de prussiate de potasse; on boucha aussitôt le petit tube d'argent avec une boulette de cire. Environ cinq minutes après, on fit sécréter la salive par l'excitation vinaigrée ; mais on ne déboucha pas le tube de la glande salivaire droite. Il s'écoula seulement, par conséquent, de la salive par le conduit parotidien gauche. On constatait toujours dans cette salive la présence de l'iodure de potassium, mais aucune trace de prussiate de potasse.

Vingt minutes après l'injection de prussiate de potasse dans la glande droite, on enleva la boulette de cire qui formait le tube, et l'on détermina par l'excitation vinaigrée l'écoulement des salives qui eurent lieu par les deux glandes. On remarqua encore cette fois que la glande parotidienne droite, qui avait reçu les injections, donnait beaucoup moins de salive que celle du côté opposé dans laquelle rien n'avait été injecté.

Alors on constata que, dans les premières gouttes de

salive qui s'écoulèrent de la glande droite, il y avait des traces de prussiate de potasse qui provenaient de ce qu'il en était resté un peu dans le tube. Car dans la salive qui s'écoula aussitôt après, non plus que dans la salive du côté opposé, on ne rencontra pas trace de prussiate de potasse.

A ce moment, on vérifia de nouveau dans les deux salives la présence d'une forte proportion d'iodure de potassium.

Nous avons vu qu'après les injections de solutions aqueuses dans les glandes salivaires, il y avait infiltration du tissu cellulaire interglandulaire. Cet effet ne persiste pas, car à l'autopsie d'un chien qui avait subi ces injections, autopsie faite treize jours après, on trouva le tissu glandulaire tout à fait à l'état normal.

Dans une autre expérience, on découvrit le conduit de la glande sous-maxillaire d'un chien, on injecta 4 centimètres cubes d'une dissolution contenant du prussiate de potasse. Après vingt minutes, on chercha la présence de la substance dans l'urine et on l'y constata d'une manière évidente.

On avait fait avec les mêmes résultats la même expérience par le conduit parotidien ; ce qui prouve que ces deux glandes, bien qu'ayant l'une un produit de sécrétion visqueux, l'autre un produit de sécrétion non visqueux, absorbent également bien le prussiate de potasse, substance qui, comme nous le savons, n'est pas excrétée par les glandes salivaires.

On introduisit ensuite du vinaigre dans la gueule de l'animal, et l'on constata que la glande sous-maxillaire, dans laquelle on avait injecté du prussiate de potasse quelques instants auparavant, fournissait de la salive qui ne contenait cependant pas de prussiate de potasse. On observa toutefois que cette glande produisait moins de salive que celle du côté opposé dont le conduit avait été mis à nu comparativement. Cette diminution de la sécrétion pourrait s'expliquer par une sorte d'altération que l'injection du prussiate de potasse aurait produite dans le tissu de la glande. En effet, l'animal ayant été sacrifié environ une heure après cette injection, on disséqua la glande, et l'on trouva que le tissu cellulaire interglandulaire avait éprouvé une sorte d'infiltration. Cependant, en cherchant alors le prussiate de potasse dans le tissu de la glande, on ne l'y rencontra pas. Le bassinet des reins ne contenait pas non plus de prussiate de potasse, dont il y avait encore des traces dans l'urine, ce qui semblerait indiquer qu'une heure avait suffi pour la complète élimination hors du sang de la quantité de cette substance qui avait été injectée.

Sur un autre chien, après avoir découvert le conduit parotidien, et avoir déterminé la sécrétion salivaire avec du vinaigre introduit dans la gueule, on injecta dans la glande, au moment où la sécrétion s'effectuait, et par conséquent en sens contraire de son courant, environ 4 centimètres cubes de liquide contenant une dissolution de 5 centigrammes de strychnine (dissous dans de l'eau acidulée par l'acide sulfurique, puis saturée avec le carbonate de soude). On lia aussitôt le conduit, et on laissa l'animal en repos sans continuer à exciter la sécrétion par l'introduction de nouvelles

quantités de vinaigre dans la gueule. Au bout de dix
minutes environ, l'animal commença à éprouver des
convulsions qui, en peu d'instants, amenèrent la mort.

Sur un autre chien de même taille, on découvrit également le conduit parotidien d'où il ne s'écoulait pas
de salive, car on n'avait pas provoqué la sécrétion salivaire. On injecta dans ce conduit, la sécrétion étant en
repos, 4 centimètres cubes de la même dissolution de
strychnine, et l'on lia ensuite le conduit.

A peine l'injection était-elle terminée, que les convulsions se manifestèrent et la mort survint.

En examinant, à l'autopsie, les glandes des deux animaux, on vit une infiltration du tissu cellulaire interglandulaire.

D'après cette expérience, on voit que l'absorption
est extrêmement rapide à la surface des glandes salivaires ; qu'elle y est plus rapide qu'à la surface des sé-
reuses mêmes et dans le tissu cellulaire. Nous voyons en
outre que cette absorption a été beaucoup plus rapide
dans la glande en repos que dans la glande en sécrétion,
puisque chez l'animal où l'injection a été faite pendant
la sécrétion, les convulsions ne sont arrivées qu'au
bout de 12 minutes ; elles auraient peut-être encore été
retardées si l'on eût continué, par l'injection de vinaigre sur la langue, à exciter l'activité sécrétoire.

Messieurs, puisque nous en sommes sur les injections
de substances dans les glandes salivaires, je vous dirai
encore qu'il y a des substances injectées qui ne s'absorbent pas et produisent la mortification de la glande :
telle est la graisse, par exemple.

Voici une expérience par nous faite à ce propos :

Sur un chien, on injecta une petite quantité d'huile dans la glande parotide, après quoi on lia le conduit salivaire. Nous voulions voir si l'injection d'huile serait suivie, dans les glandes salivaires, des mêmes effets que dans le pancréas. A l'autopsie, treize jours après, on examina la glande et on la trouva transformée en une espèce de poche remplie d'un liquide rougeâtre qui, vu au microscope, contenait, entre autres éléments, une grande quantité de cellules glandulaires dissociées. Une partie de ce liquide remplissait le conduit parotidien et s'écoulait par l'ouverture qui avait succédé à la chute du fil à ligature. La partie supérieure de la glande avait échappé à cette destruction et présentait encore son aspect normal.

La figure 16 représente, vue au microscope, le liquide sanguinolent qui s'écoulait par le conduit de la glande sur le chien encore vivant.

Nous avons vu, par des expériences rapportées plus haut, que ni le prussiate de potasse ni le sucre injectés dans le sang ne se rencontrent dans les salives, tandis qu'ils passent avec la plus grande facilité dans l'urine. Cette propriété des glandes de laisser passer certaines substances et d'en retenir d'autres est-elle absolue ? Il me paraîtrait que, lorsqu'il y a des quantités énormes de la substance, il pourrait finir par en passer, mais alors la composition du sang en est réellement modifiée et la quantité de la substance est susceptible de produire des accidents. C'est ce que semble démontrer l'expérience suivante.

Sur un chien de taille moyenne et très-robuste, de la race des bassets, j'injectai dans la veine jugulaire, en poussant l'injection du côté du cœur, environ 10 grammes d'une dissolution de 2 grammes de prussiate de potasse et 2 grammes d'iodure de potassium dissous dans 60 grammes d'eau. Pendant que je pratiquais l'injection, on recueillit la salive par une fistule parotidienne préalablement établie, et l'on constata aussitôt et très-facilement la présence de l'iode dans la salive, tandis qu'il n'y avait pas de trace de prussiate de potasse.

Quelques minutes après, j'injectai 7 grammes de la même dissolution dans l'artère carotide du même côté où la salive était recueillie

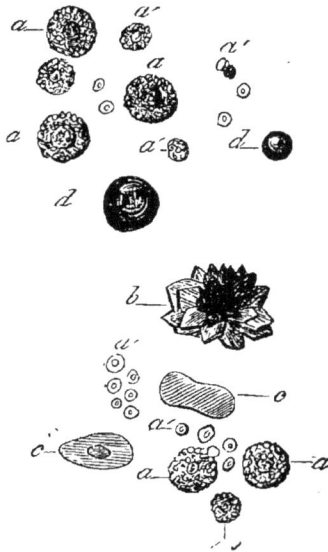

Fig. 16.

a, a, a, cellules glandulaires de la parotide ; — a', a', noyaux des cellules glandulaires ; — b, cristaux qui nageaient dans le liquide ; — c, c, cellule glandulaire altérée ; — d, d, globules de graisse.

On aperçoit en outre beaucoup de globules du sang qui sont assez peu déformés.

et en poussant l'injection du côté de la tête et de la glande, afin que le sang qui allait à cette glande fût chargé de prussiate en très-grande proportion relativement à ce qui a lieu quand on injecte la substance dans le cœur, vu que cela l'oblige à se mélanger avec toute la masse du sang.

On remarqua pendant cette injection, qui fut faite cependant avec lenteur, des effets délétères de la substance sur le cerveau sans doute. L'animal fit des mouvements violents, convulsifs, et eut quelques efforts de vomissement qui à chaque fois suspendaient ou arrêtaient la sécrétion salivaire (nous verrons plus tard qu'il en est de même pour la sécrétion pancréatique, bien que la pression des parois abdominales la favorise). On examina ensuite la salive qui fut recueillie pendant et après l'injection par la carotide, et l'on y constata d'une manière évidente du prussiate de potasse quoique en très-petite quantité.

Le chien se rétablit de ces accidents quand on cessa l'injection, et il n'en mourut pas.

Nous aurions encore, Messieurs, à parler de la quantité de salive sécrétée par les glandes salivaires, mais nous avons vu, en parlant des usages mécaniques de la salive, combien est variable la quantité de salive sécrétée, quantité qui dépend de l'état de sécheresse des aliments, de leur faculté excitante sur le goût, etc. Il serait par conséquent impossible, de même que pour toutes les autres sécrétions, de mesurer d'une manière exacte la quantité fournie par chaque glande ou par leur ensemble. Nous dirons même que des essais semblables, qui sont, du reste, appplicables à certains phénomènes physiologiques, ne sont ici propres qu'à donner des idées fausses des sécrétions salivaires. Bidder et Schmidt, par exemple, ont voulu calculer la quantité de salive chez l'homme de la manière suivante : sur un chien de 16 kilogrammes, ils ont recueilli en une heure, par un conduit de Wharton, $5^{gr},640$ de salive ; ce qui, d'après ces observateurs, prouverait que les deux glandes ont fourni 11^{gr}, 280 de salive. Dans le même temps, ils ont retiré d'une parotide $8^{gr},790$, ce qui faisait d'après eux, pour les deux glandes, $17^{gr},580$. Ils ont ensuite appliqué ces nombres à l'homme, et sont arrivés à calculer qu'un homme pesant 64 kilogrammes devrait fournir, par ses glandes sous-maxillaires, en une heure 45 grammes, et en un jour $1^{kil},082$ de salive et $1^{kil},687$. Ses glandes parotides, d'après le même calcul, donneraient en une heure 70 grammes, et en un jour $1^{kil},687$. De pareils calculs sont nécessairement inexacts et défigurent les phénomènes physiologiques. En effet, on ne tient compte que de deux sortes de glandes ; on compare les glandes salivaires du chien à celles de l'homme. On calcule ensuite d'après une glande la sécrétion du côté opposé, ce que nous savons être erroné, puisque nous avons vu, chez le cheval, la sécrétion augmenter du côté où la mastication se fait. Enfin on évalue la quantité totale de salive sécrétée dans un jour en multipliant par 24 heures la sécrétion d'une heure, et l'on considère ce phénomène de sécrétion essentiellement intermittent et variable sous une foule de causes, comme s'il était continu. Il suffit de citer ces expériences avec quelques détails, pour montrer le peu de valeur des résultats qu'on en déduit.

SIXIÈME LEÇON

18 MAI 1855.

SOMMAIRE : Salive mixte : ses propriétés physiques. Procédés pour la recueillir chez l'homme, le chien, le cheval. — Sa composition chimique :
matières organiques, inorganiques ; de la présence dans la salive mixte du
sulfocyanure de potassium. — Usage des salives. — La salive n'a aucune
action sur les matières albuminoïdes ni sur les matières grasses. — Son
rôle sur les matières féculentes .— Rôle purement mécanique des salives.

MESSIEURS,

Jusqu'à présent, nous avons étudié isolément chacune des salives simples qui se versent dans la bouche.
Mais le phénomène de l'insalivation s'opère avec un
liquide mixte qui résulte du mélange de toutes les salives et qui doit avoir des propriétés spéciales. C'est ce
liquide mixte que nous devons examiner maintenant.

La salive mixte n'a jusqu'ici été étudiée que chez
l'homme, le chien et le cheval. Nous allons la considérer successivement dans ses propriétés physiques et
dans sa composition chimique.

1° Et d'abord chez l'homme, la salive mixte peut être
obtenue directement par l'action de cracher. Seulement
on excite ordinairement la sécrétion des organes
salivaires en mettant en contact avec la membrane
muqueuse de la bouche soit de la fumée de tabac, soit
des corps sapides comme le vinaigre, ou encore des

substances sialagogues, telles que la racine de pyrèthre, etc. On comprend que, dans ce cas, la pureté
de la salive puisse être altérée par le mélange de principes solubles empruntés à ces diverses substances
excitantes. C'est pour éviter cet inconvénient qu'on a
proposé d'autres procédés qui agissent sur là sécrétion
salivaire mécaniquement ou par l'intermédiaire de
l'imagination. On pourra obtenir une grande quantité
de salive mixte, et en peu de temps, en titillant le voile
du palais, de manière à déterminer un commencement
d'envie de vomir qui fait affluer immédiatement une
grande quantité de salive dans la bouche. En exécutant
des efforts de bâillement, on obtient un résultat analogue. Lorsqu'on est à jeun et que l'appétit se fait
sentir, la vue, l'odeur ou même le souvenir seul de
mets que l'on aime, provoquent également l'arrivée
dans la bouche d'une quantité considérable de salive
qu'on peut recueillir. Seulement dans ces cas, ainsi
que nous l'avons vu, la sécrétion de la glande sous-
maxillaire est beaucoup plus abondante que celle des
autres glandes.

La salive mixte représente un mélange, en proportions variables, des sécrétions des différentes glandes
salivaires. Lorsqu'elle est expuée par la bouche chez
l'homme, elle constitue un liquide spumeux, trouble
au moment où elle est crachée, et qui, par le repos
dans un verre à pied, se sépare en trois portions :
1° une, qui surnage, est formée par un liquide écu-
meux et filant, plus ou moins abondant ; 2° une partie
moyenne et claire, limpide et moins visqueuse ; 3° la

partie inférieure se présente sous la forme d'un dépôt d'une substance gris blanchâtre dans laquelle l'examen microscopique fait trouver des cellules d'épithélium de la bouche en grande quantité, des globules muqueux ou pyoïdes, des globules de graisse, des détritus d'aliments, tels que des débris de fibres musculaires et des cellules végétales, des cristaux de carbonate de chaux et des vibrions provenant de l'altération de parcelles d'aliments restées entre les dents. Toutes ces parties, bien qu'on les rencontre le plus ordinairement dans la salive mixte, ne sont qu'accidentelles et ne sauraient être considérées comme éléments constitutifs d'aucune salive spéciale.

Lorsqu'on filtre la salive buccale, les parties supérieure et inférieure restent sur le filtre, et le fluide salivaire constitue alors un liquide limpide, un peu visqueux, moussant légèrement par l'agitation, d'une densité de 1,004 à 1,008 et d'une réaction normalement alcaline. La salive fraîche n'a pas de saveur ni d'odeur spéciales, mais s'altère rapidement, surtout pendant l'été, et acquiert bientôt une odeur nauséabonde.

Nous avons dit que la réaction de la salive buccale est normalement alcaline; toutefois, dans une foule de circonstances accidentelles ou pathologiques, un grand nombre d'observateurs ont constaté depuis longtemps que la salive buccale peut offrir une réaction acide au papier de tournesol. Cette réaction se montre surtout lorsque la membrane muqueuse de la bouche est sèche et que la salive n'a pas coulé depuis longtemps,

comme, par exemple, le matin à jeun, ou lorsqu'on a
parlé pendant longtemps. Les auteurs ne sont pas
d'accord sur la cause et la signification de cette acidité de la muqueuse buccale. C'est à tort qu'on avait
voulu la considérer comme caractéristique de certains
états pathologiques ; elle se montre aussi bien chez les
personnes en santé que chez les personnes malades.
Pour expliquer cette réaction acide, on a supposé qu'il
existe dans la bouche deux espèces de sécrétions :
1º une sécrétion propre à la membrane muqueuse de
la bouche et ordinairement acide ; 2º la sécrétion salivaire normalement alcaline. Il s'ensuivrait que la
réaction pourrait être acide ou alcaline, suivant la
prédominance de l'une ou de l'autre de ces deux sécrétions. Mais si cette sécrétion acide de la muqueuse
buccale existait réellement, elle devrait être mise en
évidence, lorsqu'on vient à supprimer autant que possible les diverses sécrétions salivaires. Or sur des chiens
j'ai divisé plusieurs fois les conduits salivaires des différentes glandes, parotides, sous-maxillaire, sub-linguale
et même de la glande de Nuck, ce qui, empêchant la
salive d'arriver dans la gueule du chien, aurait dû nécessairement permettre à la sécrétion de la membrane
muqueuse de prédominer et de se manifester alors avec
sa réaction acide. Jamais dans ces circonstances, même
en laissant l'animal à jeun pendant vingt-quatre heures, je n'ai pu constater cette réaction acide. Du reste,
rien ne démontre directement cette sécrétion acide de
la membrane muqueuse, et il me paraît bien plus probable que cette réaction n'est pas le fait d'une sécrétion

spéciale, mais qu'elle provient simplement d'une altération des matières organiques qui, à la surface de la muqueuse buccale, éprouveraient au contact de l'air une fermentation acide, lactique ou autre. Cette sorte de fermentation est d'autant plus possible qu'il existe très-souvent des parcelles alimentaires qui séjournent entre les dents, et que la surface de la membrane muqueuse de la bouche et des gencives est constamment le siége d'une irritation, ainsi que le démontre la présence de globules pyoïdes dans la salive mixte de l'homme. Chez les animaux où ces conditions n'existent pas, on ne trouve jamais cette réaction acide au papier de tournesol sur la muqueuse buccale.

2° *Chien*. — Le procédé qu'on peut mettre en usage pour recueillir la salive mixte du chien consiste à empêcher la déglutition de la salive chez cet animal, en lui fixant un bâillon entre les dents ; alors le fluide salivaire s'écoule au dehors, sur les côtés de la gueule, à mesure qu'il est sécrété. On obtiendra une quantité beaucoup plus considérable de salive si, alors, on fait voir ou flairer à l'animal, préalablement affamé par une abstinence de douze ou vingt-quatre heures, des aliments qu'il aime, par exemple de la viande rôtie.

La salive mixte du chien est gluante, filante et limpide, d'une densité de 1,0071. Il se forme habituellement peu de dépôt dans la salive mixte du chien ; aussi on y rencontre moins de lamelles d'épithélium, de globules pyoïdes et de débris alimentaires. Là présence de ces divers éléments dans la salive de l'homme et dans celle du chien est en rapport avec une irritation accidentelle de la muqueuse. Souvent, à la suite d'opérations pratiquées chez les chiens sur l'intestin ou l'estomac, il survient des dérangements dans les voies digestives ; dans ces cas, j'ai vu souvent la membrane muqueuse de la bouche présenter une inflammation plus ou moins grande : la salive contenait alors une plus grande quantité de lamelles d'épithélium, et même des globules pyoïdes, éléments qu'on rencontre à peine dans la salive normale. De même, sur des chiens porteurs de fistules gastriques, si l'on vient à ne boucher qu'incomplétement la canule, de telle sorte que l'air puisse entrer et une partie du liquide s'écouler au dehors, on voit l'animal dépérir au bout de quelques jours, et la muqueuse buccale devenir le siége d'une inflammation assez vive : la salive de ces animaux contient également beaucoup d'épithélium et des globules pyoïdes. J'ai même vu, dans certains de ces cas, les dents altérées, noircies, cariées même et garnies de tartre à leur base. Si l'on venait à boucher hermétiquement la canule chez ces mêmes animaux, l'animal reprenait ses forces, ses désordres digestifs cessaient, et en même temps disparaissaient les changements survenus dans l'aspect des dents et dans la composition de la salive, de telle sorte que, quand l'animal avait complétement recouvré la santé, la salive ne présentait que très-peu de cellules épithéliales et de globules pyoïdes ; la carie des dents s'était arrêtée, le tartre avait disparu, et de noires qu'elles étaient, les dents étaient redevenues blanches.

3° *Cheval.* — Le procédé qu'ont employé MM. Magendie et Rayer (1) pour obtenir la salive mixte du cheval, et que j'ai mis moi-même souvent en pratique, consiste à opérer la division de l'œsophage vers la partie inférieure du cou, puis à faire manger à l'animal du son préalablement lavé à l'eau distillée bouillante et soigneusement desséché. On recueille à la plaie œsophagienne chacun des bols alimentaires qui se présentent successivement, et on les exprime dans un linge bien propre, pour en séparer le liquide dont ils se sont imprégnés en traversant la bouche, le pharynx et une partie de l'œsophage. Il faut observer toutefois que, par ce procédé, on obtient, outre la salive buccale, les mucosités nasale et pharyngienne.

L'expression antiphysiologique que Lehmann emploie pour indiquer que la gravité de l'opération altère les propriétés de la salive ne me paraît pas exacte, car, s'il existe des liquides, tels que le suc pancréatique, que peuvent altérer certaines opérations graves ou entraînant une grande douleur, la salive n'est pas dans ce cas, et, du reste, la mise à nu de l'œsophage est une opération simple et facile à pratiquer chez les chevaux, et qui, quand elle est bien faite, trouble si peu les fonctions, que l'animal se met ordinairement à manger aussitôt après l'opération.

La salive du cheval obtenue par le procédé que nous venons d'indiquer était un liquide trouble, gris jau-

(1) *Recherches expérimentales sur la digestion du cheval.* (*Recueil des mémoires et observations sur l'hygiène et la médecine vétérinaires,* t. III, p. 385.)

nâtre, peu visqueux, contenant des débris d'épithélium
et des globules de pus (1).

Son odeur était légèrement fade et nauséabonde, sa
réaction faiblement alcaline.

La composition chimique de la salive mixte, chez
l'homme, le chien ou le cheval, est constituée par :

1° De l'eau ;

2° Des matières organiques solubles ou insolubles ;

3° Des sels organiques ou inorganiques.

Eau. — L'eau existe en grande proportion dans la
salive comme dans presque tous les liquides animaux.
Ses rapports varient peu chez les individus de même
espèce ou d'espèce différente, ainsi que le montrent les
chiffres suivants :

Sur 1000 parties de salive, on a trouvé :

Eau.
992,90 chez l'homme. (Berzelius.)
991,22   —   (Simon.)
988,18   —   (Tiedemann et Gmelin.)
995,16   —   (Bidder et Schmidt.)
989,63 chez le chien.   (Id.)
986,50 chez l'homme. (L'Héritier.)
990,32 chez le cheval. (Comm. d'hygiène.)

On a indiqué certaines variations dans la quantité
relative de l'eau de la salive pouvant tenir à l'âge ou
aux maladies. Ainsi, on a dit que la salive des enfants
était beaucoup plus riche en eau , 996 pour 1000
(Lhéritier). Cette différence est peu caractéristique,

(1) Il faut remarquer que les chevaux sur lesquels j'ai opéré ainsi que la
commission d'hygiène, étaient atteints de morve, de sorte que le mucus nasal
purulent descendait avec la salive dans l'œsophage, ce qui explique la présence anormale des globules du pus dans la salive du cheval.

puisqu'on trouve une quantité à peu près aussi considérable d'eau dans la salive d'un adulte bien portant, 995,16 (Bidder et Schmidt).

Les variations de la quantité d'eau ne sont pas plus caractéristiques pour les maladies. On a dit que la proportion d'eau augmentait dans certains états pathologiques, tels que la chlorose (Lhéritier, 990 pour 1 000), tandis qu'elle diminuait dans d'autres, tels que les phlegmasies (968,90, Lhéritier), ou la salivation mercurielle (974, Brugnatelli; 970, Lhéritier). Ces résultats variables ne sauraient caractériser ni l'âge ni les maladies, car on peut rencontrer à l'état normal d'aussi grandes différences dans la proportion d'eau, qui tiennent à l'état d'alimentation, soit au moment où l'on recueille la salive, soit à la proportion variable des salives spéciales dont l'ensemble constitue la salive mixte, ainsi que nous l'avons vu à propos de chaque salive en particulier.

Les matières organiques signalées dans la salive mixte sont :

1° L'albumine ;

2° La caséine ;

3° Cellules épithéliales ;

4° Un peu de graisse contenant du phosphore (Tiedemann et Gmelin) ;

5° Du mucus ;

6° Une matière organique spéciale.

La présence de l'*albumine* dans la salive mixte a été tour à tour admise et contestée par les auteurs.

Le caractère essentiel que l'on donne, dans l'état

actuel de la science, pour reconnaître l'albumine, est sa coagulation par la chaleur, par l'acide nitrique et par l'électricité.

La salive mixte de l'homme, traitée par la chaleur, l'acide nitrique et l'électricité, donne en effet un précipité très-léger, soluble dans un excès d'acide nitrique, qui peut être attribué à des traces d'albumine. La salive mixte du chien donne à peu près le même résultat que celle de l'homme, tandis que la salive mixte du cheval, traitée par les mêmes agents, fournit un précipité beaucoup plus abondant. La commission d'hygiène hippique a conclu formellement à la présence de l'albumine dans la salive mixte du cheval, en se fondant sur ce que, traitée par la chaleur, cette salive donne un précipité très-abondant, insoluble dans l'eau et dans l'alcool, qui se présente sous la forme de flocons très-petits, non transparents, gris noirâtre quand ils sont séchés. Ce coagulum peut s'hydrater de nouveau quand il a été desséché, ce qui est encore un des caractères de l'albumine. Ce précipité, traité par de l'acide chlorhydrique concentré, se dissout, et sa dissolution prend une belle couleur rouge violette; et si on le traite par du sulfate de cuivre, puis par de la potasse caustique, il donne également une couleur violette; enfin lorsqu'on filtre ce liquide après la coagulation par la chaleur, on n'obtient dans ce qui se passe aucune précipitation, soit par le tanin, soit par le sublimé, soit par l'alcool.

La commission d'hygiène pense en outre que l'albumine, dont elle évalue la proportion à 20 pour 100 environ dans le coagulum, n'y est pas à l'état pur, mais

mêlée à une petite proportion de phosphate et de carbonate de chaux.

L'albumine serait en quelque sorte d'après cela caractéristique de la salive du cheval, puisque, dans aucune autre des salives examinées, on n'en a trouvé une
aussi grande proportion. Toutefois cette albumine de la
salive n'est pas aussi comparable qu'on l'avait pensé à
l'albumine de l'œuf, en ce qu'elle possède des caractères propres à la caséine, tels que, par exemple, celui
d'être coagulée complétement par le sulfate de magnésie, qui n'agit pas sur l'albumine de l'œuf. Nous avons
constaté ces faits à propos de la *salive parotidienne*.

Les *cellules épithéliales,* qu'on rencontre à l'examen
microscopique, caractérisent la salive mixte ou buccale.
C'est dans la salive de l'homme que je les ai rencontrées
en plus grande abondance ; elles sont dans la proportion
de 1,64 sur 4,84 de résidu sec donné par 1000 parties
de salive de l'homme (Jacubowitsch).

Ces cellules épithéliales ne sont que des éléments dé-
tachés de l'épiderme de la bouche, et elles constituent
des grandes cellules aplaties, polygonales, pourvues à
leur centre d'un ou de deux noyaux, et mesurant dans
leur plus grand diamètre, chez l'homme, de 4 centièmes
à 7 centièmes de millimètre, chez le chien, de 10 centièmes à 8 centièmes de millimètre.

Les *globules muqueux* ou pyoïdes, qu'on trouve encore à l'examen microscopique, sont également spéciaux
à la salive mixte de l'homme et des animaux. C'est chez
l'homme que je les ai toujours rencontrés en beaucoup
plus grande proportion. Ils représentent des cellules

rondes contenant un ou plusieurs noyaux, et dont le diamètre est de 12 millièmes de millimètre chez l'homme et de 2 centièmes de millimètre chez le chien.

On a considéré ces globules muqueux comme pouvant provenir de cellules épithéliales avortées, mais il me paraît beaucoup plus vraisemblable que ce sont des produits accidentels dus à l'irritation de la muqueuse buccale, incessamment en contact avec l'air et les corps étrangers. En rapport avec cette manière de voir, je dirai que ces mêmes globules pyoïdes apparaissent dans les salives parotidienne et sous-maxillaire, ainsi que dans le suc pancréatique, lorsque les conduits des organes glandulaires ont été irrités par l'introduction du tube d'argent qui sert à recueillir le liquide sécrété.

On a trouvé de la *graisse* dans la salive mixte, quoique en très-petite quantité ; on peut la reconnaître au microscope sous forme de gouttelettes graisseuses, et la constater aussi par les agents chimiques. Pour les mettre en évidence, on n'a qu'à dessécher la salive et à traiter le résidu par l'éther, qui dissout seulement les matières graisseuses. Tiedemann et Gmelin (1) disent que la graisse qu'ils ont trouvée dans la salive contient le plus souvent du phosphore. En effet, après avoir traité la salive desséchée par l'alcool bouillant et fait redissoudre dans l'eau l'extrait alcoolique, il restait indissous des flocons d'un brun clair, ressemblant à du beurre. Ces flocons, qui brûlaient à l'air avec flamme en

(1) *Recherches sur la digestion*, t. I, p. 11.

répandant l'odeur de graisse, laissaient un charbon difficile à incinérer, qui, traité par le nitrate de potasse, donnait du phosphate de potasse.

Mucus et matière organique particulière de la salive. — Il serait absolument impossible de déterminer avec quelque rigueur les caractères chimiques du *mucus*, ainsi que ceux de la substance organique désignée sous le nom de *matière salivaire particulière*, à laquelle on a fait jouer, dans ces derniers temps, un si grand rôle, relativement aux usages de la salive dans la digestion.

Il n'est pas une question, à propos de ce mucus, solubilité, action des acides, précipitation par les divers réactifs, etc., sur laquelle les auteurs soient tous d'accord. Soluble en partie dans l'eau, pour Budge et Blondlot, le mucus salivaire est complétement insoluble pour les autres chimistes. Suivant les uns, Tiedemann et Gmelin, Tilanus, ce mucus est changé par l'acide acétique en une masse molle transparente, gonflée; il est au contraire, suivant Berzelius et d'autres, rendu opaque, rétréci par l'action du même acide.

Il en est de même pour la matière organique salivaire spéciale désignée sous les noms de ptyaline (Berzelius, Simon, etc.), matière salivaire (Tiedemann, et Gmelin, Burdach), diastase salivaire (Mialhe). Tandis que presque tous les auteurs la donnent comme soluble dans l'eau et insoluble dans l'alcool, Wright lui donne précisément les propriétés contraires. Selon MM. Blondlot, Mialhe et Gmelin, la chaleur, le tanin, les sels métalliques, précipitent cette substance organique de la salive, tandis que ces mêmes agents n'exerceraient sur

elle aucune précipitation suivant Berzelius, Gmelin et ·
Simon.

Toutes ces contradictions, qu'il serait facile de mul-
tiplier, tiennent, d'une part aux manières différentes
dont on a procédé dans l'étude de ces matières organiques, et d'une autre part aux phénomènes d'altération très-variés que subit la salive mixte, dont il ne
sera possible de comprendre le mécanisme qu'après
l'étude des matières organiques des différentes salives
spéciales, dont la salive mixte n'est que la réunion.

Substances inorganiques de la salive mixte. —
Les substances inorganiques qui ont été trouvées normalement dans la salive mixte de l'homme et des animaux sont, pour les acides : l'acide carbonique, l'acide
sulfurique, l'acide phosphorique, l'acide lactique, l'a-
cide chlorhydrique ; pour les bases, la potasse, la
soude, la chaux et la magnésie. D'après Tiedemann et
Gmelin, on y rencontre presque exclusivement de la
potasse. Par la combinaison des corps ci-dessus men-
tionnés, on aura donc dans la salive mixte :

1° Des carbonates alcalins ;

2° Des phosphates terreux ;

3° Des chlorures ;

4° Des sulfates et des lactates ;

5° On a encore indiqué dans la salive la présence du
sulfocyanure de potassium.

Les *carbonates alcalins* contenus dans la salive mixte
sont des carbonates de soude, de potasse et de chaux.

Quelques auteurs ont pensé que les carbonates alcalins ne préexistent pas, et que la potasse, la soude ou

la chaux se trouvent libres dans la salive ou combinées avec une matière organique. Lehmann, qui admet cette dernière opinion, croit que les carbonates prennent naissance après l'excrétion de la salive, et par son contact avec l'air atmosphérique. Nous en avons déjà parlé à propos de la salive parotidienne. Seulement j'admettrais la préexistence des carbonates dans la salive, parce que très-souvent j'ai constaté que la salive parotidienne du chien ou du cheval fait une vive effervescence avec les acides au moment même de son issue du canal de Sténon, avant que l'air ait pu sensiblement exercer son action. Il est un fait remarquable à cet égard et qui a été surtout constaté chez le cheval, c'est que la salive mixte ou buccale contient beaucoup moins de carbonates que la salive parotidienne. En effet, la première ne donne que fort peu ou même pas d'effervescence avec les acides, et n'est pas sensiblement précipitée par les eaux de chaux et de baryte, tandis que la seconde produit une vive effervescence par les acides et est abondamment précipitée par les eaux de chaux et de baryte. D'où vient cette disparition des carbonates dans la salive mixte? Serait-ce que les salives pures, en arrivant dans la bouche au contact de la membrane muqueuse et de l'air, subiraient une espèce de décomposition qui déterminerait la précipitation des carbonates insolubles? Ceci expliquerait les cristaux de carbonate de chaux qu'on trouve souvent dans la salive mixte recueillie en raclant un peu le dos de la langue, et qui sont très-faciles à reconnaître au microscope.

Les *phosphates* ont été signalés dans la salive mixte de l'homme, du chien et du cheval. L'acide phosphorique serait surtout combiné avec la soude. Sur 100 parties des cendres de la salive mixte de l'homme, on a trouvé 28,12 pour 100 de phosphate de soude bibasique (Enderling). On a même trouvé une proportion plus forte de phosphate tribasique que Jacubowitsch évalue à 51,1 pour 100.

Tous les auteurs s'accordent à dire que le phosphate de chaux existe en très-petite quantité dans la salive mixte : plusieurs même n'en font pas mention.

Néanmoins quelques auteurs (Fourcroy, Wollaston) disent que le phosphate de chaux entre pour la presque totalité dans les calculs salivaires dont on signale l'existence chez l'homme, tandis que dans les calculs salivaires trouvés chez les herbivores, les phosphates n'entreraient que dans une proportion minime, 3 à 4 pour 100 relativement au carbonate de chaux, dont la quantité est de 80 à 90 pour 100.

On a voulu rattacher à la présence des phosphates dans la salive mixte la production de ce *tartre* qui se trouve à la base des dents. Ce tartre est une masse concrétée renfermant, d'après les analyses qu'on en a faites, des matières organiques telles que des cellules d'épithélium, des corpuscules de mucus, des vésicules graisseuses, des infusoires des genres vibrions et monas, et des matières minérales composées presque exclusivement par du phosphate de chaux (60 à 80 pour 100, Berzelius, Vauquelin, Bibra, etc.), et d'un peu de carbonate de chaux. Comment se fait cette production du tartre, en supposant qu'elle provienne de la salive mixte? On a émis à ce sujet des opinions différentes.

Des auteurs ont vu dans la production du tartre des dents une simple déposition de sels à la base des dents, par suite de l'évaporation de la salive. M. Dumas explique la formation du tartre en admettant deux espèces de salives, l'une acide, l'autre alcaline, qui sursature la première. La salive acide tiendrait en dissolution des phosphates; et dès que l'acide serait saturé par la seconde salive alcaline, les phosphates se déposeraient et contribueraient à former le tartre. Mais ceci n'explique pas l'énorme disproportion des phosphates de chaux qui existent dans les salives à l'état de traces, tandis que, dans le tartre, il y en a 60 à 80 pour 100 (Berzelius, de Bibra, Vauquelin, etc.).

On a parlé aussi de *glandes tartariques* siégeant dans les gencives, qui auraient la propriété de sécréter le tartre des dents. L'observation anatomique n'a pas établi l'existence de ces glandes, et au point de vue physiologique, il serait difficile de comprendre les fonctions de ces glandes normalement instituées pour sécréter une substance telle que le tartre des dents, qui, chez l'homme et le chien, est anormale et accidentelle.

Enfin, il y aurait une dernière explication à donner, qui me paraîtrait plus probable : ce serait celle qui ferait dépendre la formation du tartre des dents d'une irritation du périoste alvéolo-dentaire à la suite du déchaussement des gencives ramollies par des fragments

alimentaires pendant l'acte de la mastication. On pourrait citer, à l'appui de cette opinion, que les dents de
la mâchoire inférieure qui se déchaussent plus facilement dans l'acte masticatoire sont celles qui se trouvent
garnies de tartre en plus forte proportion. J'ai déjà dit
que chez les chiens qui n'ont pas les dents tartreuses à
l'état normal, un dépôt de cette nature plus ou moins
abondant se formait lorsqu'on venait à opérer un dérangement des voies digestives, en laissant, par exemple, une fistule gastrique bouchée incomplétement
pendant quelque temps, et que cette production de
tartre s'arrêtait et disparaissait quand cessaient l'irritation des voies digestives et celle de la muqueuse buccale, par la suppression de la cause qui l'avait produite.
Dans cette dernière opinion, les phosphates terreux
qui entrent dans la composition du tartre des dents ne
seraient point empruntés à la salive, mais seraient une
sécrétion anormale du périoste alvéolo-dentaire, comme
cela a lieu dans les périostites des os. Les molécules de
carbonate de chaux, les cellules épithéliales, les globules pyoïdes, etc., proviendraient, au contraire, du
fluide salivaire mixte, où nous avons en effet signalé
leur présence.

Les *chlorures alcalins* se rencontrent en notable proportion dans la salive mixte de l'homme et des animaux. On a, de plus, signalé dans la salive mixte la
présence de *lactates,* de *sulfates* et des traces de *silice ;*
mais aucune considération spéciale ne se rattache à
l'existence de ces substances.

Il n'en est pas de même du *sulfocyanure de potas-*

sium, regardé comme un sel caractéristique de la salive
de l'homme et des animaux, et sur lequel les chimistes
et les physiologistes ont beaucoup discouru à raison de
la présence singulière dans le fluide salivaire de cette
substance qui, par sa composition, devrait être douée
de propriétés très-vénéneuses.

D'abord découvert dans la salive de l'homme par
Treviranus, le sulfocyanure a été étudié depuis par
beaucoup de chimistes qui ont obtenu à ce sujet des
résultats différents. Quelques-uns ont nié complète-
ment son existence. Parmi ceux qui l'ont admis, les
uns ont considéré ce sel comme un des éléments normaux du fluide salivaire, les autres au contraire ont
soutenu que sa présence était le résultat d'une altération de la salive.

Tiedemann et Gmelin ont admis la présence du
sulfocyanure de potassium dans la salive mixte de
l'homme d'après les réactions suivantes (1). Ils ont
pris une assez grande quantité de salive humaine qu'ils
ont épuisée par l'alcool ; ils ont filtré, puis ils ont
distillé l'alcool ; après quoi ils ont mêlé le résidu
alcoolique avec de l'acide phosphorique et distillé de
nouveau au bain-marie. Le liquide reçu possédait la
propriété de rougir les sels ferriques. Pour s'assurer
que c'était bien à du sulfocyanure qu'était due cette
coloration, on a repris une autre portion du liquide
traité par l'alcool et privé de cet alcool par la distillation. On y a ajouté du chlorate de potasse, du chlo-

(1) *Recherches expérimentales sur la digestion.* Paris, 1827, t. I, p. 10.

rure ferrique et de l'acide chlorhydrique; puis, par l'addition de l'eau de baryte, il s'est précipité peu à peu du sulfate de baryte, d'où il faut admettre dans la salive la présence du soufre qui a formé le sulfate de baryte.

Les auteurs qui ont recherché la présence du sulfocyanure de potassium dans la salive se sont appuyés sur des réactions semblables à celles indiquées par Tiedemann et Gmelin. C'est donc à l'aide des mêmes caractères chimiques que le sulfocyanure de potassium a été constaté dans la salive mixte de l'homme, dans celles du chien et du cheval. La proportion de sulfocyanure dans la salive mixte de l'homme a été un peu différemment estimée ; elle serait de 0,006 pour 100 (Jacubowitsch), de 0,51 à 0,98 pour 100 (Wright), de 0,0046 à 0,0089 pour 100 (Lehmann).

L'existence constante du sulfocyanure dans la salive à l'état normal est admise par un très-grand nombre d'observateurs, qui sont Tiedemann et Gmelin, Wright, Mitscherlich, Dumas, Jacubowitsch, Lehmann, etc.

Schultz (1) nie que la coloration rouge que la salive prend par l'addition de quelques gouttes de perchlorure de fer soit une réaction suffisante pour caractériser le sulfocyanure, et il rappelle à ce sujet, d'après Berzelius, que l'acétate de soude peut donner avec les sels ferriques une coloration analogue. Cette négation du sulfocyanure de potassium émise sous la même forme par Strahl, n'est pas admissible, parce que le

(1) *De alimentorum concoctione.* Berlin, 1834, p. 61.

grand nombre des chimistes et des physiologistes qui ont recherché le sulfocyanure dans la salive, et en particulier Tiedemann et Gmelin, ont eu recours à d'autres caractères, ainsi que nous l'avons dit précédemment.

On a aussi agité la question de savoir si le sulfocyanure de potassium trouvé dans la salive y existait à l'état normal, ou s'il ne devait pas être considéré plutôt comme une production pathologique ou comme un résultat des manipulations chimiques.

En effet, Lehmann (1) a examiné la salive d'un malade atteint de salivation mercurielle. Lorsque la membrane muqueuse buccale était gonflée et douloureuse, la salive contenait beaucoup d'épithélium et de mucus ; elle était trouble, gluante, floconneuse et fortement alcaline ; elle renfermait peu de ptyaline, mais, en revanche, beaucoup de sulfocyanure. Quand l'inflammation de la membrane muqueuse fut éteinte, le sulfocyanure disparut dans la salive, ainsi que son aspect trouble et son excès d'alcalinité. Dans ce cas, la présence du sulfocyanure dans la salive paraissait donc liée à un état pathologique.

L'altération spontanée du fluide salivaire ne semble pas donner naissance au sulfocyanure ; mais il en serait autrement quand on fait en même temps intervenir certaines manipulations chimiques. A l'appui de cette idée, je rapporterai une expérience de la commission d'hygiène. On examina à l'état frais de

(1) *Lerhbuch der phys. Chemie*, t. II.

la salive de cheval, et l'on n'y constata aucune trace
de sulfocyanure par les réactifs ordinaires. Une portion
de cette même salive fut traitée par l'alcool et abandonnée à elle-même pendant environ trois mois. Simultanément on avait abandonné pendant le même temps
une portion du même fluide salivaire qui n'avait pas
été traité par l'alcool. Au bout de trois mois, cette dernière salive ne donnait pas de coloration rouge par les
sels de fer, tandis que celle traitée par l'alcool en donnait une très-manifeste qui était caractéristique du
sulfocyanure. Ces résultats rentrent complétement dans
l'opinion de Berzelius, qui pense que le sulfocyanure
n'existe pas dans la salive à l'état normal, mais qu'il est
dû à l'action de l'alcool sur la matière salivaire.

J'ai également vu que de la salive d'homme dans laquelle on ne constatait pas la réaction du sulfocyanure
en l'examinant directement, prenait quelquefois cette
réaction quand on l'avait simplement fait évaporer. On
ne pouvait pas dire cependant qu'on avait, dans ce cas,
concentré le sulfocyanure de potassium ; car, en resti-
tuant à la salive la quantité d'eau qu'elle avait perdue
par l'évaporation, on obtenait également la réaction
rouge par le perchlorure de fer.

Toutefois, bien qu'il paraisse très-probable, d'après
ce que nous venons de dire, que le sulfocyanure ne
préexiste pas dans la salive, mais qu'il s'y développe
sous certaines influences accidentelles, l'origine de
cette substance est encore aujourd'hui très-obscure, et
il est impossible de déterminer d'une manière précise
toutes les conditions qui lui donnent naissance. Ce qu'il

y a de certain et ce que j'ai constaté bien souvent, c'est qu'en examinant directement, à l'aide de quelques gouttes de perchlorure de fer, la salive mixte fraîche de beaucoup de personnes, qui toutes ont l'apparence d'une parfaite santé, on trouve que chez les unes la salive prend toujours la coloration rouge caractéristique du sulfocyanure, tandis que chez les autres cette réaction ne s'observe jamais. J'ai cru remarquer, d'après un certain nombre d'observations, que cette réaction indiquant la présence du sulfocyanure dans la salive fraîche était toujours liée à l'état de carie d'une ou de plusieurs dents, et qu'elle n'existait pas chez les personnes qui avaient les dents parfaitement saines. Cette indication pourrait peut-être résulter d'une coïncidence, mais elle acquerrait de la valeur si elle se trouvait vérifiée par un très-grand nombre d'observations.

Ce fait singulier que le sulfocyanure, regardé comme une substance très-vénéneuse, peut exister en certaine proportion dans la salive, a fourni carrière à l'imagination de plusieurs physiologistes qui ont cru trouver, dans l'exagération de cette sécrétion sulfocyanique, la raison de la rage, qui se transmet, comme on sait, par l'inoculation des fluides salivaires des animaux atteints de cette terrible maladie. C'est ainsi que Wright a dit que la salive mixte injectée dans les veines des chiens les faisait périr rapidement en déterminant les phénomènes de l'hydrophobie. Mais il est prouvé aujourd'hui que la salive employée par Wright était obtenue à l'aide de la fumée de tabac, et que c'est à la présence de cette dernière qu'il faut attribuer les accidents qu'il a observés. La salive obtenue sans mélange de substance étrangère, et injectée dans les veines des animaux, ne produit aucun accident fâcheux.

Eberle (1) prétend que la formation du sulfocyanure dans la salive est liée comme la rage à un certain état du système nerveux ; et il a institué, d'après cette idée, le procédé qu'il conseille de suivre pour recueillir la salive. Pour obtenir la salive pure, Eberle dit qu'il faut la recueillir à jeun ; et voici comment il procède sur lui-même. A son lever, il tousse, crache et se rince la bouche pour bien nettoyer sa membrane muqueuse buccale, puis il va faire un tour de promenade pour se mettre de bonne humeur. Il rentre, s'assied, place une cuvette entre ses jambes, baisse la tête et laisse écouler de sa bouche ouverte la salive qui se sécrète en même temps qu'il pense à des choses agréables et particuliè-rement à des mets qu'il aime beaucoup. La salive ainsi obtenue est parfaitement normale, dit Eberle, et dé-pourvue de sulfocyanure. Mais si, au moment de la sé-crétion salivaire, il pensait à des choses désagréables et particulièrement à ses ennemis, aussitôt la salive chan-geait de nature et se chargeait abondamment de sulfo-cyanure. Depuis Eberle, je ne sache pas qu'aucun physiologiste ait eu l'imagination assez forte pour ob-tenir un résultat pareil.

Messieurs, la salive mixte, telle que nous venons de l'étudier, formée par la réunion de tous les fluides que les glandes et glandules salivaires viennent de verser

_____

(1) *Physiologie der Verdauung.*

dans la cavité buccale, n'est point encore la *salive totale*, c'est-à-dire telle qu'elle descend dans l'estomac. Les aliments se mélangent encore avec les fluides lacrymaux et nasaux qui descendent dans le pharynx par l'ouverture postérieure des fosses nasales. En outre, il y a encore des fluides sécrétés par les glandes de la base de la langue, les tonsilles, les glandules du pharynx et de l'œsophage, qui parviennent encore dans l'estomac, et s'ajoutent à la salive. Chez certains animaux, tels que le cheval, par exemple, ce fluide pharyngien est très-abondant, et il a été l'objet d'études spéciales de la part de M. Riquet.

Sur le cheval, dans l'intervalle des repas, on observe un mouvement de déglutition intermittent qui se renouvelle toutes les deux, trois ou quatre minutes.

Pour savoir si ce mouvement était spasmodique ou déterminé par la déglutition d'une partie de la salive qui humecte la bouche, M. Riquet a dégagé l'œsophage d'un cheval vers la partie inférieure de l'encolure du côté gauche, incisé la membrane musculeuse et placé une ligature sur la muqueuse qui a été largement ouverte au-dessus de l'obstacle.

Aussitôt il en est sorti un jet de fluide limpide très-visqueux. Dès ce moment, des gorgées de fluide de même nature se sont succédé à des intervalles à peu près égaux; chaque gorgée pesait environ 15 grammes.

Le liquide pharyngien alcalin possède la propriété de communiquer la viscosité à une grande quantité d'eau. Abandonné à lui-même pendant plusieurs jours, il se liquéfie. L'ébullition ne lui enlève pas sa viscosité et ne produit sur lui aucun changement.

L'acide azotique concentré le trouble légèrement sans le fluidifier; il en est de même dubichlorure de mercure. L'eau de chaux y produit des flocons blancs.

Relativement à la quantité du fluide pharyngien sécrété dans un temps donné, l'expérience suivante fut faite :

Un cheval, âgé de sept ans, en bon état et atteint d'un catarrhe nasal chronique, subit l'œsophagotomie. Pendant les soixante et une minutes qui ont suivi l'opération, l'animal rendit par l'ouverture œsophagienne trente-cinq gorgées de fluide; elles pesaient 380 grammes.

Quatre heures après l'opération, il a rendu dans l'espace de soixante minutes trente et une gorgées de fluide; elles pesaient 340 grammes.

Vingt-quatre heures après l'opération, il a rendu, dans l'espace de soixante-deux minutes, trente gorgées de fluide; elles pesaient 372 grammes.

Des données précédentes, M. Riquet conclut à une moyenne d'environ 8 kilogrammes pour l'espace de vingt-quatre heures.

Cette expérience fut répétée, avec des résultats sensiblement les mêmes, sur un cheval de onze ans atteint de morve chronique, et observé pendant quatre jours après l'opération.

Voulant savoir si la salive parotidienne et la salive maxillaire n'entraient pas pour une partie dans la formation des gorgées du fluide rendu, M. Riquet répéta l'expérience sur trois chevaux morveux privés d'une partie ou de la totalité de la salive des quatre principales glandes. La sécrétion recueillie par l'œsophage s'est présentée dans les mêmes proportions.

En donnant aux chevaux opérés de l'eau, et la recevant dans un vase à sa sortie par l'ouverture œsophagienne, on trouva l'eau alcaline et possédant un certain degré de viscosité.

Les mêmes animaux ayant mangé plusieurs espèces d'aliments solides, chaque bol, en sortant de l'œsophage, était recouvert d'une couche de fluide visqueux, l'intérieur n'en contenant pas.

M. Riquet n'a pas essayé l'action de ce fluide sur les matières alimentaires, et penche à lui attribuer un rôle mécanique qui facilite le glissement dans l'œsophage du bol préalablement insalivé.

Pour reconnaître le siége de cette abondante sécrétion, M. Riquet a pris des morceaux de membrane muqueuse sur différents points de la cavité buccale, des parois du pharynx, des poches gutturales, de l'œsophage et de la langue. Après les avoir lavés et exprimés dans un linge, il les a plongés isolément, pendant vingt-quatre heures, dans une petite quantité d'eau tiède. Le morceau de membrane muqueuse appartenant à la base de la langue a seul communiqué à l'eau de macération la viscosité limpide du fluide sécrété. La substance sous-jacente à cette muqueuse a donné le même résultat.

M. Riquet, qui n'a jamais trouvé ce fluide pharyngien dans l'estomac, pense qu'il ne s'y arrête pas et qu'il passe immédiatement de l'œsophage dans le duodénum.

Ce liquide ne se mélange pas avec la salive parotidienne. Placé avec cette salive dans un tube qu'on agite, les deux produits de sécrétion se sont d'abord mélangés ; mais, au bout d'une heure, ils étaient de nouveau tout à fait séparés.

Nous allons, Messieurs, aborder maintenant les usages des salives. Les anciens physiologistes avaient attribué aux liquides salivaires un rôle purement mécanique, ils pensaient qu'ils avaient surtout pour objet de faciliter la mastication. Mais, comme nous l'avons vu, ils ne distinguaient nullement les salives entre elles, et étaient d'avis que toutes les glandes salivaires, versant dans la cavité buccale des produits identiques, pouvaient se suppléer les unes les autres.

Déjà, à propos de la salive parotidienne, nous avons signalé l'influence que la sécrétion de cette glande a sur le phénomène mécanique de la déglutition. Je vais rappeler ici des expériences qui montrent encore cette même influence de la parotide et des autres glandes salivaires sur l'insalivation et la déglutition. Il suffira de citer les faits, leurs résultats parleront d'eux-mêmes, sans qu'il soit besoin d'aucun commentaire.

EXPÉRIENCE. — J'ai pratiqué, vers la partie inférieure du cou, sur un cheval assez vigoureux, une plaie à l'œsophage, qui fut maintenue béante à l'aide de deux érignes ; on donna ensuite 500 grammes d'avoine à manger à l'animal, ce qu'il fit sans difficulté, car il était à jeun depuis la veille. Quinze ou dix-huit secondes après que le cheval eut commencé à opérer la mastication, l'avoine mâchée et déglutie apparut à la plaie œsophagienne, sous forme d'un bol broyé, bien moulé, parfaitement humecté, pâteux à l'intérieur et enveloppé extérieurement par une couche assez épaisse de salive muqueuse gluante. Tous les quarts de minute environ, il sortait par la plaie œsophagienne un nouveau bol d'avoine insalivée, entouré d'une couche épaisse de mucus, ainsi qu'il a été dit. Au bout de neuf minutes, le cheval ayant fini de manger les 500 grammes d'avoine, je lui pratiquai alors la section des deux canaux parotidiens, de façon que la salive sécrétée par ces glandes s'écoulât désormais au dehors de la bouche. Après l'opération, le cheval se remit à manger 500 nouveaux grammes d'avoine qu'on lui donna. Cette fois, quoique la mastication ne parût pas être gênée en elle-même, cependant elle s'exerçait plus longuement sur les substances à broyer, car ce ne fut qu'après une minute et demie de mastication que le premier bol d'avoine se montra à la plaie œsophagienne. Le bol, bien moulé et entouré de beaucoup de mucosités, était plus petit que celui que le cheval rendait avant la section des canaux salivaires parotidiens. L'avoine était bien broyée, mais, intérieurement, la masse, au lieu d'être pâteuse, se montrait cassante et très-peu humectée. Pour les bols suivants, la déglutition devenait de plus en plus difficile; le cheval mastiquait de plus en plus longuement, et il se passait quelquefois deux minutes et demie à trois mi-

nutes entre l'apparition de deux bols successifs. L'a-
nimal, dans les efforts qu'il faisait pour déglutir l'a-
voine qui se collait à son palais, avalait souvent une
certaine quantité d'air qui sortait avec bruit par la
plaie de l'œsophage, au-devant du bol alimentaire.
Vingt-cinq minutes s'étaient écoulées, que le cheval
n'avait pas encore fini ses 500 grammes d'avoine ; on
pesa ce qui restait, et il n'y avait eu que 360 grammes
d'avoine mâchés et déglutis en vingt-cinq minutes,
tandis qu'avant la section des canaux parotidiens, nous
avons vu 500 grammes de la même substance être
broyés et déglutis en neuf minutes. Pendant que le
cheval mâchait ainsi péniblement son avoine, les deux
conduits parotidiens divisés laissèrent couler une salive
claire et limpide à jet à peu près continu, et la quantité
qui en fut recueillie pendant vingt-cinq minutes était
de deux litres environ. Le cheval paraissant avoir soif,
on lui offrit de l'eau ; il but à longs traits, et les gorgées
de liquide qui se succédaient environ de seconde en
seconde étaient lancées au dehors avec force par la
plaie de l'œsophage ; mais, chose remarquable, pendant tout le temps que dura la déglutition de l'eau, il
ne s'écoula pas une seule goutte de salive par les
conduits parotidiens. Mais l'eau était mousseuse et
visqueuse, et chaque gorgée d'eau lancée pesait en
moyenne environ 100 grammes.

En faisant ces expériences sur d'autres chevaux, j'ai
obtenu des résultats entièrement analogues. Mais, sur
l'un d'eux sur lequel l'œsophage avait été divisé en
travers, j'ai observé, relativement à la déglutition, un

fait singulier que je n'ai vu signalé nulle part. Chez l'animal, l'œsophage avait d'abord été ouvert à la partie inférieure du cou par une incision longitudinale. Le cheval mangeait, et, comme à l'ordinaire, le mélange alimentaire sortait, par la plaie œsophagienne, divisé par bols séparés qui correspondaient à autant de bouchées. Mais, alors, on coupa en travers l'œsophage, qui se rétracta vers la partie supérieure de la plaie du cou. Alors l'animal continuait toujours de manger ; mais les aliments ne sortaient plus par bols distincts et séparés par un certain intervalle de temps. Les aliments s'accumulaient dans l'œsophage, et les aliments mâchés restaient moulés comme les matières fécales et sous forme d'une sorte de boudin alimentaire. Dans la section de l'œsophage, il n'y avait eu aucun nerf coupé, et il est difficile de voir ici la conséquence d'une paralysie quelconque, lors même qu'elle serait due à un nerf qui remonterait de bas en haut dans les parois de l'œsophage. En effet, la ligature du canal œsophagien au-dessous de la plaie n'avait produit rien de semblable, et les aliments sortaient toujours par bols. C'est seulement lorsque le tuyau œsophagien eût perdu sa tension par la section en travers, et qu'il fut privé de son point d'attache inférieurement, que les contractions péristaltiques furent gênées et ne purent plus faire cheminer les aliments d'un bout à l'autre du conduit. Du reste, il faudrait étudier ce phénomène de plus près qu'il ne l'a été, et c'est uniquement pour cela que je le signale à votre attention.

D'après ce qui a été dit plus haut, on peut prévoir que les aliments réclameront d'autant plus de salive qu'ils seront plus secs ; de sorte que la quantité de salive fournie n'est pas en raison de la qualité chimique de l'aliment, mais bien en raison de la qualité physique.

Le tableau suivant prouve la proposition que nous venons d'avancer. Ces expériences, ainsi que plusieurs autres qui suivent, ont été faites par le procédé de la commission d'hygiène indiqué précédemment.

NOM de L'ALIMENT.	POIDS de l'aliment avant la masticat. et la déglutition.	POIDS de l'aliment apres la masticat. et la déglutition.	DIFFÉRENC. indiquant la quantité de salive absorbee.	NOMS des EXPÉRIMENTATEURS.
Paille..........	10gr	100gr	80gr	Lassaigne.
Foin...........	325	2000	1675	Commission d'hyg.
Foin.	20	160	71	Lassaigne.
Avoine.........	520	1168	668	Commission d'hyg.
Avoine.........	46	100	53	Lassaigne.
Fécules et son..	250	725	475	Commission d'hyg.
Farine d'orge...	31	100	65	Lassaigne.
Feuilles et tiges d'orge vertes..	67	100	32	
250 gr. de fécule et son délayé dans 1000 gr. d'eau........	1250	1256	6	Bernard.

Ce tableau nous apprend :

1° Que les fourrages secs absorbent environ quatre à cinq fois leur poids de liquide buccal mixte (salive et mucus) ;

2° Que les féculents secs (avoine, fécule, farine d'orge) absorbent un peu plus d'une fois leur poids de salive et de mucus ;

3° Que les fourrages verts (feuilles et tiges d'orge vertes) absorbent un peu moins de la moitié de ce liquide ;

4° Que les féculents humides (fécule et son), auxquels on avait ajouté assez d'eau pour que l'aliment pût être avalé sans mastication préalable, n'ont pas sensiblement absorbé de salive.

Voici encore d'autres expériences sur l'insalivation, dans lesquelles on a opéré par le procédé de la commission d'hygiène.

L'animal (cheval) étant à jeun, on lui fait une ligature sur l'œsophage, vers la partie inférieure de l'encolure. Pour cela, après avoir mis à nu l'œsophage, on pratique une incision de 6 centimètres dans le sens longitudinal de sa membrane charnue. Cette incision intéresse en même temps la membrane muqueuse ; puis les lèvres de la plaie œsophagienne sont maintenues au niveau de la plaie du cou, afin de recevoir les bols plus facilement.

Chaque aliment est pesé avant d'être présenté au cheval ; à mesure que les bols sont lancés par l'ouverture œsophagienne, ils sont reçus dans un vase, et renfermés dans un bocal pour être pesés. Dans les expériences qui vont suivre, on a tenu compte du poids de l'aliment mangé, du temps employé pour la mastication, du nombre de bols, de la quantité de fluide dont l'aliment a été imbibé, etc.

TABLEAU D'UNE PREMIÈRE SÉRIE D'EXPÉRIENCES.

ESPÈCES D'ALIMENTS.	QUANTITÉ MANGÉE.	TEMPS EMPLOYÉ.	NOMBRE DES BOLS.	POIDS DES BOLS.	QUANTITÉ de fluide dont ils se sont imbibés.	OBSERVATIONS.
	gr	min.		gr	gr	
Pain.........	250	8	18	612	662	Cheval de 8 ans bien portant.
Id..........	250	12	22	540	290	Cheval de 11 ans malingre.
Foin naturel..	250	15	28	1500	1275	
Id..........	250	17	24	1170	920	
Id..........	250	35	19	890	670	
Sainfoin......	250	45	39	2055	1805	
Id..........	250	55	29	1650	1400	
Trèfle........	250	22	40	1250	1000	
Id..........	250	40	38	975	725	
Luzerne......	250	10	»	1227	727	
Paille........	250	39	40	1550	1300	
Id..........	250	25	38	1650	1400	
Avoine.......	250	9	»	1088	838	
Son sec......	250	10	»	1000	750	
Son et fécule.	250	23	»	725	475	

Les résultats qu'on a ici sous les yeux sont complète-
ment d'accord avec ceux consignés dans le tableau précédent. On peut remarquer en outre combien la durée
de la mastication a été considérable chez le cheval ma-
lingre, comparativement aux chevaux bien portants,
même quand ils avaient des conduits salivaires suppri-
més. La quantité de salive fournie se montre aussi en
général d'autant plus grande que la mastication a duré
plus longtemps.

Tableau d'une deuxième série d'expériences. — Elle a pour objet de reconnaître combien une glande parotide. les glandes maxillaires et les sublinguales donnent de salive pour la mastication et la déglutition d'une quantité donnée de chaque espèce de fourrages qui servent à la nourriture du cheval.

ESPÈCES D'ALIMENTS.	POIDS qui a été mangé.	TEMPS employé pour manger	NOMBRE de bols rendus.	POIDS des bols.	QUANTITÉ de salive et mucus fournie.	OBSERVATIONS.
	gr	min.		gr	gr	
Pain de mun.	250	2 1/2	14	530	280	} Même cheval.
Id.........	250	3	16	552	302	}
Id.........	250	3	15	535	285	} Même cheval.
Foin naturel.	250	10	19	582	335	} Même cheval.
Id.........	250	10 1/2	20	585	333	}
Id.........	250	10	18	750	410	} Même cheval.
Luzerne.....	250	9	17	520	270	}
Id.........	250	8	16	537	287	} Même cheval.
Id.........	250	9	16	590	340	}
Id.........	250	12	18	630	380	} Autre cheval.
Trèfle.......	250	20	16	810	560	
Avoine.....	250	3 1/2	14	388	138	} Même cheval.
Id.........	250	3	17	358	108	}
Id......,.	250	6	14	440	190	}
Paille.......	250	20	20	719	469	} Autre cheval.
Id.........	250	22	19	600	350	}
Id.........	250	21	24	640	390	} Même cheval.
Son addition. de froment.	250	12	17	585	335	} Autre cheval.
Id.........	250	11	16	570	325	}
Son lavé humide.....	250	10	14	555	300	} Autre cheval.
Son sec et fécule......	250	8	17	585	335	

On voit ici que, chez ces chevaux bien portants, malgré la suppression d'un conduit parotidien, la déglutition a été plus rapide que chez le cheval malade la quantité de salive a considérablement diminué dans l'aliment dégluti.

Tableau d'une troisième série d'expériences, qui a pour objet de rechercher combien les différents aliments prennent de salive mixte pendant la mastication pour être déglutis après la suppression des deux canaux parotidiens.

ESPÈCES D'ALIMENTS.	POIDS des aliments mangés	TEMPS employé.	NOMBRE de bols rendus.	POIDS des bols rendus	QUANTITE de salive.	OBSERVATIONS.
	gr.	min.		gr.	gr.	.
Avoine......	250	13	12	450	206	
Son lavé sec.	250	24	27	642	427	
Son lavé sec.	250	27	22	605	375	

Tableau d'une quatrième expérience. — Dans cette expérience, on a également voulu savoir la différence qui existait dans le temps que deux chevaux mettaient à manger leurs rations, l'un d'eux ayant les deux conduits parotidiens réséqués. Voici ce que l'on a observé :

NATURE des ALIMENTS.	ÉPOQUE de la journée où on les a administrés.	POIDS dés aliments donnés.	TEMPS EMPLOYÉ A MANGER.		DIFFÉR. dans le temps employé
			Cheval non opéré.	Cheval opéré.	
		kil.	{min.}	min.	min.
Foin naturel.	6 h. du matin....	1,400	40	56	16
Avoine.......	8 h. du matin....	1,500	14	22	8
Paille........	8 h. 1/2 du matin.	1,600	45	70	25
Foin...........	Midi...........	1,400	37	52	15
Avoine.......	3 h. du soir......	1,500	15	21	6
Paille........	3 h. 1/2 du soir..	1,600	48	79	31
Foin.........	7 h. du soir......	1,400	39	62	23
Paille........	9 h. du soir......	1,600	50	105	55

Les mêmes résultats se sont présentés, à quelques minutes près, pendant quatre jours de suite. — Le premier cheval a donc mis 3 heures 58 minutes à manger sa ration, et le second 6 heures 37 minutes.

Tableau d'une cinquième série d'expériences. — Elle a pour objet de rechercher combien il s'écoule de salive parotidienne par les canaux salivaires après qu'ils ont été dégagés et coupés, puis abandonnés à la nature. Le canal gauche avait été opéré le 14 décembre, celui du côté droit le 16 janvier. Voici le résultat de cette expérience faite au mois de février.

ESPÈCES D'ALIMENTS.	POIDS d'aliments mangés.	TEMPS employé à manger.	SALIVE COULÉE. Côté droit.	Côté gauche.
	gr.	min.	gr.	gr.
Le 17, à 11 h. du matin, paille	250	12	225	707
— à midi, foin naturel......	250	10	234	500
— à 1 h., luzerne..........	250	10	450	440
— à 2 h., son sec..........	250	5	215	165
— à 3 h., son frisé..........	son 150 eau 100	3	135	70
— à 4 h., pain frais........	250	4	165	20
Le 18, à 9 h. du matin, avoine	250	4	95	165
Le 19, à 9 h. du matin, paille.	250	15	rien.	510
— à 11 h., foin naturel.....	250	7 1/2	rien.	475
— à midi, luzerne..........	250	7	rien.	445
— à 1 h., son sec..........	250	5	rien.	145
— à 2 h., son frisé..........	son 150 eau 100	3	rien.	97
— à 3 h., avoine..........	250	5	rien.	107
— à 4 h., pain frais........	250	3	rien.	30

On trouve dans ce tableau ce résultat singulier, que la quantité de salive qui s'écoule par un conduit est plus forte, en alternant à droite et à gauche, suivant que l'animal mâche sur un côté ou sur l'autre de la mâchoire, et il peut même arriver, ainsi qu'on le voit, que l'écoulement cesse absolument d'un côté, tandis qu'il continue seulement de l'autre côté, sur lequel l'animal exerce la mastication. Cela prouve, ce que nous avons dit ailleurs, qu'il est inexact de comparer la sécrétion d'une glande salivaire observée pendant un temps limité pour juger de la sécrétion de celle du côté opposé, dans le même temps.

Messieurs, nous pourrions citer encore une foule d'expériences pour prouver la réalité et l'importance des usages mécaniques de la salive totale ; mais celles que nous avons rapportées déjà suffisent, et leurs résultats sont tellement évidents, qu'ils parlent d'eux-mêmes sans qu'il soit besoin d'y rien ajouter davantage. Nous allons actuellement examiner un autre usage qu'on a voulu attribuer aux salives : je veux parler d'un usage chimique sur lequel on a particulièrement insisté dans ces derniers temps.

Les chimistes modernes se sont beaucoup préoccupés d'une propriété qu'aurait la salive d'agir sur les matières féculentes pour les transformer en sucre.

La salive n'a aucune espèce d'action sur les matières albuminoïdes ni sur les matières grasses, mais on a observé depuis longtemps qu'elle jouissait de la propriété de changer l'amidon préalablement hydraté en dextrine et en sucre.

Nous allons vous rendre témoins de ces expériences, qui, du reste, sont aujourd'hui fort connues.

Voici de la fécule hydratée. Si j'y ajoute une goutte de teinture d'iode, vous voyez apparaître la réaction bleue caractéristique de l'iodure d'amidon ; si je la fais bouillir avec le réactif cupro-potassique, il n'y a aucune modification dans la liqueur, ce qui prouve que cet empois d'amidon ne contient aucune trace de glucose. Nous allons y ajouter maintenant une certaine quantité de salive mixte de l'homme obtenue en crachant dans un verre, et la transformation va être en effet très-rapide; car si nous reprenons, quelques instants après, cette fécule dans laquelle nous avons ajouté de la salive, et que nous la traitions par l'iode, vous ne voyez plus la coloration bleue se manifester, ce qui nous indique qu'il n'y a plus de fécule; si nous traitons le mélange par le tartrate cupro-potassique, vous voyez se former un précipité abondant qui décèle la présence du glucose. C'est aussi ce que la fermentation vous démontrerait d'une façon encore plus positive.

On a prétendu séparer la matière active de la salive sur la fécule, et la comparer à la matière qui, dans les végétaux, produit la transformation de la fécule en sucre; on a dit qu'il y avait là une *diastase salivaire*. Mais cette propriété de transformer la fécule hydratée en glucose est loin d'être spéciale à la salive; une foule d'autres substances organiques, surtout quand elles sont en voie de décomposition, jouissent de la même activité. La fécule hydratée et le glucose représentent deux états successifs d'une même substance, tellement voisins l'un de l'autre, qu'il suffit de la plus légère impulsion pour opérer le passage du premier au second état. C'est ce que fait le liquide des sérosités et une foule d'autres substances organiques.

Vous allez voir d'ailleurs combien il faut être prudent dans les conclusions qu'il faut tirer de ces sortes d'expériences. Ainsi, on avait vu que la salive humaine transforme l'amidon en glucose, et l'on s'était hâté d'en conclure que la salive a une action toute spéciale sur les aliments amylacés, et que, par conséquent, elle a un rôle à remplir dans les actes chimiques de la digestion. Quand on voulut répéter la même expérience avec la salive parotidienne des chiens ou des chevaux, on ne trouva plus du tout le même effet ; la saccharification de l'amidon ne s'opérait plus. Quand on voulut rechercher sur des chiens ou des chevaux dans leurs salives parotidienne, sous-maxillaire ou sublinguale, on ne trouvait plus cette prétendue matière active, et l'on reconnut qu'aucune d'elles ne jouissait du pouvoir qu'on avait trouvé dans la salive mixte chez l'homme. Il y avait donc là des faits contradictoires ; et il en est souvent ainsi en physiologie, surtout quand on n'a pas soin de se placer dans des conditions exactement identiques. D'où pouvaient donc provenir les différences obtenues dans les résultats ?

On avait vu que les salives prises isolément n'avaient aucune action sur la fécule, il fallait se demander si leur action ne résultait pas de leur mélange. J'ai donc pris les trois salives obtenues à l'état pur chez les chiens, je les ai mélangées, et j'ai trouvé qu'elles n'agissaient pas plus après leur mélange qu'auparavant. Ce n'était donc pas dans les glandes salivaires mêmes qu'il fallait chercher le principe actif en question.

Toutefois, je n'avais pas obtenu ainsi la salive mixte naturelle, car le mélange de ces trois salives ne contenait évidemment pas le produit et la sécrétion des petites glandes buccales. Pour avoir l'action réelle de la salive mixte des animaux sur l'amidon, il fallait se procurer de cette salive mixte, et nous avons vu ailleurs comment on opère. En agissant alors avec ce liquide

salivaire sur l'empois d'amidon, on trouve que la transformation en glucose est très-évidente ; ce qui prouve
que, tandis qu'aucune des salives isolées n'agit sur la
fécule, la salive mixte au contraire la change en sucre.
C'était dans la salive buccale que se trouvait cette diastase salivaire.

Il fallait faire l'expérience sur d'autres animaux : le
chien et le cheval donnèrent des résultats semblables,
c'est-à-dire que les salives pures ne donnaient lieu à
aucune transformation de l'amidon hydraté, tandis que
la salive mixte des mêmes animaux opérait cette transformation, quoique cependant elle produisît une action
moins énergique que la salive mixte de l'homme.

Voici de la salive d'homme : je la mets avec l'empois
d'amidon, et il suffit d'un contact très-peu prolongé
pour que la saccharification ait lieu. En effet, le mélange précipite déjà, comme vous le voyez, par le réactif cupro-potassique ; et, par l'action de la levûre de
bière, nous pouvons obtenir de l'alcool et de l'acide
carbonique. Voici, au contraire, de la salive de chien,
que nous avons mise en contact avec l'empois d'amidon
depuis le même temps, et vous voyez que la transformation n'a pas encore eu lieu, ou tout au moins est-elle
loin d'être complète.

Ainsi, si chez l'homme on se croyait en droit de supposer que la salive peut agir pour transformer la fécule
en sucre, au moment de son passage dans la bouche,
à raison de l'activité plus grande de sa salive mixte sur
l'empois d'amidon, on ne saurait tirer la même conclusion relativement à celle des animaux, pour plusieurs

motifs : d'abord parce que l'action de la salive est très-
lente et très-faible ; ensuite parce que, dans tous les cas,
cette action ne s'exerce ici que sur la fécule cuite ou
hydratée, et que beaucoup d'animaux, le cheval, par
exemple, ne mangent pas ordinairement leurs aliments
à cet état, et parce qu'enfin cette propriété transformatrice de l'amidon en glucose ne pourrait s'opérer qu'entre la bouche et l'estomac ; car, une fois arrivés dans
cette dernière cavité, les féculents, à cause de la présence du suc gastrique, ne se trouvent plus dans des
conditions favorables à la saccharification, sous l'influence de la salive. Nous verrons plus loin à quoi tient
cette action particulière de la salive mixte qui ne se
rencontre pas dans chaque fluide salivaire pris isolément. Je veux seulement dire ici qu'il semble que cette
action chimique n'est pas essentielle ; je crois même
qu'on pourrait dire qu'elle est accidentelle, parce que,
chez les animaux, elle est très-faible et même insignifiante, dans les conditions digestives normales, telles
qu'elles se passent chez l'animal vivant ; car, si l'on fait
manger même de l'amidon hydraté à un chien, on
retrouve l'amidon dans l'estomac sans modification
sensible.

Voici un chien auquel nous avons fait une fistule
stomacale, qui, ainsi que vous le voyez, est parfaitement
guérie et cicatrisée ; nous lui avons donné à manger de
la fécule et de la viande cuite il y a environ une heure.
Si cette fécule s'est digérée dans la bouche, nous devons trouver du sucre dans l'estomac. Pour cela, nous
enlevons le bouchon de la canule, et tenons l'animal

debout, pour faire écouler une certaine quantité du
contenu de la cavité gastrique. Le liquide trouble que
nous obtenons ainsi est très-nettement acide ; le papier
de tournesol s'y colore fortement en rouge. Si nous
ajoutons à ce liquide de la teinture d'iode, vous voyez
aussitôt une teinte bleue très-intense qui indique que
la transformation de l'amidon est loin d'être complète.
Si nous traitons maintenant le même liquide par le tartrate cupro-potassique, après avoir précipité par le
charbon animal les matières animales qui pourraient
masquer la réaction, nous ne voyons pas de précipité
évident ou à peine quelques traces, ce qui nous montre
qu'il n'y a pas eu sensiblement de sucre formé.

Il faut néanmoins savoir ce que c'est que cette *diastase salivaire* qu'on a trouvée dans la salive mixte, et
qui s'obtient exactement comme la diastase végétale,
en précipitant la salive par l'alcool et en redissolvant
le précipité dans l'eau, etc. Cette diastase est évidemment le résultat d'une altération ou d'une décomposition spontanée de la ptyaline ou des autres matières
salivaires. On peut obtenir de la diastase salivaire,
c'est-à-dire des liquides agissant sur l'empois d'amidon
pour le changer en dextrine et en sucre, avec beaucoup
d'autres matières en voie de décomposition. J'ai fait à
ce sujet les expériences suivantes. Dans de l'eau ordinaire, j'ai mis de la fibrine, du gluten, qui sont insolubles dans l'eau froide. J'ai laissé ces matières aban-
données à elles-mêmes à la température ambiante,
pendant la saison chaude de l'été. Au bout de quelques
jours, une partie de la fibrine et du gluten s'était

dissoute dans l'eau, qui avait acquis la propriété de transformer très-nettement l'empois d'amidon en dextrine et en sucre. Plus tard, ce liquide devint putride, et alors cette propriété saccharifiante avait disparu. D'après cette expérience, on est porté à penser que la diastase végétale n'est elle-même qu'un corps résultant de la décomposition spontanée du gluten. On voit ainsi que des matières azotées, végétales ou animales, en se décomposant, peuvent donner naissance à une substance qui agit à la manière des ferments pour transformer l'empois d'amidon en dextrine et en sucre. Mais, lorsque la décomposition est plus avancée et que l'état réellement putride se manifeste, le liquide perd la propriété de transformer l'amidon en dextrine et en sucre.

Si la salive possède cette propriété de saccharifier l'empois d'amidon, cela tient à ce que certains de ses éléments sont en voie de décomposition spontanée, et toutes les causes qui peuvent accélérer les décompositions favorisent cette action. Toutes les causes qui arrêtent les décompositions arrêtent aussi l'action des ferments : tels sont les acides forts, l'ébullition, etc.

Il y a même là quelque chose qui semblerait en désaccord avec les lois physiologiques ordinaires. En effet, l'activité de la salive pour transformer l'amidon en sucre est d'autant plus grande, que celle-ci est sécrétée dans des conditions pour ainsi dire plus morbides. Ainsi la salive provenant d'un individu atteint de salivation mercurielle est d'une énergie considérable;

il en est de même toutes les fois qu'il y a une inflammation de la bouche. Or, dans les cas où la salive agit avec énergie, elle contient souvent une grande quantité de globules de pus, et elle opère très-vite cette transformation si facile de l'amidon en glucose. Si la salive humaine a sur ce point une activité plus grande que la salive des autres animaux, cela tient à ce que normalement, par suite de l'accès continuel de l'air dans la bouche, à cause de l'acte de la phonation, il y a constamment dans cette cavité des matières organiques en voie d'altération qui entraînent la saccharification de l'empois, puis sa transformation en acide lactique ou butyrique, qui est également très-facile dans ces mêmes circonstances.

Ainsi, le rôle physiologique de la salive dans la digestion des substances féculentes me paraît être le résultat d'une altération spontanée qui engendre le ferment diastasique, ainsi que peuvent le faire d'ailleurs beaucoup d'autres substances azotées en s'altérant.

Mais, lorsque la salive mixte de l'homme est tout à fait putréfiée, elle ne transforme plus l'amidon en sucre. La salive qui a été bouillie perd cette propriété pour le moment ; mais elle la reprend au bout de quelques jours. Lorsqu'on ajoute un acide, tel que l'acide chlorhydrique ou sulfurique, par exemple, à la salive, la portion du ferment formée continue encore à agir, et l'on a la transformation si l'on emploie la salive sur-le-champ. Mais, comme il ne se forme plus de ferment à cause de la présence de l'acide qui arrête la décomposition, et que, bientôt, le ferment antérieurement formé s'est altéré, il en résulte que, le lendemain ou le surlendemain, la salive acidulée n'agit plus sur l'amidon. C'est d'après cela que j'ai dit, il y a déjà longtemps, que la salive acidulée n'agit plus sur l'amidon. Quelques observateurs ont critiqué mon expérience : cela tient à ce qu'ils n'avaient pas attendu pour mettre l'amidon en contact avec la salive.

On peut prouver, chez les animaux, très-facilement, que c'est par sa décomposition que la salive devient active sur l'amidon.

Quand on prend, par exemple, de la salive pure provenant de la glande sous-maxillaire d'un chien, au moment même où elle est extraite, elle n'a aucune action sur l'empois d'amidon pour le transformer en dextrine et en sucre ; mais, si on la laisse se putréfier, elle ne tarde pas à acquérir ses propriétés actives sur l'empois. Cette action n'a rien de spécial, comme nous l'avons dit plus haut ; elle est commune à beaucoup des liquides pathologiques. J'ai constaté cette propriété transformatrice dans les liquides de différents kystes et dans celui de la grenouillette, dans celui des hydropisies, etc. Cette faculté existe aussi dans le sérum du sang, et le contact de l'amidon avec une muqueuse quelconque suffit pour la déterminer. Un lavement d'amidon, par exemple, est rendu souvent à l'état d'eau sucrée. Il en est de même si l'on injecte de l'eau amidonnée dans la vessie : une émission urinaire sucrée est bientôt rendue.

Lorsqu'on ajoute des acides à de la salive pure et fraîche de chien, ou qu'on la fait bouillir, elle n'acquiert pas cette propriété de transformer l'amidon en sucre, ce qui prouve que cette action des acides ou de l'ébullition, en empêchant au ferment de se développer, ne permet pas à cette action transformatrice de se manifester. C'est ce qui a lieu aussi dans l'estomac par l'action du suc gastrique. Cette action de la salive sur l'amidon hydraté peut, dans certains cas, amener quelques troubles digestifs, quand le suc gastrique ne se sécrète pas avec assez d'activité, de manière à empêcher la salive de continuer son action. Il arrive alors que, dans l'estomac, les matières féculentes, d'abord transformées en sucre, se changent bientôt en acide lactique ou butyrique, et produisent des éructations acides qu'on observe dans certains cas. L'importance du rôle chimique de la salive doit être singulièrement restreinte d'après les observations que je viens de vous signaler. Cette transformation de l'amidon hydraté en glucose est une chose tellement facile, qu'il n'est pas étonnant que beaucoup de substances puissent l'accomplir. On sait du reste qu'une infusion d'empois abandonnée à elle-même peut même en quelques jours se transformer spontanément en sucre.

Il nous reste encore un point de la question à examiner : c'est de savoir si le tissu des glandes salivaires possède le ferment actif diastasique. Nous avons déjà vu que le tissu de certaines glandes salivaires possède la *ptyaline* (matière visqueuse de la salive). Il était intéressant de voir si c'étaient d'autres glandes qui pos-

sédaient le ferment diastasique plus spécialement. J'ai
examiné à ce sujet les infusions des glandes salivaires
chez l'homme et chez différents animaux, chien, lapin,
cheval, etc. Or, j'ai trouvé que l'infusion des glandes
de l'homme transforme l'amidon en dextrine et en glucose avec une grande rapidité. Il n'en est pas de même
des glandes salivaires du chien. Il faut, pour que ce résultat soit obtenu, attendre que l'infusion se soit altérée
en l'abandonnant à elle-même pendant un ou deux
jours. Tous ces résultats s'obtiennent chez l'homme,
chez le chien, aussi bien avec le tissu de toutes les
glandes salivaires. Toutefois, il y a ceci de remarquable, c'est que la salive artificielle ou naturelle, qui est
visqueuse, perd sa viscosité quand elle devient apte à
transformer l'amidon en dextrine et en glucose. L'altérabilité plus grande du tissu de la glande chez l'homme
que chez le chien expliquerait peut-être un fait que j'ai
observé : c'est que la salive parotidienne ou sous-
maxillaire de l'homme obtenue à l'état pur change l'a-
midon en sucre, tandis que, chez le chien, le cheval,
etc., cela n'a pas lieu, ainsi que nous l'avons vu. J'avais
autrefois obtenu de la salive parotidienne chez des malades atteints de fistule ou plutôt de suintement de la
salive parotidienne sur la joue, à la suite d'une obstruction du canal parotidien, et j'ai trouvé que cette
salive qui suinte ainsi sur la joue ne transforme pas l'a-
midon en sucre. Mais, en recueillant la salive parotidienne au moment où celle-ci afflue dans la bouche, je
l'ai généralement trouvée active sur l'amidon.

Voici le procédé que j'ai mis en usage pour obtenir

sans opération sanglante cette salive pure au moment où elle afflue dans la cavité buccale. Je prends une seringue de verre (fig. 17). Cette seringue est effilée et recourbée à son extrémité, qui est évasée en forme de ventouse. Je fais ouvrir la bouche à la personne chez laquelle je veux recueillir la salive. En regardant dans la bouche, on voit très-facilement, au niveau de la deuxième dent molaire supérieure, la papille sur laquelle s'ouvre le canal de Sténon, par exemple. J'applique alors l'évasement de l'extrémité de la seringue, dont le piston est poussé jusqu'en c, point où la seringue cesse d'être cylindrique. Aussitôt que l'extrémité de la seringue est bien appliquée, je tire doucement le piston d, en maintenant le bout de la seringue exactement appliqué ; il se fait une aspiration dans la seringue, et l'on voit de la salive couler du conduit a dans le tube, sans qu'aucun li-

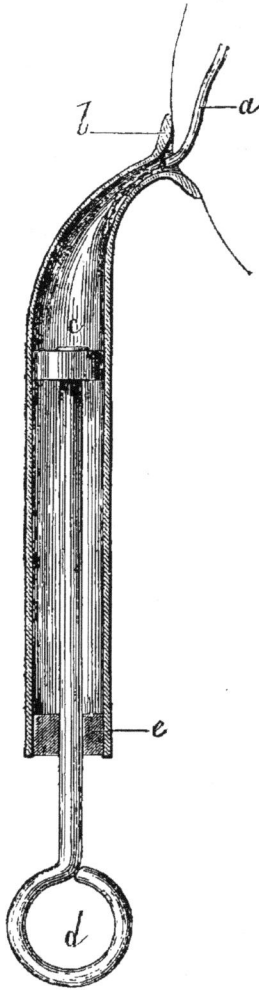

Fig. 17. — *Tube-seringue destiné à recueillir les salives pures.* — On voit la coupe de l'instrument, qui est représenté en action.

a, conduit de Sténon venant s'ouvrir à la face interne de la joue ; — b, bord évasé de la seringue ; — c, piston de la seringue ; — d, tige du piston terminée par un anneau ; — e, bouchon troué dans lequel glisse la tige du piston.

quide voisin puisse s'y mêler, à cause de l'application
exacte du pourtour de la seringue, maintenue par l'aspiration douce et soutenue. On peut recueillir ainsi
d'assez notables quantités de salive, surtout si l'on a le
soin d'en provoquer la sécrétion par les moyens que
nous avons indiqués ailleurs.

On peut appliquer le même instrument sur l'orifice
du conduit de la salive sous-maxillaire. Avec cet appareil simple et très-commode, on peut recueillir chez
l'homme les diverses salives, et étudier leurs propriétés.

Je disais que l'altérabilité du tissu glandulaire expliquerait peut-être chez l'homme l'altérabilité de la salive
elle-même. Toutefois, chez le cheval, il ne paraîtrait
pas en être exactement ainsi ; car j'ai trouvé le tissu de
ses glandes salivaires capable de donner lieu par infusion, très-rapidement, à la transformation en dextrine
et en sucre, et cependant la salive parotidienne de cet
animal n'agit aucunement sur l'empois d'amidon. Il ne
faudrait pas croire non plus que cette propriété de donner une infusion capable de changer l'amidon en sucre
caractérisât uniquement les glandes salivaires : nous
verrons plus tard que cette propriété appartient à beaucoup d'autres glandes et à tous les tissus muqueux en
général.

En résumé, le rôle chimique de la salive dans la
digestion paraît donc être insignifiant, sinon complète-
ment nul. Quand nous suivrons, en effet, les substances
féculentes dans le canal intestinal, particulièrement
chez les animaux où elles sont ingérées sans avoir été

modifiées par la cuisson, nous ne les verrons seulement disparaître et se changer en sucre que dans l'intestin, sous l'influence d'un fluide autre que la salive.

Le rôle réel des fluides salivaires, celui qu'avaient, du reste, déjà adopté les anciens, est d'ordre purement mécanique, et sert à la mastication, à la gustation et à la déglutition. Nous avons donné en faveur de cette proposition les preuves expérimentales les plus décisives.

Pour achever l'histoire des glandes salivaires, nous aurions encore à vous entretenir de l'influence sous laquelle ces glandes se trouvent relativement au système nerveux.

Chacune d'elles reçoit des filets d'un nerf spécial ; mais, en outre, toutes reçoivent l'influence du pneumogastrique, qui a cependant cela de particulier, qu'il agit bien plus énergiquement, chez le chien, sur la glande sous-maxillaire que sur aucune des autres glandes buccales.

Il y a une réaction réciproque des diverses sécrétions qui se déversent dans le tube intestinal, telle, que l'une d'elles ne saurait s'effectuer sans que l'autre entrât en jeu. Ainsi, quand la sécrétion salivaire se produit, la sécrétion gastrique ne tarde pas à la suivre ; c'est ce qu'on peut observer chez les animaux auxquels on a pratiqué des fistules à l'estomac. C'est par l'intermédiaire du pneumo-gastrique que se fait cette réaction sympathique, et l'on peut le démontrer directement.

Si l'on prend un chien, qu'on lui découvre les pneumo-gastriques dans la région moyenne du cou, et qu'on applique le galvanisme sur le bout inférieur du nerf coupé, on ne produit rien dans les glandes salivaires ; mais si l'on galvanise le bout supérieur, il se fait aussitôt un écoulement de salive très-abondant.

Nous avions aussi voulu rechercher si le ganglion de Gasser de la branche maxillaire inférieure n'a pas une action, sur la sécrétion de la glande parotide, analogue à celle du ganglion sous-maxillaire du nerf lingual sur la sécrétion de la glande sous-maxillaire ; mais nos expériences à ce sujet ne sont pas encore terminées.

Jusqu'ici, Messieurs, nous vous avons montré expérimentalement que cette similitude qu'on avait établie entre les diverses glandes salivaires, à raison de leur analogie de structure histologique, n'était pas fondée. Ici la physiologie a prouvé que l'anatomie était insuffisante, et qu'elle avait fait admettre des erreurs physiologiques. Cette démonstration deviendra encore plus palpable pour un autre organe qu'on a comparé encore aux glandes salivaires, et qui, à ce titre et à beaucoup d'autres, doit nous occuper longuement : je veux parler du pancréas.

Dans la prochaine leçon, nous aurons donc à nous occuper du pancréas, longtemps considéré comme une glande salivaire abdominale, et même, à cause de cela, désigné sous le nom de *glande salivaire abdominale.*

SEPTIÈME LEÇON

SOMMAIRE : Rapprochement du pancréas avec les glandes salivaires. — Historique des travaux sur le pancréas, dans lesquels se retrouve cette confusion du pancréas et des glandes salivaires. — État des connaissances sur les fonctions du pancréas avant nos recherches. — Du suc pancréatique, des procédés employés pour l'obtenir : procédés de de Graaf, de Magendie, de Tiedemann et Gmelin, de Leuret et Lassaigne. — Par quelles circonstances nous avons été amené à faire des expériences sur le pancréas.

MESSIEURS,

Le pancréas a toujours été jusqu'à nos jours considéré comme une glande salivaire. Constamment placés au point de vue de la forme et de l'apparence extérieure, les anatomistes, n'ayant pu apercevoir de différence de structure, avaient conclu à des fonctions identiques ; nous allons, comme nous l'avons fait pour les glandes salivaires, passer rapidement en revue les découvertes anatomiques et physiologiques qui ont été faites sur le pancréas ; vous verrez que cette confusion avec les glandes salivaires, qui date des temps les plus anciens, s'est poursuivie jusqu'à nos jours.

HÉROPHILE, de Chalcédoine, connut assez bien la position du pancréas et sa nature glandulaire.

EUDÉMUS, que Galien compte parmi les premiers anatomistes, connaissait déjà le *pancréas*, et pensait que cet organe versait dans l'intestin un suc analogue à la salive.

RUFUS, d'Éphèse, décrivit évidemment cette glande, et ne la confondit point avec les glandes mésentériques.

Cl. GALIEN semble indiquer, dans le livre V^e *De usu partium* (1), le pancréas, mais d'une manière assez obscure.

1627. GASPAR ASELLI prit pour le pancréas une agglomération de ganglions mésentériques, qui est surtout remarquable chez les chiens, et il décrit le pancréas comme une glande encore inconnue. C'est de là que vient le nom de *pancréas d'Aselli* donné à ces ganglions, et ceci fut la source d'une grande obscurité répandue par cette confusion, sur l'histoire des vaisseaux chylifères.

1642. MAURICE HOFFMANN trouva, dans l'automne de l'année 1642, le conduit pancréatique sur un coq d'Inde, et fournit à *Wirsung*, son hôte, l'occasion de trouver le même conduit sur l'homme.

1642. GEORGE WIRSUNG trouva le premier sur l'homme le conduit qui porte son nom. Il en fit faire une figure sur cuivre, dont il envoya un exemplaire à Riolan en 1643. Plus tard, Blumenbach, professeur à Gœttingue, eut entre les mains un autre exemplaire de cette gravure qui lui venait de Caldani. Wirsung mourut assassiné, dit-on, le 22 août 1643. Nous constatons de nouveau ici que les découvertes anatomi-

_____

(1) *Œuvres anatomiques, physiologiques et médicales* de Galien, trad. par Ch. Daremberg. Paris, 1854, t. I, p. 335.

ques et physiologiques suscitent aujourd'hui moins de passions.

1659. Sylvius de Le Boe donna une bonne figure du conduit pancréatique que de Graaf mit dans son ouvrage *De succo pancreatico*, etc. Il regardait la bile comme alcaline, le suc pancréatique comme acide, et croyait qu'au contact de ces deux liquides il se développait une fermentation avec effervescence.

1664. Regnier de Graaf publia une dissertation anatomico-médicale sur la nature et les usages du suc pancréatique.

1667. Bernard Swalve fit une brochure sur le pancréas et le suc pancréatique.

1670. Florentin Schuyl plaça des ligatures sur les ouvertures des conduits biliaires et pancréatiques.

1678. Conrad Johrenii donna une bonne figure sur bois du pancréas avec son conduit.

1683. Conrad Brunner publia des expériences nouvelles sur le pancréas et les usages du suc pancréatique. Il passe pour avoir enlevé cette glande sur huit chiens ; il fit la ligature du conduit pancréatique : la plupart des animaux guérirent et la digestion ne parut pas troublée. Il en conclut que le pancréas n'a pas une très-grande importance dans l'économie. Nous aurons plus tard à revenir sur ces expériences.

1700. Clopton Havers parla du pancréas et donna une théorie merveilleuse de la digestion.

1752. Bryan Robinson attribua une grande importance à l'action du suc pancréatique.

1755. Georges Heuermann découvrit les deux conduits pancréatiques parallèles entre eux, qui aboutissent cependant à un orifice commun.

1755. HERMANN SCHRADER distingua, dans le chien et dans les autres carnassiers, le conduit biliaire d'avec le canal pancréatique ; il trouva dans les corbeaux deux pancréas et deux conduits pancréatiques.

1756. ASCH examina au microscope, chez divers animaux, la salive, le sucre pancréatique, et trouva dans tous ces liquides des globules.

1780. EV. HOME trouva des globules dans le suc pancréatique.

1791. FORDYCE étudia au point de vue chimique les propriétés de la salive et du suc pancréatique ; il nia que la première eût aucune action sur la digestion, et accorda seulement qu'elle sert à la déglutition.

1794. JACOB PLENCK fit l'analyse de la salive et du suc pancréatique. Il leur trouva des propriétés tout à fait semblables.

Vous ne voyez guère, Messieurs, dans tout cet historique, que des études purement anatomiques, les études chimiques sont à peine indiquées. Dans tous les cas, vous pouvez remarquer que les glandes salivaires et le pancréas sont enveloppés dans une description commune.

Sous le rapport physiologique, le même rapprochement a constamment été soutenu, et J.-B. SIE-BOLD (1) a résumé toutes les connaissances aux points de vue anatomique, physiologique et pathologique,

_____

(1) *Diss. med. sistens historiam systematis salivaris physiologice et pathologice considerati.* Ienæ, 1797, in-4.

sur les glandes salivaires et sur le pancréas, qu'il considère aussi comme une dépendance de l'appareil salivaire.

Les anatomistes modernes ont continué dans ce siècle la même comparaison ; l'anatomie de structure a montré que le pancréas ne différait pas des glandes salivaires, et que ces organes rentraient les uns et les autres dans la classe des glandes en grappe.

La plupart des physiologistes ont voulu encore, dans ce siècle, retrouver que les fonctions du pancréas étaient semblables à celles des glandes salivaires, et que le suc pancréatique, par conséquent, était analogue par ses propriétés à la salive. Les recherches de MM. Leuret et Lassaigne tendaient aussi à cette même conclusion, quoique Tiedemann et Gmelin, dans leur travail publié à la même époque, commençassent déjà à indiquer des différences dans les propriétés du suc pancréatique comparées à celles de la salive. Au point de vue pathologique, la même comparaison a été également suivie ; et dans une thèse publiée sur ce sujet en 1833, M. Becourt rapproche les maladies du pancréas de celles des glandes salivaires, et il en déduit une espèce de sympathie entre ces deux sécrétions, qui suivraient les mêmes oscillations dans leurs états morbides et physiologiques : ainsi, il admet une salivation pancréatique mercurielle comme la salivation mercurielle buccale. Enfin, dans les derniers temps, on a trouvé que la salive et le suc pancréatique agissent sur l'amidon pour le transformer en sucre à peu près de la même manière, et l'on s'est appuyé sur ce nouveau fait pour poursuivre toujours les mêmes rapprochements physiologiques. Aujourd'hui encore, dans les ouvrages qui paraissent, dans les thèses qui s'impriment, on persiste à soutenir cette confusion, bien que nous ayons publié déjà, depuis quelques années, des expériences qui démontrent que le pancréas diffère essentiellement des glandes salivaires. Cette persistance à rester au point de vue anatomique prouve combien il est difficile de faire sortir d'une fausse direction, quand elle est imprimée depuis longtemps. Quant aux erreurs dans lesquelles sont tombés les physiologistes, elles sont le résultat des inductions anatomiques qui, ainsi que nous l'avons déjà dit, ne sauraient faire prévoir ce que pourrait donner l'expérimentation ; et il vous sera démontré, par la suite de ces leçons, qu'au lieu de rapprocher le pancréas des glandes salivaires au point de vue de leurs fonctions, il faut au contraire l'en distinguer avec soin. C'est ce que j'espère vous montrer en vous traçant l'histoire du suc pancréatique.

Le suc pancréatique n'est réellement connu que depuis ces derniers temps, où l'on a pu le recueillir sur un certain nombre d'animaux par des procédés d'expérimentation convenables.

Regnier de Graaf, en 1662, recueillit du suc pancréatique, dont il décrit les propriétés en même temps que le procédé à l'aide duquel il l'obtint sur le chien. Il existe même une figure, reproduite par tous les anciens anatomistes, qui représente un chien à l'intestin duquel on a adapté un flacon vis-à-vis de l'embouchure du conduit pancréatique. Le même chien porte également une bouteille attachée à un conduit salivaire, sans que l'auteur parle de la salive.

Le procédé décrit par de Graaf est réellement inapplicable, et les propriétés qu'il décrit pour caractériser son suc pancréatique prouvent évidemment qu'il n'en a jamais eu. En effet, il dit que c'est un liquide acide, salé, d'un goût âpre, etc. Du reste, comme tout le monde le sait, Regnier de Graaf avait pour objet de soutenir la théorie chimiatrique de son maître Sylvius de le Boë, dans laquelle on admettait que le suc pancréatique acide faisait effervescence dans l'intestin avec la bile alcaline.

Beaucoup d'auteurs ont disserté sur le pancréas et sur ses usages, sans pour cela connaître mieux le suc pancréatique, qu'on n'avait jamais réellement obtenu ; au point que Haller, en résumant toutes les recherches de ses prédécesseurs, avoue que l'on a tout à apprendre sur ce point.

Dans ce siècle, M. Magendie est un des premiers qui aient obtenu du suc pancréatique. Il faisait, pour l'obtenir, une ouverture dans le flanc droit d'un chien, attirait le duodenum au dehors, ouvrait avec des ciseaux le conduit pancréatique, et recueillait à l'aide d'une pipette quelques gouttes de liquide. Il constata ainsi qu'il était alcalin, qu'il coagulait par la chaleur, ce qui constitue déjà deux faits importants ; mais il ajoute que l'on ne sait pas encore à quoi pouvait servir le suc pancréatique.

Quelques années plus tard, MM. Leuret et Lassaigne obtinrent du suc pancréatique en quantité assez considérable sur un cheval, par un procédé qui consistait à introduire dans le canal pancréatique un tube qu'on y fixait pendant que l'abdomen de l'animal était ouvert, et par lequel le suc était recueilli dans un réservoir. Ces auteurs conclurent, d'après leurs expériences, que le suc pancréatique avait les propriétés de la salive, et lui attribuèrent les mêmes usages. A la même époque, Tiedemann et Gmelin obtinrent du suc pancréatique sur le chien et sur la brebis, à l'aide d'un procédé qui consiste à faire une plaie à l'abdomen, à attirer le pancréas au dehors, à y fixer un tube par où le liquide doit s'écouler, après qu'on a rentré l'intestin et le pancréas dans le ventre et que l'on a recousu la plaie. Ils confirmèrent ce qu'avait vu M. Magendie, et ils trouvèrent que le suc pancréatique était coagulable par la chaleur, qu'il différait par beaucoup de propriétés de la salive. Mais il est difficile de comprendre comment ils arrivèrent à trouver que ce liquide était acide dans certaines circonstances.

Pour établir l'état de la question avant nos recherches, nous nous bornerons à vous rappeler les opinions qui régnaient sur les fonctions du pancréas et qui ont été résumées par M. P. Bérard :

« Au siècle dernier, dit ce professeur, on disait que le suc pancréatique avait pour but de modérer l'activité, de diminuer l'acrimonie, la viscosité de la bile ; que le pancréas était très-grand chez le crocodile, parce qu'il avait une bile très-âcre.

« On disait encore que le suc pancréatique servait entretenir en bon état les orifices des vaisseaux chylifères, à exercer une action dissolvante sur les aliments, d'où la nécessité d'un graud pancréas chez les animaux qui boivent peu, la sécheresse des selles chez un individu dont le pancréas était comprimé par un squirrhe et chez les chiens auxquels Brunner avait extirpé le pancréas, etc. (1). »

« MM. Tiedemann et Gmelin professent que le suc pancréatique, riche en matériaux azotés, contribue à animaliser les matières alimentaires et à favoriser leur assimilation ; ils pensent que cette action est due surtout au mélange des principes azotés du pancréas sur les substances introduites dans le tube digestif. Ce qui prouve, suivant ces auteurs, que les substances azotées sont absorbées avec l'aliment qu'elles modifient, c'est que leur proportion va en diminuant du haut en bas dans le tube digestif. »

D'après tous ces travaux, vous voyez, Messieurs, que les propriétés du suc pancréatique n'étaient nullement fixées et que ses usages n'étaient pas connus, lorsqu'en 1846 nous fûmes conduit à étudier le rôle du suc pancréatique par la circonstance suivante, qu'il est bon que je vous signale, afin que vous ayez la conviction que ce n'est pas en partant de l'anatomie d'un organe que l'on peut songer à en déduire les fonctions, mais que c'est au contraire en se plaçant au point de vue physiologique et en poursuivant un phénomène dans les différentes phases qu'il subit au contact de l'organisme. Voici ce qui nous arriva à propos du pancréas.

---

(1) **Haller**, *Elementa physiologiæ*, t. VI, p. 453.

Nous faisions des recherches sur les phénomènes
de la digestion comparée chez les animaux carnivores
et chez les animaux herbivores, et parmi les substances
ingérées se trouvaient des matières grasses dont nous
suivions les modifications dans les différentes parties
du tube intestinal. Or nous avions remarqué que,
lorsque nous introduisions de la graisse dans l'estomac
des lapins, cette graisse sortie de l'estomac n'était
modifiée qu'à une certaine distance du pylore, et
beaucoup plus bas dans l'intestin que cela n'a lieu
chez les chiens. L'absorption de la graisse par les vaisseaux chylifères manifestait la même différence, et nous
vîmes que les vaisseaux chylifères blancs contenant
de la graisse n'étaient très-évidents qu'à une distance
assez considérable du pylore chez les lapins, tandis que
chez les chiens ils apparaissaient au commencement
du duodenum. Cette différence dans le lieu de la
modification et de l'absorption de la graisse ayant été
constatée sur des chiens et sur des lapins, il était
naturel d'en chercher la cause dans quelque disposition propre à l'intestin de ces animaux. Or nous re-
marquâmes que cette différence coïncidait avec une
différence dans le point de déversement du suc pancréatique dans l'intestin ; que chez les chiens le suc
pancréatique se déverse très-près du pylore, tandis
que chez les lapins le canal pancréatique principal
ne s'ouvre qu'à 0,30 à 0,35 au-dessous du conduit
biliaire, et c'est précisément dans ce point que la matière grasse commençait à être modifiée et que les
vaisseaux chylifères pouvaient l'absorber. Lorsque

ce rapport fut observé entre le point où le suc
pancréatique se déverse dans l'intestin et le lieu où la
graisse commence à être modifiée, il fut tout naturel
de rechercher si ce fluide n'était pas lui-même la cause
de cette modification survenue dans la graisse. C'était
une supposition que l'expérience devait vérifier, et
nous fûmes amené ainsi à chercher l'action du suc
pancréatique sur les matières grasses. On voit que
c'est par des considérations toutes physiologiques que
nous avons été conduit à ces recherches.

C'est en 1846 que nous avons fait cette observation,
et ce n'est que deux ans plus tard que nous avons
publié le résultat de nos expériences. Nous avons
obtenu du suc pancréatique sur le chien, sur le lapin
et sur des oiseaux (oies), etc. ; nous avons étudié les
propriétés de ce liquide, et surtout son action dans les
phénomènes de la digestion. Depuis cette époque il
a été fait un très-grand nombre d'observations les unes
pour confirmer les nôtres, les autres pour les contre-
dire. Nous aurons plus tard à vous donner les expériences qui se sont faites dans un sens et dans l'autre,
et à vous faire la critique des opinions émises à ce
sujet.

Mais, avant d'entrer dans cette critique, qui se
fera en même temps que l'histoire du suc pancréatique lui-même, nous devons vous indiquer les
moyens d'expérimentation que nous avons mis en
usage pour nous procurer le suc pancréatique. Et,
à ce propos, nous devons préalablement insister sur
la disposition des conduits pancréatiques et sur leurs

anastomoses chez l'homme et chez les animaux qui ont été soumis aux expériences. Ces notions anatomiques sont d'autant plus importantes, que dans ces derniers temps plusieurs auteurs ont été conduits à des opinions contraires aux nôtres, parce qu'ils répétaient nos expériences sans connaître exactement la disposition des canaux pancréatiques.

Les canaux qui versent dans l'intestin les produits de la sécrétion pancréatique sont au nombre de deux chez beaucoup d'animaux et chez l'homme lui-même. Chez l'homme, l'un de ces conduits vient s'ouvrir avec le canal cholédoque; l'autre, beaucoup plus petit, s'ouvre plus ou moins loin au-dessus de l'ouverture du premier. Ce deuxième conduit pancréatique avait été autrefois trouvé, puis complétement oublié. Ainsi Santorini avait déjà décrit parfaitement les deux conduits pancréatiques chez l'homme.

Tiedemann a fait un résumé sur les variations anatomiques de ces conduits chez l'homme, et il admet qu'il y a tantôt deux conduits et tantôt un seul. D'après mes dissections, je pense que les deux conduits pancréatiques existent constamment, je les ai toujours rencontrés. M. Verneuil et d'autres anatomistes sont également du même avis.

Je vais actuellement, Messieurs, vous indiquer la disposition exacte des conduits pancréatiques et de leurs anastomoses chez l'homme, et puis chez le chien, qui nous servira à recueillir du suc pancréatique dans la prochaine séance. Plus tard, nous étudierons chez d'autres animaux les diverses conditions d'écoulement du liquide pancréatique dans l'intestin, à mesure que nous en aurons besoin pour l'explication de nos expériences.

1° *Chez l'homme.* La figure 18 représente le pancréas *p* chez l'homme, vu par sa face antérieure. On a disséqué les conduits dans l'épaisseur de la glande, et ils viennent se déverser dans le duodenum *hg*, qui a été ouvert, et dont la plus grande partie a été conservée. Le conduit pancréatique *ee* suit la direction de l'organe, en recevant des ramuscules dans toute sa longueur ; il se trouve profondément situé à l'union du tiers postérieur avec les deux tiers antérieurs de l'épaisseur de la glande. Ce conduit se continue jusqu'à l'intestin en *c* et *b*, puis il traverse obliquement les parois du duodenum, et vient s'ouvrir en *a*, de concert avec le conduit cholédoque. Le petit conduit pancréatique *ef* s'abouche largement dans le grand conduit, et vient s'ouvrir dans l'intestin en *d*, en diminuant de calibre à mesure qu'il s'approche de l'intestin, tandis que le contraire a lieu pour le gros conduit, qui est d'autant plus volumineux qu'il se rapproche davantage de son insertion intestinale. On dirait que le petit conduit pancréatique est une sorte de bifurcation du gros conduit, qui se porte en retour dans la tête du pancréas, et qu'il a plus de tendance à rapporter les fluides dans le gros conduit qu'à les déverser dans l'intestin. C'est pour cela que j'ai proposé de l'appeler *canal pancréatique récurrent.* Il peut arriver que l'extrémité du conduit pancréatique récurrent qui s'abouche dans l'intestin devienne imperméable et s'atrophie, ce qui alors simule le cas où il n'y aurait qu'un seul conduit pancréatique.

La figure 18 ci-dessous représente la disposition normale, c'est-à-dire celle que l'on rencontre le plus

Fig. 18. — *Conduits pan-créatiques chez l'homme.* — *Disposition la plus ordinaire.*

a, abouchement du grand conduit pancréatique dans le duodenum; — *b, c, c,* grand conduit pancréatique; — *e f*, petit conduit pancréatique; — *d*, ouverture du petit conduit pancréatique dans l'intestin; — *p*, queue du pancréas; *h, g,* duodenum.

Fig. 18 *bis.*—*Coupe de l'ampoule de Vater,* [dont la disposition est exceptionnelle.

A, orifice du canal pancréatique constituant l'ampoule; — B, canal cholédoque, se continuant jusqu'à l'orifice de l'ampoule; — P, canal pancréatique; — *a*, replis de la membrane muqueuse de l'intestin, situé au-dessus de l'ampoule de Vater; — *i, i*, coupe des parois de l'intestin.

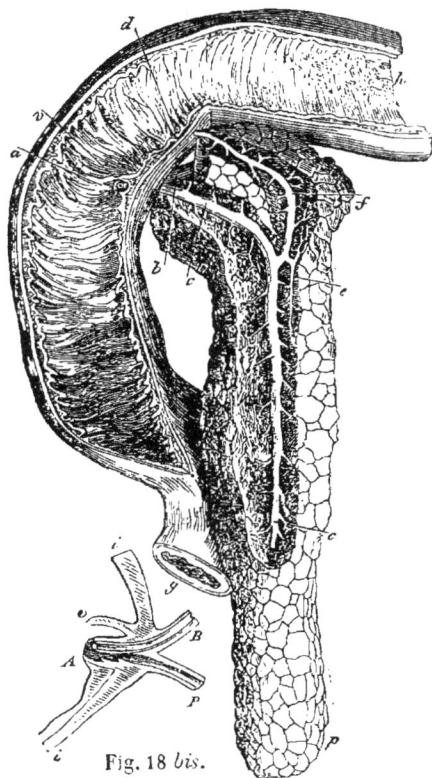

Fig. 18 *bis.*

Fig. 18.

souvent. Dans les cas les plus fréquents, le grand conduit pancréatique vient ordinairement s'ouvrir, avec le conduit de la bile, dans le fond de l'ampoule de Vater, comme cela se voit fig. 22 et 23. Ici il y a une disposition particulière que je n'ai jamais vu signaler et que j'ai cependant rencontrée plusieurs fois, relativement à l'abouchement du conduit pancréatique et du canal cholédoque dans l'intestin.

Les figures 19 et 20, avec la figure 18 *bis*, représentent les détails de la disposition qui se rencontre dans la

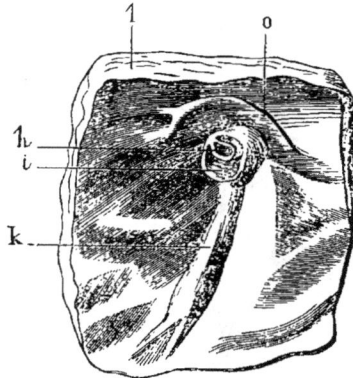

Fig. 19. — *Orifice des conduits bi-liaire et pancréatique dans l'intestin.*

h, orifice du conduit cholédoque; — *i*, orifice du canal pancréatique qui forme l'ampoule de Vater; — *k*, plis de Vater; — *o*, replis de la membrane muqueuse existant au-dessus de l'ampoule de Vater; — *l*, coupe d'un fragment d'intestin.

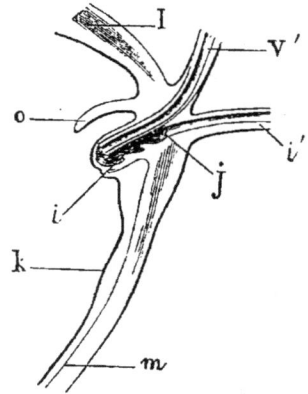

Fig. 20. — *Coupe de l'intestin au niveau d'abouchement des conduits biliaire et pancréatique.*

V′, conduit biliaire se prolongeant jusqu'à l'orifice de l'ampoule de Vater; — *i*, ampoule de Vater et ses replis; — *i, j*, conduit pancréatique s'ouvrant au fond de l'ampoule de Water; — *k*, pli de Water; — *l, m*, coupe de l'intestin; — *o*, coupe du repli de la membrane muqueuse qui existe au-dessus de l'abouchement des conduits biliaire et pancréatique.

figure 18, relativement à l'abouchement des conduits pancréatique et biliaire.

La figure 21 représente une disposition différente que j'ai rencontrée assez souvent aussi chez l'homme. C'est une inversion en quelque sorte dans le volume des conduits pancréatiques. Ici le grand conduit c et le petit conduit c' règnent parallèlement dans toute la longueur du pancréas. Seulement, c'est le petit conduit qui vient s'ouvrir avec le conduit biliaire, et le gros conduit s'ou-

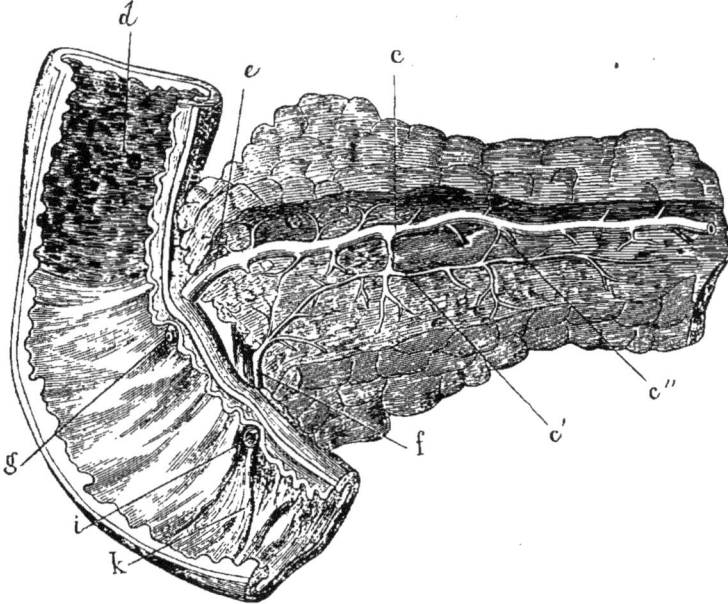

Fig. 21. — *Portion de pancréas et de duodenum de l'homme, chez un supplicié.*

$e\ e$, grand conduit pancréatique ; — f, petit conduit pancréatique ; — c', c'', anastomoses entre le petit conduit et le grand conduit pancréatique ; — g, ouverture du conduit pancréatique supérieur dans l'intestin ; — i, ouverture du petit conduit inférieur avec le conduit biliaire ; — k, pli de Vater ; — d, duodenum et saillie produite par les glandules de Brunner.

vre isolément plus haut, en g. C'est le contraire de ce qui a lieu le plus ordinairement.

La disposition ci-dessus vient en faveur de l'opinion que, primitivement, chez l'homme, il y a deux conduits pancréatiques égaux et semblablement disposés, et que ce n'est que par le développement inégal de l'un d'eux qu'il s'établit plus tard des variétés anatomiques, qui peuvent être excessivement diverses, comme on le comprend.

Les figures 22 et 23 montrent le détail des inser-

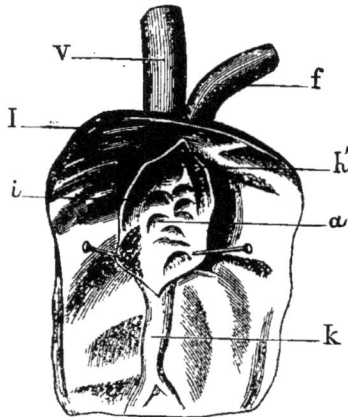

Fig. 22. — *Ampoule de Vater, ouverte pour voir l'intérieur de sa cavité et les ouvertures des conduits biliaire et pancréatique.*

h', ouverture du conduit biliaire; — *i*, orifice du conduit pancréatique; — *a*, replis muqueux valvulaires existant dans l'ampoule de Vater; — *k*, pli de Vater; — V, canal cholédoque; — *f*, conduit pancréatique; — *l*, intestin.

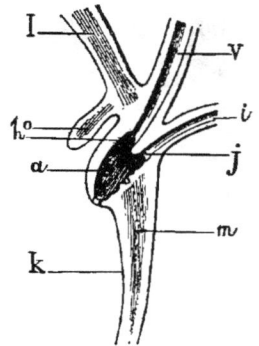

Fig. 23. — *Coupe des parois de l'intestin au niveau de l'ampoule de Vater.*

a, ampoule de Vater; — *i j*, conduit pancréatique; *v d*, conduit cholédoque; — *l*, intestin; — *m*, intestin et pli de Vater; — *o*, repli de la membrane muqueuse existant au-dessus de l'ampoule de Vater.

tions des conduits biliaire et pancréatique, telles qu'elles se rencontrent dans la pièce qui fait l'objet de la figure 21.

Chez le chien. Le pancréas offre constamment deux conduits. La figure 24 représente la disposition du

pancréas chez le chien, ainsi que celle des canaux qui
viennent se déverser dans le duodenum, qui a été ou-

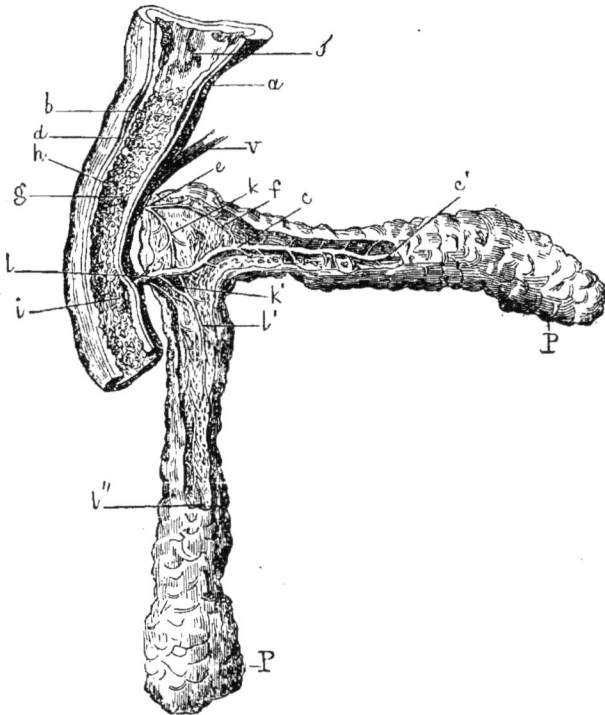

Fig. 24. — *Pancréas et conduits pancréatiques chez le chien.*

a, pylore; — *b,* glandules de Brunner, formant un épaississement dans les
parois de l'intestin; — *c c',* grand conduit pancréatique; *d,* saillie formée
par les glandules duodénales dans le duodenum; — *e,* petit conduit pancréatique à son abouchement dans l'intestin; — *f,* anastomose non constante
entre le grand et le petit conduit pancréatique; — *g,* orifice du conduit biliaire; — *h,* orifice du petit conduit pancréatique; — *i,* orifice du grand
conduit pancréatique; — *k,* petit conduit pancréatique; — *k',* anastomose
constante du petit conduit avec le grand conduit pancréatique; — *ll' ll'',*
branches des conduits du grand conduit pancréatique; — P P, pancréas; —
s, portion pylorique de l'estomac.

vert. Il y a deux canaux pancréatiques, un qui est

inférieur par rapport à l'autre et qui vient s'ouvrir
isolément dans l'intestin en *i;* l'autre conduit, plus
petit, vient s'ouvrir plus haut et sur la même papille
avec le canal cholédoque, en *h.* Ces deux conduits
s'anastomosent ensemble en *l* et en *k'.*

Les deux conduits pancréatiques ont entre eux, chez
l'homme et chez le chien, de larges et fréquentes anastomoses, de sorte que, si l'on vient à lier un conduit,
on n'empêche nullement le liquide de s'écouler dans
l'intestin par l'autre canal. Il y a un procédé très-simple pour s'assurer du rôle de ces anastomoses. Voici
un pancréas de chien qui tient encore à l'intestin : du
côté du pancréas, j'injecte de l'eau en introduisant la
canule d'une seringue par le gros conduit ; vous voyez
aussitôt le liquide sortir par le petit conduit sur la
surface de l'intestin, près du canal cholédoque. Aucune valvule ne s'oppose à cette libre communication.
Chez l'homme et chez le chien, on rencontre les mêmes
dispositions, seulement la dimension des conduits est
différente. Ainsi, tandis que chez l'homme c'est le
conduit supérieur qui est le plus gros et l'inférieur le
plus petit, chez le chien c'est l'inverse, le conduit supérieur est le plus petit, l'inférieur le plus gros. Chez
le cheval, il en est de même. Chez le lapin seulement,
il n'y a réellement qu'un conduit, car le plus petit est
tellement atrophié, qu'il est presque imperméable. Le
conduit principal s'ouvre à 30 ou 40 centimètres au-
dessous du canal cholédoque.

On a cherché la loi de ces dispositions si variées des
conduits pancréatiques chez l'homme et les animaux,

relativement à leur développement et à leur anastomose. En observant les différentes phases de la vie
fœtale, il m'a semblé que, dans l'état embryonnaire, il
y avait deux pancréas qui se fondaient l'un avec l'autre
par suite des progrès de l'âge. Dans cette fusion, il y a
toujours un des deux pancréas qui l'emporte sur l'autre, et, suivant que c'est le supérieur ou l'inférieur qui
prend le plus d'accroissement, le conduit correspondant est plus ou moins gros.

Chez les oiseaux, comme nous le verrons plus tard,
on constate également plusieurs pancréas, mais alors
chacun d'eux a un conduit particulier qui ne communique pas avec les autres, de sorte que, quand on met
un tube dans un de ces conduits, on ne détourne
qu'une certaine partie de la sécrétion.

Vous voyez, Messieurs, par l'histoire de ces variations, combien il est important d'avoir des notions
précises sur la disposition anatomique des parties sur
lesquelles on expérimente, sans quoi l'on peut être
exposé à tirer de ses expériences des conclusions
erronées.

Dans la prochaine séance nous ferons l'expérience
sur l'animal vivant, en décrivant avec détail les procédés que nous employons pour obtenir le suc pancréatique.

HUITIÈME LEÇON

25 MAI 1855.

SOMMAIRE : On place sur un chien un tube dans le conduit pancréatique. — La sécrétion pancréatique est intermittente. — Aspect du pancréas dans les diverses conditions. — Conditions qui influent sur la sécrétion du suc pancréatique. — Expériences à ce sujet.

MESSIEURS,

Nous allons, ainsi que nous l'avions annoncé dans la dernière séance, procéder devant vous à l'exécution d'une fistule pancréatique sur l'animal vivant.

Il est bon, lorsqu'on le peut, de faire un choix dans les animaux ; les chiens sont préférables, et parmi ceux-ci certaines races conviennent mieux que d'autres. Nous allons expérimenter ici sur un chien de berger ; ces chiens résistent généralement bien aux expériences auxquelles ils sont soumis.

L'animal étant couché sur le côté gauche et solidement maintenu, je lui fais dans l'hypochondre droit, au-dessous du rebord des côtes, une incision longue de 7 à 8 centimètres qui me permet d'attirer au dehors le duodenum et une partie du pancréas. Le tissu de cet organe est, comme vous le voyez, d'une coloration rosée. J'isole aussi rapidement que possible le plus volumineux des deux conduits pancréatiques qui, chez

le chien, s'ouvre isolément et obliquement dans le
duodenum, à 2 centimètres environ au-
dessous du canal cholédoque. Ce conduit
est d'un blanc nacré, il est de la grosseur
d'une plume de corbeau ; on le voit ici
gonflé par le suc pancréatique. J'ouvre ce
conduit avec la pointe de ciseaux fins ; il
s'en écoule aussitôt de grosses gouttes
d'un suc pancréatique incolore, limpide,
offrant une consistance visqueuse et filante ; et il a ceci de particulier, que cette
viscosité est telle que le suc pancréatique
ne se mélange pas facilement avec le sang
qui l'entoure, et qu'il en reste isolé à la
manière d'un liquide huileux ou d'une
dissolution fortement gommée.

Actuellement, nous introduisons dans
le conduit pancréatique un petit tube d'argent de 5 millimètres de diamètre et de 10
à 12 centimètres de long (fig. 25) que l'on
fixe à l'aide d'un fil préalablement passé
sous le conduit. Nous faisons alors rentrer dans l'abdomen le duodenum et le
pancréas, nous fermons la plaie par une
suture, en ayant soin de réunir d'abord
les muscles abdominaux avant de réunir
la peau et de laisser au dehors l'extrémité

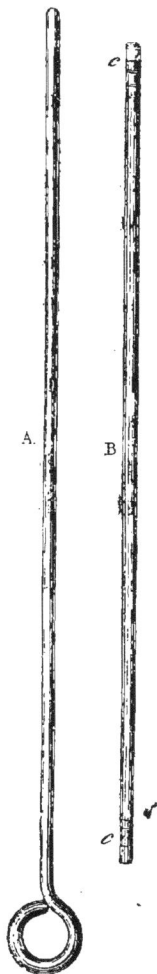

Fig. 25.

Fig. 25. — A, mandrin dont l'extrémité doit dépasser un peu le tube B,
pour faciliter l'introduction de celui-ci dans le conduit pancréatique ; — B,
tube d'argent muni à ses extrémités c c de rainures destinées à retenir les
fils qui fixent le conduit pancréatique, ainsi que la vessie servant de récep-
tacle au suc sécrété.

libre du tube d'argent. Mais avant nous avons, pour donner plus de solidité à l'appareil, fixé. le tube par une ligature passée dans les parois de l'intestin à l'aide d'une aiguille (fig. 26).

Vous voyez déjà à l'extrémité de ce tube de grosses gouttes filantes d'un liquide limpide, qui se succèdent avec plus de rapidité quand l'animal fait des efforts, et qui ont une réaction très-alcaline au papier de tournesol.

Nous allons maintenant fixer une vessie de caoutchouc à l'extrémité du conduit, pour recueillir tout le suc qui va s'en écouler d'ici à quelques heures. La figure 26 vous fera comprendre comment l'opération est pratiquée.

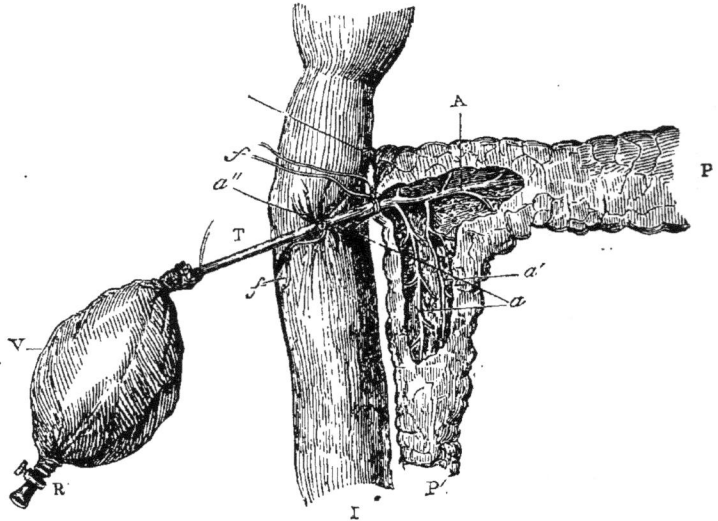

Fig. 26.

A, conduit principal du pancréas du chien dirigé transversalement; — a, insertion des conduits pancréatiques à l'intestin dans lequel est introduit le tube I; — a', petit conduit pancréatique; — a'', ligature qui fixe le tube à l'intestin; — ff, fil qui maintient les ligatures; — I, intestin; — PP', pancréas; — T, tube d'argent; — Robinet pour recueillir le suc pancréatique à mesure qu'il s'écoule dans la vessie; — V, vessie de caoutchouc fixée à l'extrémité libre du tube d'argent.

Vous voyez, Messieurs, que l'opération n'a guère duré plus de cinq ou six minutes; la plaie de l'abdomen a été peu étendue, les intestins sont restés très-peu de temps en contact avec l'air, il y a tout lieu de croire qu'il ne se développera point d'inflammation et que l'animal guérira parfaitement. Car il y a un grand principe qu'on ne doit pas oublier dans toute expérience physiologique, c'est que, toutes les fois qu'on veut connaître les propriétés d'un liquide organique, il faut l'avoir obtenu dans des conditions complétement physiologiques; il faut que les animaux soient bien portants, et que les fonctions qu'on examine ne soient pas trop profondément troublées. Il arrive souvent que, par suite des opérations qu'on fait subir à un animal, les sécrétions ont pu être modifiées, de sorte que le résultat qu'on obtient n'est plus l'expression de l'état normal. Ainsi il y a des animaux tellement sensibles, que l'opération faite sur eux pour obtenir du suc pancréatique donne immédiatement des produits morbides. Ce sont des circonstances de ce genre qui ont été cause de la diversité des opinions des auteurs.

Dans l'expérience que nous venons d'exécuter, il nous a fallu faire subir à l'intestin une manipulation irritante, et donner accès à l'air dans la cavité péritonéale. Il y a des animaux qui ont une très-grande ten-

dance à la péritonite : ainsi le cheval est un de ceux
chez lesquels le péritoine est le plus sensible ; le bœuf,
le lapin, le sont un peu moins. Le chien résiste généralement bien à ces opérations, les péritonites sont
assez rares chez lui. Enfin il y a des animaux chez
lesquels la péritonite est encore plus difficile à survenir, ce sont les oiseaux, auxquels on peut ouvrir le
ventre presque impunément. Vous comprenez, Messieurs, l'importance de ces observations. Quand vous
voudrez avoir du suc pancréatique normal, il faudra
évidemment choisir des animaux chez lesquels l'opération n'entraîne pas une péritonite générale. Ceux qui
sont préférables à ce titre sont les chiens, les chats, les
oiseaux, etc.

C'est à ces différences d'organisation et par suite de
susceptibilité, qu'on doit attribuer, ainsi que nous
l'avons dit, les divergences des auteurs sur les propriétés du suc pancréatique. Ainsi MM. Leuret et
Lassaigne ont regardé cette sécrétion comme étant
complétement analogue à la salive : ils disent, par
exemple, que le suc pancréatique ne se coagule pas
par la chaleur ; tandis que MM. Magendie, Tiedemann
et Gmelin indiquent que la coagulabilité est un des
caractères de ce liquide. Le suc obtenu par MM. Leuret et Lassaigne l'avait été dans de mauvaises conditions
sur un cheval. On demandera comment on peut savoir
si l'on a du suc pancréatique normal ou anormal, et
pourquoi l'on est en droit de venir dire que le suc
pancréatique obtenu chez le cheval en lui plaçant un
tube dans le conduit est anormal. Le moyen de résou-

dre la difficulté consiste à tuer l'animal brusquement
au moment où il est en digestion, à ouvrir son canal,
qui est énorme, et à y recueillir une certaine quantité
de liquide, qui évidemment est du liquide normal.
On lui trouve alors des propriétés tout à fait différentes
de celles qu'avaient constatées MM. Leuret et Lassaigne.

Il y a la même chose à dire relativement aux différentes époques où l'on recueillera le suc pancréatique.
Ainsi sur un chien, quand l'expérience a été faite aussi
bien que possible, on obtient dans les premières heures
après l'opération un suc pancréatique ayant toutes les
propriétés du suc normal ; mais le plus ordinairement
le lendemain ou le surlendemain, ce suc pancréatique,
qui continuera à couler très-abondant, aura complète-
ment changé d'aspect et de propriétés : de visqueux
et coagulable qu'il était, il sera devenu fluide et ne se
coagulera plus. A quoi tient cette différence? A ce
qu'il s'est développé là une péritonite locale qui a modifié la sécrétion, comme le coryza par exemple change
celle des fosses nasales. C'est cette modification qui a
fait qu'on a attribué pendant longtemps au suc pancréatique des propriétés analogues à celles de la salive.
Nous verrons cependant combien il y a de différences
à cet égard, quand on a soin de se placer dans des conditions physiologiques.

Le suc pancréatique constitue une sécrétion intermittente, comme la plupart des sécrétions intestinales.
Ce suc se produit au moment où la digestion stomacale
commence. Cette sécrétion amène dans l'organe des

changements très-caractéristiques. Ainsi, pendant
l'abstinence, lorsque le pancréas est en repos, on constate que le tissu de cet organe est d'une couleur pâle,
les vaisseaux y sont peu développés ; tandis qu'au contraire pendant la digestion, au moment où la sécrétion pancréatique s'accomplit, le tissu pancréatique
devient rouge, turgescent, comme érectile, les vaisseaux sanguins sont gorgés et la circulation y est très-
active. Ce changement de la circulation pendant le
repos et le fonctionnement de l'organe n'est pas un fait
qui soit particulier au pancréas : tous les organes
sécréteurs sont dans le même cas, la membrane muqueuse stomacale est pâle pendant l'abstinence, et
devient de même turgide, colorée par le sang pendant
la sécrétion du suc gastrique ; les intestins, également
pâles pendant l'abstinence, sont le siége d'une vascularisation très- active au moment où la digestion intestinale s'accomplit.

Quand on veut obtenir du suc pancréatique, c'est
donc au moment où la sécrétion a lieu qu'il faut prendre les animaux. Nous avons constaté, en effet, que, si
l'on introduit un tube dans le canal pancréatique d'un
animal à jeun, on n'obtient pas de suc pancréatique,
tandis que l'on en obtient immédiatement si l'animal
est en digestion, c'est-à-dire si la sécrétion du suc pancréatique a lieu. Cette sécrétion commence presque
immédiatement après l'ingestion des substances alimentaires dans l'estomac, de sorte qu'il y a déjà une
certaine quantité de suc pancréatique sécrété quand les
aliments arrivent dans l'intestin. Nous aurons plus tard

à revenir sur cette particularité, à propos des chylifères du lapin.

Enfin, quand on veut faire des expériences sur des chiens, il faut encore faire un choix d'animaux, car il en est de plus sensibles les uns que les autres ; nous avons observé qu'en général les mâtins, les chiens de boucher, les chiens de berger surtout, résistent mieux

Fig. 27. — *Chien de berger (femelle) adulte, sur lequel on a pratiqué une fistule pancréatique.*

A, tube d'argent sur lequel est fixé la vessie ; — B, vessie ; — C, robinet destiné à recueillir le suc à mesure qu'il s'accumule dans la vessie.

à cette opération que les chiens de chasse, par exemple. On peut quelquefois, quand on n'est pas très-habitué à

pratiquer l'opération, et que l'on craint que sa longueur ne nuise au succès de l'expérience ; on peut,
dis-je, enlever la souffrance au moyen de l'éthérisation
à laquellle on soumet les animaux. Cette pratique
réussit quelquefois, mais quelquefois aussi elle amène
des vomissements et des troubles dans la sécrétion
pancréatique.

L'animal sur lequel nous venons d'opérer devant
vous n'était pas éthérisé. C'est un chien de berger ; il
doit bien résister et se trouve dans les conditions les
plus propres à nous assurer un suc pancréatique de
bonne qualité (fig. 27).

Afin de mieux graver dans votre esprit les différentes
conditions qui peuvent se présenter relativement à la
sécrétion et à l'extraction du suc pancréatique, nous
allons mettre sous vos yeux les résultats de plusieurs
expériences faites dans diverses conditions.

1re EXPÉRIENCE. — *Au début de la digestion.* — Une
très-grosse chienne de chasse, épagneule, à jeun depuis
douze heures et bien portante, fit, à sept heures du
matin, un repas de viande assez copieux, après quoi
elle but de l'eau. Presque aussitôt après que l'ingestion
des aliments fut terminée, l'animal fut placé sur une
table pour lui extraire son suc pancréatique. Je suivis
à cet effet le procédé expérimental ordinaire, c'est-
à-dire que je pratiquai, dans l'hypocondre droit, au-
dessous du rebord des côtes, une incision qui me permit
d'amener au dehors le duodenum et une partie du pancréas. Le tissu du pancréas était d'une coloration rosée
légère, et ses vaisseaux étaient modérément gonflés par

le sang. Le duodenum était vide d'aliments, et aucun chylifère blanc n'y était visible. J'isolai aussi rapidement que possible le plus volumineux des deux conduits pancréatiques qui, chez le chien, s'ouvre isolément et obliquement dans le duodenum, à 2 centimètres environ plus bas que le canal cholédoque. Ce conduit, d'un blanc nacré et de la grosseur d'une forte plume de corbeau, était gonflé par du liquide. A chaque effort que faisait l'animal en criant, la quantité de liquide affluait plus considérable et le canal devenait plus distendu. J'ouvris alors le conduit pancréatique avec la pointe de ciseaux fins, et immédiatement il s'en écoula par grosses gouttes perlées du suc pancréatique incolore, limpide, offrant une consistance visqueuse et filante. En ouvrant le conduit du pancréas vers son insertion sur le duodenum, il s'écoula aussi un peu de sang par suite de la lésion de petits vaisseaux voisins. Mais ce qu'il y eut alors de remarquable, c'est que le suc pancréatique ne se mélangea pas avec le sang, et qu'il en resta isolé à la manière d'un liquide huileux ou d'une dissolution fortement gommée.

J'introduisis alors dans le conduit pancréatique ouvert un petit tube d'argent de 3 millimètres de diamètre et de 15 centimètres de longueur, que je fixai à l'aide d'un fil préalablement passé sous le conduit. Puis ayant fait rentrer dans l'abdomen le duodenum et le pancréas, je fermai la plaie par une suture, en ayant soin de laisser sortir au dehors l'extrémité libre du tube d'argent, à l'aide duquel je devais recueillir le fluide pancréatique. En effet, presque immédiatement

du liquide pancréatique s'écoula par le tube, sous
forme de grosses gouttes filantes, limpides, se succé-
dant avec plus de rapidité quand l'animal faisait un
effort, et offrant une réaction très-alcaline au papier de
tournesol.

Après avoir constaté la réaction alcaline des premières gouttes de suc pancréatique, je fixai pour le recueillir, une petite vessie de caoutchouc sur le tube;
cette petite vessie avait été préalablement comprimée
de manière à en chasser l'air et à faire aspiration sur
le liquide par la tendance des parois de caoutchouc à
reprendre leur forme arrondie. L'animal, étant ensuite
délié et remis en liberté, alla se coucher dans un coin
du laboratoire, où il resta tranquille sans présenter
aucun phénomène fâcheux.

La petite vessie fut appliquée au tube à sept heures
et demie du matin; je revins au laboratoire à une heure
de l'après-midi (par conséquent, cinq heures et demie
après). Je trouvai le chien calme et toujours couché.
Je détachai alors la petite vessie gonflée par du liquide,
et je constatai qu'elle contenait 8 grammes 7 décigrammes de suc pancréatique limpide, incolore, onctueux,
filant et ramenant fortement au bleu le papier de tournesol rougi. Du liquide offrant les mêmes caractères
s'écoulait toujours goutte à goutte par le tube, sur lequel je replaçai la petite vessie de caoutchouc. A cinq
heures du soir, je retirai de nouveau de la petite vessie
8 grammes juste de suc pancréatique bien alcalin et offrant les caractères précédemment indiqués.

Le lendemain dans la matinée, deuxième jour de

l'opération, le suc pancréatique coulait en abondance, et les gouttes se succédaient rapidement. J'obtins de la même manière, et dans l'espace d'une heure un quart, 16 grammes de suc pancréatique qui était évidemment modifiée. Ce liquide, toujours fortement alcalin, était fluide comme de l'eau, et avait perdu toute la viscosité qu'il avait la veille ; de plus, il était légèrement opalescent, et laissait déposer un petit nuage tomenteux au fond du verre. Dans la soirée, le tube d'argent tomba avec la ligature. L'animal ne mangea rien, il ne fit que boire abondamment ; il avait de la fièvre, et la plaie .était très-enflammée.

Le troisième jour de l'opération, le chien but du lait. La plaie du ventre entra en suppuration, et au bout de huit à neuf jours, elle fut entièrement cicatrisée et le chien parfaitement guéri.

Dans l'expérience que je viens de rapporter il y a eu une réussite immédiate complète. En effet, l'opération a été rapide ; le pancréas n'a été attiré au dehors que dans une petite portion de son étendue, et il n'est pas resté exposé à l'air plus de cinq à six minutes, temps qui a été nécessaire pour trouver le conduit pancréatique, l'isoler, l'ouvrir et y fixer le tube d'argent. Le tissu du pancréas n'était que légèrement turgide : l'animal était au début de la digestion, et c'est dans cette condition que j'ai toujours pu obtenir les quantités les plus considérables de suc pancréatique. Nous avons recueilli, depuis sept heures et demie du matin jusqu'à cinq heures du soir, 16 grammes 7 décigrammes de suc pancréatique, ce qui fait en moyenne presque 2 grammes par heure. Le lendemain, après le développement des symptômes inflammatoires de la plaie, nous avons obtenu 16 grammes du même fluide en une heure et un quart. La quantité de la sécrétion était donc considérablement accrue, mais le suc pancréatique offrait alors une très-grande fluidité et était profondément modifié dans ses propriétés physiologiques, ainsi que nous le verrons plus loin.

2e EXPÉRIENCE. — *En pleine digestion.* — Sur un gros chien très-vivace, ayant fait un repas de viande quatre heures auparavant, et se trouvant en pleine digestion, j'ai attiré le pancréas au dehors de la même manière que dans l'expérience précédente, après quoi j'ai isolé son conduit sur lequel a été fixé un tube d'argent de 3 millimètres de diamètre. Le pancréas était gorgé de sang, ses vaisseaux étaient turgescents, et son tissu présentait une coloration rouge intense. Le duodenum contenait des aliments, et à sa surface rampaient des vaisseaux chylifères nombreux pleins de chyle blanc et homogène. Les parties étant rentrées dans l'abdomen et environ deux minutes après l'apposition du tube sur le conduit pancréatique, il s'en écoula une goutte de suc pancréatique limpide, d'un aspect visqueux et gluant, et offrant au papier de tournesol une réaction alcaline très-marquée. Il coulait ainsi deux ou trois gouttes du fluide pancréatique par minute. J'appliquai, à onze heures du matin, la petite vessie de caoutchouc sur le tube d'argent, et je revins au laboratoire six heures après. Je retirai alors de la vessie 5 grammes de suc pancréatique, limpide, visqueux, d'aspect gluant, et ramenant fortement au bleu le papier de tournesol rougi. Le lendemain (deuxième jour de l'opération), je pus recueillir dans la matinée environ 25 grammes de suc pancréatique. Mais ce suc du lendemain, plus abondant que celui de la veille, était devenu très-fluide, dépourvu de viscosité, légèrement opalin, et offrait toujours une réaction alcaline très-marquée au papier de tournesol. La plaie de l'abdomen était sensible et enflammée. Les jours suivants, ces symptômes disparurent, la plaie se cicatrisa, et le chien fut promptement guéri.

Cette deuxième expérience a été faite rapidement et dans de bonnes conditions. Elle ne diffère de la première qu'en ce que l'animal était en pleine digestion, au lieu d'être au début. Si nous résumons les résultats obtenus, nous voyons : 1° que dans cette expérience pendant la digestion, le pancréas était turgide, gonflé de sang, et comme érectile ; 2° que la quantité de suc pancréatique fournie a été moins abondante ; 3° que le lendemain, après le développement de l'inflammation dans la plaie, la sécrétion pancréatique a été augmentée, et que le suc, devenu plus aqueux, était évidemment modifié et altéré.

3ᵉ EXPÉRIENCE. — *Pendant l'abstinence.* — Sur un chien de taille moyenne et bien portant, à jeun depuis vingt-quatre heures, j'attirai au dehors une partie du pancréas par une petite plaie faite dans l'hypocondre droit. La première chose qui me frappa fut l'extrême pâleur du pancréas ; cet organe était comme exsangue, ses vaisseaux peu développés, et la couleur de son

tissu se rapprochait de la blancheur du lait. Le canal
pancréatique était vide et aplati : je l'incisai, rien ne
s'en écoula ; j'y plaçai comme à l'ordinaire un petit
tube d'argent, après quoi je rentrai dans le ventre la
portion de pancréas herniée, puis je fermai la plaie
par une suture. J'observai pendant dix minutes, et rien
ne s'écoula par l'extrémité du tube d'argent. Après ce
temps, j'y fixai la petite vessie de caoutchouc. Trois
heures après, je l'enlevai ; elle était vide, et à peine
ses parois étaient humectées par des traces du suc
pancréatique. Cependant une goutte de liquide s'étant
formée au bout du tube, je pus nettement constater
l'aspect gluant et filant et la réaction alcaline du fluide
pancréatique. Pendant le reste de la journée, il ne
s'écoula que quelques gouttes très-rares de suc pancréatique avec les caractères que je viens de signaler.
Le lendemain soir (trente heures environ après l'opération), la sécrétion pancréatique était devenue excessivement abondante, et il s'écoulait avec rapidité par
le tube d'argent des gouttes d'un liquide incolore, dépourvu de viscosité, fluide comme de l'eau, et offrant
une réaction très-franchement alcaline au papier de
tournesol. Je recueillis environ 18 grammes de ce suc
pancréatique en une heure. Les bords de la plaie étaient
tuméfiés et enflammés. Le lendemain, le tube d'argent
tomba avec sa ligature, et quelques jours après le chien
était parfaitement guéri.

Cette expérience, qui a également été faite rapidement et dans de bonnes conditions, nous montre que,
pendant l'abstinence, le tissu du pancréas est blanc.

exsangue, en même temps que son conduit est vide et aplati. La quantité du suc pancréatique qu'on peut recueillir à ce moment est excessivement faible et insuffisante pour les expérimentations. Le lendemain, lorsque l'inflammation de la plaie se fut manifestée, la sécrétion pancréatique devint très-active, mais ce suc n'avait pas ses caractères normaux et était altéré.

Ainsi donc, dans des expériences faites dans des conditions expérimentales aussi bonnes que possible, il peut se faire qu'on obtienne des quantités variables de suc pancréatique, suivant que l'animal sera dans l'abstinence ou dans une période différente de la fonction digestive. Mais l'expérimentation mal faite peut également de son côté modifier la sécrétion pancréatique, comme on va le voir.

4ᵉ et 5ᵉ Expériences. — *Irrégulièrement faites.* — 1° Sur un chien de taille moyenne, vigoureux et très-indocile, étant en digestion, j'appliquai comme à l'ordinaire le tube d'argent au canal pancréatique, mais il y eut, au moment de l'issue du pancréas par la plaie, une hernie considérable des autres viscères abdominaux. La réduction en fut très-longue et très-difficile, à cause des efforts constants que l'animal faisait en se débattant. Il s'ensuivit que le pancréas et une partie des intestins restèrent pendant longtemps exposés à l'air, et que ces organes se trouvèrent plus ou moins malaxés avant d'arriver à les faire rentrer dans le ventre. Après cette opération laborieuse, le chien paraissait mal à son aise, et il fut pris de vomissements. Rien ne coula par le tube d'argent, et la sécrétion pan-

créatique fut complétement suspendue pendant quatre
ou cinq heures. Après ce temps, 2 ou 3 grammes d'un
fluide alcalin, mais sans viscosité et légèrement trouble, purent être obtenus : c'était du suc pancréatique
altéré. Les jours suivants, le chien fut affecté d'une
violente péritonite, dont cependant il ne mourut pas.

2° Sur un autre chien, également en digestion, l'incision dans l'hypocondre droit avait été faite trop
petite, si bien que le pancréas et la portion du duodenum attirés au dehors furent comprimés et étranglés
par le pourtour de la plaie. Par l'obstacle au retour
du sang veineux, ces organes deviennent rapidement
turgides et violacés, et la recherche du conduit pancréatique fut par cela seul rendue plus longue et plus
difficile. Ce qu'il y eut de particulier dans cette expérience, c'est qu'en ouvrant le canal pancréatique, il en
sortit deux ou trois gouttes d'un suc qui était rougeâtre,
au lieu d'être incolore et limpide comme à l'ordinaire. Après avoir réduit les organes et cousu la plaie,
il s'écoula par le tube d'argent, en quatres heures environ, 1 gramme de suc pancréatique légèrement visqueux, alcalin, mais présentant toujours une coloration
rougeâtre anormale. Le fluide pancréatique qui fut
recueilli ensuite était devenu incolore, et présentait à
peu près ses caractères normaux ; toutefois sa viscosité
était moins grande. Tout le reste de l'expérience se
passa comme à l'ordinaire, et le chien guérit.

Quelquefois il arrive qu'on coupe les branches des
nerfs lombaires dans l'opération ; sur un chien auquel
on avait coupé une branche du nerf lombaire en fai-

sant la fistule pancréatique, on observa les phénomènes
suivants :

La plaie reconnue et l'animal abandonné à lui-
même, on entendit un bruit de soufflement produit
par l'entrée et la sortie alternative de l'air, par l'angle
de la plaie de l'abdomen où le tube d'argent avait été
placé.

Voici par quel mécanisme se produisait ce phénomène. Les muscles abdominaux avaient été en partie
paralysés du côté droit par la section du nerf lombaire.
Lorsque l'expiration avait lieu, le diaphragme se retirant du côté de la poitrine, et les muscles abdominaux
ne pouvant pas se contracter, l'air rentrait par la plaie
pour remplir le vide qui tendait à se former.

Quand au contraire l'inspiration avait lieu, le diaphragme, s'abaissant du côté de l'abdomen, chassait
l'air par la plaie, dont les lèvres rapprochées entraient
en vibration et produisaient ce bruit de soufflet alter-
natif. Toutefois cette irrégularité de l'opération ne m'a
pas paru influer d'une manière spéciale sur la sécrétion
pancréatique.

Messieurs, nous bornerons ici l'énumération des
diverses circonstances accidentelles qui peuvent se
présenter dans l'exécution des fistules pancréatiques.
Nous n'avons certainement pas encore tout indiqué,
mais il suffit que vous soyez prévenus de ces obstacles
afin que vous ne soyez pas rebutés dans les expériences
que vous voudrez entreprendre, et que vous sachiez
d'avance que, malgré toutes les instructions préalables,
vous ne pourrez pas encore prévoir certaines diffi-

cultés que l'exercice et l'habitude pourront seules vous apprendre.

Dans la prochaine séance, nous étudierons les propriétés du suc pancréatique, ainsi que les variations qu'il peut offrir suivant la diversité des conditions physiologiques dans lesquelles il a été recueilli.

NEUVIÈME LEÇON

30 MAI 1855.

SOMMAIRE : Suc pancréatique normal. — Suc pancréatique anormal. — Conditions particulières des expériences physiologiques. — Fistules pancréatiques permanentes impossibles. — Influence de l'extirpation de la rate sur la sécrétion pancréatique. — Circonstances particulières de l'expérience sur le chien de berger. — A ce propos, considérations sur la sécrétion du suc pancréatique : elle commence avec la digestion stomacale et dure après la digestion. — Influence de l'ether sur cette sécrétion. — Influence des nerfs. — Des vomissements, etc. — Propriétés chimiques du suc pancréatique.

MESSIEURS,

Vous avez vu, dans la dernière séance, par quel procédé et dans quelles conditions on devait obtenir le suc pancréatique ; vous avez vu également dans quelles circonstances il prend des qualités particulières différentes de celles que nous considérons comme physiologiques.

Nous devons encore insister sur ces faits pendant quelque temps, parce que c'est sur eux que repose la distinction que nous avons établie entre ce que nous avons appelé le suc pancréatique *normal* et le suc pancréatique *anormal*. Cette distinction est des plus importantes, et il ne faut jamais la perdre de vue, si nous voulons arriver à quelque précision dans nos résultats. Il ne suffit pas, en effet, pour faire des expériences précises en physiologie, d'agir dans les mêmes circonstances physiques extérieures de température, de pression baro- métrique, d'hygrométrie, etc. ; mais il faut surtout agir dans des conditions organiques identiques : il faut pren- dre des animaux de même espèce, dont les organes soient disposés de même manière ; il faut prendre ces animaux dans les mêmes conditions semblables d'abs- tinence ou de digestion, d'âge, etc. Mais tout cela ne suffit pas encore ; malgré toutes ces conditions sembla- bles, il y a encore des différences qui dépendent de l'in- fluence que peuvent avoir les opérations et les états mor- bides eux-mêmes sur les fonctions physiologiques. Ce n'est qu'après avoir tenu compte de toutes ces condi- tions et de ces dernières en particulier, que l'on peut espérer avoir des résultats comparables. Nous cherche- rons donc à apprécier tous les éléments de la question autant que possible, en examinant le suc pancréatique.

Nous devons dire d'abord que la sécrétion pancréa- tique se distingue de toutes les autres sécrétions, et particulièrement de celle des salives, à laquelle on a voulu la comparer, par la facilité avec laquelle elle est troublée par les différentes influences qui agissent sur l'économie animale. Ces différentes influences or- ganiques ne modifient pas sensiblement les propriétés de la salive, tandis qu'elles font une impression pro- fonde sur les actions digestives, et en particulier sur la sécrétion pancréatique, qui prend alors les caractères d'un liquide altéré.

La sécrétion pancréatique peut être troublée par deux espèces de causes, les unes générales, les autres locales.

— Parmi les causes générales, nous signalerons celles qui tiennent à des troubles du système nerveux causés par une trop grande souffrance et par une trop grande sensibilité de l'animal sur lequel on opère. C'est à ces influences générales qu'il faut attribuer l'altération du suc pancréatique chez les chiens quand l'opération dure trop longtemps, et c'est au même ordre de causes, c'est-à-dire à la sensibilité exagérée du péritoine chez le cheval, qu'il faut s'en prendre de l'impossibilité où l'on est d'obtenir du suc pancréatique normal chez cet animal.

Ainsi, si l'on consulte les analyses du suc pancréatique du cheval par MM. Leuret et Lassaigne, et si on les compare aux analyses données chez le chien par Tiedemann et Gmelin, on voit que le suc pancréatique du cheval obtenu en pratiquant une fistule diffère, sous beaucoup de rapports du suc pancréatique du chien. Or cela tient particulièrement à ce que le péritoine du cheval étant beaucoup plus sensible, le suc pancréatique obtenu par le procédé de MM. Leuret et Lassaigne est toujours un liquide anormal ; il est même impossible de l'obtenir autrement par ce procédé. Cependant si si l'on vient à assommer un cheval pendant qu'il est en digestion et si l'on recueille le liquide contenu dans les conduits pancréatiques, la sécrétion n'a pas pu être modifiée par la souffrance de l'animal, et on trouve alors que le suc est tout à fait semblable par ses propriétés à celui du chien obtenu dans de bonnes conditions. C'est en obtenant ainsi le suc pancréatique du cheval que MM. Tiedemann et Gmelin l'ont trouvé analogue à celui du chien.

M. Frerichs a fait sur l'âne des expériences qui lui ont donné du suc pancréatique peu coagulable, analogue à celui qu'on obtient chez le cheval dans les mêmes conditions. Ces expériences rentrent donc dans la même catégorie que celles de MM. Leuret et Lassaigne.

Ainsi, pour recueillir le suc pancréatique, il faut non-seulement s'entourer d'un grand nombre de précautions expérimentales et acquérir une certaine habitude pour pouvoir opérer convenablement, mais il faut faire l'expérience sur un grand nombre d'animaux, si l'on veut avoir des quantités suffisantes de suc pancréatique, parce que, bientôt après l'opération, la sécrétion s'altère, et alors on ne peut plus compter sur les réactions qu'elle présente pour les expériences physiologiques.

Cette altération de la sécrétion, qui survient au bout d'un certain temps, reconnaît comme cause locale l'inflammation consécutive du pancréas. On voit alors la sécrétion, normale au commencement de l'expérience, changer peu à peu de nature. Elle devient plus abondante et moins riche en matières organiques, ainsi que nous le verrons plus tard en examinant les propriétés dans ces divers états physiques et chimiques du suc pancréatique. Mais ce qu'il y a de particulier, c'est que cette sécrétion qui, à l'état physiologique, est intermittente, devient à peu près continue et présente une augmentation considérable dans la quantité du liquide sécrété.

Il y a des animaux chez lesquels cette altération de la sécrétion arrive plus ou moins vite, suivant la sensibi-

lité du péritoine. Chez le plus grand nombre des chiens,
la sécrétion s'altère dès le lendemain de l'opération ;
chez d'autres, au bout de quelques heures. Il en est
d'autres, mais c'est le cas le plus rare, chez lesquels elle
peut rester normale plusieurs jours, jusqu'à la chute du
tube d'argent. Nous venons précisément d'observer ce
dernier cas chez le chien de berger (fig. 27) opéré récemment devant vous. Le suc pancréatique a coulé avec
les qualités normales dès le commencement de l'expérience. Le lendemain, la sécrétion avait à peu près cessé.
L'animal paraissait bien portant ; on lui a donné des
aliments qu'il a mangés, ce qui s'observe peu commu-
nément, les animaux refusant d'ordinaire toute nourriture. Après le repas, la sécrétion du suc pancréatique a
recommencé chez ce chien, avec ses caractères normaux, de sorte que nous avons eu, chez cet animal,
une sécrétion qui avait gardé son type intermittent,
tandis que chez d'autres elle va sans cesse en s'accrois-
sant et en se dénaturant. Toutefois nous devons insister
sur une particularité que présente la sécrétion pancréatique même chez les chiens qui ne sont pas influencés
par l'opération : c'est que toujours le suc est un peu
plus abondant, un peu moins coagulable et plus aqueux
vers la fin de la sécrétion qu'à son début. Ceci est, du
reste, applicable à beaucoup d'autres sécrétions, telles
que celles du lait, de la salive, sécrétions dans lesquelles
les dernières parties sont plus aqueuses que les premières parties sécrétées. J'ai même vu des chiens desquels
la sécrétion pancréatique, après avoir subi un commencement d'altération sous l'influence d'une irritation

du pancréas ou de coliques survenues après l'opération, avait repris ses caractères de sécrétion normale le lendemain ou deux jours après l'opération,
lorsque le tube était resté fixé dans le conduit pancréatique.

Dernièrement deux observateurs ont fait sur un veau
une expérience curieuse sous ce rapport.

On avait pratiqué sur ce veau une fistule pancréatique. Le liquide coula immédiatement après l'opération
avec les caractères de sécrétion normale. Le lendemain
ou deux jours après l'opération, probablement sous l'influence d'un peu de péritonite locale, la sécrétion se
montra altérée. Puis, au bout de quelques jours, cette
inflammation ayant cessé, la sécrétion reprit ses caractères normaux. Il en est résulté ce fait que l'un des observateurs, ayant donné les caractères du suc pancréatique recueilli au début de l'opération, et l'autre les
caractères du suc recueilli deux ou trois jours
après, pendant la période inflammatoire, il exista
une discordance complète entre les deux observateurs. Ce que nous avons dit plus haut nous dispense
de nous étendre davantage sur les causes de cette discordance.

L'écoulement périodique de la sécrétion normale
s'observerait indéfiniment, si l'on pouvait chez les animaux obtenir une fistule pancréatique permanente.
Tous mes efforts pour obtenir ces sortes de fistules ont
été infructueux, toujours le tube est tombé et la continuité du canal pancréatique s'est rétablie. J'ai inventé
une foule d'appareils que je ne décrirai pas ici ; je me

bornerai à vous citer le fait suivant : Sur un chien le duodenum avait été ouvert sur l'embouchure du canal pancréatique, et l'on avait attaché les bords de la plaie de
l'intestin entre les deux viroles d'une canule d'argent,
afin que l'orifice du canal pancréatique tombant dans
leur intervalle, le suc pancréatique pût couler de l'intestin tantôt en dedans, tantôt en dehors. L'appareil
resta fixé pendant trois jours ; mais le suc pancréatique,
ne trouvant pas un écoulement facile vers l'intestin, s'é-
coulait toujours par la plaie, et la présence de ce liquide
prompt à se décomposer produisit un érythème avec ex-
coriation de la peau du ventre, s'étendant jusque dans
les aines et même aux cuisses, au point que l'animal ne
pouvait marcher que difficilement. Le chien mourut de
cette complication, car à l'autopsie on ne trouva d'autres
traces de péritonite que la péritonite circonscrite qui faisait adhérer l'intestin aux bords de la plaie. J'ai vu souvent les animaux mourir de la même manière dans les
tentatives très-nombreuses d'appareils très-divers d'instruments que j'ai voulu appliquer pour obtenir une fistule pancréatique permanente.

Nous avons dit qu'ordinairement, chez le chien, les
fistules pancréatiques ne durent pas plus de deux ou
trois jours, et qu'au bout de ce temps la sécrétion est
complétement altérée. Alors l'inflammation, qui s'est
développée autour du fil qui fixe le canal sur le tube,
a coupé les parois du canal ; le tube se détache et
tombe de la plaie. Peu à peu la plaie se cicatrise, l'a-
nimal revient en peu de jours à la santé parfaite ; et,
lorsqu'au bout de quelque temps on en fait l'autopsie,

on trouve que le conduit pancréatique est complétement régénéré, et que le liquide sécrété s'écoule absolument comme dans l'état normal. L'inflammation qui s'était d'abord formée autour du conduit finit par disparaître si complétement, que l'on peut, par exemple, au bout d'un mois, pratiquer une seconde opération sur le même chien, en se servant du conduit de nouvelle formation. Nous avons même fait jusqu'à trois fois des fistules pancréatiques sur le même animal, en laissant toutefois au conduit le temps de se reformer. Cette régénération des conduits excréteurs avait été signalée déjà par plusieurs observateurs, en particulier par Tiedemann et Gmelin pour le canal cholédoque. Elle a été signalée aussi par plusieurs auteurs pour l'intestin et même pour l'œsophage. Mais nulle part elle ne s'effectue avec autant de rapidité que dans le conduit pancréatique.

Dans les expériences nombreuses que nous avons faites, nous avons étudié le mécanisme de cette régénération, et voici ce que nous avons observé :

Après l'opération, il s'établit une inflammation autour du point où le conduit a été divisé. Puis, lorsque le conduit a été coupé par le fil, il reste une espèce de cloaque entre les deux bouts du canal divisé, cloaque qui est environné par du tissu cellulaire induré. Le suc pancréatique peut alors couler dans cette espèce de canal, qui peu à peu s'organise et prend l'aspect d'un nouveau conduit, et bientôt il se revêt, à sa face externe, d'une membrane péritonéale.

Nous venons de parler des différentes modifications

que le suc pancréatique présente chez le même animal. Une autre question se présente ici : celle de savoir si le suc pancréatique est identique chez les différents animaux, herbivores, carnivores, ou chez ceux appartenant à des ordres ou à des classes différentes. Nous l'avons trouvé à peu près semblable chez des animaux d'ordres différents : il a les mêmes caractères chez le chien et chez le cheval ; il se présente de même chez le lapin, ainsi que nous l'avons constaté. Toutefois, chez cet animal, il paraît souvent un peu moins coagulable.

Des expériences faites sur une oie nous ont conduit à reconnaître au suc pancréatique des oiseaux les mêmes propriétés qu'à celui des mammifères, seulement chez l'oie la sécrétion pancréatique s'altère moins rapidement.

Enfin, Messieurs, nous avons voulu savoir si l'ablation de certains organes abdominaux, entre autres celle de la rate, dont l'influence sur les sécrétions gastrique, hépatique, etc., a été si souvent invoquée, ne pouvait pas exercer aussi quelque influence sur la sécrétion pancréatique. Nous avons, dans ce but, enlevé la rate à un chien, et deux mois après cette opération, l'animal se portant très-bien, nous avons fait une fistule pancréatique, et nous avons trouvé le suc pancréatique parfaitement normal ; et même, chez cet animal, l'altération de la sécrétion a été très-lente à se manifester. Voici l'expérience avec toutes ses circonstances.

Sur une chienne de moyenne taille, bien portante,

mais paraissant vieille, j'ai extirpé la rate à l'aide d'une incision faite dans le flanc gauche et après avoir lié les vaisseaux avant de séparer la rate. La rate était petite et ratatinée. La plaie fut recousue comme à l'ordinaire. Le lendemain et le surlendemain le chien refusa la nourriture. Le quatrième jour il commença à manger un peu, la plaie se cicatrisa peu à peu et assez lentement. Après le onzième jour, l'animal était tout à fait guéri. Il digérait très-bien, ses excréments ne présentaient rien d'anormal en apparence ; les urines contenaient de l'urée, des urates, et elles ne semblaient pas modifiées dans leur composition.

Le dix-septième jour à dater de l'extirpation de la rate et l'animal étant en digestion, je plaçai un tube sur le conduit pancréatique par le procédé ordinaire. L'opération fut faite très-régulièrement, et je vis les chylifères très-bien remplis par du chyle blanc.

Aussitôt l'opération terminée et la plaie recousue, il s'écoula par le tube du suc pancréatique alcalin coagulant bien. J'attachai la petite vessie de caoutchouc au tube. Quatre heures après, je retirai de la vessie environ 5 à 6 grammes de suc pancréatique très-visqueux, gluant, présentant des stries quand on l'agitait. Ce suc était très-alcalin, se coagulait en masse et avait tous les caractères d'un suc pancréatique excellent. L'animal ne paraissait pas malade, quoiqu'il eût à une ou deux reprises des vomissements.

Le lendemain de l'opération, le chien allait bien. Il avait fourni encore du suc pancréatique qui était toujours bon, coagulait très-bien, quoiqu'il fût un peu moins filant et un peu moins coagulable que la veille. Ce suc pancréatique fut utilisé pour faire des expériences physiologiques sur lesquelles nous aurons plus tard à revenir.

Quelques jours après, le chien mourut à la suite de l'opération, ce qui est un fait assez rare. Il n'y a rien toutefois qui nous autorise à penser que l'absence de la rate ait rendu l'opération plus grave chez cet animal.

Maintenant, Messieurs, après avoir étudié les différentes conditions de sécrétion du suc pancréatique et les différents moyens de l'obtenir, nous devons aborder ses propriétés physico-chimiques, et plus tard ses propriétés physiologiques.

Mais avant, nous nous arrêterons quelque temps encore sur les particularités que nous a présentées la sécrétion pancréatique chez le chien (fig. 27) que nous observons depuis que nous avons fait l'expérience devant vous dans la dernière séance, c'est-à-dire depuis trois jours. Les détails de cette expérience, qui a parfaitement réussi, nous conduiront à apprécier convenablement les conditions normales de la sécrétion pancréatique sous le rapport de la quantité et des qualités du fluide pancréatique. Je suis heureux de pouvoir vous montrer ici ces résultats; car, bien que je les aie déjà observés un certain nombre de fois, il est rare que les chiens résistent aussi bien que celui qui fait actuellement le sujet de notre observation. Il est très-difficile et même impossible de déterminer la quantité normale du suc pancréatique sécrété, au moyen des fistules momentanées qu'on obtient en plaçant un tube dans le conduit pancréatique, parce que, lorsqu'on opère sur le chien, il reste encore un conduit dont on ne peut pas tenir compte dans l'évaluation, et qu'ensuite on apporte le plus souvent, par le fait même de l'opération, un trouble qui modifie considérablement les quantités de liquide sécrétées. Ainsi, nous savons déjà qu'en opérant sur un chien au moment de la digestion, tantôt il arrive que la sécrétion n'est pour ainsi dire pas suspendue, tantôt qu'elle l'est complétement, et que, pendant un grand nombre d'heures (quelquefois vingt-quatre heures), elle se trouve totalement arrêtée.

Ces derniers résultats s'observent particulièrement lorsque l'opération a été douloureuse, ce qui suffit pour amener des désordres dans la sécrétion pancréatique. Nous devons ajouter encore que le fait même de l'opération, qui consiste à tirer au dehors une partie du pancréas, produit dans l'organe un état morbide qui change ordinairement, pendant un temps plus ou moins long, le type régulier de la sécrétion. Ainsi que nous l'avons déjà dit, le suc pancréatique se sécrète d'une façon intermittente, comme les sécrétions intestinales, en général, qui ont lieu au moment de la digestion et cessent pendant l'abstinence. Mais, après qu'on a lié le conduit pancréatique sur un tube, et qu'on a établi une fistule temporaire par les procédés que nous avons décrits plus haut, l'irritation persistante qu'on produit sur le pancréas donne souvent à la sécrétion un type continu, et l'on voit les quantités de suc pancréatique augmenter graduellement, et l'écoulement de cette sécrétion avoir lieu d'une manière à peu près continuelle, alors même que les animaux ne mangent pas pendant plusieurs jours après l'opération. Cette continuité de la sécrétion dure encore longtemps après la chute du tube d'argent ; et ce n'est qu'au bout de quelque temps, lorsque le conduit pancréatique est tout à fait régénéré, qu'elle reprend bien son type intermittent et ses qualités normales, ainsi que nous nous en sommes assuré en faisant des fistules temporaires sur des chiens qui avaient déjà subi une première fois l'opération.

Tous les troubles que nous venons de mentionner, et qui se montrent dans la sécrétion pancréatique, tiennent à la grande sensibilité du pancréas, dont la sécrétion est troublée par l'opération. Sous ce rapport, nous rappellerons que cet organe se distingue physiologiquement des glandes salivaires auxquelles on a voulu le comparer. On peut, en effet, agir sur celles-ci sans que le type physiologique de leur sécrétion soit changé ni sa composition altérée.

Ce n'est que par exception, seulement chez le chien, que quelquefois la sécrétion du suc pancréatique ne se trouve pas modifiée, et cela arrive quand l'on rencontre des animaux moins sensibles que les autres. Plusieurs fois j'ai eu l'occasion de rencontrer des chiens chez lesquels l'opération ne produisit pas de troubles dans les phénomènes de la sécrétion pancréatique. L'un de ces chiens était un chien de la race des bassets, et l'autre le chien de berger que vous avez vu opérer dans la dernière séance, et qui fait le sujet de notre observation. Chez ce dernier particulièrement, l'opération, faite d'ailleurs pendant la digestion et dans de bonnes conditions, n'amena aucun trouble. La sécrétion continua en donnant un suc pancréatique alcalin, gluant et très-coagulable par la chaleur.

Il s'écoulait parfois environ 4 ou 5 grammes de ce suc par heure.

Le lendemain de l'opération, quand je revis l'animal, la sécrétion était suspendue, et il ne s'écoulait rien par le tube placé sur le conduit pancréatique. On donna des aliments à l'animal, qui mangea avec avidité, ce qui n'a pas lieu habituellement ; et quelque temps après son repas, la sécrétion arrêtée recommença en donnant, comme la veille, un liquide visqueux très-coagulable par la chaleur.

On observa cette sécrétion pendant cinq ou six heures, et l'on vit que, vers la fin de la digestion, la sécrétion était devenue un peu plus abondante et le liquide était un peu moins coagulable qu'au commencement, quoiqu'il le fût encore beaucoup. On abandonna l'animal à lui-même.

Le lendemain on trouva la sécrétion du suc pancréatique arrêtée ; rien ne coulait plus par le tube. On donna à manger à l'animal ; et, après le repas, le suc pancréatique recommença à couler, en présentant une très-forte coagulabilité et les mêmes caractères qu'il avait offerts la veille dans les mêmes circonstances. On constata encore le même fait, à savoir, qu'arrivant sur la fin de la digestion, la sécrétion devenait un peu plus aqueuse. Le lendemain, le tube était tombé et l'animal guérit très-rapidement.

Sur plusieurs autres animaux, nous avons encore pu constater les faits que nous venons de signaler. Ils avaient une évidence moins grande sans doute, mais cependant encore bien nette, d'où il résulte que la sécrétion du suc pancréatique reste intermittente chez le chien, quand l'animal n'a pas été influencé par l'opération de manière que le type de la sécrétion soit troublé. Nous avons également constaté que la sécrétion offre une sorte d'oscillation dans ses propriétés, et que, très-coagulable dans les premières portions qui s'écoulent, elle le devient un peu moins à mesure qu'on s'éloigne du début de l'écoulement. Cette modification prouve que la quantité d'eau, qui a augmenté dans le liquide, n'est pas un fait qu'il faille considérer comme anormal, car il rapproche la sécrétion pancréatique de beaucoup d'autres, de celle du lait, par exemple, qu'on sait plus aqueux à la fin de la sécrétion qu'au commencement, etc ; nous avons rappelé déjà, dans d'autres sécrétions obtenues dans les conditions normales, que les dernières parties obtenues sont moins riches en parties solides que les premières.

En résumé, Messieurs, nous avons voulu prouver dans ce qui précède que, lorsque les animaux ne sont pas impressionnés par l'opération et que la sécrétion pancréatique n'est pas troublée, elle constitue une sécrétion intermittente assez peu abondante (au plus 5 à 6 grammes par heure chez un chien de moyenne taille), et que cette sécrétion dure depuis le commencement de la digestion jusqu'à un certain temps après. En pratiquant des fistules pancréatiques chez des chiens, après

la fin de la digestion, lorsqu'il n'y avait plus de chylifères blancs visibles, j'ai toujours trouvé les conduits du
pancréas remplis de suc pancréatique qui s'écoulait tout
de suite par le tube d'argent. Mais ce suc pancréatique
était moins coagulable que celui qu'on obtient en faisant l'expérience après une longue abstinence et au
commencement de la digestion : ceci se rapporte à ce
que nous avons déjà vu. Les faits que nous avons cités
précédemment, et qui ne s'observent chez le chien
que d'une manière exceptionnelle, deviennent très-
faciles à constater chez les oiseaux, qui, comme nous
le verrons plus tard, ont le péritoine beaucoup moins
sensible que les mammifères. Il résulte donc de tout ce
qui précède que chez les mammifères, chez lesquels
le plus ordinairement la sécrétion est troublée dans son
type et dans sa quantité au moment même de l'opération ou bientôt après, on ne peut en rien conclure
relativement à la quantité du suc pancréatique sécrété
dans ces conditions. Aussi y aurait-il à ce sujet les plus
grandes discordances si l'on voulait consulter les chiffres qu'ont donnés les différents observateurs ; il y aurait même de la discordance si l'on s'en rapportait aux
chiffres donnés par un même observateur dans les différentes phases de la sécrétion. Nous ne devons donc
chercher ici qu'à donner une physionomie physiologique générale de la sécrétion. La plupart des évaluations numériques faites sur la quantité du suc pancréatique sécrété, par les auteurs, sont beaucoup trop
fortes, parce que la sécrétion était troublée et pour
ainsi dire continue. D'autre part, les évaluations, en

supposant même qu'elles fussent exactes, ne donnent que la sécrétion d'un seul conduit ; et rien ne peut autoriser surtout à calculer la quantité de sécrétion en la rapportant à un poids donné de la masse du corps de l'animal. Je considère ces calculs comme introduisant dans la physiologie une fausse précision, en ce qu'ils dénaturent les phénomènes physiologiques, et masquent leur physionomie générale en prenant comme point de départ régulier fixe des phénomènes soumis à toutes les variations que comporte la vie.

Relativement aux modifications de qualité qu'il peut subir, le suc pancréatique se distingue de toutes les autres sécrétions, et particulièrement de celle de la salive, à laquelle on a voulu le comparer. Les états morbides différents, qui peuvent accompagner les opérations faites sur les animaux, n'influencent pas sensiblement les propriétés des différentes salives, tandis que toutes les modifications que peuvent subir les fonctions digestives se font ressentir sur la nature de la sécrétion pancréatique. Nous reviendrons encore sur ces particularités importantes après avoir examiné les caractères physico-chimiques du suc pancréatique.

Le suc pancréatique, comme tous les produits de sécrétion, peut entraîner avec lui certaines substances introduites accidentellement dans le sang. Sous ce rapport il peut être rapproché des sécrétions salivaires; car nous avons constaté que, de même que pour la salive, l'iodure de potassium s'élimine avec une très-grande facilité par la sécrétion pancréatique, tandis que le prussiate de potasse, par exemple, ne s'y montre pas.

La sécrétion du suc pancréatique paraît avoir lieu, de même que celle de la bile, avant la naissance ; nous verrons, en effet, que dans les matières intestinales des fœtus on peut constater, dans certains cas, les caractères du suc pancréatique d'une manière évidente.

Il resterait à décider si cette sécrétion, qui après la naissance agit spécialement sur des matières alimentaires déterminées, a d'autres usages à remplir pendant la vie intra-utérine.

Les influences nerveuses, qui provoquent directement la sécrétion du suc pancréatique, sont beaucoup plus difficiles à préciser que celles qui agissent sur les glandes salivaires. Sur un chien qui avait un tube fixé dans le conduit pancréatique, j'ai galvanisé le ganglion solaire du grand sympathique sans obtenir de résultat bien net montrant une modification quelconque sur cette sécrétion. Mais j'ai vu l'éther introduit dans l'estomac déterminer bientôt après un écoulement considérable de suc pancréatique. Quant à l'augmentation de sécrétion qui arrive après l'application des fistules temporaires, je la rattache à un état morbide d'irritation ou d'inflammation de l'organe, car, ainsi que nous le prouverons encore plus loin, cette augmentation du liquide sécrété coïncide le plus ordinairement avec une altération dans sa composition.

Enfin, il y a des causes d'une autre nature qui influencent l'écoulement du suc pancréatique : c'est ainsi que par une pression exercée sur des viscères abdominaux, et à chaque mouvement d'inspiration, il y a une augmentation dans la quantité de liquide écoulé ; mais au contraire, dans les efforts de vomissement, l'écoulement du suc pancréatique s'arrête complétement , pour reprendre après, lorsque les efforts de vomissement ont cessé.

D'après nos observations, le suc pancréatique normal est un liquide incolore, limpide, visqueux et gluant, coulant lentement par grosses gouttes perlées et siru-peuses, et devenant mousseux par l'agitation. Ce fluide est sans odeur caractéristique ; placé sur la langue, il donne la sensation tactile d'un liquide visqueux ; son goût a quelque chose de salé qui est très-analogue à la saveur du sérum du sang. Nous avons constamment rencontré la réaction du suc pancréatique manifeste-ment alcaline, jamais neutre ni acide.

Le liquide pancréatique normal, exposé à la chaleur, se coagule en masse et se convertit en une matière con-crète d'une grande blancheur. La coagulation est en-tière et complète, comme s'il s'agissait du blanc d'œuf ; toute la masse devient solide, et il ne reste pas une seule goutte de liquide libre. Cette matière du suc pancréa-tique est également précipitée par l'acide azotique, ainsi que par l'acide sulfurique et par l'acide chlorhydrique concentré. Les sels métalliques, l'esprit de bois et l'al-cool précipitent encore d'une manière complète la matière organique du suc pancréatique. Les acides acé-tique, lactique, chlorhydrique, étendus, ne coagulent pas le suc pancréatique. Les alcalis n'y produisent non plus aucun précipité, et ils redissolvent sa matière or-

gauique quand elle a été préalablement coagulée par la
chaleur, les acides ou l'alcool.

En résumant tous ces caractères, nous serions en
droit de conclure, ainsi que cela a déjà été fait par Magendie, Tiedemann et Gmelin, etc., que le fluide pancréatique se comporte à la manière des liquides albumineux. En effet, une matière soluble qui se coagule
par la chaleur et les acides énergiques possède bien les
caractères de l'albumine. Cependant il n'y a aucun
rapport sous le point de vue physiologique, ainsi que
nous le verrons, entre le suc pancréatique et un liquide
albumineux.

C'est cette substance coagulable qui est justement le
principe actif, et nous arrivons à conclure que la matière du suc pancréatique n'est pas de l'albumine
physiologiquement ni même chimiquement, bien
qu'elle en ait quelques-uns des caractères chimiques.
Ainsi, quand cette matière a été précipitée par l'alcool,
puis desséchée, elle se redissout en totalité et avec facilité dans l'eau, tandis que l'albumine, traitée de la
même façon, ne se redissout plus dans l'eau d'une manière appréciable.

Le suc pancréatique morbide est un liquide de consistance aqueuse, dépourvu de viscosité, habituellement incolore, mais souvent opalescent et quelquefois
coloré en rougeâtre. Le fluide présente une saveur
salée et nauséeuse en même temps ; sa réaction s'est
toujours montrée alcaline, sa densité est moins grande.
Traité par la chaleur et les acides, il ne coagule que
très-peu ou quelquefois plus du tout. La transforma-

tion du suc pancréatique normal en suc pancréatique anormal ne se fait pas brusquement, elle arrive au contraire d'une manière graduelle, de sorte qu'entre les caractères assignés au suc pancréatique *normal* et *morbide*, on peut trouver beaucoup d'intermédiaires. Toutefois ces variations portent surtout sur la proportion de la matière active coagulable, qui est très-grande dans le premier suc pancréatique retiré après l'opération bien faite, tandis que cette même matière diminue progressivement à mesure qu'on s'éloigne de ce moment, et peut manquer complétement lorsque l'inflammation s'est emparée franchement du tissu pancréatique. A mesure que cette substance disparaît, le suc pancréatique devient de plus en plus aqueux et perd son activité physiologique. Cela peut encore se résumer en disant que le suc pancréatique est d'autant plus normal et plus actif, qu'il se coagule davantage par la chaleur; qu'il est d'autant plus inerte qu'il se coagule moins.

Voici, sur ces deux verres de montre, deux liquides pancréatiques, dont l'un est normal, tandis que l'autre a été obtenu dans des conditions morbides. Vous voyez, en les exposant tous deux à la chaleur, que le premier se prend complétement en masse, tandis que l'autre devient seulement un peu plus opalin.

Dans la prochaine leçon, nous aborderons l'étude de la composition chimique du suc pancréatique.

DIXIEME LEÇON

1er JUIN 1855.

SOMMAIRE : Composition chimique du suc pancréatique. — Des matières salines et albuminoïdes. — Principe actif ; ses réactions. — La solution aqueuse du tissu pancréatique a les propriétés du suc pancréatique. — Réaction du chlore caractéristique du suc et du tissu pancréatiques. — Action du chlore sur le tissu et sur le suc : 1º à l'état frais 2º ; lorsqu'ils ont subi un commencement d'altération ; 3º lorsqu'ils sont complétement altérés.

MESSIEURS,

Nous arrivons aujourd'hui à l'examen de la composition chimique du suc pancréatique. Nous étudierons toujours comparativement ses propriétés chimiques et celles des salives, et nous verrons, en continuant ce parallèle, que le suc pancréatique se distingue encore de la salive sur beaucoup de points.

Les analyses chimiques du suc pancréatique n'ont été seulement données un peu complètes que dans ces derniers temps. Les propriétés chimiques que lui attribue de Graaff ne le caractérisent aucunement, et l'on ne sait quel liquide il a voulu désigner, car il le définit : un liquide à saveur tantôt d'une acidité agréable, tantôt insipide, tantôt âcre, tantôt salé, etc.

En 1824, l'Académie des sciences mit au concours la question suivante : *Étudier les phénomènes physiologiques et chimiques de la digestion.* A propos de ce con-

cours parurent deux ouvrages, l'un de MM. Tiedemann
et Gmelin (1), l'autre de MM. Leuret et Lassaigne, dans
lesquels on trouve les premières analyses chimiques
correctes des liquides digestifs, au nombre desquels se
trouve naturellement le suc pancréatique.

Les expériences de MM. Tiedemann et Gmelin ont
été faites sur le suc pancréatique du chien et de la
brebis. Voici leurs conclusions relativement à la composition de ce liquide organique.

Le suc pancréatique contient :

1° En parties solides, dans le chien, 8,72 ; dans la
brebis, 4 à 5 pour 100 ;

2° Les parties solides sont :

a. De l'osmazome ;

b. Une matière qui rougit par le chlore : on ne l'a
trouvée que chez le chien, et non sur la brebis ;

c. Une matière analogue à la caséeuse, et probablement associée à la matière salivaire ;

d. Beaucoup d'albumine, constituant environ la
moitié du résidu sec (le suc pancréatique du cheval
était aussi très-riche en albumine) ;

e. Très-peu d'acide libre, probablement acétique.
Cette faible prédominance de l'acide acétique était sensible, mais seulement dans le suc pancréatique du chien
et de la brebis.

L'analyse de MM. Leuret et Lassaigne a été faite sur
du suc pancréatique de cheval ; leurs conclusions dif-

(1) *Recherches expérimentales, physiologiques et chimiques sur la digestion, considérée dans les quatre classes d'animaux vertébrés*, Paris. 1827,
2 vol.

fèrent de celles de MM. Tiedemann et Gmelin. Nous savons déjà que cela tient au procédé employé pour l'obtenir.

Voici quelle serait la composition du suc pancréatique, d'après MM. Leuret et Lassaigne :

Eau.	99,1
Matière animale soluble dans l'alcool..	
Matière animale soluble dans l'eau....	
Traces d'albumine...................	
Mucus.............................	0,9
Soude libre........................	
Chlorure de sodium.................	
Chlorure de potassium..............	
Phosphate de chaux.................	
	100,00

Les mêmes auteurs disent que ce liquide alcalin dont ils ont fait l'analyse ne se troublait que très-légèrement par l'addition des acides sulfurique, nitrique et chlorhydrique, ce qui indiquait qu'il n'y avait que des traces d'albumine.

Le suc pancréatique du cheval, qui a été obtenu par un autre procédé par MM. Tiedemann et Gmelin, contenait, au contraire, beaucoup d'albumine. Voici les conclusions de ces derniers auteurs : « On obtint un gramme de suc pancréatique filant comme du blanc d'œuf dans les conduits d'un cheval assommé, qui précipitait considérablement par les acides. » Ils déduisent naturellement de cette expérience que le suc pancréatique est très-riche en albumine.

En 1846, j'ai commencé mes recherches sur le suc pancréatique, recherches dont les principaux résultats ont été publiés en 1848 et 1849. J'ai surtout établi les conditions physiologiques dans lesquelles le suc pancréatique devait être recueilli pour être de bonne qualité. Si l'on ne tient pas compte de ces conditions, on est conduit à des résultats très-discordants. C'est ainsi, comme nous le savons déjà, que l'analyse des premières portions du suc pancréatique qui coule d'une fistule temporaire sera souvent bien différente du suc qui coulera le lendemain.

Dans une expérience bien faite, suivant les conditions indiquées, voici ce qu'on observe successivement :

Les premières portions du suc pancréatique qu'on obtient constituent un liquide incolore, visqueux, coulant par grosses gouttes filantes, sans odeur darticulière, avec une saveur très-légèrement salée, analogue à celle du sérum du sang et offrant à la langue la sensation tactile d'un corps gommeux. La réaction est constamment alcaline ; par la chaleur, le liquide se coagule complétement comme du blanc d'œuf ; ce coagulum offre une blancheur très-grande. Les acides énergiques, azotique, sulfurique, de même que les sels métalliques, la noix de galle et l'alcool, etc., précipitent également le suc pancréatique ; tandis que les acides organiques faibles n'y déterminent pas de précipité et n'y dégagent pas sensiblement d'acide carbonique. Les alcalis, au contraire, empêchent la précipitation du suc pancréatique et redissolvent le précipité lorsqu'il a été formé.

La sécrétion du pancréas peut présenter les caractères que nous venons d'indiquer pendant un temps

plus ou moins long. Cependant le plus ordinairement
on constate déjà, au bout de quelques heures, que le
liquide est devenu plus aqueux et moins gluant ; par la
chaleur, la coagulation n'est plus aussi complète, et le
précipité nage dans une certaine quantité d'eau en
excès. La réaction alcaline persiste toujours et est
même devenue plus intense. L'addition d'un acide
détermine alors une effervescence prononcée, due au
dégagement de l'acide carbonique. Cette diminution
de coagulation peut dépendre de ce que la matière
coagulable diminue, ou de ce que la proportion d'eau
augmente ; cette dernière supposition paraît très-vrai-
semblable, parce qu'on voit la quantité du suc pancréatique sécrété dans un temps donné augmenter
en même temps. L'intensité plus grande de l'alcalinité
et de l'effervescence par les acides, qui se trouve aussi
en rapport avec la diminution de la matière coagulable,
semblerait indiquer qu'il peut y avoir aussi, avec
l'augmentation d'eau, une destruction d'une certaine
quantité de matière organique avec augmentation des
carbonates.

En suivant ces modifications de composition, on
arrive bientôt, et ordinairement le lendemain ou le
surlendemain de l'opération, à recueillir du suc pancréatique qui diffère essentiellement, au point de vue
physiologique, de celui qui a été recueilli au début
de l'opération, et qui s'en distingue par ses propriétés
physico-chimiques en ce qu'il est très-aqueux, a perdu
toute viscosité, présente une odeur fade, nauséabonde,
offre une saveur très-manifestement alcaline ; enfin ce

liquide coagule à peine par la chaleur, par les acides et les autres réactifs indiqués précédemment.

L'alcalinité est alors très-intense et le dégagement d'acide carbonique excessivement abondant.

Enfin, la sécrétion du pancréas ne subit plus d'autres altérations, si ce n'est que dans les derniers instants de la fistule temporaire il s'y montre des globules de sang, de pus, qui lui donnent une couleur rougeâtre. Quand le suc pancréatique recueilli dans la première période est abandonné à l'altération spontanée, il subit une série de modifications qui font disparaître la matière coagulable, augmenter la réaction alcaline, et lui donnent tous les caractères du suc pathologiquement altéré qu'on obtient dans les dernières phases de l'opération.

Quand on examine la composition chimique du suc pancréatique à ces diverses périodes, on voit qu'elle diffère surtout par les proportions relatives d'eau et de la matière coagulable. C'est du reste cette matière coagulable qui distingue réellement le suc pancréatique d'avec la salive ; car les matières salines sont à peu près les mêmes dans les deux sécrétions. On comprend dès lors que, si le suc pancréatique a été recueilli dans de mauvaises conditions et qu'il soit dépourvu de sa matière coagulable, il puisse être regardé comme ayant une composition chimique analogue à celle de la salive, ainsi que l'ont dit MM. Leuret, Lassaigne et quelques autres observateurs. La sécrétion pancréatique a, d'ailleurs, certaines analogies avec la salive, et les mêmes substances que nous avons vues passer avec facilité dans les glandes salivaires, telles que l'iodure de potassium, passent également dans la sécrétion pancréatique, tandis que d'autres substances, les sucres par exemple, qui ne passent pas dans la salive, ne passent pas non plus dans le suc pancréatique.

En résumé, le suc pancréatique est composé chimiquement par de l'eau, des matières salines et par une matière organique et spéciale. Cette dernière le distingue de toutes les autres sécrétions de l'économie, avec lesquelles l'eau et les matières salines lui sont communes.

Nous allons examiner maintenant successivement et en détail ces différents principes, afin de nous rendre compte plus tard du rôle physiologique de chacun d'eux.

D'abord l'eau, qui existe dans le suc pancréatique, comme dans tous les liquides, y entre en très-forte proportion. Lorsqu'on fait dessécher du suc pancréatique, il peut perdre de 90 à 99 pour 100 de son poids. L'eau se montre plus abondante dans cette sécrétion à mesure qu'elle augmente de quantité et qu'elle devient anormale ; la matière coagulable y diminue en même temps.

Les matières salines qu'on rencontre dans le suc pancréatique sont des sulfates, des chlorures, des carbonates de chaux, de potasse, de soude, des phosphates de chaux, etc.

La quantité relative de ces matières est ordinairement dans un rapport inverse avec la matière coagulable. C'est ainsi que les sels sont généralement plus abondants dans les dernières portions du suc pancréatique recueilli que dans les premières.

Enfin le suc pancréatique ne présente jamais le sulfocyanure de potassium que nous avons signalé dans la salive mixte. En ajoutant un persulfate de fer dans le suc pancréatique, on n'y développe pas une coloration rouge.

Les différences que nous aurons à observer porteront donc particulièrement sur la proportion des matières constituantes du suc pancréatique, et spécialement sur la détermination de la matière organique active de ce suc en rapport avec l'eau, les matières salines, etc. Mais il faut encore que nous nous rappelions que, vers la fin de la digestion, le suc pancréatique contient un peu plus d'eau et moins de matière organique. Nous ne rapporterons pas ici des analyses particulières, comme on l'a toujours fait. Nous donnerons le résultat de toutes nos analyses du suc pancréatique normal, en indiquant en masse les variations que ses matériaux constituants peuvent subir sans que le suc soit anormal.

Voici la composition chimique du suc pancréatique dans les limites où il est normal :

1° Eau. .... De 90 à 92 p. 100
2° Parties solides.................... De 10 à 8 p. 100

$$\overline{100} \quad \overline{100}$$

Les parties solides contiennent :

1° Matière organique précipitable par l'alcool et retenant toujours un peu de chaux. .... De 90 à 92 p. 100 du suc desséché.

2° Matières salines. $\begin{cases} \text{Carbonate de soude...} \\ \text{Chlorure de sodium. .} \\ \text{Chlorure de potassium.} \\ \text{Phosphate de chaux..} \end{cases}$ $\begin{cases} \text{De 10 à 8 p. 100 du suc} \\ \text{desséché.} \end{cases}$

$$\overline{100 \quad 100}$$

La composition du suc pancréatique que nous venons de donner d'une manière générale, bien qu'elle ait été obtenue sur des chiens, doit cependant être considérée comme représentant la composition du suc pancréatique normal, non-seulement chez cet animal, mais chez les autres mammifères. Les analyses chimiques dans lesquelles on donne moins de matière organique que nous n'en avons signalé, sont faites sur du suc pancréatique anormal. L'analyse du suc pancréatique du cheval par MM. Leuret et Lassaigne est faite avec du suc pancréatique anormal ; aussi ces auteurs signalent 99,1 pour 100 d'eau et seulement 0,9 de matières solides. Nous savons d'ailleurs maintenant que le suc pancréatique du cheval recueilli dans de bonnes conditions est très-riche en matière coagulable, et l'analyse de MM. Tiedemann et Gmelin du suc pancréatique de cheval, qui a été faite sur du suc normal du même animal, est tout à fait opposée à celle de MM. Leuret et Lassaigne.

Les matières salines du suc pancréatique ne donnent pas au suc pancréatique ses propriétés particulières ; car, lorsqu'on a isolé la matière organique, on trouve que c'est dans cette dernière que réside cette propriété spéciale active du liquide pancréatique.

Les auteurs qui, avant moi, avaient vu la matière coagulable du suc pancréatique, n'avaient pas reconnu en

elle l'agent essentiel de ce suc animal ; ils l'avaient confondu avec l'albumine ; mais, si elle s'en rapproche
par quelques caractères, j'ai prouvé, dès 1849, dans
mon premier mémoire, qu'elle en diffère complétement
sous le rappprt de ses propriétés physiologiques. Il est
nécessaire d'entrer dans quelques détails sur cette matière importante.

La matière coagulable que nous avons rencontrée
dans le suc pancréatique n'est pas de l'albumine, c'est
une matière tenant le milieu entre la caséine et l'albumine proprement dite, car elle possède des caractères communs à ces deux substances, sans être un
mélange de chacune d'elles. Nous avons examiné déjà
les caractères de cette matière, qui est la substance
active du suc pancréatique, et nous allons vous les
rappeler en quelques mots :

1º Cette matière, coagulable par la chaleur, par les
acides sulfurique, nitrique, se redissout dans un excès
de ce dernier acide.

Précipitable en totalité par le sulfate de magnésie,
comme vous voyez ici dans cette expérience, où l'on a
mélangé du suc pancréatique avec ce sel ; le liquide
qui passe est parfaitement limpide et ne se coagule plus
par la chaleur. Si nous jetions, au contraire, sur un
filtre un mélange de sulfate de magnésie avec de l'eau
albumineuse, le liquide filtré se coagulerait encore
par la chaleur ; ce qui prouverait que l'albumine a
passé.

Le charbon animal arrête également la matière organique du suc pancréatique. L'alcool la précipite,

comme vous le voyez dans cette expérience que nous
faisons devant vous ; ce précipité par l'alcool présente
un caractère qui est particulier à la matière pancréatique : c'est de pouvoir, lorsqu'elle a été séparée, se redissoudre dans l'eau distillée ou dans l'eau ordinaire, ce
qui n'a pas lieu pour d'autres matières albuminoïdes.

Nous examinerons maintenant cette eau dans laquelle nous venons de faire dissoudre la matière organique du suc pancréatique. Nous verrons qu'elle a
acquis les propriétés du suc lui-même, qu'elle se coagule par la chaleur et par les acides énergiques, comme
le suc pancréatique avant sa précipitation par l'alcool.
Nous verrons plus tard que cette eau possède non-seulement les propriétés physico-chimiques du suc pancréatique, mais qu'elle en a aussi les caractères physiologiques. Il y a donc dans le suc pancréatique une
matière albuminoïde coagulable par l'alcool, et qui a
la propriété de se redissoudre dans l'eau, pour former
un suc pancréatique artificiel. Nous prouverons plus
tard que cette matière précipitable par l'alcool est
réellement le principe actif du suc pancréatique.

Cette substance qu'on isole ainsi par l'alcool n'est
pas, il est vrai, à l'état de pureté parfaite, mais elle est
séparée de la plus grande partie des sels contenus dans
le suc pancréatique ; toutefois il est impossible de séparer complétement cette matière des alcalis qui les
accompagnent, et l'eau dans laquelle on la redissout
présente toujours une très-légère réaction alcaline.

Ce qui prouverait encore que cette matière organique est bien la partie active du suc pancréatique,

c'est qu'elle existe dans une proportion d'autant plus
considérable que le suc pancréatique est plus actif et
recueilli dans de meilleures conditions.

Dans le suc pancréatique anormal, dont les propriétés physiologiques ont disparu, on ne trouve plus
cette substance. Le précipité obtenu par l'alcool est
ou nul ou très-peu considérable.

C'est à la présence de cette substance, qui joue le rôle
d'un véritable ferment, que le suc pancréatique doit
sa propriété d'être sans contredit le plus altérable de
tous les liquides de l'économie. En effet, l'altération de
cette matière a lieu sous les influences qui amènent les
décompositions organiques en général, et elle se fait
d'autant plus rapidement que la température est plus
élevée ; elle est quelquefois instantanée dans les cha-
leurs de l'été, et surtout quand l'atmosphère est chargée
d'électricité.

Lorsque le suc pancréatique est décomposé, il ne se
coagule plus et répand une odeur infecte. Le liquide
alors, au lieu d'être légèrement visqueux et filant,
comme à l'état normal, devient très-fluide en même
temps qu'il s'altère. J'ai, en 1848, signalé pour la première fois dans ce liquide, lorsqu'il s'altérait, la formation de cristaux dont voici la forme (fig. 28).

Nous reviendrons plus tard sur la composition chimique de ces cristaux, que je mentionne simplement
ici parce qu'ils ne se forment que dans le suc pancréatique chargé de matière coagulable.

Lorsque le suc pancréatique est maintenu dans une
température basse, sa matière organique se décompose

beaucoup plus lentement et elle peut être conservée quelque temps. Seulement il arrive souvent que, dans ces circonstances, à la température de $+ 5°$ à $+ 6°$ cent., la masse se prend comme une gelée.

Enfin, nous devons encore nous arrêter sur le singulier caractère que possède cette matière organique du

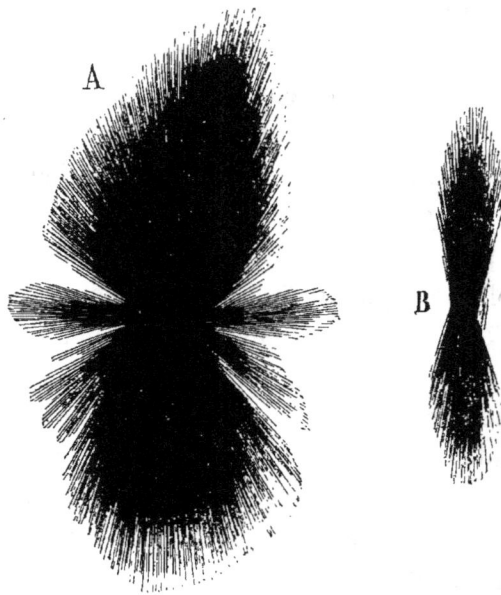

Fig. 28.

Fig. A et B, *sulfate de chaux tel qu'il se dépose du suc pancréatique lorsque la pancréatine entre en putréfaction* (d'après MM. Robin et Verdeil, *Atlas de chimie anatomique*, planche VI).

suc pancréatique, de rougir sous l'influence du chlore. Cette réaction a été trouvée par Tiedemann et Gmelin ; mais ces expérimentateurs n'ont pas su à quoi attribuer ce phénomène.

Nous avons vu, dans les très-nombreuses recherches que nous avons faites à ce sujet, que la coloration était produite par la matière organique pancréatique, mais seulement quand celle-ci était altérée ; de sorte que c'est une réaction qui prend naissance lors de la décomposition de la matière du suc pancréatique.

Nous nous bornerons aujourd'hui à signaler seulement ce caractère. Mais, plus tard, quand nous étudierons l'origine de la matière qui donne lieu à la réaction dans le tissu même du pancréas, à propos du suc pancréatique artificiel, nous chercherons sa signification, et nous aurons à examiner si son existence est spéciale au pancréas ou si elle s'étend à d'autres organes.

Toutefois nous pouvons déjà constater que le suc pancréatique est le sel qui présente ce caractère parmi tous les liquides intestinaux que nous allons citer. Jamais la salive, à quelque degré d'altération qu'on la prenne, de quelque glande qu'elle provienne, même la salive mixte, ne possède la propriété de rougir par le chlore.

Le suc gastrique et la bile n'offrent pas non plus cette réaction. On peut en conclure que la matière du suc pancréatique n'existe pas dans ces liquides ; car, dès qu'on leur ajoute un peu de suc pancréatique, ils prennent la propriété de rougir par le chlore.

Ce caractère que présente le suc pancréatique de rougir par le chlore à l'exclusion des liquides intestinaux précités, peut devenir de la plus haute importance en ce qu'il permet de reconnaître la présence du suc pancréatique dans l'intestin, et qu'il peut faire savoir, par conséquent, s'il existe un pancréas.

Nous voyons par là que le point de vue physiologique est bien plus fécond et bien plus large que le point de vue anatomique. Tandis que ce dernier ne reconnaît un organe qu'autant qu'il trouve en lui certains caractères de structure et de forme antérieurement constatés dans d'autres cas, le physiologiste, au contraire, sait retrouver un organe par des caractères bien plus généraux que ceux que peut donner la forme si éminemment variable des organes et des tissus. C'est ainsi que nous avons poursuivi le foie dans toute la série animale, et que nous l'avons retrouvé jusque chez les insectes à l'état de cellules disséminées dans les parois de l'intestin, mais reconnaissables à ce double caractère de produire la bile et le sucre.

Il en est de même du pancréas : on sait que cet organe existe chez les mammifères, les oiseaux et les reptiles ; mais, quant aux poissons, la question pour les anatomistes était restée indécise.

Nous pouvons dire dès à présent que ce principe rougissant par le chlore, ainsi que d'autres caractères physiologiques du pancréas, se retrouve dans l'intestin grêle des animaux vertébrés ou invertébrés ; et si nous arrivons à démontrer que cette matière est exclusive au suc pancréatique et au pancréas, nous arriverons à conclure que le pancréas existe chez tous ces animaux, qu'il soit sous forme de glande conglomérée, sous forme d'une glande disséminée dans les parois de l'intestin, ou même sous forme de cellules tapissant la muqueuse intestinale. C'est à cause de l'intérêt des questions qui se rattachent à cette matière que nous avons fait une étude approfondie des caractères de la substance organique du suc pancréatique qui se rencontre également dans le tissu pancréatique. Nous vous demandons la permission de nous arrêter quelque temps sur ce sujet.

D'abord quelles sont les conditions de cette réaction ? Nous avons déjà dit qu'elle est due à la matière organique du suc pancréatique qui s'altère ; et celle-ci, en s'altérant, cesse d'être précipitable par l'alcool.

Voici une expérience qui prouve que c'est bien à la suite d'une altération que le suc pancréatique acquiert la propriété de rougir par le chlore.

Sur un gros chien à jeun depuis vingt-quatre heures et ayant mangé depuis deux heures de la viande cuite, on pratiqua l'opération comme à l'ordinaire. On introduisit un tube dans le canal pancréatique, en attirant par la plaie le duodenum, dont les vaisseaux étaient gorgés de sang et présentaient un grand nombre de vaisseaux chylifères pleins de chyle, comme cela a lieu, du reste, pendant la digestion. Aussitôt après l'opération, le suc pancréatique commença à couler ; il était alcalin, se coagulait complétement et avait tous les caractères du suc pancréatique normal. Le lendemain, le suc pancréatique coulait plus abondamment que la veille, mais se coagulait beaucoup moins, ainsi que cela se voit le plus habituellement ; on constata que, au moment de son écoulement le jour même de l'opération ainsi que le lendemain, le chlore donnait un précipité caillebotté blanc, sans aucune coloration rouge. On a ensuite gardé les deux liquides pancréatiques du jour de l'opération et celui du lendemain, pour les examiner ultérieurement.

Les sucs pancréatiques, abandonnés à eux-mêmes depuis vingt-quatre heures à une température assez élevée, rougissaient déjà d'une façon très-évidente par le chlore. Le troisième jour, les mêmes liquides se coloraient en rouge d'une manière plus énergique. Mais on observa alors ce fait singulier, que les portions de suc pancréatique qui avaient été traitées par le chlore au moment de l'écoulement du liquide, et qui alors n'avaient pas présenté de coloration rouge, étant restées pendant deux jours en contact avec ce chlore, donnaient la coloration très-évidente quand j'ajoutais de nouveau du chlore ; ce qui montrait que la présence du chlore n'avait pas empêché la décomposition du suc pancréatique. Cette expérience, que nous avons répétée sur d'autres chiens avec les mêmes résultats, prouve que le suc pancréatique frais ne donne pas lieu à la réaction, et que ce n'est que plus tard que cette réaction arrive par suite d'une décomposition spontanée.

Cette matière rouge produite par la décomposition du suc pancréatique persiste indéfiniment dans le suc pancréatique pur qu'on abandonne à lui-même. Seulement, au bout d'un certain temps, les matières alcalines, et probablement ammoniacales, qui se forment en grande quantité, masquent la réaction, et alors l'addition directe du chlore dans le suc pancréatique très-ancien ne décèle aucune coloration rouge ; de sorte qu'on a avec le suc pancréatique trois périodes, au point de vue de la formation de cette matière colorable.

Première période.— Suc pancréatique frais ne donnant aucune réaction rouge par l'addition directe du chlore.

Deuxième période. — Suc pancréatique altéré depuis peu de temps donnant une réaction rouge par l'addition directe de l'eau chlorée.

Troisième période. — Suc pancréatique très-ancien et ne donnant plus la réaction rouge qu'il avait auparavant. Dans tous ces états le suc pancréatique reste toujours alcalin.

Mais nous avons dit que, dans ce dernier cas, la réaction n'était que masquée, et la preuve, c'est qu'on peut la faire reparaître à l'aide de certains moyens, et particulièrement en précipitant les matières étrangères à l'aide de l'acétate de plomb.

Voici deux expériences que nous avons faites à ce sujet :

1ʳᵉ EXPÉRIENCE. — Un suc pancréatique très-ancien, datant au moins de deux ans, et d'une odeur excessivement fétide, a été traité par le sous-acétate de plomb qui y a produit un précipité abondant ; on a filtré, et le liquide qui a passé a été additionné d'acide sulfurique pour précipiter l'excès du plomb ; on a refiltré, et dans le liquide acide qui a passé on a pu constater directement par le chlore la coloration rouge de la matière pancréatique.

2ᵉ EXPÉRIENCE. — On a recueilli du suc pancréa-

tique frais et possédant une grande quantité de matière
pancréatique; on l'a laissé s'altérer jusqu'à ce qu'il
présentât une odeur très-putride. On y a ajouté alors
du sous-acétate de plomb qui a produit un précipité
brun, à cause de la formation du sulfure de plomb par
l'acide sulfhydrique existant dans le liquide; on a
filtré et l'on a précipité l'excès de plomb par l'acide
sulfurique : dans le liquide filtré de nouveau et devenu
très-limpide, on a constaté par le chlore la couleur
rouge caractéristique.

Le suc pancréatique du même animal, mais recueilli
à la fin de l'expérience, lorsqu'il était devenu morbide
et qu'il ne contenait plus de matière organique, fut
traité de la même manière, et il ne donna pas de coloration rouge : ce qui prouve que, lorsque le suc pancréatique est sécrété par un pancréas enflammé, en
même temps qu'il ne contient plus de matière organique, il ne donne plus lieu à la coloration rouge. Ce
dernier caractère est donc lié à l'existence de la matière
spéciale à la sécrétion pancréatique.

Voici une autre expérience qui donna des résultats
analogues :

Sur un gros chien on a retiré du suc pancréatique
pendant deux jours, et l'on a constaté les propriétés
suivantes. Le suc pancréatique obtenu pendant les premières heures de l'opération, qui était physiologiquement bon, donna seulement après son altération une
coloration rouge très-intense par le chlore. Cette coloration produite par l'addition directe du chlore allait
en diminuant d'intensité, à mesure qu'on recueillait le

suc pancréatique dans des moments plus éloignés du commencement de l'opération, et déjà celui qui était obtenu à la fin du premier jour et le lendemain ne donnait plus de coloration par l'action directe du chlore.

Nous avons dit plus haut que la matière rouge du suc pancréatique pouvait être dissimulée dans certains cas, et ne pas se manifester par l'addition directe du chlore dans le suc pancréatique ; qu'il fallait alors la démasquer par le sous-acétate de plomb ou par l'alcool, et qu'alors le liquide acide obtenu après la précipitation des matières organiques donnait par le chlore une coloration rouge très-manifeste.

Mais il est intéressant de savoir par quoi pouvait être masquée cette réaction, et nous sommes parvenu à trouver que c'était la présence des carbonates alcalins qui produisait cet effet : car nous avons pris du suc pancréatique très-ancien, ne donnant plus de coloration par l'action directe du chlore ; puis nous l'avons traité, comme il a été dit plus haut, par l'acétate de plomb, et nous avons obtenu la coloration par l'addition du chlore. De même si nous ajoutions préalablement dans le liquide du carbonate de potasse ou du carbonate de soude, il se formait un précipité blanchâtre par l'addition du chlore sans aucune apparence de coloration rouge ; ce n'était pas évidemment l'alcali seul qui empêchait cette réaction ; car si, au lieu d'ajouter du carbonate de potasse, on ajoutait de la potasse caustique, alors, malgré la réaction alcaline très-intense du mélange, dans lequel il ne se formait pas de précipité blanchâtre, le chlore développait la coloration rouge.

Un autre fait qui semble prouver que c'est bien l'acide carbonique des carbonates qui empêche la réaction, c'est que si, dans le mélange cité plus haut, on ajoute du carbonate de potasse ou de soude, on verse goutte à goutte de l'acide sulfurique impur, jusqu'à ce que l'acide carbonique soit dégagé, et qu'il y ait une réaction légèrement acide du mélange, on voit aussitôt apparaître la coloration rouge caractéristique de la matière pancréatique que nous examinons.

Avant d'aller plus loin, il importe que nous sachions ce qui se passe dans cette coloration rouge, afin de mieux comprendre la réaction. D'abord nous savons que cette matière n'est pas précipitée par l'acétate de plomb, ni par l'alcool, ni par le charbon.

Nous savons de plus que cette matière n'existe pas dans le suc pancréatique très-frais, et qu'elle est masquée dans le suc pancréatique très-ancien par les carbonates alcalins qui s'y sont produits. Nous savons aussi que le chlore a la propriété de développer une couleur rouge plus ou moins intense, lorsqu'on l'ajoute dans des liquides qui contiennent cette matière colorante débarrassée des substances qui peuvent la masquer. Or, l'action du chlore est considérée comme oxydante, et, dans cette vue, nous pourrions expliquer la réaction en disant que le chlore s'empare de l'hydrogène de cette matière, l'oxyde de façon à faire manifester une coloration qui n'existait pas auparavant. On connaît un grand nombre de matières organiques qui se colorent par des phénomènes d'oxydation : telle est, par exemple, la matière colorante de la bile, etc.

Nous devons ici ajouter que, pour employer le chlore comme réactif, il faut verser l'eau chlorée goutte à goutte ; car, si l'on dépasse la limite, la couleur disparaît.

Cependant les substances qui ont une action analogue à celle du chlore ne produisent pas le même effet sur le liquide pancréatique ; l'iode, le brome, ne font rien de semblable sur le suc altéré.

En recherchant comment il se faisait que les carbo-nates empêchaient le chlore d'agir, et surtout pour-quoi l'acide sulfurique faisait apparaître cette colo-ration, il était difficile de concilier l'idée d'une oxydation avec l'action de cet acide. C'est pour cela que nous avons repris ces expériences, en les répétant avec des réactifs parfaitement purs, et nous avons vu alors que l'acide sulfurique pur ne produisait pas le même phénomène que nous obtenions avec l'acide sul-furique impur ; nous avons vu ensuite que l'acide chlor-hydrique impur produisait le même effet que l'acide sulfurique ordinaire, tandis qu'à l'état de pureté, il n'a-vait aucun effet semblable. Examinant alors quelles étaient les matières qui se trouvaient ordinairement dans ces acides, nous avons été conduit à penser que c'était l'acide azoteux qui agissait dans ces circonstances, et nous avons pu rapprocher l'action oxydante de cet acide de l'action du chlore. Nous avons ensuite essayé l'action de l'acide azotique, et nous avons vu que cet acide agissait parfaitement pour manifester la matière colorante rouge, et qu'alors on pouvait substituer l'acide azotique au chlore, avec d'autant plus d'avantage, que l'acide azotique agissait dans certains cas où le chlore n'agit pas. Ainsi, quand le suc pancréatique est très-ancien et que les carbonates alcalins empêchent l'action du chlore, l'action a toujours lieu par l'acide azotique, parce qu'il dégage l'acide carbonique des carbonates. Ainsi voilà du suc pancréatique qui est très-ancien, l'addition de l'acide azotique produit un dégagement de gaz et l'apparition de la coloration rouge.

Il n'y a pas à craindre, avec l'acide azotique, de dépasser le point où se produit la coloration, comme avec le chlore.

Il est convenable alors d'avoir de l'acide étendu et mélangé avec un autre acide, tel que l'acide sulfurique. Dans l'étude que nous ferons plus tard encore de cette matière colorante, nous aurons recours aux divers réactifs, mais surtout à l'acide azotique, dont nous comprenons maintenant le mode d'action.

Mais la matière organique du suc pancréatique, et celle du tissu de cet organe, peuvent encore être caractérisées par leur action spéciale sur les corps gras qu'ils acidifient rapidement. Nous aurons à revenir sur ces derniers caractères, après l'étude des propriétés physiologiques du suc pancréatique, dont nous commencerons l'examen dans la séance prochaine.

ONZIÈME LEÇON

6 JUIN 1855.

SOMMAIRE : Action physiologique du suc pancréatique : le suc pancréatique émulsionne, puis acidifie les matières grasses neutres. — De l'acidification des graisses. — Expériences à ce sujet. — Preuves de l'action physiologique du suc pancréatique : 1° par l'anatomie ; 2° par la suppression de l'action physiologique. — Expériences de Brunner; elles sont sans valeur. — Procédé qui consiste à détruire le pancréas sur place.

MESSIEURS,

Nous avons fait, dans la dernière séance, une digression à propos d'une matière colorable en rouge qui se rencontre dans le suc pancréatique, matière qui le distinguait non-seulement de la salive, mais des autres liquides intestinaux. Nous aurons plus tard à revenir sur cette propriété et sur d'autres encore, à propos du suc pancréatique artificiel.

Nous allons aborder aujourd'hui les propriétés physiologiques du suc pancréatique. Leur étude nous prouvera encore que ce liquide se distingue par cet ordre de caractères des liquides salivaires et intestinaux, et que, d'autre part, c'est toujours la matière coagulable active qui lui donne cette spécialité de propriétés.

L'action du suc pancréatique s'exerce réellement sur toutes les matières alimentaires, seulement avec une intensité différente et dans des conditions spéciales que nous allons examiner. Nous commencerons par les matières grasses.

On peut démontrer de plusieurs manières que le suc pancréatique sert à la digestion des matières grasses. Le premier fait, c'est que, quand on injecte dans l'estomac des animaux de la matière grasse, elle n'est émulsionnée et absorbée qu'à partir du point de l'intestin où le suc pancréatique se déverse. Jamais il n'y a digestion de la matière grasse dans l'estomac, car on n'a jamais vu de vaisseaux chylifères partir de cet organe. Les chylifères ne commencent que dans l'intestin et à ce niveau du point d'abouchement du conduit pancréatique. Ce point, du reste, varie suivant les différents animaux, et vient, par ses différences mêmes de position, fournir une preuve à l'appui de l'action spéciale du suc pancréatique. Ainsi, chez les chiens, les vaisseaux chylifères commencent aussitôt après l'ouverture du canal cholédoque. Chez les lapins, le suc pancréatique se déverse très-bas ; et c'est seulement à partir de son point de déversement qu'on voit apparaître les vaisseaux lactés.

Il en est de même pour tous les animaux ; toujours les chylifères suivent la disposition du conduit pancréatique.

Mais, indépendamment de cette vérification tirée des considérations anatomiques, nous avons une preuve bien plus directe à fournir de l'action spéciale du suc pancréatique sur les matières grasses. Cette action sera démontrée par la méthode des digestions artificielles se passant en dehors de l'animal. La preuve tirée de l'examen de la fonction chez l'animal vivant sera donnée plus tard.

Si nous prenons le suc pancréatique, et que nous le mettions en contact avec une graisse fondue ou naturellement fluide, comme de l'huile, nous verrons l'émulsion se produire d'une manière instantanée. Nous allons faire l'expérience devant vous pour vous montrer combien cette action est rapide. Voici du suc pancréatique normal obtenu au moyen d'une fistule comme vous nous en avez déjà vu établir ; nous le mettons dans un tube, et nous y ajoutons de l'huile ; il nous suffit d'imprimer un léger mouvement au mélange, pour que vous voyiez l'émulsion se produire aussitôt : et cette émulsion ne ressemble en rien à celle que l'on peut obtenir en agitant de l'huile avec un liquide visqueux, car elle persistera indéfiniment, alors même qu'on y ajoute de l'eau, tandis que, dans l'autre cas, les deux liquides ne tarderont pas à se séparer.

Voici d'autres expériences qui ont été faites avec différents corps gras :

1re EXPÉRIENCE. — Sur 2 grammes de suc pancréatique fraîchement extrait, alcalin et visqueux, et possédant tous les caractères du fluide pancréatique normal, on ajouta dans un tube fermé par un bout 1 gramme d'huile d'olive. L'huile, à cause de sa pesanteur spécifique, se tint à la surface ; mais en agitant pour opérer le mélange des liquides, il en résulta aussitôt une émulsion parfaite, et tout se transforma en un liquide semblable à du lait ou à du chyle.

2e EXPÉRIENCE. — Sur 2 grammes de suc pancréa-

tique frais et normal, on ajouta dans un tube fermé
par un bout 1 gramme de beurre frais, on plaça le mélange au bain-marié à la température de 35 à 38 degrés centigrades ; peu à peu le beurre se fluidifia, et
en agitant, il fut complétement émulsionné par le suc
pancréatique, et il en résulta, comme dans l'expérience
précédente , un liquide épais, onctueux, blanc comme
du chyle.

3e EXPÉRIENCE. — Avec 1 gramme de graisse de
mouton (suif), on mélangea dans un tube fermé par un
bout 2 grammes de suc pancréatique frais et normal ;
le tout fut exposé au bain-marie, à la température
de 38 à 40 degrés centigrades. Bientôt la graisse de
mouton se fluidifia, et, agitée avec le suc pancréatique,
elle fut transformée en un liquide blanc, semblable à
du chyle.

4e EXPÉRIENCE. — 1 gramme de graisse de porc (saindoux) fut mélangé avec 2 grammes de suc pancréatique frais et normal. En agitant à froid, l'émulsion s'o-
pérait déjà très-visiblement ; mais, en chauffant au
bain-marie de 35 à 38 degrés, l'émulsion fut instantanée, et tout fut transformé en un liquide blanc, crémeux, comme dans les cas précédents.

En laissant les produits des quatre expériences ci-
dessus indiquées au bain-marie de 35 à 40 degrés, pendant quinze à dix-huit heures, l'émulsion dans tous
les tubes se maintint parfaitement ; le liquide blanchâtre et crémeux ne changea pas du tout d'apparence, et
il n'y eut, par suite du repos du mélange, aucune séparation entre la matière grasse et le liquide pancréatique.

Mais, au bout de quelques heures, il devint évident que, sous l'influence du suc pancréatique, la graisse n'avait pas été simplement divisée et émulsionnée, mais qu'elle avait, en outre, été modifiée chimiquement. En effet, au moment du mélange, la matière grasse neutre et le suc pancréatique alcalin constituaient un liquide blanchâtre à réaction alcaline, tandis que, cinq ou six heures après, le mélange avait acquis une réaction très-nettement acide. En examinant ce qui s'était passé, il fut très-facile de constater, à l'aide de moyens appropriés, que la matière grasse avait été dédoublée en glycérine et en acide gras. Dans le tube où du beurre avait été soumis à l'action du suc pancréatique, l'acide butyrique était reconnaissable à distance par son odeur caractéristique.

Des faits qui précèdent, il résulte donc que le suc pancréatique normal possède la propriété d'émulsionner instantanément et d'une manière complète les matières grasses et neutres et de les acidifier ensuite.

Le suc pancréatique seul jouit de cette propriété, avons-nous dit, et d'autres liquides de l'intestin ou de l'économie que nous avons essayés n'exercent pas une semblable action sur les matières grasses neutres. Il est encore très-facile de donner la preuve de cette assertion.

1re EXPÉRIENCE. — *Bile.* — On mélangea dans un tube fermé par un bout, avec 2 grammes de bile de chien fraîche et très-légèrement alcaline, 1 gramme d'huile d'olive. On agita fortement le mélange et on le plaça ensuite au bain-marie à la température de 35

à 38° cent. Au moment de l'agitation, l'huile se mélangea mécaniquement avec la bile, de manière à former un liquide jaune et opaque; mais, une demi-
heure après, par suite du repos, l'huile, séparée, était
revenue à la surface, tandis que la bile formait une couche parfaitement distincte dans la partie inférieure du
tube. L'huile n'avait aucunement été modifiée. Avec la
bile de bœuf et de lapin, les choses se passèrent de la
même manière.

2ᵉ EXPÉRIENCE. — *Salive*. — Avec 2 grammes de
salive d'homme fraîche et alcaline, on mélangea
1 gramme d'huile d'olive. On agita fortement le mélange et on le plaça au bain-marie à la température de
35 à 38° cent. Une division mécanique de l'huile eut
également lieu ; mais bientôt il y eut, par le repos, séparation de la salive et de l'huile, qui surnageait en
conservant toutes ses propriétés physiques et chimiques.
La salive mixte du chien et celle du cheval furent également sans action sur l'huile d'olive.

3ᵉ EXPÉRIENCE. — *Suc gastrique*. — 2 grammes de
suc gastrique de chien, frais et très-nettement acide,
furent additionnés de 1 gramme d'huile d'olive. L'agitation produisit un mélange momentané du suc gastrique avec l'huile, qui bientôt remonta à la surface du
liquide sans avoir été modifiée.

4ᵉ EXPÉRIENCE. — *Sérum du sang*. — 1 gramme
d'huile d'olive fut ajouté à 2 grammes de sérum du
sang provenant d'un chien saigné à jeun. Le sérum
était alcalin et limpide. L'huile se mélangea par l'agitation avec le sérum ; mais, au bout de quelque temps

de repos au bain-marie de 36 à 38° cent., la séparation de l'huile et du sérum s'était opérée d'une manière à peu près complète. Le sérum du sang d'homme et celui de cheval se comportèrent de la même manière avec l'huile d'olive.

5ᵉ EXPÉRIENCE. — *Liquide céphalo-rachidien.* — 1 gramme de liquide céphalo-rachidien de chien, limpide et alcalin, fut mélangé avec un demi-gramme d'huile d'olive. Par l'agitation du liquide il y eut division momentanée de l'huile. Bientôt la séparation des deux liquides fut effectuée, ce qui démontre que l'huile n'avait pas été modifiée par son contact avec le liquide céphalo-rachidien.

6ᵉ EXPÉRIENCE. — Du sperme de cochon d'Inde, qui, comme on le sait, est presque solide, a été broyé avec un peu d'axonge et placé dans un tube à une température douce, comme dans les expériences précédentes. La graisse s'est constamment tenue séparée sans former d'émulsion.

7ᵉ EXPÉRIENCE. — Du sperme de cheval a été mélangé avec de l'axonge et placé dans les mêmes conditions. Il y a eu mélange avec le liquide; mais bientôt la plus grande partie de la graisse s'est séparée, et il n'y a pas eu émulsion véritable.

Il est facile maintenant, en comparant l'action de la bile, de la salive, du suc gastrique, du sérum du sang, du liquide céphalo-rachidien et du sperme, à celle du suc pancréatique sur l'huile d'olive, de voir que, parmi tous ces liquides de l'économie, le suc pancréatique seul modifie, ainsi que nous l'avons avancé, la matière grasse neutre, en l'*émulsionnant* et en l'*acidifiant*.

Toutes les expériences qui précèdent ont été reproduites un grand nombre de fois, et elles sont si nettes et si simples à répéter, que chacun pourra en vérifier les résultats avec facilité. Mais c'est ici le lieu de rappeler la distinction essentielle que nous avons établie entre le suc pancréatique *normal* et le suc pancréatique *morbide* ou *altéré*. En effet, cette émulsion instantanée des matières grasses neutres et leur dédoublement en glycérine et en acide gras ne sont effectués que par le suc pancréatique *normal*, c'est-à-dire le suc pancréatique alcalin, visqueux, et coagulant en masse par la chaleur et les acides. Si, au contraire, on mélange par l'agitation avec de l'huile ou de la graisse du suc pancréatique *morbide* ou *altéré*, c'est-à-dire du suc pancréatique toujours alcalin, mais devenu aqueux, sans viscosité, et ne coagulant pas par la chaleur, son action sur les matières grasses est à peu près nulle, et bientôt il s'effectue une séparation entre le suc pancréatique inerte et la matière grasse non modifiée. On comprend très-bien que, si l'altération du suc pancréatique est incomplète, et que, si ce fluide coagule encore un peu par la chaleur, son action sur la graisse existera, mais d'une manière imparfaite. Cela permettra d'expliquer toutes les qualités intermédiaires possibles du suc pancréatique, depuis son état *normal* ou d'activité parfaite jusqu'à son état de complète *altération* ou d'entière inertie. Nous ne reviendrons pas sur les causes qui amènent cette altération : nous nous sommes expliqué à ce sujet.

Nous devons insister encore sur les deux propriétés que nous attribuons au suc pancréatique, d'émulsionner et d'acidifier les corps gras.

On pourrait dire que la propriété d'émulsionner appartient à d'autres liquides alcalins et visqueux formés dans l'économie. En effet, quand on mélange de l'huile d'olive ou un autre corps gras neutre avec de la salive, de la bile, on voit, en agitant fortement le mélange, qu'il s'opère une espèce de division mécanique de la graisse qui ressemble beaucoup à une émulsion. Mais, quand on abandonne ensuite le mélange au repos, on le voit, le plus ordinairement, se séparer en deux portions, l'une inférieure, aqueuse et transparente, l'autre supérieure, formée par l'huile avec ses qualités physiques ordinaires. D'autres fois, une portion de cette huile reste en effet à l'état d'émulsion.

Cette petite portion de graisse qui a été émulsionnée peut l'avoir été par les alcalis qui existent dans la salive et dans la bile. Il arrive même quelquefois, lorsque la salive est très-alcaline, qu'il y a en réalité une émulsion. J'ai souvent constaté, par exemple, que la salive parotidienne du cheval, mélangée et agitée avec un peu d'huile, donne lieu à une véritable émulsion persistante, même quand on y ajoute de l'eau. Cette émulsion par les alcalis n'est pas comparable à celle produite sous l'influence de la matière organique coagulable du liquide pancréatique. Pour montrer qu'il en est ainsi, il suffit de neutraliser les alcalis des liquides et d'examiner ensuite le pouvoir émulsif de ceux-ci. Si l'on neutralise

la salive avec du suc gastrique qui est acide, et qu'on y
ajoute ensuite de l'huile, on a beau agiter le mélange,
toute espèce d'émulsion est impossible. Tandis que, si
l'on neutralise de la même manière l'alcali du suc
pancréatique, l'émulsion se fait encore très-bien. Sous
ce rapport, le suc pancréatique et la salive se comportent donc encore différemment. Il en est de même des
autres liquides de l'économie, tels que le sérum du
sang, la bile, le liquide spermatique, lorsqu'ils ont été
neutralisés ; et le suc pancréatique seul possède la propriété d'émulsionner les matières grasses alors même
qu'il est neutre, en vertu d'une action sur la graisse
spéciale à sa matière organique coagulable. Ce qui
prouve qu'il en est ainsi, c'est que le suc pancréatique
peut émulsionner d'autant plus de graisse qu'il est plus
riche en matière organique. Les premières portions
qui s'écoulent, et qui se coagulent abondamment,
émulsionnent beaucoup plus de graisse que celles qui,
recueillies dans les derniers temps, se coagulent faiblement. Là encore, pour juger des propriétés actives
du suc pancréatique, il faut tenir compte des conditions physiologiques dans lesquelles il a été recueilli.

L'acidification qui survient dans l'émulsion pancréatique est également le résultat d'une action spéciale
de sa matière coagulable sur la graisse, et elle n'appartient qu'au suc pancréatique entre tous les liquides
intestinaux et ceux de l'économie animale que nous
avons précédemment cités.

Quant à la réaction qui se passe dans cette acidification, elle était facile à prévoir. Nous avons déjà dit que, lorsqu'on opère le mélange avec du beurre, il se développe une odeur caractéristique d'acide butyrique. Ceci peut faire penser qu'il s'est produit un dédoublement de la butyrine en acide butyrique et en glycérine.

Déjà des expériences que j'avais faites autrefois dans le laboratoire de M. Pelouze, avec M. Barreswil, avaient confirmé ce résultat. M. Berthelot a repris dans ces derniers temps ces expériences avec beaucoup de soin. Leur importance m'engage à vous les donner dans tous leurs détails.

A 20 grammes de suc pancréatique frais et de bonne qualité que j'avais extrait sur un chien bien portant et en digestion, on a ajouté quelques décigrammes de mono-butyrine, et maintenu le tout à une douce chaleur pendant vingt-quatre heures. Au bout de ce temps, le liquide était devenu d'un blanc laiteux, et exhalait une très-forte odeur d'acide butyrique.

On l'a étendu de son volume d'eau et agité trois fois avec de l'éther pour dissoudre la butyrine non décomposée et l'acide butyrique. Un quatrième traitement n'a extrait que des traces de matière grasse ; un cinquième n'en a plus fourni du tout. On a ainsi obtenu : (A) une dissolution éthérée du corps gras ; (B) un liquide aqueux débarrassé de corps gras, mais pouvant renfermer de la glycérine.

L'éther a été évaporé au bain-marie. Au résidu qu'il a laissé, on a ajouté un peu d'eau, et comme ce résidu présentait une réaction acide, on l'a saturé exactement par une dissolution titrée de baryte. La baryte employée répondait à 0^{gr},106 d'acide butyrique libre. En agitant aussitôt avec de l'éther à plusieurs reprises, on a pu dissoudre la butyrine, au point que, après un dernier traitement, l'évaporation ne fournit plus aucun résidu. On a ainsi obtenu un liquide éthéré (*a*) et un liquide aqueux (*b*).

(*a*.) Le liquide éthéré évaporé a fourni seulement quelques centigrammes de butyrine. Ce corps avait donc été presque entièrement décomposé par l'action du suc pancréatique.

(*b*.) Le liquide aqueux évaporé dans une étuve a fourni du butyrate de baryte cristallisé. Ce sel répond précisément à l'acide butyrique libre produit par l'action du suc pancréatique sur la butyrine.

(B.) Le liquide aqueux dont on avait séparé les corps gras devait renfermer la glycérine correspondante à l'acide butyrique. Ce liquide a été filtré et évaporé à sec au bain-marie, en présence d'un excès d'oxyde de plomb. Le résidu, repris une seule fois par l'alcool absolu froid, a donné une liqueur alcoolique (*c*) et un résidu insoluble (*d*).

(*c*.) La liqueur alcoolique a été étendue d'eau et additionnée d'acide sulfhydrique, lequel a précipité un peu d'oxyde de plomb dissous dans cette liqueur. On a évaporé au bain-marie le liquide filtré, et obtenu en quantité notable un sirop d'un goût d'abord sucré, puis légèrement salin, insoluble dans l'éther et déliquescent. Ces caractères, joints à la dissolution de l'oxyde de plomb et à l'origine du produit, s'accordent avec l'existence de la glycérine.

(*d.*) Le résidu insoluble dans l'alcool a été traité par l'eau. Il lui cède une matière soluble qui renferme des *butyrates*. Ces sels ont sans doute été produits par des matières alcalines que renferme le suc pancréatique. Je vous ai dit, en effet, que ce suc à l'état frais possède une réaction alcaline. La production de ces butyrates est un phénomène secondaire et limité ; elle n'influe évidemment en rien sur la production de l'acide butyrique libre, mais elle peut concourir dans une certaine mesure à celle de la glycérine.

2° Avec 15 grammes environ du suc pancréatique frais recueilli sur un chien on a mêlé quelques grammes de graisse de porc récemment préparée et rigoureusement neutre. On a maintenu le tout à une douce chaleur pendant vingt-quatre heures ; cela fait, on a agité le mélange avec de l'éther froid, décanté et filtré le liquide éthéré.

(A.) L'éther a dissous ainsi une partie des corps gras qu'il abandonne par l'évaporation. Cette matière grasse est sans action sur la teinture aqueuse de tournesol, mais, si l'on y ajoute un peu d'alcool tiède, la teinture rougit aussitôt. Elle a exigé, pour être ramenée au bleu dans ces conditions, 17 gouttes d'eau de strontiane filtrée, quantité équivalente à $0^{gr},055$ environ d'acides gras fixes mis en liberté. Pour isoler le sel ainsi formé, on a jeté aussitôt sur un filtre la liqueur avec le précipité, et l'on a épuisé à froid par l'eau, l'alcool, puis l'éther.

(*a.*) L'éther a dissous une quantité assez forte de matière grasse qui se retrouve surtout dans les premières parties du traitement ; il a dû, de plus, dissoudre les sels à base alcaline, à supposer que le corps gras précédemment isolé en contînt ; enfin, il a dû enlever la plus grande partie de l'oléate de strontiane, composé qui a paru se trouver, en effet, dans les derniers traitements.

(*b.*) Le précipité, ainsi épuisé par l'éther froid et desséché, a été décomposé par l'acide chlorhydrique bouillant. On a isolé par là l'acide gras qu'il renfermait, *acide gras cristallin fusible à* 61 *degrés*. Traité de nouveau par l'eau de strontiane et l'éther, puis par l'acide chlorhydrique, cet acide gras conserve le même point de fusion, 61 degrés.

. (B.) Après avoir traité par l'éther le mélange de graisse de porc et de suc pancréatique, on a ajouté de l'eau à ce mélange non encore épuisé, on a filtré et coagulé par la chaleur le liquide aqueux ; puis filtré de nouveau et évaporé à sec au bain-marie, en présence de l'oxyde de plomb. On a repris par l'alcool absolu froid, traité par l'acide sulfhydrique qui colore en noir le liquide, filtré, évaporé au bain-marie. On a alors obtenu ainsi un dernier résidu déliquescent d'un goût légèrement sucré, puis salin, d'ailleurs extrêmement faible.

3° Comme contrôle de l'expérience précédente, simultanément à la même série de traitements ont été soumis 15 grammes environ du même suc pancréatique pris isolément.

(A.) Par l'éther, il a fourni une trace imperceptible d'un corps, acide seulement vis-à-vis de la teinture de tournesol alcoolisée. Une seule goutte de l'eau de strontiane employée dans l'expérience précédente (3 gouttes = 2 milligrammes) a ramené fortement au bleu le tournesol ainsi rougi. Ce résultat est bien différent de celui auquel a donné lieu la graisse de porc.

(B). Le liquide aqueux a donné finalement, par l'oxyde de plomb et l'alcool absolu, une liqueur que ne troublait pas l'hydrogène sulfuré, puis un très-léger résidu déliquescent et très-salé. Ce résidu ne permet pas de conclure avec certitude à l'existence expérimentale de la glycérine dans l'expérience n° 2, malgré la dissolution de l'oxyde de plomb et le goût légèrement salé du résidu.

4° Pour éprouver encore les résultats précédents en tant que relatifs à une action spéciale du suc pancréatique, j'ai donné à M. Berthelot 15 grammes environ de la salive du même animal, auxquels il a ajouté quelques centigrammes de monobutyrine, composé fort altérable, comme il a été dit plus haut. La salive n'a pas émulsionné la monobutyrine, corps cependant émulsionnable dans l'eau pure. Le mélange a été soumis à la même série de traitements que dans l'expérience n° 2, les opérations ont même été conduites simultanément.

(A.) Par l'éther on a obtenu la monobutyrine à peu près inaltérée, renfermant seulement une trace d'acide sensible au tournesol, mais neutralisé par une seule goutte d'eau de chaux.

(B.) Le liquide aqueux a fourni finalement, d'une

part, un résidu déliquescent presque imperceptible, de l'autre, un peu de butyrates.

En résumé, sous l'influence du suc pancréatique, la monobutyrine a été décomposée presque complétement en acide butyrique et en glycérine.

La graisse de porc a été décomposée avec régénération d'un acide gras fixe, fusible à 61 degrés, et probablement de la glycérine.

Tandis que la salive n'a pas agi sensiblement sur la monobutyrine.

Vous voyez donc, Messieurs, que ces expériences, que j'ai voulu vous donner tout au long, s'accordent avec les propositions physiologiques que nous avons établies sur l'action du suc pancréatique sur les matières grasses, et qu'elles prouvent que par ses propriétés le pancréas se distingue des glandes salivaires, comme le suc pancréatique, de la salive. Nous insistons à dessein sur cette idée, parce que nous vous avons montré, dès le commencement de ce cours, que l'assimilation entre les glandes salivaires et le pancréas datait de la plus haute antiquité, et que nous tenons beaucoup à vous montrer et la fausseté de cette assertion et la part exclusive de la physiologie dans les rectifications de ces faits.

Tout ce que nous avons dit jusqu'ici se rapporte à l'action du suc pancréatique sur la graisse en dehors de l'animal vivant. Nous allons maintenant examiner son action chez l'animal vivant. Et, d'après ce qui a été établi, il est permis de penser que, pendant la digestion chez les animaux vivants et bien portants, le suc pancréatique se trouvant toujours à l'état *normal*, il sera facile de constater son action spéciale sur les matières grasses neutres alimentaires. Il résultera, en effet, des expériences qui vont suivre, que le suc pancréatique, en émulsionnant et en modifiant les matières grasses dans l'intestin, les rend absorbables, et devient de cette manière l'agent particulier de la formation de ce liquide blanc homogène qui circule dans les vaisseaux lactés, et auquel on donne le nom de chyle.

Quand on suit la graisse alimentaire dans les voies digestives, on trouve que cette matière se fond par la chaleur de l'estomac, qu'elle s'y reconnaît à ses caractères, et qu'elle se fige à la surface du suc gastrique par le refroidissement, comme de la graisse sur du bouillon. Dans l'intestin, au contraire, au-dessous de l'ouverture des conduits pancréatiques, la graisse ne peut plus être distinguée par ses caractères ; elle forme une matière pultacée, crémeuse, émulsive, colorée en jaunâtre par la bile. Les vaisseaux chylifères se voient alors gorgés d'un chyle blanc, laiteux, homogène. En faisant sur des chiens très-exactement la ligature des deux canaux pancréatiques, dont le plus petit s'ouvre très-près du canal cholédoque, tandis que le plus volumineux s'ouvre dans l'intestin à 2 centimètres plus bas, ou mieux quand on fait un anus contre nature et qu'on injecte de la graisse dans le bout inférieur, j'ai constaté après deux jours que la graisse reste inaltérée dans l'intestin grêle, et que les vaisseaux chylifères ne contiennent plus qu'un chyle très-peu opalin, et pauvre en matière grasse, qui n'a pu être absorbée à cause de la soustraction du suc pancréatique dans la portion de l'intestin placée au-dessous de l'anus contre nature.

On pourrait se contenter de cette expérience comme preuve que la présence du suc pancréatique est nécessaire à la formation du chyle. Mais j'ai trouvé une autre manière de prouver le même fait par une expérience plus simple et qui n'exige aucune mutilation préalable et qui est très-facile à répéter par tout le monde. C'est chez le lapin, où la nature semble avoir été au-devant des désirs de l'expérimentateur en faisant ouvrir, par une bizarrerie singulière, le canal pancréatique, qui est souvent unique, très-bas dans l'intestin, en *i*, à 35 centimètres au-dessous du canal cholédoque (fig. 29). Or, il arrive que, lorsqu'on fait manger de la viande ou des matières grasses à des lapins, la graisse passe à peu près inaltérée dans l'estomac, et descend dans l'intestin sans subir aucune modification, jusqu'au moment où vient se déverser le suc pancréatique, à 35 centimètres au-dessous de l'ouverture du canal cholédoque ; et l'on voit que c'est précisément après l'abouchement du canal du pancréas que les vaisseaux chylifères contiennent un chyle blanc très-laiteux, tandis que plus haut ils ne contiennent qu'un chyle transparent à peu près. Il y a donc chez le lapin, dans ces conditions, deux espèces de chyles : le chyle transparent et sans graisse émanant des 37 centimètres d'intestin grêle situés avant l'abouchement du canal pancréatique, et le chyle laiteux homogène contenant de la graisse émanant des portions

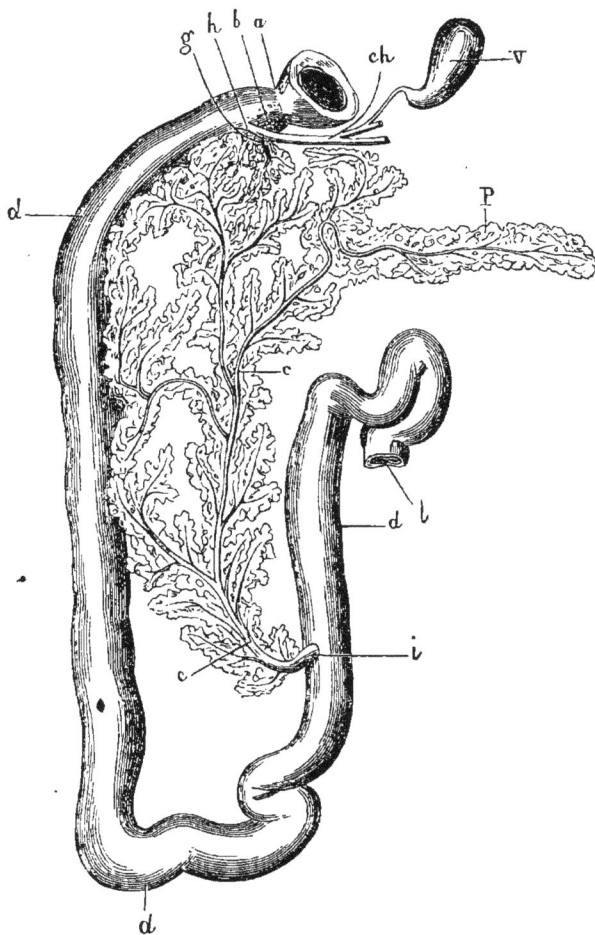

Fig. 29. — *Disposition du pancréas chez le lapin.*

a, pylore; — *b*, glandules de Brunner que l'on aperçoit dans les parois du duodenum; — *c, c*, conduit pancréatique qui s'ouvre en *i*, et se ramifie dans le tissu pancréatique qui est étalé en fines arborisations entre les deux feuillets du mésentère; — *d, d*, duodenum; — *ch*, conduit cholédoque; — *h*, insertion du conduit cholédoque; — *g*, petit conduit pancréatique exceptionnel venant s'ouvrir dans le canal cholédoque; — *i*, insertion du conduit pancréatique principal à 35 centimètres du pylore; — *l*, bout de l'intestin coupé; — *v*, vésicule du fiel.

de l'intestin grêle placées au-dessous de l'abouchement du canal pancréatique. Je connais en physiologie peu d'exemples d'expérience aussi simple et aussi facile que celle-là. Voici le procédé le plus rapide et le plus commode pour la répéter.

EXPÉRIENCE. — On prendra préférablement un gros lapin adulte, et on le fera jeûner pendant vingt-quatre ou trente-six heures ; puis on ingérera dans son estomac, à l'aide d'une seringue et d'une sonde de gomme élastique, 15 à 20 grammes de graisse de porc (saindoux) fluidifiée préalablement par une douce chaleur. Après cela, on donnera à manger au lapin de l'herbe ou des carottes, ce qui aidera à faire descendre la graisse dans l'intestin. On assommera le lapin au bout de trois ou quatre heures ; on ouvrira aussi rapidement que possible le ventre, et l'on constatera avec grande facilité que la graisse est surtout émulsionnée 35 centimètres après l'ouverture du canal cholédoque, au point où le suc pancréatique déverse dans le duodenum, et que ce n'est qu'après cela que les vaisseaux chylifères blancs laiteux se montrent très-développés pour continuer à exister ensuite plus ou moins bas dans l'intestin grêle.

Un autre ordre de preuves, intéressant à plusieurs égards, consiste à supprimer la sécrétion pancréatique autant que possible, et à donner à l'animal des substances grasses à manger. On retrouve alors les matières grasses dans les excréments, telles qu'elles ont été ingérées. Elles sont rejetées au dehors comme des substances réfractaires à la digestion. Si l'on ouvre

l'intestin au moment où la digestion s'effectue dans
cette portion du canal alimentaire, on peut voir encore
des vaisseaux lactés blancs, parce que la suppression
absolue de la sécrétion d'action du pancréas est difficile
à obtenir complète, car il y a toujours dans les parois
de l'intestin des glandules qui agissent à la manière du
pancréas.

Depuis longtemps, Brunner avait déjà posé la question de savoir si les glandes duodénales agissaient
comme le pancréas, et il a tenté de la résoudre en
enlevant le pancréas et cherchant quelle pouvait être
l'influence de cette ablation. L'expérience a été faite ;
mais malheureusement Brunner n'enlevait, ainsi qu'on
le voit par les planches qu'il a fait faire, que la portion descendante, celle qui se trouve le long du duodenum, tandis que la portion transversale restait à peu
près intacte, car il est impossible d'enlever cette seconde portion sans produire des désordres de nature à
amener la mort de l'animal. L'expérience de Brunner
ne peut donc pas passer pour une extirpation réelle du
pancréas. Néanmoins, après cette ablation partielle,
Brunner n'avait pas vu survenir d'hypertrophie dans
les glandes duodénales ; les animaux guérissaient de
l'opération dont ils ne paraissaient pas souffrir beaucoup. L'expérience de Brunner n'a pas une grande
valeur, du reste ; son auteur ne se faisait pas illusion
à cet égard et savait très-bien qu'il n'enlevait que la
moitié de l'organe. Nous avons essayé d'enlever le pancréas. Mais pour cela il faut occasionner de grands
désordres, lier l'artère et la veine spléniques ; cette opé-

ration ayant constamment amené la mort, soit par hémorrhagie, soit par péritonite, nous avons dû y renoncer chez les chiens. Cependant nous avons réussi
chez les pigeons, et nous vous parlerons de cette opération quand nous serons arrivés à traiter de la physiologie comparée du pancréas.

L'ablation du pancréas n'étant pas possible chez le
chien, il faut songer à un autre procédé pour empêcher
la sécrétion d'arriver dans l'intestin. On peut essayer
la ligature des canaux, mais l'opération ne réussit pas
toujours, et en outre, au bout de très-peu de temps, les
conduits se rétablissent.

Nous avons fait l'expérience d'une manière qui
donne des résultats très-nets. La ligature des conduits
excréteurs étant insuffisante, l'ablation de l'organe impossible, nous avons songé à le détruire par des injections de substances étrangères dans son conduit. Nous
avons essayé un certain nombre de substances ; nous
avons injecté du mercure, mais nous déterminions
ainsi des abcès et des péritonites auxquelles l'animal
ne tardait pas à succomber. Il faut remarquer que,
quand on injecte du mercure dans le pancréas, on voit
le métal passer très-rapidement dans les vaisseaux
lymphatiques, et arriver par.cette voie dans les organes de la circulation. La même chose a lieu quand
on injecte du mercure dans les glandes salivaires ;
ce qui semble prouver qu'il y a une communication
directe, ou par rupture, entre les conduits glandulaires
et les vaisseaux lymphatiques. Nous avons essayé aussi
d'autres substances qui n'ont pas mieux réussi. Nous

avons pensé alors à injecter la matière même sur laquelle le pancréas exerce une action, la matière grasse, espérant que le tissu de l'organe pourrait ainsi se dissocier. L'expérience a pleinement confirmé cette vue : sous l'influence d'une injection de matière grasse le pancréas se dissout, et finit par se détruire complétement, seulement l'opération doit être conduite avec prudence.

Voici un chien qui est à jeun, sur lequel nous allons pratiquer l'opération. Nous le chloroformons pour que l'expérience soit plus facile, et nous procédons comme si nous voulions faire une fistule pancréatique ; seulement, au lieu d'introduire un tube d'argent dans le conduit pancréatique, nous y plaçons la canule de la seringue et nous y poussons 4 centimètres cubes environ de beurre fondu à 40 degrés ; maintenant nous recousons la plaie après avoir rentré le pancréas dans l'abdomen. L'animal sera conservé, et, s'il ne meurt pas de péritonite, nous verrons les résultats que nous vous avons annoncés se manifester bientôt ; c'est-à-dire que l'animal rendra avec ses excréments les matières grasses qu'il aura mangées et qu'elles seront expulsées sans avoir subi le travail digestif, par suite de l'absence du suc pancréatique.

Si l'on injecte trop de matière grasse, il survient une péritonite mortelle. Aussi, afin de mieux réussir, j'ai souvent employé un procédé qui consiste à injecter peu d'huile et à la faire pénétrer dans les conduits pancréatiques en insufflant de l'air dans ces mêmes conduits. Nous avons réussi cette expérience assez

souvent. Après l'injection, les conduits se rétablissent
comme après la ligature ; il se déverse dans l'intestin
une espèce de matière émulsive, dans laquelle on reconnaît beaucoup de cristaux d'acide margarique qui
sont entraînés avec cette espèce de détritus du pancréas ; et il y a ceci de particulier, que les conduits
persistent tandis que la cellule sécrétante disparaît
complétement, de sorte que la glande finit par se détruire et les canaux dénudés par ressembler à un arbre
dépouillé de ses feuilles. Il semble ainsi que le développement de la cellule glandulaire et celui des conduits excréteurs sont des organes indépendants les uns
des autres, puisqu'une injection de matière grasse
détruit l'élément glandulaire et laisse le conduit. Cela,
du reste, concorde avec les observations de M. Ch. Robin, qui a vu que l'épithélium des conduits n'est pas
le même que celui des cellules glandulaires elles-
mêmes. Il arrive quelquefois qu'on n'a pas une destruction complète du pancréas, parce que la matière
grasse n'a pas pénétré dans toutes les parties de la
glande.

Quand on a des animaux sur lesquels on a pratiqué
cette injection du pancréas, voici ce qu'on observe :
au bout de quatre ou cinq jours, quand l'état de malaise
général qui a succédé à l'opération est complétement
terminé, l'animal se met à manger avec une extrême
voracité ; et si on lui a donné à manger des matières
grasses, on trouve dans les excréments de grandes
quantités de graisse qui se fige tout autour des matières
par le refroidissement de celles-ci. Les animaux mai-

grissent peu à peu, et finissent par mourir dans le marasme le plus complet, en présentant jusqu'au bout la même voracité et des matières grasses dans les excréments.

Ces expériences sont pleines d'intérêt, car il est arrivé quelquefois qu'on a observé chez l'homme la présence de la graisse dans les déjections coïncidant avec des symptômes analogues à ceux qu'on rencontre chez les animaux dans ces circonstances. Quand on a pu faire l'autopsie de ces malades, on a trouvé soit un cancer qui avait détruit le pancréas, soit des abcès, ou des calculs, etc., tandis que le foie était resté parfois tout à fait intact.

Ces différentes expériences ont été répétées un très-grand nombre de fois sur des chiens, et, quand elles ont réussi, nous avons toujours obtenu les mêmes résultats ; c'est-à-dire que, si l'on détruit le pancréas, on produit toujours une apparition de matière grasse dans les excréments.

Nous nous sommes demandé si la matière grasse présentait quelque chose de spécial par rapport au pancréas, et pour cela nous avons recherché si de semblables injections poussées dans d'autres glandes en amèneraient également la destruction. Nous avons injecté des glandes salivaires avec de la matière grasse, et nous avons eu des résultats analogues à ceux obtenus avec le pancréas. Après avoir injecté de l'huile dans le conduit de la glande salivaire chez un chien, voici ce qu'on observe. Il ne se développe pas d'inflammation dans cette région, seulement on sent, au bout de quelques jours, une espèce de ramollissement de l'organe, puis on voit sortir un liquide qui, examiné au microscope, se trouve formé par un détritus de cellules glandulaires et de sang. Au bout d'un certain temps, ce liquide ne coule plus; si l'on regarde alors ce qui s'est passé au bout de la troisième ou de la quatrième semaine, on voit que la glande a disparu, sauf les conduits, qui sont restés souvent à peu près intacts.

Messieurs, afin que vous puissiez apprécier ces expériences et leurs résultats, nous allons vous rapporter un certain nombre de celles que nous avons faites, et nous attirerons votre attention sur le rapport qu'il y a entre ces lésions et les faits pathologiques signalés chez l'homme. Nous devrons même insister sur ce rapprochement, parce que ici, au Collége de France, nous saisissons toujours l'occasion de montrer les liaisons qui peuvent exister entre la physiologie et la médecine.

1° Sur un chien de taille moyenne, j'ai injecté par le grand conduit pancréatique 15 centimètres cubes d'un mélange d'huile et de bile dans les proportions d'un tiers d'huile sur deux tiers de bile. Avant l'injection j'avais préalablement lié le petit conduit pancréatique, et aussitôt après l'opération je plaçai une ligature sur le gros conduit pour empêcher le mélange de sortir. A la suite de cette injection, le pancréas était devenu plus volumineux et son tissu avait pris une coloration jaunâtre par la présence de la bile. Au moment même de l'opération, l'animal ne parut pas souffrir de l'injection, et la plaie du ventre fut recousue comme à l'ordinaire.

Le lendemain (dix-huit heures après), on trouva le chien mort. L'autopsie montra les caractères d'une péritonite intense ; le tissu du pancréas, rougeâtre, offrait un grand nombre d'ecchymoses ou épanchements sanguins.

2° Sur un autre chien de taille moyenne et à jeun, on pratiqua de la même manière, dans le conduit pancréatique, une injection d'un mélange de suif de chandelle, de beurre, de bile et de suc pancréatique en petite quantité. Ce mélange, qui avait une odeur de graisse rance très-désagréable, fut liquéfié à une température de 38 à 40 degrés environ, et injecté à la dose de 10 centimètres cubes. On plaça également une ligature sur chacun des conduits pancréatiques, et le tissu de l'organe était devenu plus dur et plus tendu après l'injection. Comme dans les cas précédents, l'injection ne parut pas douloureuse, la plaie fut recousue et l'animal laissé en repos. Le lendemain il était mort, et l'on trouva dans la cavité du péritoine une grande quantité de liquide séro-purulent épanché, et tous les signes d'une péritonite violente. Le tissu du pancréas enflammé était gorgé par la matière de l'injection.

3° Sur un autre chien de petite taille, on fit une injection de suif qui ne put pénétrer qu'en petite quantité, à cause de la rupture du conduit pendant l'opération. Deux jours après, l'animal n'était pas mort. Il fut alors sacrifié pour une autre expérience, et l'examen de son pancréas démontra que les conduits principaux étaient remplis par du suif solide qui ne paraissait pas encore avoir subi de modification.

4° Sur un chien également de petite taille, on fit l'injection de 15 centimètres cubes de suif de mouton frais et pur qu'on avait obtenu en faisant fondre de la graisse de mouton prise chez un boucher. Dans cette expérience, le petit conduit pancréatique n'avait pas été lié ; après l'injection l'organe était modérément distendu. Le lendemain, l'animal était mort ; le pancréas était rempli jusque dans ses petits conduits par du suif qui, dans les dernières ramifications, où il se trouvait très-divisé, avait subi une émulsion très-évidente, tandis qu'il était resté solide dans les gros conduits. En pilant le tissu de l'organe dans un mortier et en y ajoutant de l'eau, on obtenait un liquide émulsif ayant absolument l'apparence du lait. L'autopsie ne montra pas, du reste, des caractères bien évidents de péritonite.

5° Sur un autre chien de taille moyenne, à la fin de la digestion, on fit l'expérience un peu différemment, afin d'éviter la distension trop considérable du pancréas. On fixa sur le conduit pancréatique un tube d'argent, comme pour recueillir le suc sécrété, puis on injecta par le tube, après avoir replacé l'organe dans le ventre, 4 centimètres cubes d'huile d'olive en trois fois, et l'on boucha l'extrémité du tube pour empêcher l'injection de sortir. Chez cet animal, l'injection d'huile paraît douloureuse.

Une heure après la première injection d'huile, on en fit une seconde de 5 centimètres cubes de la même substance, et on laissa cette fois-ci le tube débouché. Aussitôt après cette deuxième injection, l'animal parut abattu et plus triste que dans les cas précédents.

Le lendemain le chien était mort, et le bas-ventre présentait les signes d'une péritonite très-violente.

6° Sur un jeune chien (de trois à quatre mois environ), à la fin de la digestion, on injecta 7 centimètres cubes d'axonge fondue. Aussitôt après l'opération l'animal ne parut pas malade, mais quelque temps après il eut des vomissements bilieux. Le lendemain, le chien était mort, et l'autopsie montra des signes de péritonite médiocrement intense.

7° Sur une chienne de moyenne taille et bien portante, on injecta par le conduit pancréatique d'abord un peu de beurre, puis du suif : l'opération ne présenta aucune particularité ; mais, deux jours après, l'animal mourut d'une péritonite violente.

8° Sur un petit chien on fit une injection de jaune d'œuf dans le conduit pancréatique ; deux jours après, l'animal était mort également de péritonite.

9° Sur un chien vieux, bien portant, quoiqu'il eût une maladie de la peau, on injecta 4 centimètres cubes environ de suif de mouton récent. Immédiatement après l'animal ne parut pas malade. Les conduits pancréatiques ne furent liés ni l'un ni l'autre, et la graisse ne s'écoula pas au dehors à cause de sa solidification immédiate dans les conduits.

Le lendemain, le chien but un peu de lait. Trois jours après, l'animal commença à manger un peu de viande. Le septième jour, il en mangea davantage et parut moins malade ; il rendit des excréments qui étaient moins colorés qu'à l'ordinaire.

Le onzième jour, le chien ne paraissait plus malade, la plaie du ventre était entièrement cicatrisée. Mais ses excréments, toujours très-blancs, offraient des parties comme graisseuses non digérées, et l'on trouva même des morceaux de tripes parfaitement reconnaissables qui n'avaient subi qu'un commencement de digestion très-imparfaite. Une partie de ces excréments blancs de l'animal, ayant été desséchés, présentèrent à leur surface des matières graisseuses qui tachaient le papier joseph. Les excréments du même chien, avant l'opération, ne présentaient pas ce phénomène, bien qu'il fût soumis au même régime alimentaire, qui était composé d'un mélange de tête de mouton cuite et de tripes.

Le douzième jour, on donna à manger au chien une côtelette de porc frais rôtie et contenant beaucoup de graisse. Déjà, la veille, l'animal avait reçu la même nourriture. Dans la journée il rendit des excréments toujours décolorés, mais offrant quelques stries sanguinolentes dans les dernières portions d'excréments rendues. Les matières étaient comme luisantes et enduites d'une matière grasse. Autour de ses excréments, le chien rendait une partie liquide huileuse transparente ; bientôt, par le refroidissement, cette couche huileuse se figeait et enveloppait les excréments, qui avaient été rendus comme s'ils eussent été entourés d'une espèce de bain d'huile. On reconnaissait également dans les matières fécales des parties alimentaires incomplétement digérées.

Le treizième jour, l'animal était toujours dans le

même état, il était vorace ; on lui donna à manger des pommes de terre qui, après avoir été cuites à l'eau, furent mélangées avec de la graisse de porc. Les excréments rendus ce jour-là présentaient les mêmes caractères que la veille.

Le quatorzième jour, on donna encore à l'animal des pommes de terre cuites avec de la graisse de porc. Les excréments rendus contenaient énormément de graisse fluide qui se figeait autour d'eux par le refroidissement ; seulement cette graisse présentait une coloration légèrement jaunâtre due à la bile. Les excréments étaient toujours décolorés et semblables à de l'argile ; mais ils avaient offert une odeur putride et acide à la fois très-désagréable lorsque l'animal était nourri avec de la viande, tandis que, depuis l'alimentation aux pommes de terre, ils étaient devenus inodores. On reconnaissait, du reste, par l'inspection des excréments, des morceaux de pommes de terre non digérés et se colorant en bleu quand on versait sur eux de la teinture d'iode.

Le quinzième jour, le chien était toujours dans le même état ; quoique très-vorace, il avait cependant maigri considérablement. Il rendait toujours des excréments présentant les mêmes caractères, c'est-à-dire étant toujours entourés d'une grande quantité de graisse pure, seulement colorée par la bile, et composés d'un grand nombre de fragments de pommes de terre avec le même aspect qu'au moment où ils avaient été ingérés. On examina les excréments en les faisant bouillir avec de l'eau ; pendant la cuisson ils exhalaient une odeur de graisse rance très-désagréable, qui ne ressemblait en rien à l'odeur ordinaire des excréments de chien. Le liquide dans lequel ils étaient bouillis était très-acide, et l'on reconnaissait dans le fond du vase une grande quantité de fragments de pommes de terre qui n'avaient subi aucune altération. Cependant il devait y en avoir eu une certaine proportion qui avait été digérée, à en juger par du suc de glucose dont on constata très-distinctement la présence dans le liquide intestinal. On remarqua en outre, dans les excréments, des portions tendineuses et cartilagineuses, non digérées, qui étaient contenues dans la tête de mouton que l'animal, ce jour-là, avait mangée avec ses pommes de terre.

Le seizième et le dix-septième jour, l'animal mangea de la soupe au pain et de la viande crue contenant de la graisse. A dater de ce jour, les excréments n'eurent plus la même apparence, ils devinrent plus colorés qu'ils ne l'étaient précédemment, ils continrent beaucoup moins de graisse, et le chien parut plus vif qu'à l'ordinaire.

Du dix-huitième au vingt-deuxième jour, l'animal resta à peu près dans le même état, et l'on ne fit pas de remarques importantes, si ce n'est que sa voracité avait diminué. Ses excréments, quoique plus colorés qu'autrefois, étaient cependant toujours grisâtres et onctueux comme de l'argile ; mais ils contenaient beaucoup moins de graisse. Ils étaient, en outre, toujours recouverts par quelques stries sanguinolentes. Toutefois, par l'ensemble de ces phénomènes, on voyait que l'animal avait de la tendance à retourner vers l'état normal.

Le vingt-troisième jour, pendant la digestion d'aliments composés de tripes et de viande contenant de la graisse, l'animal fut sacrifié par la section du bulbe rachidien. On ouvrit aussitôt l'abdomen, et l'on constata qu'il existait des vaisseaux chylifères remplis d'un chyle blanc, et s'étendant depuis le commencement du duodenum jusque dans l'intestin grêle : on recueillit dans le canal thoracique du chyle qui présentait ses caractères ordinaires.

On ouvrit alors le canal intestinal dans toute son étendue, et l'on constata ce qui suit relativement à son contenu et à son aspect intérieur :

L'estomac était rempli d'aliments en partie ramollis et offrant une réaction acide ; les parois de l'estomac étaient sans altérations.

Le duodenum n'offrait non plus aucune particularité remarquable ; à sa surface interne on voyait des matières alimentaires dans lesquelles se trouvait de la graisse en partie émulsionnée.

L'intestin grêle renfermait des matières jaunâtres comme celles contenues dans le duodenum ; seulement, vers la fin de l'ileum, elles prenaient un aspect grisâtre. La réaction de l'intestin grêle était nettement alcaline, ce qui est l'inverse de l'état ordinaire chez les chiens soumis à la même alimentation. Dans le cœcum les matières étaient devenues comme pâteuses, et prenaient cet aspect de terre glaise ou argileux qu'elles conservaient dans le gros intestin ; les excréments étaient comme bleuâtres et d'une odeur très-désagréable, ainsi qu'il a été signalé.

La membrane muqueuse de l'intestin grêle ne paraissait pas altérée profondément, seulement elle semblait plus sèche que dans l'état ordinaire, et l'on y remarquait, vers la partie inférieure de l'ileum, des sortes d'érosions ou de vergetures ; mais, dans le gros intestin et dans le cœcum, on observait une véritable exsudation sanguine à la surface de la membrane muqueuse en même temps qu'on y voyait des petites ulcérations.

Le pancréas était considérablement diminué de volume et comme aplati, aussi bien dans sa portion horizontale que dans sa portion verticale. Le conduit pancréatique principal était au contraire dilaté, et il présentait, de distance en distance, un certain nombre de grumeaux semblables à du lait coagulé, mais qui n'obstruaient pas complétement la lumière du conduit. On reconnaissait facilement cette matière blanchâtre pour être formée par du suif altéré, présentant au microscope des cristaux en forme de longues aiguilles. Le tissu du pancréas était ainsi atrophié dans une grande étendue de sa portion transversale et dans l'extrémité inférieure de sa portion verticale, tandis que ses conduits ne l'étaient aucunement. Mais dans le milieu de l'organe il était resté une portion saine dont la couleur était celle du tissu pancréatique normal. En outre, on constata dans les conduits, et particulièrement dans le petit canal qui provenait de cette portion restée saine, une certaine quantité de suc pancréatique qui pouvait librement parvenir à l'intestin. Dans ce pancréas, les deux tiers au moins avaient été détruits par l'injection graisseuse, mais la portion restée saine donnait encore du suc pancréatique.

Le foie paraissait sain, seulement la vésicule du fiel était vide et le conduit cholédoque était plus dilaté qu'à l'ordinaire. La décoction du foie contenait beaucoup de sucre.

10° Sur un petit chien on injecta dans le conduit pancréatique environ 2 centimètres cubes de suif fondu, après quoi l'on cassa le conduit pancréatique sans le lier ; l'opération ne fut suivie d'aucun accident immédiat. Deux jours après, le chien parut malade et sembla être sous l'influence d'une péritonite violente. Sa respiration était profonde ; il but de l'eau qu'il vomit immédiatement. La plaie offrait un très-mauvais aspect.

Le troisième jour, l'animal allait mieux ; il prit un peu de lait sans le vomir, et la plaie offrait un aspect un peu meilleur. Toutefois l'animal rendait des excréments sanguinolents.

Le sixième jour, le chien commença à manger, et les jours suivants il allait de mieux en mieux, et au neuvième jour il s'écoula de la plaie une très-grande quantité de pus qui sembla provenir de la rupture d'un abcès intra-abdominal. Le chien était devenu plus vif et commençait à manger. On lui donna une côtelette de porc frais très-grasse.

Vers le dixième jour, une grande voracité se manifesta. La plaie était en voie de cicatrisation. L'animal rendit des excréments durs et en petite quantité, colorés comme à l'ordinaire et n'offrant rien de remarquable, si ce n'est un peu de sang à leur extérieur. Ces excréments étaient probablement anciens et dataient de quelques jours; car bientôt après le chien rendit des excréments offrant un tout autre caractère : ils étaient décolorés, très-secs à leur intérieur et luisants, humides et recouverts d'une substance huileuse. Après leur émission, les excréments, en se refroidissant, perdaient cet aspect luisant, parce qu'il était dû à de la graisse liquéfiée par la chaleur du corps et qui ensuite s'était figée par le refroidissement.

Le onzième jour, on donna encore une côtelette de porc frais que l'animal mangea avec avidité; les excréments rendus étaient, comme ceux de la veille, décolorés, argileux et sanguinolents dans quelques points de leur surface, et ils répandaient une odeur très-désagréable.

Le douzième jour, l'animal mangea 100 grammes de lard; les excréments rendus étaient du même aspect que la veille, et offraient cet aspect argileux et grisâtre particulier déjà signalé.

Le treizième et le quatorzième jour, le chien, toujours vorace, mangea des substances contenant beaucoup de graisse, savoir du lard et des côtelettes de porc frais; les excréments rendus étaient un peu plus colorés que ceux des jours précédents. Les jours suivants, bien que l'on continuât l'alimentation fortement graisseuse, les excréments changèrent de nature et reprirent leur apparence normale. Le chien devint moins vorace, plus vif, et reprit l'embonpoint qu'il avait perdu momentanément.

Ce chien, ayant ensuite servi à une fistule gastrique, a été conservé pendant environ un mois et demi. et pendant tout ce temps il présenta toutes les apparences de la santé la plus parfaite. A cette époque seulement on fit son autopsie, et l'on constata que son pancréas n'avait été détruit qu'en partie à ses deux extrémités ; la portion moyenne avait conservé son aspect ordinaire, et le conduit, dans sa portion qui se rendait plus spécialement dans la branche horizontale du pancréas, était un peu dilaté, mais du reste parfaitement libre et n'offrant aucun obstacle à l'écoulement du suc pancréatique dans l'intestin. Il est donc probable que c'est seulement pendant l'inflammation et l'obstruction des conduits du pancréas que l'animal avait présenté les symptômes signalés plus haut.

On voit que les chiens qui font le sujet des deux dernières observations ont offert la présence de la graisse non digérée dans leurs excréments parmi les symptômes auxquels avait donné lieu la destruction du pancréas. On avait, afin de rendre ce symptôme plus évident, ajouté une assez forte proportion de graisse à leurs aliments. On a vu pourtant chez le chien de l'expérience 10ᵉ, que, malgré cet excès de graisse, les excréments reprirent leurs caractères normaux vers les derniers temps, lorsque l'animal revenait vers l'état normal. Cependant il aurait pu arriver que la graisse en trop grande quantité eût échappé à la digestion, car chez un chat qui avait mangé de la graisse pure (du lard) depuis deux ou trois jours, j'avais trouvé dans le

gros intestin et dans le cœcum une grande quantité de
graisse non digérée.

C'était afin d'avoir un terme de comparaison pour
les expériences précédentes, et pour me mettre à l'abri
de causes d'erreurs de ce genre, que j'ai soumis un
chien de taille moyenne à la même alimentation graisseuse, et j'examinai comparativement ses excréments
avec ceux des chiens des expériences 9e et 10e. On
continua cette alimentation pendant cinq jours, et les
excréments rendus par l'animal pendant ce temps
étaient colorés fortement en brun, sans aucune strie
sanguinolente, et présentant tous les caractères des
excréments ordinaires de chien à l'état de santé. En
faisant bouillir les excréments dans l'eau, il ne surnageait point de la graisse à la surface, comme nous
l'avons vu pour les chiens qui avaient reçu une injection destructrice dans le pancréas.

Cette méthode d'opérer en détruisant le pancréas
par des injections dans son tissu est le moyen le plus
convenable pour supprimer l'organe pancréatique.
Seulement il faudrait trouver une substance qui ne
produisît pas de péritonite aussi facilement que la
graisse. J'ai essayé dans ce but d'autres injections faites
dans les conduits pancréatiques avec de l'air, du sang,
de la glycérine, de l'éther, etc. J'ai voulu chercher à
perfectionner cette méthode d'opération, parce que je
suis convaincu que c'est là le procédé classique qu'il
faut employer pour détruire le pancréas et juger ainsi
de ses fonctions par les troubles que sa destruction
produit.

Sur un chien de taille moyenne, et à jeun depuis vingt-quatre heures, j'ai injecté par le gros canal pancréatique de l'air avec une seringue. Mais je me suis aperçu aussitôt qu'une grande partie de l'air passait dans le duodenum, et ce passage s'opérait avec la plus grande facilité par l'anastomose entre le grand et le petit conduit pancréatique. Alors je cherchai le petit canal et j'en fis la ligature, après quoi je recommençai l'injection d'air dans le pancréas, et j'injectai dans cet organe 30 centimètres cubes d'air. Le pancréas se gonfla, devint comme emphysémateux ; et je vis en même temps une grande quantité de cet air ainsi poussé dans le conduit pancréatique passer par grosses bulles dans les veines du pancréas et aller ainsi dans la veine porte. Le conduit pancréatique fut lié pour empêcher l'air de sortir, le pancréas fut rentré dans l'abdomen et la plaie cousue comme à l'ordinaire. (J'ai vu souvent que les injections poussées dans les conduits pancréatiques passent non-seulement dans les veines, mais aussi dans les vaisseaux lymphatiques.)

L'animal supporta bien cette opération ; quelques jours après il était remis, et le pancréas avait repris ses fonctions, parce que l'injection d'air n'avait produit qu'une inflammation passagère.

Sur un autre chien de taille moyenne, et à jeun depuis deux jours, j'ai isolé le gros conduit pancréatique, après quoi je l'ai ouvert. Alors j'ai aspiré avec une seringue du sang dans la veine jugulaire du même animal, et j'en ai injecté aussitôt 30 centimètres cubes dans le pancréas avant qu'il ait eu le temps de se coaguler. Le pancréas devint aussitôt dur et gorgé de sang. Cette injection parut douloureuse, l'animal devint triste et mourut bientôt. Dans une autre expérience j'injectai une bien moindre quantité de sang, et l'animal ne mourut pas. Mais la destruction du pancréas que j'avais espérée par la coagulation du sang dans les canaux ne fut pas complète.

J'ai encore injecté de l'éther dans le pancréas. On produit ainsi quelquefois l'éthérisation. Il en résulte souvent une inflammation de l'organe, mais pas une véritable destruction. J'ai essayé aussi une injection de suif dans l'éther, afin que la graisse dissoute restât dans l'organe après l'évaporation de l'éther. Quand l'injection est faite en petite quantité, elle réussit assez bien ; mais quand on en injecte trop, la mort survient aussi avec les symptômes de péritonite.

Il faut donc encore faire des essais pour régler convenablement l'injection de graisse ou pour trouver une autre substance qui produise la destruction du pancréas. Jusqu'à présent, c'est le suif frais injecté en petite quantité qui m'a le mieux réussi.

Les symptômes observés chez les chiens dans les circonstances où le pancréas a été détruit offrent les traits de ressemblance les plus frappants avec les symptômes qui surviennent chez l'homme à la suite des affections du pancréas, ainsi qu'on le verra dans ce qui va suivre.

Affections du pancréas chez l'homme. — Depuis longtemps on avait signalé chez l'homme la présence de matières grasses dans les excréments en rapport avec

certaines maladies du tube digestif. Il s'agit actuellement pour nous de savoir si le symptôme de la présence
de la graisse dans les excréments, dont nous venons
de constater l'existence chez les animaux auxquels on
a détruit le pancréas, se trouve lié chez l'homme à
des altérations morbides, et si, en un mot, ce symptôme
peut caractériser les maladies du pancréas.

Il existe déjà un certain nombre de cas dans la
science qui sont propres à donner cette démonstration,
et depuis l'apparition de mon premier Mémoire, l'attention a été attirée sur les symptômes des maladies
du pancréas, et plusieurs travaux ont été publiés sur
ce sujet. Je citerai ici une thèse d'un de mes amis et
de mes élèves, M. le docteur Moyse. M. le docteur Ei-
senmann a également rassemblé et publié, dans les
Annales de médecine de Prague, sept observations des
maladies du pancréas, à la suite desquelles l'autopsie
permit de constater une destruction plus ou moins
complète de la glande. Dans toutes ces observations, la
maladie était surtout caractérisée par un amaigrisse-
ment considérable. L'examen des selles montra dans
les fèces une grande quantité de matières grasses de
l'alimentation.

Nous allons, parmi un grand nombre d'observations que nous pourrions citer, vous en signaler une ou
deux, afin que vous puissiez comparer les symptômes
observés chez l'homme à ceux que nous avons produits chez le chien par la destruction du pancréas, et
saisir mieux les traits frappants de ressemblance qu'ils
présentent.

Un homme de quarante ans avait vu ses forces diminuer par des hémorrhagies intestinales dans les treize
dernières années de sa vie.

Dans les trois dernières surtout, ces hémorrhagies
avaient été très-graves, s'étaient accompagnées d'une
grande sensibilité à l'épigastre, et avaient alterné avec
la diarrhée; les fonctions de l'estomac s'exécutaient
d'une manière satisfaisante. Au mois de décembre
1836, après avoir travaillé toute la journée dans une
cave humide, cet homme fut pris de symptômes fébriles, de douleurs et de constipation opiniâtre suivie,
quelques jours après, de diarrhée. Les évacuations
alvines ne contenaient pas de bile, mais seulement une
grande quantité de sang, et la sensibilité à l'épigastre
était excessive. Quinze jours après, on nota pour la
première fois l'existence de matières grasses dans les
fèces.

Depuis cette époque, on les y rencontra toujours
jusqu'au mois de mai, où elles disparurent totalement.
Il résulte des renseignements donnés par le docteur
Gould, que le malade avait environ dix garde-robes par
jour, lesquelles contenaient une substance huileuse,
transparente, qui se coagulait cinq minutes après, et
formait une couche dure à la surface.

En examinant le matin le vase de nuit, après cinq
ou six garde-robes, on apercevait au-dessus d'elles une
couche d'un pouce d'épaisseur, qui avait tout à fait la
consistance et l'aspect de la graisse coagulée sur le
bouillon de bœuf. Le malade avait remarqué que
depuis six semaines il rendait au moins une demi-livre

de cette substance par jour ; mais, ce qui était positif, *c'est qu'il n'avait ses garde-robes graisseuses que lorsqu'il prenait du bouillon gras ou qu'il mangeait de la viande cuite dans les matières grasses.* S'il s'en abstenait, les garde-robes changeaient d'aspect vingt-quatre heures après ; elles recommençaient s'il reprenait l'alimenta- tion des matières grasses. Après la disparition des phénomènes fébriles, cet homme put reprendre son travail ; mais la douleur et la sensibilité continuèrent et revinrent par accès tous les huit jours ; l'appétit ne tarda pas à se perdre, enfin les garde-robes commen- cèrent à se décolorer, et dans les cinq derniers mois de la vie, le malade présenta une coloration ictérique très-prononcée.

Vers la fin d'août, on constata l'existence d'une tumeur douloureuse, située à la région épigastrique et dans l'hypochondre droit, et qui s'étendait jusque près de l'ombilic ; le malade continua à se lever jusqu'à la mort. Le 16 septembre, il tomba dans le coma et mou- rut le lendemain.

Autopsie. — L'autopsie montra une tumeur volumi- neuse et fluctuante, de forme ovalaire, située au-dessus du lobe droit du foie, avec lequel elle avait contracté des adhérences intimes ; elle était placée entre les intestins et la paroi postérieure de l'abdomen, dépassait un peu à gauche la colonne vertébrale, et avait au- devant d'elle le duodenum qui la contournait ; elle contenait de 10 à 14 onces d'un liquide séro-sangui- nolent, sans caillots, peu visqueux, sans apparence de matière grasse.

Elle mesurait 4 pouces sur 4 ; ses parois avaient de 1 à 3 lignes d'épaisseur, étaient membraneuses, charnues, rougeâtres ; on n'y trouvait plus aucune trace du tissu normal du pancréas, cependant elle était évidemment formée par cet organe. Elle contenait de très-petits calculs, semblables à ceux que l'on rencontre ordinairement dans les ramifications du pancréas, et deux de ces petits calculs de 3 à 4 lignes de diamètre, rugueux à la surface, oblitéraient complétement l'ouverture du canal pancréatique dans le duodenum. Ils étaient composés de carbonate de chaux. Le reste du pancréas, c'est-à-dire l'extrémité gauche de l'organe, avait 2 pouces de long, était rétracté, très-dur ; le canal pancréatique de cette partie de la glande s'ouvrait dans la cavité du kyste (1).

Un commis, âgé de quarante-neuf ans, sobre et d'une vie régulière, fut pris en mars 1827 de symptômes de diabète (je passe tout ce qui ne se rapporte pas au symptôme qui nous occupe). Le 28, le malade commença à rendre par l'anus une grande quantité de matière graisseuse, jaunâtre, ressemblant à du beurre qui se serait figé après avoir été fondu ; cette évacuation suivait celle des excréments. Le 31, il n'y avait plus d'évacuations graisseuses, mais la faiblesse et l'émaciation firent des progrès rapides, le caractère des évacuations devint mauvais.

Le 8 janvier, les selles graisseuses reparurent ; le

_____

(1) Bright, *Cases and observations connected with disease of the pancreas and duodenum.*

malade vécut toutefois jusqu'au 1er mars, et mourut dans un épuisement complet.

Autopsie. — L'abdomen contenait plus d'une pinte d'un liquide couleur très-foncée. La vésicule biliaire était distendue par de la bile très-noire; le fond de cette poche faisait saillie en avant quand on enleva les parois abdominales. Le foie offrait une couleur olive très-foncée, due à l'imprégnation de la bile. Les conduits biliaires étaient considérablement dilatés; le conduit cholédoque était assez large pour admettre facilement le petit doigt. Sa surface interne offrait un aspect alvéoliforme ou réticulé, et se terminait en cul-de-sac dans la substance altérée du pancréas.

La tête du pancréas, réunie aux glandes voisines, formait une masse globulaire dure, autour de laquelle tournait le duodenum, et à laquelle cet intestin, ainsi que le pylore, était solidement adhérent. En deux endroits où le pancréas et le duodenum étaient agglutinés ensemble par la maladie, se trouvaient deux ulcérations à bords durs et squirrheux, intéressant toute l'épaisseur de l'intestin; l'une d'elles était de la grandeur d'un shilling, et l'autre n'était pas plus large qu'une pièce de deux sous. Le pancréas était dur et cartilagineux au toucher; il offrait une couleur jaune et brillante. En incisant le foie, on obtenait une surface qui ressemblait à un beau porphyre vert foncé et grenu; les conduits biliaires, dilatés, étaient remplis de bile, qui s'en échappait quand on les incisait.

L'estomac était légèrement injecté.

La rate n'avait aucune altération de texture; mais sa

surface extérieure était rouge, inégale par des déposi-
tions cartilagineuses. Les intestins étaient à peu près à
l'état normal ; ils avaient perdu de leur transparence,
et leur tunique interne était pâle.

Les reins paraissaient sains à l'extérieur ; mais la substance tubuleuse était hypertrophiée, et dans quelques-
uns des tubes s'était déposée de la fibrine ou une matière calculeuse (1).

Fistules pancréatiques chez l'homme. — Je ne sache
pas que jamais on ait observé de fistules pancréatiques
véritables, c'est-à-dire des fistules des conduits pancréatiques. On a cité comme telles, cependant, certaines fistules s'établissant dans le voisinage de la région où siége le pancréas, et fournissant un liquide se
sécrétant généralement par intervalles correspondant à
la digestion et offrant quelques-uns des caractères
physiques de la salive ou du suc pancréatique. J'ai observé moi-même deux malades atteints d'une fistule de
ce genre qui siégeait à droite et un peu au-dessus de
l'ombilic ; chez eux la fistule était étroite et fournissait
un liquide au moment de la digestion. La sécrétion
commençait très-peu de temps après l'ingestion des
aliments dans l'estomac.

L'un de ces deux malades fut placé dans le service
de M. le professeur Laugier, sans que sa santé eût été
altérée, mais il désirait simplement être débarrassé de
cette fistule incommode. M. Laugier tenta des injections irritantes de différente nature, telles que de ni-

(1) *London medic. chirurg. Trans.*, t. XVIII.

trate d'argent, d'iode, etc., mais sans parvenir à la cicatrisation du trajet fistuleux, et le malade sortit sans
amélioration notable.

Voici, du reste, les caractères que je trouvai au liquide sorti par cette fistule, dont une certaine quantité
me fut remise. Il était alcalin, incolore, [clair et rendu
seulement opalin par des parties muqueuses; il n'offrait
pas de viscosité, ne se coagulait pas sensiblement par la
chaleur et présentait une odeur nauséabonde. Abandonné à lui-même, ce liquide se putréfiait bientôt en
exhalant une odeur infecte. Mis en contact avec des matières grasses, ce liquide, bien qu'alcalin, ne les émulsionnait en aucune façon à la manière du suc pancréatique : il se formait par l'agitation une espèce de
mélange momentané, mais bientôt la matière grasse
revenait à la surface et ses gouttelettes se réunissaient
plus ou moins complétement entre elles. Ce liquide se
comportait dans ce cas d'une manière analogue à la salive mixte de l'homme ; mais, d'une autre part, il en
différait en ce qu'il n'agissait pas sur l'eau d'empois
d'amidon, pour la transformer en dextrine et en
sucre.

Le second cas de fistule du pancréas que j'observai
existait chez une jeune fille, âgée de vingt et un ans,
qui était venue consulter M. Rayer pour cette affection
qui lui était survenue de la manière suivante. Dans le
cours d'une fièvre typhoïde grave, il se manifesta une
douleur circonscrite à droite et au-dessus de l'ombilic,
dans le point précisément où siége actuellement la fistule ; peu à peu la fluctuation se montra en cet endroit,

et un abcès se fit jour, laissant à sa suite une ouverture fistuleuse qui ne se cicatrisa plus. Depuis deux ans environ, la malade portait cette fistule sans aucun dérangement notable dans sa santé, si ce n'est l'incommodité apportée par cet écoulement périodique. L'ouverture extérieure de cette fistule était très-étroite et le pourtour d'une couleur rouge violacée. La sécrétion du liquide avait lieu immédiatement après l'ingestion des substances alimentaires dans l'estomac, et il suffisait de donner à la malade un peu de sucre pour voir immédiatement le liquide s'écouler goutte à goutte par la fistule. Cet écoulement se faisait après le repas, environ pendant une heure ou deux, et la quantité rendue était suffisante pour humecter un certain nombre de serviettes ployées en quatre que la malade tenait habituellement appliquées sur l'orifice de sa fistule. Pendant l'intervalle des repas et pendant la nuit, la fistule semblait tarie. Souvent alors elle s'obstruait par des particules de mucus concret, et il en résultait une douleur vive quand la malade venait à manger, par suite de l'emprisonnement du liquide qui ne pouvait s'échapper. La malade faisait cesser aussitôt cette douleur en enlevant, au moyen de la tête d'une épingle, le petit bouchon muqueux qui obstruait l'orifice. Le liquide qui s'échappait de la fistule goutte à goutte, en ruisselant sur les parties voisines comme les larmes sur les joues, était incolore, dépourvu de viscosité, assez transparent, et présentait toutefois un grand nombre de flocons muqueux. Sa sécrétion était alcaline; il ne se coagulait pas sensiblement par la chaleur, et, abandonné à lui-même, il se putréfiait en répandant une odeur infecte.

En le mettant en contact avec de la graisse, il se comportait exactement comme il a été dit plus haut pour le premier malade, c'est-à-dire qu'il se formait un simple mélange du liquide avec la graisse qui bientôt cessait d'exister, et il ne se produisait jamais une émulsion persistante comme celle que déterminait le suc pancréatique. Ce liquide se distinguait également de la salive mixte en ce qu'il était sans action sur l'eau d'empois d'amidon.

Dans ces deux cas la fistule persistait sans inconvénients réels pour la santé, et le liquide fourni offrait exactement les mêmes caractères, et de plus cette affection se ressemblait encore chez les deux malades, parce qu'elle s'était montrée rebelle à toute espèce de traitement ayant pour but de cicatriser le trajet fistuleux. Notre dernière malade avait aussi subi des injections astringentes ou caustiques qui étaient restées également sans effet.

D'après ce que nous avons dit, ces fistules ne présentent donc pas les caractères des fistules pancréatiques, 1° parce que les symptômes des maladies du pancréas manquent, et 2° parce que, d'autre part, le liquide fourni diffère par ses caractères du fluide pancréatique. Il s'agirait toutefois de savoir si l'on peut déterminer le siége de ces fistules et l'origine du liquide qu'elles fournissent. Le lieu d'ouverture de la fistule fait tout naturellement penser à une lésion du pancréas ou d'un organe glandulaire voisin. Or on est également porté à admettre que le liquide fourni vient d'un organe sécréteur, à cause de l'intermittence de sa sécrétion en rapport avec les actes intermittents de la digestion ; à moins qu'on ne suppose que le liquide accumulé dans un trajet fistuleux ne s'évacue mécaniquement par suite de la distension de l'estomac. J'avoue cependant que cette explication paraît difficile à admettre, surtout chez la seconde malade, où nous avons vu qu'il suffisait de l'introduction d'un petit morceau de sucre pour donner lieu à cette sécrétion qui, il est vrai, s'arrêtait alors bientôt.

En se plaçant dans l'hypothèse d'une lésion glandulaire, il n'est pas possible d'admettre autre chose qu'une fistule ayant pour point de départ le pancréas ou les glandes duodénales de Brunner ; car le foie ne produirait pas un liquide de cette nature, non plus que les ganglions mésentériques, dont on connaît du reste des exemples de fistules. Mais, en supposant même que ce soit à une fistule pancréatique ou duodénale qu'on ait affaire, on ne serait aucunement en droit de prétendre déterminer les qualités du liquide de sécrétion normale par celui qu'on obtient de ces fistules. Il est évident, en effet, que, si c'est le pancréas, par exemple, qui se trouve altéré, la portion de l'organe correspondante au trajet fistuleux doit être plus ou moins altérée et être le siége d'une inflammation chronique. Or il a été surabondamment démontré, dans nos expériences sur les animaux, que, lorsque le pancréas est enflammé, quelquefois, dès le lendemain de l'opération, le liquide change de caractère, cesse d'être coagulable par la

chaleur, d'émulsionner, d'acidifier la graisse, de transformer l'amidon en sucre ; en un mot, devient très-
analogue, pour ne pas dire identique, au liquide fourni
par les fistules précitées. On pourrait ainsi comprendre
comment ces fistules, qui indubitablement ne sauraient
atteindre qu'une partie très-limitée de l'organe pancréatique, ne fournissent qu'une sécrétion viciée qui
ne permet plus de reconnaître sûrement son origine.
Je ne sache pas que dans aucun cas de ce genre on ait
eu occasion de recourir à la vérification cadavérique,
car cette affection existe, ainsi que nous l'avons dit,
sans altérer la santé des malades, parce que la plus
grande partie de l'organe, restant saine, peut encore
déverser sa sécrétion dans le canal intestinal comme à
l'ordinaire. C'est ce qui expliquerait encore comment
les symptômes des maladies du pancréas manquent
aussi dans ces circonstances.

DOUZIÈME LEÇON

8 JUIN 1855.

SOMMAIRE : Théories de l'absorption des matières grasses. — Hypothèses anatomiques, chimiques et physiologiques. — De l'absorption des matières grasses dans les quatre classes de vertébrés. — Du rôle de l'appareil chylifère dans l'absorption des substances alimentaires. — Absorption du sucre, des matières albuminoïdes, des graisses. — Action du suc pancréatique sur les matières féculentes.

MESSIEURS,

Nous avons dit, dans la séance précédente, que l'action du suc pancréatique sur les matières grasses, en dehors du canal intestinal, se retrouvait dans le travail digestif lui-même, et se démontrait par l'observation sur l'animal vivant, que la suppression de l'organe amène un trouble en rapport avec la cessation de la fonction. Nous avons dit encore que la graisse était surtout émulsionnée et absorbée par les vaisseaux chylifères après le déversement du suc pancréatique dans l'intestin ; ce que nous avons pu voir facilement chez le lapin, grâce à l'éloignement des conduits pancréatiques et biliaires, éloignement qui permet l'action isolée de ces deux fluides.

Nous devons maintenant nous occuper de cette même action du suc pancréatique sur les matières grasses à un autre point de vue, celui de la formation du chyle. Les matières grasses se trouvent dans le chyle à l'état de suspension et d'émulsion, mais il y a en outre d'autres substances, et particulièrement des globules de lymphe et des globules du sang qui aug-

Fig. 30.— *Chyle pris dans les vaisseaux au sortir de l'intestin chez un lapin nourri avec des carottes et de la graisse.*

a, a, graisse émulsionnée; — *b,b,* corpuscule de lymphe. Il y a en outre des granulations moléculaires très-fines agitées d'un mouvement brownien.

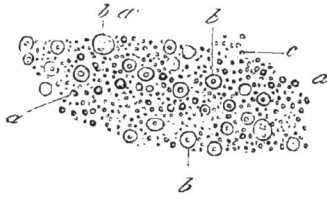

Fig. 31. — *Chyle du même lapin pris dans le canal thoracique.*

a, a, graisse beaucoup plus finement divisée; — *b, b, b,* corpuscules de la lymphe et globules du sang en assez grande quantité. Il y a en outre des granulations moléculaires nombreuses agitées du mouvement brownien.

mentent de quantité à mesure qu'on s'éloigne de l'intestin : nous avons dit, en effet, que le suc pancréatique agit de deux manières sur les matières grasses : 1° d'une façon mécanique ou physique en vertu de laquelle l'émulsion est faite ; 2° d'une manière chimique, en vertu de laquelle la graisse est acidifiée et dédoublée en acide gras et en glycérine.

Nous venons de montrer que cette action mécanique s'exerce dans l'intestin sur l'animal vivant et qu'elle se fait surtout après le déversement du suc pancréatique. Il faudrait chercher maintenant si l'action chimique a également lieu dans le canal intestinal et s'il est nécessaire pour la digestion de la graisse que cette modification, qui consiste dans le dédoublement de la matière grasse en acide gras et glycérine, soit effectuée. Mais avant de savoir si cette action existe, nous devons examiner encore à quel état les matières grasses se trouvent dans l'intestin, et par quelles sortes de vaisseaux elles sont absorbées ; nous nous arrêterons quelques instants sur ce sujet, qui a été de notre part l'objet de recherches récentes.

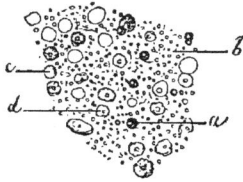

Fig. 32.— *Chyle du canal thoracique d'un chien nourri de viande.*

a, globule de graisse ; — *b*, granulations agitées du mouvement brownien. — *c*, corpuscule de lymphe ; — *d*, globule du sang.

D'abord chez les mammifères la graisse est absorbée par les vaisseaux lymphatiques de l'intestin grêle, et elle s'y retrouve à l'état d'émulsion. Il n'est pas possible, en effet, que la matière grasse soit absorbée directement, parce qu'il est nécessaire, pour que cette absorption ait lieu, que la graisse mouille les parois des vaisseaux qu'elle doit traverser. Examinons d'abord comment la graisse, ainsi émulsionnée par le suc pancréatique, pénètre dans les vaisseaux chylifères. Cette absorption de la graisse émulsionnée a toujours été une difficulté pour la physiologie et pour l'anatomie. Autrefois, les anatomistes disaient qu'il existait des bouches béantes, des espèces de pores, à l'extrémité des vaisseaux chylifères, et que par ces solutions de continuité pénétraient des matières grasses en suspension. Depuis, les progrès de l'anatomie n'avaient pas permis de vérifier l'existence de ces bouches lymphatiques, évidemment imaginées alors pour expliquer l'absorption du chyle. Les recherches de tous les ana-

tomistes avaient amené à cette conclusion : que les
vaisseaux chylifères ne présentaient pas d'orifices à
leurs extrémités, et qu'ils étaient clos de toutes parts
comme les capillaires du système vasculaire sanguin.
Dès lors, on avait été forcé d'expliquer l'absorption du
chyle, comme celle des autres liquides, par une sorte
d'imbibition ou d'endosmose. Toutefois, il est resté
cette difficulté que jamais on n'a pu produire un courant endosmotique avec des émulsions quelconques naturelles ou artificielles ; c'est-à-dire que, si l'on prend
de la graisse émulsionnée naturellement soit dans le
lait, dans le chyle ou dans le suc pancréatique, et qu'on
la mette dans un endosmomètre, l'eau de l'émulsion
traverse la membrane sans que les particules graisseuses en suspension puissent la pénétrer même sous
des pressions très-fortes. De sorte que cette explication
de l'absorption de la graisse émulsionnée par voie d'endosmose n'a pas pu être prouvée directement.

MM. Gruby et Delafond avaient admis un mécanisme tout particulier. Les mouvements des villosités
avaient pour effet de chasser le sang et le chyle contenus chacun dans ses vaisseaux. Suivant ces auteurs,
chaque cellule épithéliale était regardée comme un
organe destiné à recevoir le chyle, dont il fallait admettre deux espèces : le *chyle brut* chargé d'éléments
hétérogènes qui se produit dans l'acte de la digestion ;
le chyle *élaboré, confectionné,* composé de globules de
graisse emprisonnés dans une pellicule albumineuse
et nageant au milieu d'un liquide transparent, spontanément coagulable, formé de fibrine et d'albumine

dissoutes dans l'eau, tenant les sels en dissolution. Ce chyle purifié serait susceptible de s'engager dans l'ouverture profonde et effilée des cellules épithéliales, pour parvenir dans le vaisseau chylifère central, et cela serait le produit d'une action des cellules d'épithélium, chargées de recevoir le chyle brut, de le diviser, de l'atténuer, et de jouer le rôle d'un appareil chylogène.

Goodsir a vu, chez un chien tué trois heures après avoir mangé de la farine d'avoine, du lait et du beurre, les villosités intestinales dépouillées d'épithélium, excepté à la base où l'on apercevait encore quelques cellules. Chaque villosité était tapissée par une membrane mince et lisse que l'auteur appelle primitive ou fondamentale. Au-dessous de cette membrane, le sommet de la villosité offrait un grand nombre de vésicules sphériques. La masse contenue dans leur intérieur avait un aspect laiteux. Au côté du corps de la villosité, au bord de la masse de vésicules, on découvrait des particules oléagineuses en grand nombre, qui se confondaient par des gradations insensibles avec la texture grenue de la substance de la villosité. Les vaisseaux lactés, en s'enfonçant dans la villosité, se bifurquaient et formaient des anses.

Chez ce chien, les villosités étaient nues, sans épithélium, elles avaient subi une espèce de mue, ainsi que les follicules muqueux. C'est alors seulement que commencerait, d'après Goodsir, la fonction des villosités, qui consisterait en ce que les petites vésicules situées entre les anses terminales des vaisseaux lymphatiques, acquerraient plus de volume, attireraient à travers leur membrane pariétale les substances contenues dans le chyme, et crèveraient les unes après les autres, tandis que leur contenu, ainsi qu'il arrive à d'autres cellules, serait reçu dans le tissu même de la villosité. Le réseau des vaisseaux lactés s'empare alors des débris et du contenu de ces cellules. Tant que l'intestin renferme du chyme, les vésicules continuent, à l'extrémité libre de la villosité, de se développer, d'absorber du chyle et d'éclater. L'épithélium protecteur se reproduit avec rapidité dans l'intervalle des digestions.

Plus récemment, M. Brücke, de Vienne, a émis sur l'absorption du chyle une opinion qui se rapproche jusqu'à un certain point de celle des anciens anatomistes, en ce qu'il admet que les vaisseaux chylifères ne sont pas clos, qu'il y a véritablement des bouches absorbantes. Pour lui, la villosité, au centre de laquelle se trouve le vaisseau chylifère, contient une espèce de réseau lymphatique terminant le vaisseau. Ce réseau lui-même communique avec l'extérieur par des ouvertures que bouche du mucus.

Kölliker a fait des observations sur la structure des villosités et particulièrement sur l'épithélium de ces villosités. Les résultats de ses recherches sont favorables à la manière de voir de Brücke, et à celles de MM. Gruby et Delafond.

Quel que soit le mécanisme de l'absorption de la graisse émulsionnée dans l'intestin, toujours est-il que ce sont les lymphatiques de l'intestin qui, chez les mammifères, paraissent chargés de la conduire dans la circulation. Pendant qu'ils sont remplis de cette graisse émulsionnée qui leur forme une injection naturelle blancbâtre, leur réseau est facile à apercevoir, et l'on sait que c'est ce qui permit à Aselli de les découvrir sur un chien en digestion.

Aselli pensait que le chyle allait se rendre dans les ganglions mésentériques et traversait le foie ; plus tard Pecquet montra qu'il n'en était rien, que les vaisseaux chylifères allaient se jeter dans un réservoir commun qui a gardé son nom, et montaient dans le canal thoracique pour aller se jeter dans la veine sous-clavière.

On voit de cette façon que les matières grasses se déversent directement dans le système veineux général, et arrivent au cœur sans avoir traversé d'autres systèmes capillaires. Il n'en est pas de même des autres substances absorbées dans le canal intestinal, qui, après avoir été prises par les rameaux de la veine porte, doivent nécessairement traverser le foie comme nous l'avons montré dans un mémoire où nous avons fait, voir que les matières albuminoïdes et sucrées sont surtout absorbées par les rameaux de la veine porte, tandis que les matières grasses se comportent comme nous venons de le dire.

La proposition que nous venons d'émettre, à savoir : que les matières grasses sont absorbées par les vaisseaux lymphatiques de l'intestin, qui prennent le nom de vaisseaux chylifères, paraît souffrir des exceptions quand on examine l'absorption des matières grasses dans les autres classes d'animaux vertébrés, les oiseaux,

les reptiles et les poissons. On voit en effet que, dans
ces animaux, les vaisseaux lymphatiques de l'intestin,
qui sont du reste assez peu nombreux chez les oiseaux,
ne renferment jamais, pendant la digestion, des matières grasses émulsionnées; de sorte que les vaisseaux
chylifères n'ont pas, chez ces trois classes de vertébrés, les mêmes usages à remplir que chez les mammifères. Cependant on ne peut pas admettre que l'absorption de la graisse n'a pas lieu chez ces animaux,
seulement on reconnaît que cette absorption s'effectue
au moyen d'un autre système vasculaire, c'est-à-dire
de la veine porte. Nous avons dit que la graisse absorbée dans l'intestin ne devait pas traverser le foie.
Cependant chez les oiseaux, si la graisse était absorbée
par la veine porte, elle devrait nécessairement passer à
travers le système capillaire hépatique avant d'arriver
au cœur. Or, il existe chez tous les animaux où les
lymphatiques ne sont pas destinés à l'absorption de la
graisse, des communications très-larges entre le système de la veine porte et le système de la veine cave;
de telle façon que les matières grasses absorbées peuvent passer de la veine porte directement dans la veine
cave sans traverser le tissu capillaire du foie. Les vaisseaux de communication entre la veine porte et la
veine cave constituent ce qu'on appelle le système veineux de Jacobson, qui existe dans les trois classes d'a-
nimaux vertébrés, autres que les mammifères. C'est
grâce à cette disposition que la graisse peut arriver
dans le système circulatoire général sans traverser les
capillaires du foie dans laquelle elle s'arrêterait, ainsi

que l'ont prouvé les expériences physiologiques de M. Magendie et les recherches chimiques de Lehmann.

Nous avons fait beaucoup d'expériences pour décider la question de savoir s'il existe, chez les oiseaux et chez les reptiles, des chylifères, c'est-à-dire des vaisseaux lymphatiques de l'intestin remplis d'un liquide blanc pendant la digestion.

En injectant dans l'estomac de l'éther, dans lequel de la graisse a été dissoute, on ne fait pas apparaître non plus chez les oiseaux des vaisseaux chylifères et nous savons combien cette apparition est facile chez les mammifères.

Il n'est donc pas possible d'admettre chez les oiseaux l'absorption de la graisse par les vaisseaux chylifères, à moins qu'on ne suppose qu'elle s'effectue sous la forme de graisse soluble non émulsionnée, ce qui est loin d'être prouvé. Cette absorption doit s'effectuer par la veine porte, et l'on comprend alors que la graisse puisse arriver dans le système circulatoire général des oiseaux, sans traverser le foie, à cause des communications excessivement multipliées de la veine porte avec la veine cave, au moyen du système veineux de Jacobson. Bien souvent sur des oiseaux en digestion, après une alimentation contenant beaucoup de graisse, j'ai examiné au microscope le sang de la veine porte et des veines hépatiques : il m'a été constamment facile de démontrer que le sang de la veine porte renfermait de la matière grasse émulsionnée en plus forte proportion que le sang de tout autre vaisseau. Je dois néanmoins faire observer que cette quantité de graisse

était peu considérable, de telle sorte qu'il semble
que les oiseaux ont une faculté absorbante pour la
graisse beaucoup plus faible que les mammifères. Cette
faible absorption de la graisse chez les oiseaux résulte
encore d'une autre observation déjà faite par M. Boussingault, qui a analysé comparativement les matières
grasses contenues dans les aliments ingérés et celles
rendues dans les excréments; M. Boussingault a trouvé
qu'il y avait très-peu de graisse absorbée. J'ai souvent
donné à des oiseaux de la graisse en assez forte proportion dans les aliments, et j'ai également constaté
que dans les excréments on en rencontrait une grande
proportion : ce qui n'a pas lieu en semblable circonstance pour les mammifères. Ce fait prouverait que,
de même que je l'ai établi pour le sucre, il est impossible d'expliquer la quantité de graisse existante dans
le corps des animaux par celles qu'ils empruntent
toute formée à leurs aliments, et cette difficulté existe
aussi bien chez les mammifères, car chez eux la quantité de graisse directement absorbée est également
faible.

Nous avons dit que, chez les oiseaux, il existe une
très-large communication entre la veine porte et la
veine cave inférieure, par l'intermédiaire du système
veineux de Jacobson, qui traverse les reins.

C'est dans l'intérieur de la substance rénale que se
fait la communication du système de la veine porte
ventrale avec le système veineux de Jacobson. Comme
vous pouvez le voir sur la pièce qui représente la figure
suivante :

Lorsqu'on suit le système veineux de Jacobson, on voit que c'est un véritable système de communication

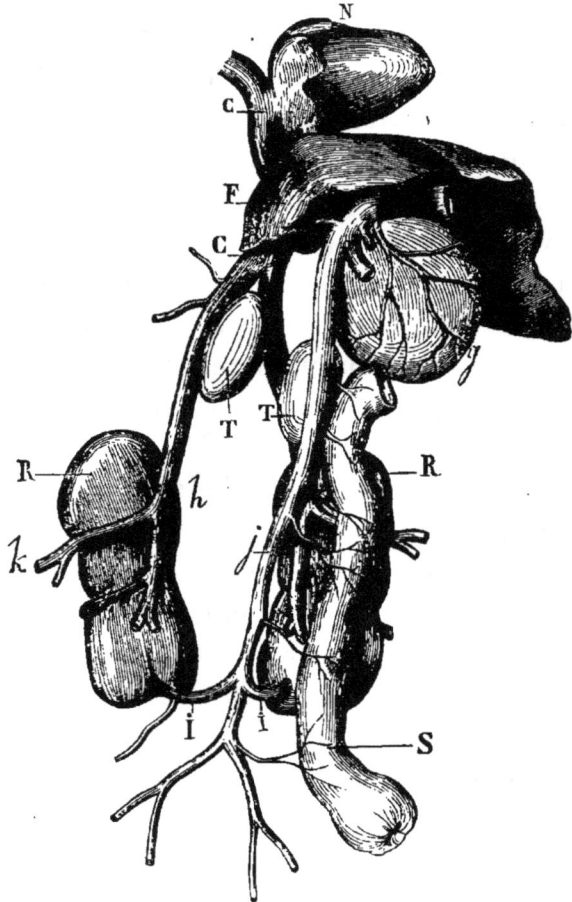

Fig. 33. — *Système veineux de la veine porte et système de Jacobson chez le pigeon, vus par la partie antérieure.*

j, branche de la veine porte communiquant avec le système veineux rénal de Jacobson, par les branches *ii*; — R R, reins ; — T T, testicules ; — *k*, veine crurale ; — *h*, veine rénale qui, par son union avec celle du côté opposé, forme la veine cave inférieure C C ; — F, foie ; N, cœur ; — S, rectum ; — *g*, gésier.

entre le système de la veine porte et la veine cave analogue aux azigos ; il est difficile d'admettre que ce soit

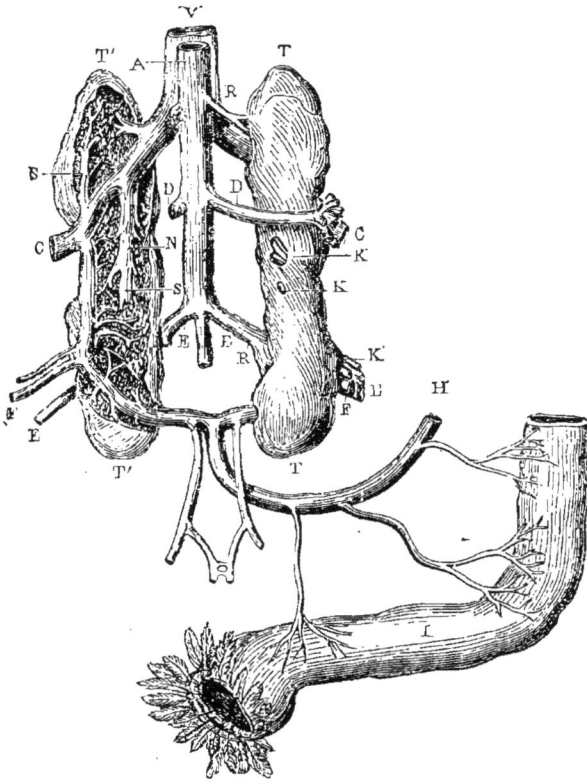

Fig. 34. — *Système veineux de Jacobson chez le coq russe, vu par la partie postérieure; les veines ont été disséquées dans la substance du rein droit.*

A, aorte; — V, veine cave inférieure; — R, artère rénale supérieure; — R', artère rénale inférieure; C C, — veines crurales; — DD, artères du bassin; — E E E, artères crurales; — FF, autres veines crurales; — g, artère sacrée caudale; — H, veine communicante venant de la veine porte et naissant près de son entrée dans le foie; — I, rectum; — KK, nerfs lombo-sacrés.

là un système jouant le rôle de veine porte rénale, c'est-à-dire fournissant du sang au rein pour la for-

mation de l'urine. Cela paraît être au contraire un système de veines émergentes du rein analogues aux veines

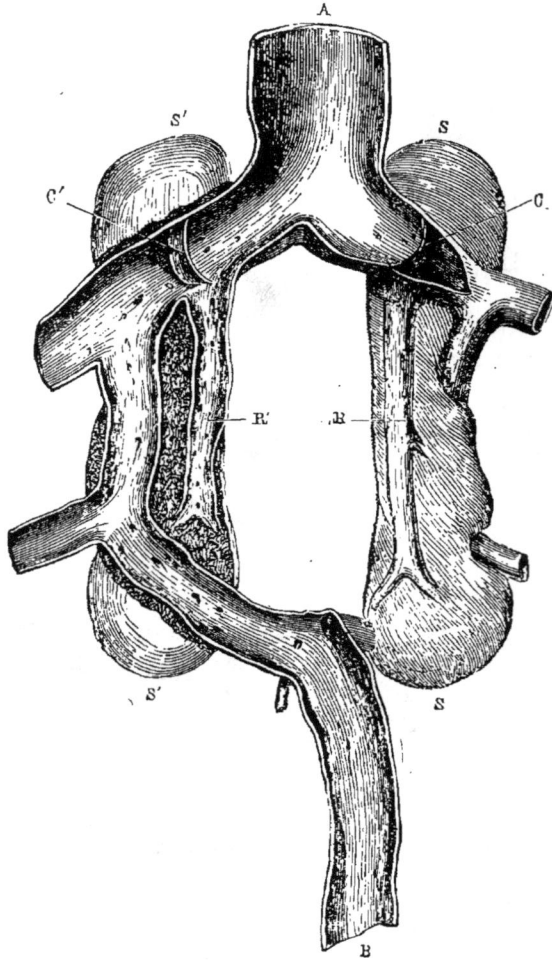

Fig. 35. — *Système veineux de Jacobson chez le coq normand, vu par la
face antérieure; les veines ont été laissées intactes du côté droit.*

A, veine cave inférieure ouverte; — B, veine communicante ouverte; —
C C, valvules existant au niveau de la veine rénale RR ; — SS, rein droit dans
lequel les vaisseaux n'ont pas été ouverts; — S S', rein gauche dans lequel
les vaisseaux ont été ouverts.

hépatiques du foie. Ces veines adhèrent intimement à la substance du rein et sont percées d'une foule de pertuis qui débouchent des petites veinules rénales, ainsi qu'on le voit dans la figure 35.

Afin de vérifier si la graisse était réellement absorbée par la veine porte, et transportée ensuite dans la veine cave par le système veineux de Jacobson, nous avons examiné comparativement, sur des animaux en digestion de graisse, si le sang de la veine porte et des veines de Jacobson se trouvait plus chargé de graisse que le sang des autres parties du corps. Nous avons trouvé, en effet, plus de graisse dans le sang de ces vaisseaux pendant la digestion que dans d'autres vaisseaux du corps ; toutefois, la différence était peu considérable, ce qui prouverait, comme nous l'avons dit, que l'absorption de la graisse est très-faible chez ces animaux. Voici les résultats de nos observations :

Voici du sang (fig. 36 et 37) d'un poulet en digestion de graines et de matières grasses, pris dans les rameaux de la veine porte, vers le milieu de l'intestin.

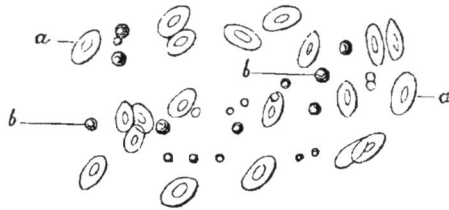

Fig. 36. — *a a*, globules du sang ; — *b b*, globule de graisse émulsionnée.

Dans la fig. 38, c'est encore du sang de la veine porte qui a été pris à l'entrée de cette veine dans le foie, et dans lequel il y a des globules de graisse, mais peut-être moins que dans le sang des autres parties de la veine porte, et que dans celui du système veineux de Jacobson (fig. 39).

Le sang pris dans le cœur et dans la veine cave, au

Fig. 37.

niveau des veines hépatiques, contenait à peine quelques gouttelettes de graisse ; mais, en revanche, il renfermait une grande quantité de granulations moléculaires et de globules blancs.

Sur un pigeon qui avait été nourri de graisse et de

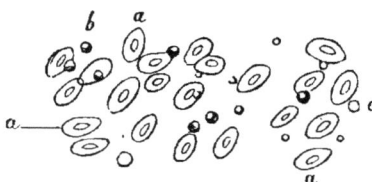

Fig. 38.

lait, le sang de la veine communicante (fig. 40) contenait une grande quantité de globules graisseux et des globules blancs assez nombreux.

Le sang, pris dans le cœur (fig. 41), contenait beaucoup moins de globules graisseux.

Le sang pris dans la veine crurale et dans la veine

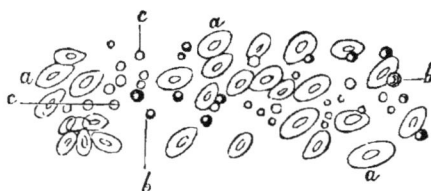

Fig. 39.

jugulaire en renfermait encore beaucoup moins ; à peine y rencontrait-on quelques globules de graisse.

Ces recherches sur l'absorption de la graisse chez les animaux dépourvus de chylifères mériteraient d'être poursuivies, et il se-

rait alors très-intéressant de constater que les communications qui existent entre la veine porte et la veine
cave ont justement
pour usage de dé-
tourner les matières
absorbées dans l'in-
testin et de les empê-
cher de passer par le
foie, ce qui a lieu
pour les substances

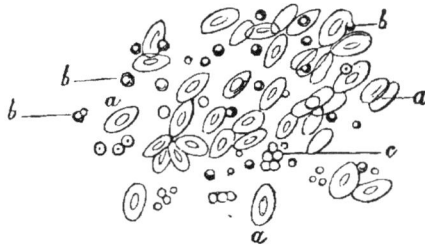

Fig. 40.

absorbées par les vaisseaux chylifères chez les mammifères. Ce que nous pouvons toutefois affirmer, c'est
le fait anatomique :
savoir, que la veine
porte ne constitue un
système clos que chez
les animaux (mam-
mifères) qui sont
pourvus de vaisseaux
chylifères. Dans les

Fig. 41.

trois autres classes de vertébrés, oiseaux, reptiles et
poissons, où il n'existe pas de chylifères, la veine
porte ne forme plus un système clos, et, chez tous ces
animaux, il existe un système communiquant entre le
système veineux abdominal et le système veineux général : c'est le système veineux de Jacobson.

Actuellement nous devons revenir à la question
que nous avons indiquée au commencement de cette
séance, c'est de savoir si, par le travail digestif, la
graisse a été décomposée en acide gras et en glycé-

rine, et si certains principes du suc pancréatique
l'ont accompagnée dans son absorption. Pour cela,
nous devons étudier la graisse dans le chyle, c'est-
à-dire après son absorption, afin d'examiner les modifications chimiques que cette substance peut avoir
subies.

Quand on examine la graisse dans le chyle, on l'y
trouve toujours à l'état de grande division, mais parfaitement reconnaissable, au microscope, à ses propriétés physiques. Mais, si l'on y cherche chimiquement
la présence de la glycérine ou d'un acide gras, il est
impossible de les y constater. De sorte que la graisse
qu'on retrouve dans le chyle a subi une modification
physique, mais ne paraît avoir éprouvé aucune altération chimique. Il y a plus, si l'on ingère dans l'intestin
des matières grasses acides, telles que l'acide oléique
du commerce, on ne constate pas d'acide gras dans le
chyle.

Il y a donc dans l'intestin une espèce de neutralisa-
tion des acides gras. Il est probable que ce rôle est joué
par la bile.

Après avoir étudié l'absorption de la graisse et son
passage dans les chylifères, nous devons nous demander
ce que c'est que le chyle au point de vue de sa composition et de son rôle physiologique.

Depuis Aselli, on avait considéré le chyle comme
représentant la partie nutritive des substances alimentaires, et renfermant les matériaux spéciaux de la nutrition, capables de régénérer tout le corps. De sorte
que, pour tous les anciens physiologistes, le chyle n'é-

tait autre chose que la quintessence des substances
alimentaires qui allaient se verser dans la veine sous-
clavière pour venir ensuite, dans le poumon, se mélanger au sang, et se mettre au contact de l'air pour
revivifier le fluide sanguin au moment où il devenait
artériel. Ainsi, on peut voir, dans la plupart des traités
de physiologie, répéter encore que la digestion a pour
but de préparer le chyle. Je crois avoir été un des
premiers à revenir sur cette idée, en montrant en 1848,
dans mon mémoire sur le suc pancréatique, que le
chyle ne paraît souvent être autre chose que de
la lymphe mélangée avec de la matière grasse ; et
en prouvant que les matières albuminoïdes et sucrées
sont surtout absorbées par les racines de la veine
porte, et doivent traverser le foie avant d'arriver au
cœur.

Ces idées me paraissent avoir assez d'importance
pour que je croie devoir vous rappeler les expériences
sur lesquelles j'ai établi ces faits.

Ces expériences sont relatives à l'absorption du sucre,
de l'albumine et de la graisse par les vaisseaux chylifères.

La matière sucrée est absorbée dans l'intestin, tantôt
à l'état de glycose, tantôt à l'état de sucre de canne. En
ingérant dans l'estomac de différents animaux mammifères (chiens, chats ou lapins) de grandes quantités de
sucre de canne, j'ai toujours retrouvé ce principe sucré
dans le sang de la veine porte ; mais, en recueillant le
chyle dans le canal thoracique, chez ces mêmes animaux
et dans les mêmes circonstances, je n'y ai pas rencontré

la présence du sucre à l'état de sucre de canne ; de sorte
que l'on constate, dans cette expérience que j'ai répétée
bien des fois, ce fait singulier que le sucre ne serait pas
absorbé d'une manière évidente par l'appareil chylifère.
Dans ces expériences cependant, on trouve dans le
canal thoracique des traces de glycose qui proviennent,
ainsi que je m'en suis assuré, des lymphatiques du
foie.

Il faut donc reconnaître que, dans le canal digestif,
le sucre est surtout absorbé par le système de la
veine porte, et admettre, comme conséquence, que
la matière sucrée, avant d'être portée au poumon,
traverse nécessairement le foie. On peut démontrer
en outre, par des expériences directes, que ce passage
du sucre de canne à travers le tissu hépatique, a pour
effet de lui faire subir une modification sans doute importante au point de vue physiologique. En effet, nous
avons dit que, si l'on injecte dans le système veineux général d'un chien, par une veine quelconque de la surface
du corps, une dissolution de 2 à 3 grammes de sucre
de canne, on trouve que, loin d'être assimilée, cette
substance est rejetée au bout de quelques instants par
l'excrétion urinaire ; si, au contraire, on fait cette
même injection par un rameau de la veine porte, de
façon à ce que la matière sucrée passe forcément et lentement par le foie, avant d'arriver dans le système
veineux général, on constate que le sucre n'est plus
éliminé, qu'il reste et s'assimile dans le sang, absolument comme cela a lieu lorsque son absorption s'effectue à la suite du procédé normal de la digestion.

On comprendra ainsi que l'absorption du sucre par le système de la veine porte soit une condition nécessaire à son assimilation; car si son transport était confié aux vaisseaux chylifères, le principe sucré serait soustrait à l'influence du foie et se déverserait directement dans le système veineux général, absolument comme cela a lieu quand on l'injecte par la veine jugulaire.

Aucun observateur n'a, je crois, constaté rigoureusement que le chyle contient plus d'albumine chez les animaux qui digèrent exclusivement cette substance. Il serait d'ailleurs à peu près impossible de conclure, d'après ces seuls résultats, que la matière albumineuse n'est point absorbée par les chylifères; car cette détermination de la quantité d'albumine, suivant les divers modes d'alimentation, doit être excessivement difficile, parce que le sang et la lymphe contiennent déjà une grande proportion de ce principe. J'ai pensé qu'on pourrait apporter un argument physiologique plus décisif pour la solution de cette question, si l'on arrivait à démontrer que, pour être assimilée, l'albumine avait besoin, comme le sucre de canne, de traverser lentement le tissu du foie. En effet, en injectant dans la veine jugulaire d'un chien ou d'un lapin un peu d'albumine d'œuf étendue d'eau, on constate, quelque temps après cette injection, que les urines sont devenues albumineuses. Cette expérience est intéressante, en ce qu'elle démontre que l'albumine d'œuf n'est probablement pas identique avec l'albumine du sang, et qu'elle a besoin, pour être appropriée à l'organisme, d'éprouver une modification préalable. Or, le passage

par le tissu du foie suffit pour opérer cette modification nécessaire à l'assimilation de la matière albumineuse ; car si on l'injecte lentement par la veine porte,
elle reste dans le sang et ne se retrouve pas dans l'excrétion urinaire. Ces expériences tendent évidemment
à démontrer que l'albumine est absorbée exclusivement par la veine porte, car si cette substance était
portée dans la veine sous-clavière par le canal thoracique, elle serait introduite directement dans le
système veineux général, et se trouverait exactement
dans le cas de l'injection par la veine jugulaire, dont
je vous parlais tout à l'heure.

Chez les mammifères, les matières grasses sont
absorbées de la· manière la plus évidente par les vaisseaux chylifères, et déversées dans le sang par le canal
thoracique. L'analyse chimique et l'inspection microscopique du contenu de l'appareil chylifère, ne laissent
aucun doute à cet égard. Nous avons vu que l'absorption de la graisse ne commence ordinairement à s'effectuer dans l'intestin grêle qu'après le déversement du
fluide pancréatique, tandis que l'albumine et le sucre
peuvent déjà être absorbés dans l'estomac. On sait
qu'aussitôt que la graisse émulsionnée pénètre dans les
vaisseaux chylifères, leur aspect change complétement :
au lieu de rester transparent, comme sous les autres
lymphatiques du corps, leur contenu prend un aspect
blanchâtre lactescent, tout à fait caractéristique, et,
grâce à la transparence des vaisseaux, on peut suivre
parfaitement des yeux le trajet de la matière grasse,
depuis l'intestin jusque dans la veine sous-clavière

gauche, où elle est déversée par le canal thoracique.

On doit penser, d'après ce qui précède, que, pour rester dans le sang et pour y être assimilées, les matières grasses n'ont pas besoin de traverser le foie ; c'est, en effet, ce qui a lieu. J'ai bien souvent injecté dans la veine jugulaire, et en grande quantité, diverses substances grasses (beurre, huile, axonge), que j'avais préalablement émulsionnées avec du suc pancréatique obtenu chez des chiens, et jamais je n'ai vu, après ces injections, les urines contenir de la graisse et devenir chyleuses.

Il semblerait donc qu'il faut, d'après leurs organes d'absorption, distinguer les produits de la digestion en deux groupes : 1° les matières sucrées et albumineuses absorbées exclusivement par la veine porte, et traversant nécessairement le foie avant de parvenir au poumon ; 2° les substances grasses absorbées par les vaisseaux chylifères et arrivant dans le système veineux général et dans le poumon, sans avoir préalablement passé par le foie.

Cette dernière proposition ne doit pas être prise dans un sens aussi absolu que la première, car l'inspection microscopique et les expériences démontrent que la graisse est absorbée, à la fois, par la veine porte et par le système des vaisseaux chylifères. Quand on examine, chez un chien en digestion de matières grasses, le contenu du canal thoracique et le sang de la veine porte, on voit que ces deux liquides contiennent à peu près autant de graisse émulsionnée l'un que l'autre ; seulement elle est beaucoup moins visible dans le sang à cause de sa coloration. Mais si on laisse le caillot se former et le sérum se séparer, on constate qu'il est rendu opaque et blanchâtre comme du lait, en partie par la substance grasse émulsionnée qu'il tient en suspension.

Du reste, si chez les mammifères, on peut attribuer au système chylifère une part très-évidente dans l'absorption de graisse, il n'en est pas de même chez les oiseaux, par exemple ; ainsi que nous le savons, chez eux il est impossible de constater aucune espèce de lymphatiques chylifères, c'est-à-dire de vaisseaux lymphatiques blanchâtres chargés de graisse émulsionnée. J'ai fait avaler de la graisse à des pigeons, à des coqs, à des émouchets, etc., et en sacrifiant ces animaux en pleine digestion, je n'ai jamais trouvé la moindre apparence blanchâtre ou chyleuse dans les lymphatiques intestinaux, tandis que le sang de la veine porte contenait de la matière grasse émulsionnée.

Il n'y avait donc, en résumé, qu'une substance alimentaire, la graisse, pour l'absorption de laquelle on pourrait faire intervenir, d'une manière évidente et réelle, le système lymphatique chylifère ; et encore cette fonction, qu'il partage avec la veine porte chez les mammifères, est-elle complétement annulée chez un grand nombre d'animaux, qui cependant digèrent et doivent sans doute absorber les substances grasses. D'où je conclus que le chyle ne peut pas être considéré comme un liquide qui résumerait en lui tous les principes nutritifs des aliments.

Toutefois la question du chyle demande encore de nouvelles études ; car on a pensé que certains éléments du chyle étaient sécrétés par les glandes mésentériques, et que le chyle pourrait exister sans la présence de matières grasses dans l'intestin. Moi-même j'ai vu parfois un liquide rendu opalin par de la graisse dans le canal thoracique des chiens qui étaient à jeun depuis plusieurs jours.

Nous ajouterons, en terminant, une dernière expérience qui prouve encore que le chyle n'est pas, comme on l'avait cru, la quintessence de l'alimentation, car on peut le produire sans introduire tous les aliments dans les voies digestives.

Voici ce que nous avons trouvé : si l'on prend un animal à jeun depuis plusieurs jours et même depuis huit ou dix jours, et si on lui introduit de l'éther tenant en dissolution très-peu de graisse dans l'estomac avec une sonde œsophagienne, on constate que par cette voie les phénomènes d'éthérisation se produisent assez difficilement, et si l'on sacrifie l'animal quelque temps après, les vaisseaux chylifères sont remplis d'un chyle parfaitement semblable à celui d'un chien en digestion. Dans ce cas, le chyle est formé par des matières grasses seules dissoutes par l'éther et ne représente certainement pas les éléments de nutrition de l'animal.

Maintenant, Messieurs, nous avons vu l'action physique et l'action chimique du suc pancréatique dans l'émulsion et l'acidification des matières grasses. Nous nous sommes demandé si cette action était spéciale à ce liquide et si d'autres fluides intestinaux ne jouiraient pas de la même propriété. Nous avons déjà comparé le suc pancréatique avec la salive, et vous avez vu que sous ce rapport il n'y avait rien de commun entre eux.

Nous l'avons comparé de même avec le suc gastrique et la bile ; nous avons laissé ces liquides pendant dix à quinze jours en contact avec des matières grasses, nous n'avons jamais constaté qu'ils s'acidifiassent.

On a dit, dans ces derniers temps, que le sperme pouvait émulsionner et acidifier les matières grasses. On ne s'est pas expliqué sur la nature du sperme employé. Nous avons essayé avec du sperme pris dans les vésicules séminales du cochon d'Inde, du chien et du taureau ; nous l'avons mélangé avec de la graisse, soit directement, soit après avoir neutralisé le sperme avec de l'acide acétique, et nous n'avons jamais observé ni une émulsion analogue à celle que donne le suc pancréatique, ni une acidification même au papier de tournesol. Du reste, pour prouver, comme on l'a dit, que le sperme saponifie les graisses, il aurait fallu prouver qu'il y a réellement dédoublement de la graisse en glycérine et acide gras, comme nous l'avons fait pour le suc pancréatique. Sans cela, ces expériences, qui ne signifient rien quant à la digestion de la graisse, restent sans valeur même au point de vue de la réalité du phénomène mis en avant.

L'action du suc pancréatique sur les matières grasses, qui nous a occupé jusqu'ici, paraît donc lui être tout à fait spéciale et doit être considérée comme la plus importante de toutes. Il y en a d'autres, cependant, que nous allons examiner.

Le suc pancréatique a un rôle très-important dans

la digestion des substances féculentes, tandis que nous avons vu que la salive pure des animaux retirée des glandes n'agissait pas sur l'amidon : nouvelle différence que nous constatons encore entre le suc pancréatique et la salive.

Quand on détruit le pancréas sur des animaux et qu'ensuite on leur donne à manger de la fécule, on voit qu'elle n'est pas digérée. Ainsi, les chiens auxquels nous avions fait cette opération et à qui nous donnions à manger des pommes de terre cuites dans de la graisse, rendaient ces substances telles qu'ils les avaient prises ; ni la graisse ni la fécule n'avaient été digérées dans le parcours du canal intestinal.

Si quand on fait, au moment de la digestion, l'autopsie d'un animal sur lequel on a pratiqué une injection dans le pancréas pour en déterminer la destruction, il y a, ainsi que nous l'avons dit, quelques vaisseaux chylifères qui peuvent encore être aperçus contenant de la matière grasse émulsionnée, cela prouve qu'indépendamment de la glande principale, il existe dans l'intestin un certain nombre d'autres petites glandules jouant le même rôle. Mais leur faible action n'empêche pas la plus grande partie de la matière grasse d'être rejetée au dehors.

Il en est de même pour la fécule, qui n'est pas digérée dans ce cas, mais dont une petite partie cependant peut être transformée en sucre par les glandules duodénales.

Nous avons constaté les mêmes phénomènes sur des pigeons privés de pancréas. •

Voici comment l'expérience a été faite : Nous avons enlevé le pancréas à un pigeon, en lui faisant une incision sur le côté droit de l'abdomen et arrachant avec des pinces, morceau par morceau, les différentes parties du pancréas. Bientôt l'hémorrhagie s'est arrêtée et nous avons recousu la plaie abdominale. Après deux ou trois jours l'animal était guéri et on lui donna à manger des graines de vesce, puis on examina ses excréments, comparativement avec ceux qu'il avait fournis avant l'opération. On trouva alors des cellules végétales qui renfermaient de la fécule non altérée, dans les excréments après l'opération ; tandis qu'avant, la fécule contenue dans les cellules avait été dissoute. Quoi qu'il se nourrît abondamment, le pigeon maigrissait beaucoup, et il mourut au bout de trois semaines dans le marasme le plus complet.

Voici ce que fournit l'examen microscopique des matières excrémentitielles de ce pigeon qui était nourri avec de la vesce : on apercevait une grande quantité de cellules végétales contenant de la fécule et des grains de fécule isolés (figure 42).

Des excréments d'un pigeon sain qui était nourri de la même manière donnaient une tout autre apparence, et la fécule avait disparu pendant son trajet dans l'intestin (fig. 44).

Un deuxième pigeon, auquel on avait détruit les conduits pancréatiques depuis sept ou huit jours, et qui, nourri de vesce, avait la diarrhée depuis ce temps, fut tué pendant la digestion ; on examina les matières contenues dans les diverses portions du canal intestinal.

Dans le gésier, les cellules végétales étaient parfaitement intactes au milieu de la matière broyée ; dans le
duodenum et dans le
rectum, on trouvait éga-
lement cette fécule ren-
fermée encore dans les
cellules végétales et
bleuissant parfaitement
par l'iode, tandis que la
paroi de la cellule de-
venait jaune. Ces cel-
lules contenant de la
fécule sont représen-
tées dans la figure 43,
seulement on n'y voit
pas d'acide urique, ce-
lui-ci ne se trouvant
que dans le cloaque.

Sur un pigeon sain
nourri de la même ma-
nière et tué pendant la
digestion, voici les dif-
férences que l'on ob-
serva : Dans le gésier,
la fécule était recon-
naissable de la même
manière que chez le pi-
geon dont le paucréas
avait été enlevé, mais,

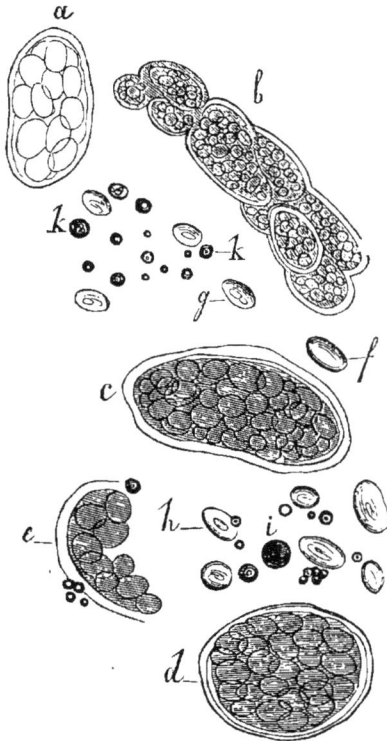

Fig. 42.— a, cellule végétale contenant
des grains de fécule qui bleuissent par
l'iode, tandis que la paroi de la cellule
prend une couleur jaune ; — c, d, grandes
cellules végétales entières remplies de fécule ; — e, portion de cellule végétale bri-
sée avec un peu de fécule ; — f, g, h, noyaux
de fécule isolés ; — i, k, petites concrétions
formées par des urates, et qui, lorsqu'elles
sont traitées par l'acide acétique, donnent
une grande quantité de cristaux d'acide
urique.

dans le duodenum, les cellules végétales étaient déjà

vides de leur fécule, ainsi qu'on peut le voir dans la figure 45.

L'action du suc pancréatique sur la fécule se prouve encore directement sur l'animal vivant :

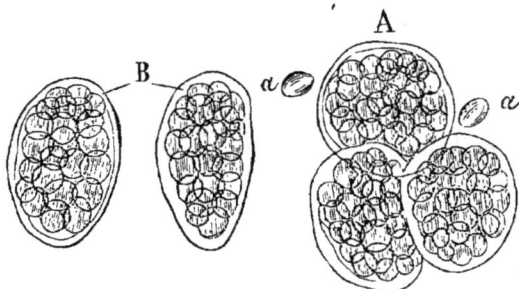

Fig. 43. — A, cellules végétales prises dans le duodenum ; — *a, a*, grains de fécule isolés ; — B, cellules prises dans le gros intestin.

Lorsqu'on tue un chien auquel on a donné à manger de la fécule hydratée, on voit que dans l'estomac la

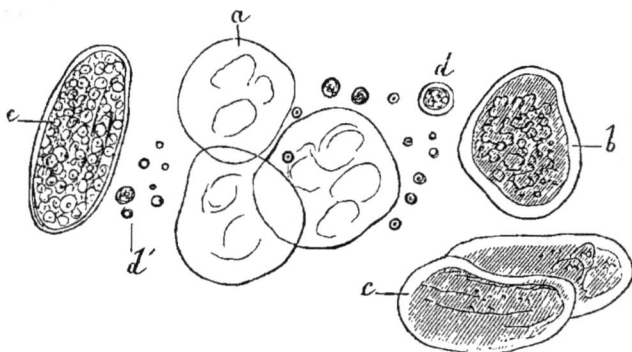

Fig. 44. — *a*, grande cellule végétale devenant jaune par l'iode, ne donnant aucune coloration bleue ; — *b, c, e*, cellules végétales très-rares dans lesquelles il reste peut-être encore quelques traces de fécule ; — *d, d'*, concrétions d'acide urique.

fécule est encore à l'état de fécule, puisqu'elle bleuit sous l'influence de l'iode et qu'elle ne réduit pas le tartrate cupro-potassique, tandis que, dans le duodenum, l'amidon n'est plus reconnaissable et le sucre donne sa réaction immédiate après le contat du suc pancréatique.

Le suc pancréatique a encore une action importante qu'il nous resterait à examiner : c'est celle qu'il exerce sur les matières azo- tées. Lorsque l'on met en contact du suc pan- créatique avec de la viande crue, celle-ci se ramollit considérable- ment, mais bientôt la putréfaction s'en em- pare. Il en est de même pour l'albumine et la caséine crue, qui bien · tôt se décomposent et se pourrissent quand

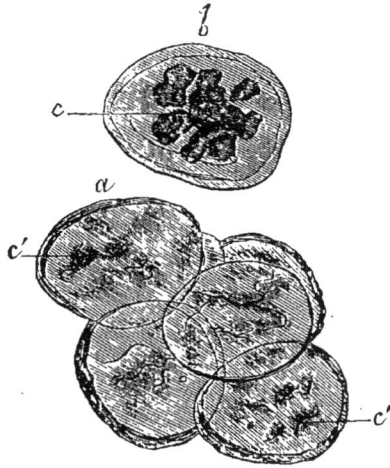

Fig. 45. — *a*, cellules végétales prises dans le duodenum et dans lesquelles on n'aperçoit plus de grains de fécule ; — *b*, cellule végétale dans laquelle on aperçoit encore des grains de fécule mais très-dé- formés ; — *c*, grains de fécule déjà altérés, car, lorsqu'on ajoute de l'iode, l'enveloppe devient jaune et le centre devient d'une couleur rose violette qui indique la trans- formation de l'amidon en dextrine ; — *c'*, *c'*, l'intérieur de ces cellules ne donne pas de coloration sensible par l'iode, l'enve- loppe seule devient jaune.

on les met en contact avec le suc pancréatique. Mais si cette action est essayée sur les mêmes matières après qu'elles ont été cuites ou digérées par le suc gastrique, le résultat est tout à fait différent et il y a une dissolu- tion réelle. Nous conclurons donc ici en terminant que le suc pancréatique n'est pas un liquide spécial n'agis- sant que sur une seule classe d'aliments ; il est destiné, au contraire, à agir sur tous les aliments. C'est ce qui vous sera clairement démontré plus tard quand nous étudierons l'action du suc pancréatique non plus isolément, mais dans ses rapports avec les autres fluides digestifs.

TREIZIÈME LEÇON

13 JUIN 1855.

SOMMAIRE : Exposé des travaux qui ont été faits après nous sur le pancréas. — Frerichs. — Lenz, Bridder et Schmidt. — Colin et Lassaigne. — Herbst. — M. Blondlot, etc.

MESSIEURS,

Jusqu'à présent nous avons considéré l'action du suc pancréatique historiquement, et, après avoir exposé ce qu'avaient fait nos devanciers et vous avoir fait connaître nos propres recherches, il nous reste à vous parler de celles de nos successeurs, c'est-à-dire de celles des auteurs qui sont venus après nous. L'apparition de notre Mémoire en 1848, qui annonçait la découverte de l'agent qui digérait les corps gras, produisit quelque sensation parmi les physiologistes, et sollicita un grand nombre de travaux sur le même sujet, tant en France qu'à l'étranger. Beaucoup de ces travaux ont pleinement confirmé les nôtres, mais d'autres, tout en confirmant nos résultats, combattirent nos propositions principales comme trop absolues. Il en est enfin qui donnèrent des expériences apparentes tout à fait différentes des nôtres. Nous allons examiner successivement ces différents travaux et particulièrement ceux dont les conclusions paraissent s'éloigner des nôtres.

Le premier travail qui parut fut celui de Frerichs (1). Il répéta nos expériences sur des chats et
des chiens. Il fut d'accord avec nous sur beaucoup de
points ; il trouva, par exemple, comme nous l'avions
montré, que la sécrétion du suc pancréatique n'a lieu
qu'au moment de la digestion, et qu'à ce moment le
pancréas est turgide, rempli de sang, tandis que pendant l'abstinence le tissu glandulaire est pâle et exsangue. Le même auteur vit, comme nous, que le suc pancréatique est coagulable, et émulsionne parfaitement
la graisse qu'il acidifie. Seulement il croit que, relativement à l'émulsion de la graisse, d'autres fluides versés
dans le canal digestif, tels que la salive et le liquide intestinal, peuvent y concourir. Quant à l'opinion que la
salive peut agir ainsi, l'auteur n'en donne aucune preuve,
et vous savez que l'on peut obtenir une division mécanique en agitant de la graisse avec de la salive ; mais
on a une émulsion qui n'est aucunement persistante,
surtout dans un milieu acide, comme cela a lieu dans
l'intestin grêle du chien. Relativement à la propriété
qu'il attribue au suc intestinal d'émulsionner la graisse,
il a fait quelques expériences que nous devons examiner
et qui sont les suivantes.

Frerichs pratiqua sur des chats la ligature du conduit pancréatique, puis il ingéra dans l'intestin des
matières grasses, et il a vu, dit-il, les vaisseaux chylifères contenir toujours un chyle blanc, par conséquent
de la graisse émulsionnée. Il a même fait l'expérience

(1) Art. DIGESTION dans Wagner, *Handwoerterbuch der Physiologie,*
Braunschweig, 1849.

d'une autre manière qui consiste à ouvrir l'abdomen, à diviser l'intestin au-dessous de l'insertion des conduits pancréatiques, et à injecter par le bout inférieur de la matière grasse et du lait ; Frerichs dit que, dans ce dernier cas, il vit encore de la graisse émulsionnée dans les chylifères sortant de l'intestin. De ces deux expériences, Frerichs conclut que le suc intestinal peut, comme le suc pancréatique, agir pour émulsionner les matières grasses. Nous allons examiner ces deux expériences.

Dans la première on avait lié un conduit pancréatique seulement, et nous verrons bientôt que chez le chat, comme le chien, il y en a deux. Le suc pancréatique pouvait entrer dans l'intestin par l'autre conduit ; rien en realité n'était donc changé. Et dans la seconde expérience, on avait coupé l'intestin au-dessous de l'abouchement du pancréas, et l'on pensait avoir enlevé ainsi tout le suc pancréatique. Mais il est bien certain qu'il pouvait y en avoir encore, soit qu'il y eût dans les parois intestinales des glandules de la même nature que le pancréas ou qu'il restât du suc pancréatique de la dernière digestion qui humectait les villosités intestinales. Or nous savons qu'il suffit des moindres traces de ce liquide pour émulsionner un peu de graisse et donner aux chylifères l'apparence lactescente. Du reste, il y a encore un autre reproche à faire à cette expérience, c'est que Frerichs a donné du lait, liquide dans lequel la matière grasse se trouve naturellement émulsionnée et capable de pénétrer directement dans les vaisseaux chylifères. D'ailleurs le liquide intestinal contient nécessairement du suc pancréatique, quand on ne le prend pas plusieurs jours après l'établissement de l'anus artificiel. Pour faire l'expérience convenablement et éloigner complétement le suc pancréatique, il faut faire l'anus artificiel assez bas dans l'intestin, laisser cicatriser la plaie, et injecter sur l'animal à jeun, et pendant plusieurs jours, de la matière grasse dans l'iléon ; on ne trouvera pas alors de vaisseaux chylifères visibles quand on sacrifiera l'animal après ces précautions. J'ai observé dans ces cas un fait assez remarquable, c'est une sorte d'atrophie de la membrane muqueuse du bout inférieur de l'intestin, quand l'anus artificiel avait duré quelque temps.

Du reste, lorsqu'on retire du liquide intestinal par le procédé ordinaire, qui consiste à faire une ligature comprenant un bout de l'intestin dans lequel s'accumule un liquide qu'on recueille ensuite, on voit que ce liquide alcalin, s'il agit un peu sur les matières grasses pour les émulsionner, ne les acidifie pas. Mais quand même le liquide intestinal aurait une légère action émulsive, ce que je n'ai jamais nié, puisque mes expériences n'avaient pas porté sur ce liquide, toujours est-il que cela n'empêche pas que le pancréas possède cette propriété d'une manière toute spéciale, puisque nous savons qu'après la destruction de cet organe les matières grasses sont expulsées non digérées ; et tout ce qu'on pourra dire sur le suc intestinal n'infirmera jamais les résultats de ces expériences de destruction du pancréas qui prouvent clairement que les fonctions que

nous avons attribuées au pancréas sont bien réelles, et
que ce que l'on pourrait attribuer au suc intestinal
n'est que bien secondaire et sans valeur à notre point
de vue.

Je dois signaler un autre fait relatif au travail de
Frerichs. Cet auteur dit ne pas avoir trouvé la matière
rouge indiquée par Tiedemann et Gmelin, et qui se développe sous l'influence du chlore dans le suc pancréatique du chien. Cela tient uniquement à ce que Fré-
richs ne savait pas qu'il faut que le suc pancréatique
soit altéré, et qu'il a agi sur ce liquide lorsqu'il était récent. Frerichs parle encore de la coagulabilité moindre
du suc pancréatique de l'âne et de l'émulsion incomplète qu'il forme avec la graisse. Cela dépend de ce que
ce liquide était obtenu dans des circonstances anorma-
les, comme nous vous l'avons signalé en parlant des
conditions de la sécrétion du suc pancréatique. Contre
notre opinion, que le suc pancréatique digère la graisse,
Frerichs objecte enfin que le pancréas n'est pas plus
volumineux chez les carnivores que chez les herbivores.
Nous verrons plus tard, en vous exposant la physiologie
comparée du suc pancréatique, que cette objection n'a
aucune valeur, parce que l'action du suc pancréatique
représente l'activité de la digestion intestinale en totalité, et non pas relativement à une seule substance.

Le travail qui parut ensuite fut publié à Dorpat par
Lenz, sous la direction de deux professeurs de l'université, Bidder et Schmidt, qui plus tard donnèrent les
mêmes résultats que Lenz dans un volume qu'ils pu-
blièrent en 1852 sur les sucs intestinaux et leurs usages.

Ce que nous allons dire se rapportera donc aux deux travaux.

Lenz discute quelles sont les conditions de la digestion de la graisse, et s'il est absolument nécessaire qu'elle soit émulsionnée pour pouvoir être absorbée dans l'intestin. Ensuite il examine l'influence que le suc pancréatique peut avoir dans cette absorption ; il donne une série d'arguments que nous allons examiner. Le travail de Lenz, qui, comme l'auteur le dit lui-même, fut provoqué par le nôtre, a été entrepris surtout dans un but critique. Cette tendance l'a empêché de voir le peu de fondement des faits qu'il opposait aux nôtres et le peu de rigueur de ses expériences : car il arrive à cette conclusion étrange, que le suc pancréatique ne sert à rien pour la digestion des matières grasses. Les expériences sur lesquelles cette conclusion est fondée ne sont rien moins que concluantes, comme nous allons le voir.

Voici ces expériences. Sur des chats, on a lié le canal pancréatique et on a laissé les animaux à jeun pendant vingt-quatre heures, pour donner le temps, dit-on, au suc pancréatique qui aurait pu se trouver dans l'intestin d'être résorbé. Alors on injectait avec une sonde œsophagienne de la graisse dans l'estomac des animaux, et l'on tuait les chats deux heures après. Dans tous les cas, disent les auteurs, on a trouvé des vaisseaux chylifères renfermant de la graisse émulsionnée, ce qui prouve, ajoutent-ils, de la manière la plus formelle que le suc pancréatique ne sert à rien pour l'émulsion et l'absorption de la matière grasse. Ces conclusions sont erronées, parce que les expériences dont on les déduit sont défectueuses par plusieurs raisons ; nous en avons signalé déjà quelques-unes en parlant des expériences de Frerichs. Mais il y a ici une cause d'erreur beaucoup plus grave, qui consiste en une faute anatomique. Les auteurs s'imaginent, en effet, qu'ils ont dans leurs expériences enlevé tout le suc pancréatique ; or il n'en est rien, car ils paraisssent ignorer que chez le chat il y a constamment deux conduits pancréatiques communiquant ordinairement l'un avec l'autre. Le suc pancréatique peut donc conséquemment parvenir dans l'intestin par l'un d'eux, lorsque l'autre se trouve lié.

J'ai fait, à propos de ces expériences, des recherches particulières sur ces doubles conduits pancréatiques chez le chat, et ils présentent diverses variétés. Tantôt les deux conduits sont également développés, tantôt le conduit inférieur ou le supérieur prédominent. J'ai fait représenter ici ces deux dernières dispositions (fig. 46 et 47).

On voit, dans la pièce que représente la figure 46, le plus gros conduit pancréatique s'ouvrir isolément en g, tandis que le plus petit s'ouvre avec le canal cholédoque en e. Le conduit pancréatique principal n'était donc pas lié dans les expériences des auteurs dont nous parlons, car ils disent qu'ils ont toujours lié le conduit qui s'ouvre avec le canal biliaire, et ils le croient unique.

On voit dans la pièce que représente la fig. 47 l'autre disposition, c'est-à-dire celle dans laquelle le conduit inférieur est le moins développé ; mais il s'anastomose en *e'* avec la branche descendante du conduit pancréatique supérieur, de sorte qu'après la ligature de ce

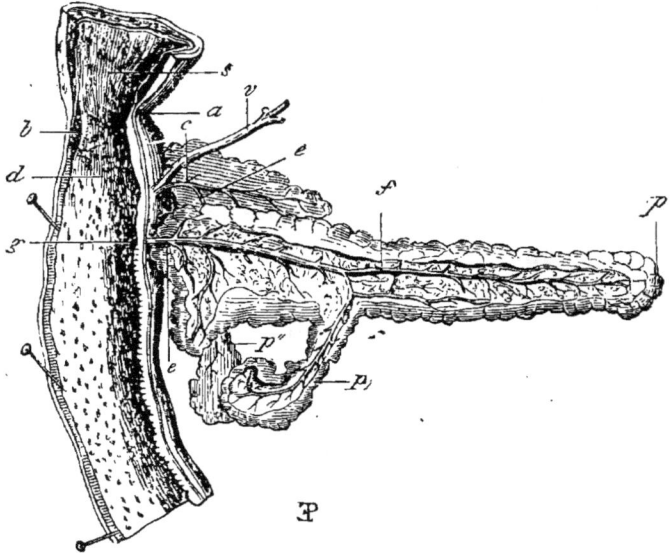

Fig. 46. — *Pancréas et duodenum de chat : le duodenum est fendu et maintenu ouvert à l'aide d'épingles.*

a, pylore; — *b*, glandes de Brunner vues sur la coupe de l'intestin; — *c*, conduit pancréatique supérieur s'ouvrant avec le canal biliaire; — *d*, membrane muqueuse du duodenum sur laquelle on voit les saillies formées par les glandes de Brunner; — *e*, branche descendante du conduit pancréatique supérieur; — *f*, conduit pancréatique inférieur; — *g*, ouverture dans l'intestin du conduit pancréatique inférieur; — *p p' p''*, pancréas; — *s*, portion pylorique de l'estomac; — *v*, canal cholédoque.

dernier conduit par les auteurs que nous citons, le suc pancréatique revenait par l'anastomose dans l'intestin.

On voit d'après cela, que, quelle que soit la variété anatomique à laquelle Bidder et Schmidt aient eu affaire, ils n'ont jamais réussi à détourner, comme ils le croyaient, le suc pancréatique de l'intestin. Il n'est donc pas éton-

nant qu'ils aient obtenu les résultats qu'ils ont signalés,
il ne pouvait en être autrement.

Leurs conclusions sont donc nulles, et ces expéri-

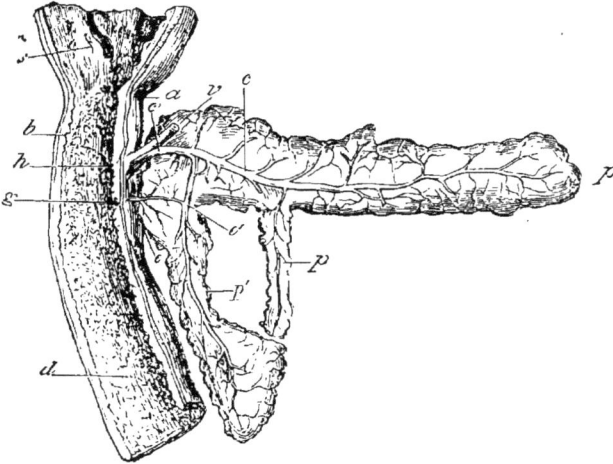

Fig. 47. — *Pancréas et duodenum de chat; le duodenum est ouvert.*

a, pylore; — *b,* coupe de l'intestin au niveau de la couche formée par les
glandes de Brunner; — *c c',* conduit pancréatique supérieur s'ouvrant avec
le canal cholédoque dans l'intestin; — *d,* membrane muqueuse du duodénum; — *e,* petit conduit pancréatique inférieur; — *e',* point de son anatos-
mose avec la branche descendante du conduit pancréatique inférieur dans
l'intestin; — *h,* ouverture commune du conduit pancréatique supérieur et
du canal cholédoque dans l'intestin; — *s,* portion pylorique de l'estomac; —
v, canal cholédoque; — *p p p',* pancréas.

mentateurs sont tombés dans une cause d'erreur anatomique; ce qui prouve qu'en physiologie il ne suffit pas
d'étudier les propriétés d'un liquide et de l'analyser
très-exactement, mais qu'il faut encore connaître l'anatomie des animaux sur lesquels on expérimente. Les
mêmes auteurs ont fait sur des chiens des expériences
analogues, et sont tombés dans le même genre d'erreur
en ce qu'ils n'ont lié qu'un seul conduit pancréatique,

ne tenant pas compte d'un autre qui existe toujours et s'anastomose très-largement avec le premier (voy. fig. 24, page 187). J'avais cru d'abord avoir découvert cette communication des conduits pancréatiques chez le chien, mais je l'ai ensuite trouvée signalée et déjà connue de Regnier de Graaf.

Bidder et Schmidt font encore des objections à l'expérience que nous avons faite sur le lapin, et qui consiste à montrer que les vaisseaux chylifères ne sont visibles qu'après le déversement du suc pancréatique dans l'intestin. Ils disent que le résultat que nous avons annoncé ne se rencontre que fortuitement trois heures après le commencement de la digestion, tandis que, si l'on sacrifie les animaux une heure après, on trouve qu'il y a de la graisse émulsionnée dans l'intestin avant l'ouverture du conduit pancréatique ; d'où ils concluent qu'il y a des glandes qui fournissent un suc dans l'intestin capable d'émulsionner la graisse et de la rendre absorbable. Il est bien positif que, s'il y a sécrétion dans l'intestin d'un suc capable d'émulsionner la graisse avant le déversement du suc pancréatique, on ne voit pas pourquoi les glandules qui les sécrètent n'y seraient plus au bout de trois heures, comme après une heure. Mais ce que les auteurs veulent dire, c'est que trois heures après le commencement de la digestion, la graisse est entièrement descendue de l'estomac dans l'intestin, et que je suis arrivé juste au moment où les dernières portions de graisse étaient parvenues au niveau de l'insertion du canal pancréatique. Cette explication n'est pas fondée. Je m'en suis assuré en ajoutant à diverses reprises de la graisse dans l'estomac des animaux, de manière qu'il y en ait toujours dans l'intestin. On voit alors que, bien qu'il y ait de la graisse dans l'estomac et le duodenum, c'est seulement au-dessous du déversement du suc pancréatique que l'émulsion de cette matière devient très-évidente. Cependant je dois dire que, depuis que mon attention a été attirée sur ce point, j'ai vu en effet que, si l'on sacrifie les animaux très-peu de temps après le commencement de la digestion, on trouve parfois des vaisseaux chylifères contenant de la matière grasse émulsionnée dans la portion de l'intestin située au-devant de l'insertion du canal pancréatique. Mais cela s'explique très-bien, quand on sait, comme nous l'avons dit ailleurs, que le suc pancréatique se sécrète dans l'intestin avant que les matières contenues dans l'estomac y soient parvenues. Ce suc pancréatique, sécrété d'avance dans un intestin dans lequel le mouvement des matières n'est pas encore déterminé, s'accumule tout naturellement, et peut refluer vers la partie supérieure et aller à la rencontre de la matière grasse qui descend de l'estomac. Mais une fois que les matières ont pris leur cours dans l'intestin, le liquide est entraîné, et c'est pour cette raison qu'alors on ne trouve plus de chylifères qu'au-dessous du déversement du canal pancréatique.

Du reste, il pourrait arriver encore qu'il se rencontrât des chylifères avant le canal pancréatique, s'il existe un petit conduit pancréatique, ainsi que cela a lieu quelquefois ; mais tous ces vaisseaux chylifères sont très-grêles comparativement à ceux qui prennent naissance au-dessous du conduit pancréatique principal. J'ai souvent recueilli du suc intestinal de la portion du duodenum placée au-dessus de l'abouchement du gros canal pancréatique, et ce liquide, qui était visqueux, gluant et alcalin, changeait rapidement l'amidon en sucre, mais il n'avait pas de propriétés émulsives bien marquées, et n'acidifiait pas la graisse. En faisant une injection de graisse dans le bout de l'intestin, au-dessus de l'insertion pancréatique, il n'y a pas de vaisseaux chylifères, quand on a eu soin de laisser s'écouler une certaine quantité de liquide pour que le suc pancréatique eût été entraîné.

Ensuite parurent des expériences de M. Colin et quelques observations de M. Lassaigne, qui ont surtout porté sur les propriétés du suc pancréatique. Elles avaient pour but de prouver que le suc pancréatique ne diffère pas autant de la salive que nous avons voulu le dire, et que ce liquide ne présente pas une matière coagulable constante dans tous les animaux. Nous avons déjà dit ailleurs à quoi tiennent ces différences de coagulabilité, et c'est précisément à ces différences des conditions expérimentales qu'il faut rapporter les dissidences signalées. Toutefois M. Colin a vu, comme nous, que le suc pancréatique émulsionne les matières grasses, et M. Lassaigne a également confirmé nos expériences en montrant que la graisse était acidifiée par l'action de ce liquide.

Herbst a plus récemment fait une objection à notre expérience du lapin. Son expérience contradictoire consiste à lier le canal pancréatique chez le lapin, et

à laisser cet animal à jeun pendant vingt-quatre heures.
Après quoi on ingère dans l'estomac du lapin de la
matière grasse, et l'auteur ajoute que toujours il a vu
dans ces circonstances les vaisseaux chylifères contenir de la graisse émulsionnée ; d'où il conclut que le
suc pancréatique n'est pas nécessaire à l'absorption de
la graisse. Nous répéterons, à propos de ces expériences, ce que nous avons déjà dit pour les autres, à
savoir : qu'on n'a pas par la ligature de ce conduit
enlevé tout le suc pancréatique de l'intestin. Outre le
petit conduit que
nous avons signalé
dans le lapin, il
peut encore y avoir
du suc pancréati-
que fourni par des
petites glandules
qui siégent dans
l'intestin, dans le
voisinage de l'in-
sertion du gros
conduit pancréati-
que, et dont il est
impossible d'opé-
rer l'ablation. J'ai
fait représenter la
disposition de ces
petites glandules

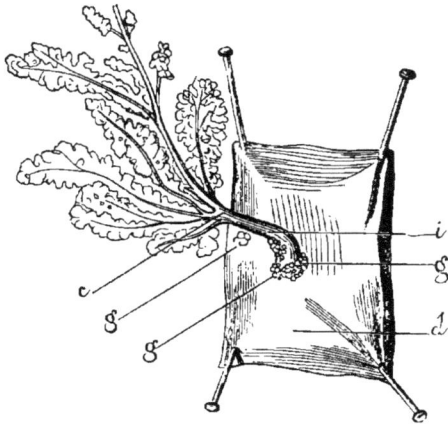

Fig. 48. — *Portion du duodenum de lapin dans
laquelle le conduit pancréatique s'abouche.
L'intestin est vu par sa face externe; il est
fendu et maintenu étalé à l'aide de quatre
épingles.*

e, i, conduit pancréatique ; — *d*, duodenum ;
— *g, g, g*, petites glandules groupées autour de
l'orifice pancréatique.

pancréatiques, qui tantôt sont groupées autour de l'orifice du canal pancréatique, comme dans la figure 48, et

tantôt sont placées dans le voisinage et s'ouvrent isolément dans l'intestin, comme dans la figure 49.

Enfin, M. Blondlot, dans la thèse qu'il a fait paraître tout récemment, sur les phénomènes de la digestion, soutient aussi que le suc pancréatique n'agit pas dans la digestion. D'après des vues systématiques, l'auteur admet *à priori* que tous les liquides, excepté le suc gastrique, sont inertes dans la digestion. Alors il faut, pour avoir raison, qu'il arrive à prouver que le suc gastrique émulsionne la graisse, et que le suc pancréatique n'a aucune action sur elle. Il doit

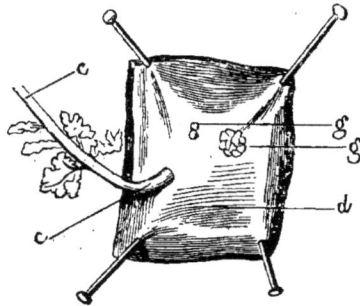

Fig. 49. — *Même portion du duodenum de lapin que dans la figure précédente. Ici les glandules pancréatiques sont à quelque distance de l'abouchement du conduit pancréatique.*

c, c, conduit pancréatique; — *d,* portion du duodenum étalé, vu par sa face externe; — *g, g,* glandules vues à la face extérieure de l'intestin et s'ouvrant directement dans la cavité intestinale.

montrer également que le suc gastrique digère la fécule, et que le suc pancréatique ne la change pas en sucre. Toutes ces opinions sont tellement contraires à tout ce que tout le monde sait et à ce que les expériences les plus simples apprennent, qu'il n'y a pas même lieu de discuter les faits, car ils sont tous absolument faux.

En résumé, vous voyez donc, Messieurs, que les objections précédemment signalées n'ont rien changé aux faits nouveaux que nous avons établis relativement au suc pancréatique. Tout le monde, après nous, a constaté

les mêmes propriétés, et particulièrement l'action acidifiante que ce liquide exerce sur la graisse, ce qui le
caractérise d'une manière spéciale.

Nous avons voulu établir qu'après l'ablation du pancréas, et surtout après sa destruction, la digestion de la
graisse est empêchée et rejetée au dehors, et personne
n'a contredit ce fait, qui est la preuve capitale. Quand
même il y aurait dans ces cas encore quelque peu de
graisse dans un chyle blanc pris dans le canal thoracique, cela ne prouve rien et ne détruit pas le fait précédent.

On a cherché principalement à combattre ce qu'avait
d'absolu la proposition que nous avons émise, que le
suc pancréatique digère spécialement les matières
grasses. Mais nous savons déjà ce qu'il faut penser de
l'action du suc pancréatique sur les autres aliments, et
nous n'avons jamais eu l'opinion absolue telle qu'on
nous l'a prêtée.

Nous avons voulu montrer en outre que le pancréas
est un organe spécial tout à fait différent, physiologiquement, des glandes salivaires, auxquelles on l'avait
comparé. Nous croyons être parvenu à démontrer cette
opinion à laquelle nous tenons beaucoup, en raison de
l'importance que nous lui attribuons en physiologie
générale.

Mais jusqu'à présent, Messieurs, notre comparaison
a porté sur les liquides sécrétés par les glandes ; dans la
prochaine séance nous la poursuivrons et la retrouverons dans le tissu même des organes.

QUATORZIÈME LEÇON

15 JUIN 1855.

SOMMAIRE : Le tissu pancréatique se comporte vis-à-vis des matières grasses comme son produit de sécrétion. — Cette propriété le caractérise. — Réactif fondé sur cette circonstance et propre à faire reconnaître le tissu pancréatique partout où il existe.

MESSIEURS,

Nous avons terminé en réalité l'histoire du suc pancréatique, et nous avons insisté sur les caractères chimiques et physiologiques qui le différencient de la salive dont on l'avait rapproché, et le distinguent encore de tous les autres liquides de l'économie. Quelques considérations très-intéressantes se rattachent au tissu même de l'organe pancréatique, dont nous étudierons maintenant les propriétés afin de vous montrer que, pour le pancréas, comme pour les autres glandes, la matière active du produit de sécrétion ne réside pas dans le sang, mais bien dans le tissu même de l'organe sécréteur.

Nous trouverons encore là de nouveaux caractères à l'appui de cette opinion déjà souvent émise depuis le commencement de ce livre, que le pancréas n'est pas une glande salivaire.

Les propriétés caractéristiques du tissu pancréatique sont de plusieurs ordres : les unes relatives à l'action du tissu pancréatique sur la graisse ; les autres relatives aux réactions que ce tissu peut donner sous l'influence de divers agents chimiques. Nous commencerons par l'action sur la graisse du tissu pancréatique, ou du suc artificiel qu'il sert à préparer.

Lorsque l'on broie dans un mortier du tissu pancréatique avec de la matière grasse, du beurre par exemple, on voit qu'il se fait un mélange tout à fait homogène, et la masse devient acide quand on la maintient à une douce température ; si l'on y ajoute de l'eau, il y a une émulsion parfaite. On peut vérifier que le dédoublement de la matière grasse se fait comme cela a lieu quand on opère avec le suc pancréatique lui-même.

Cette propriété d'acidifier la graisse est spéciale au tissu pancréatique parmi tous les autres tissus glandulaires de l'économie ; car les tissus des glandes salivaires. des reins, du foie, de la rate, du corps thyroïde, du testicule, n'ont dans aucun cas cette propriété de faire une émulsion avec la graisse ni de l'acidifier quand on les broie ensemble dans un mortier. Cette propriété spéciale et exclusive du tissu pancréatique, qui du reste est en rapport avec les usages physiologiques de l'organe, permet de reconnaître le tissu du pancréas partout où il se trouve et de le distinguer de celui des autres glandes.

Cette propriété nous a donné l'idée de faire une sorte de réactif à l'aide duquel on pût reconnaître le tissu du pancréas dans tous les animaux.

Pour obtenir le réactif, nous avons choisi d'abord de

la butyrine artificielle préparée par M. Berthelot, que nous avons mélangée avec la teinture de tournesol bleu, et nous l'avons mise en contact avec une portion de tissu du pancréas. Il était évident que, si la butyrine se trouvait décomposée en acide et en glycérine, la réaction acide devait se manifester par le changement de couleur de la teinture de tournesol, qui du bleu devait être ramenée au rouge, et servir par conséquent d'indice à la spécialité d'action qu'exerce le tissu du pancréas. L'expérience répondit à nos prévisions, et bientôt en effet le liquide bleu, mélange de butyrine et de tournesol, était ramené au rouge quand on y ajoutait un peu de tissu pancréatique. La meilleure manière de faire l'expérience consiste à prendre une lamelle de verre dans laquelle est creusé un petit godet : on place sur la lamelle de verre le tissu du pancréas avec le réactif, et l'on recouvre le tout avec une lamelle ; bientôt on voit une zone rouge se manifester au point de contact du liquide avec le tissu pancréatique, et cette zone s'étend de plus en plus vers la circonférence, à mesure que la quantité d'acide formé augmente. Le réactif, tel que nous venons de l'indiquer, est très-sensible ; mais il est naturellement très-difficile à faire, à cause de la difficulté de préparer la butyrine ; c'est pour cela que nous avons cherché à trouver un réactif d'une manière plus simple et qui réussît également. Nous obtenons le nouveau réactif en émulsionnant complétement du beurre avec un liquide visqueux que nous mettons ensuite en contact avec le tissu pancréatique.

Le liquide visqueux dont nous nous servons est l'émulsion de graine de lin, fortement colorée en bleu avec du tournesol, tenant en suspension et en émulsion parfaite une petite quantité de beurre.

J'ai encore essayé d'autres mélanges, mais j'en citerai surtout un très-bon, et qui, à raison de la facilité avec laquelle on peut se le procurer, fait que l'on y aura sans doute plus souvent recours qu'à tout autre.

Voici comment on devra préparer ce réactif :

1° On fera dissoudre dans de l'éther du beurre frais et aussi neutre que possible. La proportion de beurre est à peu près insignifiante ; il vaut mieux qu'il y en ait une proportion un peu forte qu'une trop faible quantité ; on peut même en mettre assez pour que l'éther soit saturé. Cette solution, conservée dans un flacon bouché, ne s'altère pas et peut servir longtemps.

2° On aura, d'autre part, une dissolution aqueuse de tournesol, assez concentrée pour qu'une couche de ce liquide d'un demi-millimètre d'épaisseur sur une lamelle de verre conserve une teinte bien bleue.

3° Enfin, dans un troisième flacon, on aura de l'alcool ordinaire.

Pour appliquer les réactifs, on procède ainsi qu'il suit : On prend un fragment de l'organe glandulaire que l'on veut essayer et on le pose sur une lamelle de verre. On ajoutera ensuite sur ce tissu une goutte ou deux d'alcool ordinaire, en dilacérant le tissu avec la pointe d'une aiguille, de manière qu'il soit bien imbibé d'alcool. L'action de l'alcool, dans ce cas, a pour but d'enlever l'eau au tissu, de façon que l'imbibition par le réactif soit ensuite plus facile. L'alcool a encore la propriété de crisper rapidement la matière gluante que contiennent certaines glandes, telles que les glandes sublinguales, celles de Brunner, etc., et d'empêcher cette substance filante de se dissoudre dans le liquide qu'elle rendrait visqueux. Cette viscosité du liquide est un obstacle à la réaction en ce que le contact du tissu et de la graisse est rendu plus difficile, et que cette matière, en se mêlant à la teinture de tournesol, donne des variétés de teintes qui peuvent en imposer et rendre la réaction acide moins évidente. L'éther ajouté directement au tissu glandulaire ne change aucunement les propriétés de cette matière gluante.

Quand le tissu glandulaire a macéré pendant quelques instants, environ un quart d'heure, dans de l'alcool, on enlève l'excès d'alcool en plaçant le fragment de tissu sur du papier brouillard ; puis, après avoir replacé le petit morceau de tissu sur une lamelle de verre bien propre, on laisse tomber sur lui, avec une petite pipette, une ou deux gouttes d'éther tenant le beurre en dissolution. On malaxe aussitôt ce tissu avec la pointe d'un scalpel, de manière à opérer un mélange bien complet avec l'éther, qui s'évapore aussitôt, laissant sur le tissu la matière grasse extrêmement divisée. Quand le tissu glandulaire est ainsi imprégné de matière grasse, on en prend, avec la pointe d'un bistouri, un fragment que l'on place dans un petit godet d'un millimètre de profondeur, qui est creusé sur une lamelle de verre et qu'on avait préalablement rempli

avec quelques gouttes de teinture aqueuse de tournesol bien bleue, et l'on recouvre le tout d'une lamelle
de verre, en ayant soin de ne pas laisser d'air entre les
deux verres.

Le tissu glandulaire se trouve alors plongé dans un
liquide ayant une teinte bleue intense. Quelques instants après, à mesure que le tissu s'imbibe du réactif,
on voit, si c'est le tissu du pancréas qu'on a employé,
une auréole rouge apparaître autour du tissu et s'étendre vers la circonférence, de manière à envahir, au bout
d'un certain temps, tout le liquide.

Cette coloration rouge est d'autant plus intense que
la teinture de tournesol est plus forte. C'est afin de
rendre cette réaction plus évidente que nous employons
toujours de la teinture de tournesol assez concentrée,
que nous préparons en mettant dans de l'eau un excès
de tournesol en pains.

Avec ce réactif, comme avec les autres, le tissu du
pancréas seul produit l'acidification du corps gras et le
changement de couleur du bleu au rouge dans la teinture de tournesol.

Nous avons dit qu'il fallait, pour obtenir convenablement la réaction, placer d'abord les tissus dans
l'alcool ordinaire pendant quelques instants. Il n'est
pas nécessaire, toutefois, de faire cette immersion au
moment même où l'on veut essayer le tissu. On peut
conserver d'avance, dans de l'alcool, les tissus du pancréas et des diverses autres glandes. La matière spéciale du tissu pancréatique ne s'altère pas par un séjour prolongé dans l'alcool : elle est coagulée par ce

réactif et elle conserve la propriété de se redissoudre ensuite dans l'eau.

Quand on veut comparer les tissus glandulaires relativement à cette réaction, il faut avoir soin de les traiter tous exactement de la même manière ; d'en prendre des quantités égales et de les placer dans des godets d'égale capacité, afin que tout soit rigoureusement comparable et que l'appréciation des réactions par les variations de coloration soit plus facile à faire.

On doit aussi avoir le soin de nettoyer ses instruments toutes les fois qu'on change de tissu. Leur mélange donnerait aux réactions une confusion qu'il faut éviter.

Je désire beaucoup que les anatomistes et les physiologistes veuillent bien fixer leur attention sur ce caractère du tissu pancréatique d'acidifier les graisses, qui permet de distinguer cet organe des autres glandes de l'économie. J'ai donné assez de détails, je pense, pour qu'on puisse facilement arriver à reproduire mes expériences. J'ai décrit la manière de procéder qui m'a paru la plus convenable ; mais on pourrait la varier si l'on y trouvait de l'avantage. C'est ainsi que l'on pourrait employer d'autres matières grasses que le beurre, d'autres matières colorantes que le tournesol, etc. Si l'on n'avait pas de lamelles de verre avec des godets, on pourrait se servir d'une lamelle plate ordinaire, sur laquelle on verserait deux ou trois gouttes de tournesol, après quoi on y placerait le fragment de tissu préparé et l'on recouvrirait avec une lamelle de verre. Il resterait autour du tissu assez de teinture de tournesol pour voir la réaction s'opérer. Enfin, si l'on n'avait pas de teinture de tournesol, on pourrait prendre un morceau de papier bleu de tournesol, l'imbiber avec de l'eau distillée, l'étendre sur une lame de verre et poser sur lui le fragment du tissu pancréatique préparé ; on recouvre ensuite le tout avec une lame de verre pour empêcher le desséchement du papier. Bientôt on voit le papier bleu rougir dans les points qui sont en contact avec le tissu, et la couleur s'étendre autour de lui par imbibition. Je n'insiste pas davantage sur ces particularités ; elles viendront naturellement à l'esprit de chacun une fois que l'on sait exactement le but que l'on veut atteindre.

En résumé, le tissu du pancréas possède seul la propriété de décomposer *instantanément* la butyrine et de donner naissance à la coloration rouge caractéristique ; seul il acidifie le beurre émulsionné avec de la graine de lin, de la glycérine, ou dissous dans l'éther, et il se distingue par cela de tous les tissus glandulaires et autres de l'économie.

Le mécanisme de la réaction qui se passe dans cette acidification paraît au premier abord facile à comprendre. On peut penser, en effet, comme nous le disions, que le tissu du pancréas, mis en contact avec la solution de tournesol chargée de butyrine, dédouble cette dernière substance et met en liberté de l'acide butyrique qui, immédiatement, manifeste sa présence à l'aide de la teinture de tournesol, qui de bleue devient rouge. Il y aurait là en petit ce qui se passe plus en grand quand on broie le tissu de la glande avec une matière grasse neutre.

Néanmoins j'ai observé plusieurs faits singuliers à propos de cette réaction. Le premier, c'est que le tissu pancréatique est plus actif que le suc sécrété par le même organe pour développer la coloration rouge de la teinture de tournesol ; en mélangeant une goutte de suc pancréatique avec le réactif, je n'ai pas vu l'acidification se manifester. Une autre circonstance curieuse à noter, c'est que cette acidification du réactif sous l'influence du tissu pancréatique se fait très-bien sur une lamelle de verre à l'abri du contact de l'air. Il arrive, lorsque le tissu de l'organe essayé ne fait pas rougir le liquide, que ce dernier devient jaune et se décolore, puis se recolore en bleu si on enlève la lamelle, et si le liquide se trouve exposé à l'air. Cela arrive avec des tissus glandulaires autres que le pancréas. Le pancréas rougit le liquide, mais celui-ci redevient bleu quand on enlève la lamelle et qu'on la pose à l'air. Elle paraît même s'y manifester plus vite que lorsque le tissu n'est pas pressé par une lamelle qui le recouvre. Toutefois cette acidification ne s'opère jamais que sous l'influence de la matière grasse ; car on peut agir avec la même teinture de tournesol et le même pancréas, et la coloration du liquide reste bleue tant qu'on n'ajoute pas de butyrine capable de donner naissance à une réaction acide par son contact avec le tissu pancréatique.

A l'aide de ce réactif basé sur une propriété physiologique de l'organe, nous pouvons donc distinguer le tissu du pancréas d'avec ceux de tous les autres organes glandulaires avec lesquels les anatomistes l'ont confondu, ce qui prouve encore la proposition que nous avons si souvent émise, que la physiologie conduit à des distinctions que l'anatomie n'avait pas fait prévoir.

Mais à l'aide de ce même réactif, nous pouvons résoudre une autre question, celle de savoir si les glandes de Brunner sont ou non des glandes analogues au pancréas. Ces glandules sont placées dans le duodenum aussitôt après le pylore, dans l'épaisseur des parois intestinales ; il nous faut donc prendre ces glandules, les mettre sous une lame de verre avec le réactif et voir comment elles se comportent. Nous avons vu que ces glandules ne donnent pas la réaction du pancréas, elles sont plutôt analogues aux glandes salivaires et

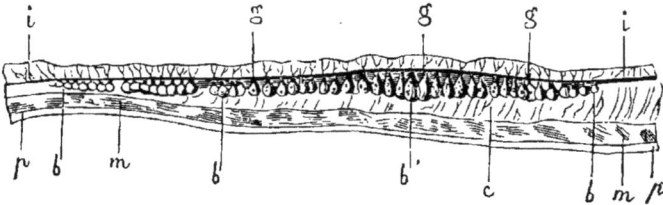

Fig. 50. — *Coupe de l'intestin d'un chien pour montrer les glandes de Brunner, grossies cinq fois.*

i, i, couche muqueuse de la tunique intestinale ; — *g, g, g*, glandes de Brunner ; — *b, b, b*, couche glandulaire située au-dessous de la couche musculaire ; — *m, m*, couche musculaire ; — *p, p*, couche péritonéale ; — *c*, tissu cellulaire lâche qui sépare la couche glandulaire de la couche musculaire.

fournissent un liquide très-visqueux quand on le met avec de l'eau.

Nous avons, avec la même réaction, pu rechercher

et localiser le pancréas dans les animaux où cet organe n'avait pas été nettement déterminé. Car nous devons dire d'abord que le tissu du pancréas possède cette propriété d'acidifier le réactif graisseux chez tous les animaux; nous avons constaté cette réaction avec le tissu pancréatique de l'homme sain (supplicié) ou malade, des oiseaux, des reptiles et des poissons. Nous avons constaté en outre que cette propriété de rougir en décomposant le réactif se manifeste avec d'autant plus d'intensité que les phénomènes de la digestion sont eux-mêmes plus intenses; que chez les chiens, cette propriété est plus active au moment des digestions que dans l'intervalle; que généralement chez les oiseaux, cette propriété est plus active que chez les mammifères; que chez ces derniers, elle est plus rapide que chez les reptiles; et enfin, nous avons vu que pendant le sommeil hibernal où la digestion s'arrête complétement, le tissu pancréatique, chez certains animaux, perd cette propriété qui revient ensuite au moment où les phénomènes de la digestion se rétablissent.

Il existe donc, dans le tissu pancréatique, la même matière active que dans le suc sécrété, matière qui communique à ce dernier liquide toutes ses propriétés; et l'on peut, en prenant le tissu du pancréas, en faire des espèces d'infusions qui ont tous les caractères du suc pancréatique lui-même.

Il résulte de cela que le principe actif des glandes intestinales n'est pas dans le sang, mais dans l'organe lui-même. Nous savons déjà qu'on peut faire des sa-

lives artificielles, du suc gastrique artificiel ; nous venons de voir qu'on peut faire également du suc pancréatique artificiel ; tandis qu'on n'aurait pas de l'urine
artificielle en faisant macérer un rein dans de l'eau.
C'est que le rein ne fait qu'éliminer des principes qui
se trouvent normalement dans le sang, l'acide urique
et l'urée, tandis que les glandes dont nous venons de
parler forment de toutes pièces les principes qu'elles
sécrètent.

La propriété que possède le tissu du pancréas d'a-
cidifier les graisses neutres, que nous avons précédemment examinée, est une propriété qui n'appartient
au tissu du pancréas qu'à l'état frais. Quand le tissu de
l'organe s'altère, et qu'il existe déjà un commencement de putréfaction, il cesse d'agir sur les matières
grasses neutres pour les acidifier ; mais alors on peut
y constater un autre caractère qui n'existait pas lorsqu'il était frais. Ce dernier caractère consiste à développer, à l'aide du chlore, une coloration rouge
particulière dans l'eau où a infusé le tissu du pancréas. Voici de quelle manière l'expérience peut être
faite :

On prendra chez un animal en digestion le tissu du
pancréas, on l'isolera autant que possible des tissus et
vaisseaux environnants, on le coupera en morceaux,
on le broiera et on le laissera macérer dans de l'eau
ordinaire. Bientôt après on constatera que le tissu du
pancréas a abandonné à l'eau une matière soluble,
coagulable par la chaleur et par les acides énergiques.
Le chlore précipite également cette matière, sous la

forme d'un dépôt blanc, mais sans faire naître aucune coloration rouge.

Si on laisse la macération du tissu du pancréas se prolonger davantage, on constate que le tissu, en s'altérant, prend une odeur nauséabonde, putride. On y montre toujours la présence d'une matière coagulable; mais quand on y ajoute du chlore, on voit se manifester une coloration rouge vineuse, plus ou moins intense. Pour que cette coloration se manifeste, il ne faut pas ajouter une trop grande quantité de la dissolution de chlore, parce que cette coloration caractéristique disparaît sous l'influence d'un excès de réactif. Par conséquent, quand on voudra constater le caractère dont nous parlons dans une infusion de pancréas, on agira de la manière suivante :

On filtrera l'infusion du pancréas altéré et l'on agira sur elle directement, ou après l'avoir fait bouillir, ce qui est en général préférable, pour séparer toutes les matières coagulables par la chaleur. Alors on ajoutera dans cette infusion, peu à peu, du réactif chloré et l'on apercevra successivement la coloration rouge se manifester dans le liquide, puis augmenter à mesure qu'on ajoutera du chlore, puis arriver à un certain degré d'intensité. Cette coloration diminuera alors sous l'influence d'un excès de chlore et le liquide prend une teinte jaunâtre.

Quand on ne dépasse pas la quantité de réactif nécessaire, le liquide reste coloré en rouge, mais le plus ordinairement la matière colorée se précipite au fond du verre.

La coloration rouge que nous venons de mentionner n'existe pas dans les premiers jours de l'infusion du tissu pancréatique; elle se produit, comme on le voit, par une décomposition, sans doute, de la matière coagulable du suc pancréatique. Cette coloration arrive donc d'autant plus vite que la décomposition est plus rapide. C'est, en effet, ce que l'on observe : si l'on maintient le tissu du pancréas à une température basse, la réaction ne se manifeste pas ; tandis qu'à une température plus élevée, la formation de cette substance rouge a lieu avec le même tissu. Une température basse arrête complétement la décomposition et suspend ainsi la formation de matière rouge. Mais, à mesure que la température s'élève, la décomposition se faisant plus facilement, il y a formation de la matière colorante spéciale. Il ne faut pas cependant que la température soit trop élevée, car la cuisson du tissu pancréatique, empêchant sa décomposition, le rend impropre à produire la matière colorante spéciale que nous signalons ici.

Si l'infusion du pancréas est très-ancienne, qu'elle soit arrivée à un état de complète décomposition, et ait acquis une odeur putride très-forte, alors la matière colorante, que nous avons examinée plus haut, cesse d'être sensible au chlore. C'est-à-dire que, si l'on filtre, directement ou après l'avoir fait bouillir, l'infusion pancréatique ainsi décomposée et qu'on y ajoute du chlore, on ne voit plus apparaître comme précédemment de coloration rouge.

La raison de ce phénomène peut dépendre de deux

causes, soit que la matière colorante qui s'était nécessairement développée à un certain degré de la décomposition du tissu ait disparu, soit qu'elle se trouve masquée par quelque substance qui s'est formée à un degré de décomposition plus avancé du liquide. C'est à cette dernière raison qu'il faut s'arrêter. J'ai vu, en effet, que la matière rouge existe encore dans les liquides très-décomposés où le chlore ne la fait plus apparaître. Un autre réactif doit être alors employé pour la mettre en évidence.

Lorsqu'on examine l'infusion très-ancienne du pancréas, on constate qu'elle est devenue très-alcaline. J'ai pu croire que l'excès d'alcali qui s'était produit empêchait le chlore de faire apparaître la matière colorante rouge. Cette supposition paraissait d'autant plus probable, que, si l'on prend une infusion de pancréas à un degré de décomposition moindre, et sur laquelle le chlore agit directement, pour y faire paraître la matière colorante, on constate alors que, si l'on y ajoute du carbonate de soude ou une autre substance alcaline, le chlore cesse de manifester son action. Il faut, pour faire reparaître la matière colorante, ajouter à l'infusion un acide pour saturer l'alcali ; après quoi le chlore peut manifester de nouveau sa réaction.

On voit cependant quelquefois que sa réaction ne se passe pas exactement comme nous venons de l'indiquer, c'est-à-dire que, quoi qu'on ait acidulé la liqueur, la coloration ne reparaît plus sous l'influence du chlore. Il m'est également arrivé de constater d'autres réactions sur lesquelles je ne m'arrêterai pas ici et qui semblent difficilement conciliables avec cette opinion que la manifestation de la matière colorante serait uniquement empêchée par la présence des alcalis.

Quoi qu'il en soit, c'est en faisant des expériences d'après cette hypothèse qu'il fallait neutraliser l'alcali, que je suis arrivé à trouver que certains acides agissent quelquefois directement pour faire reparaître seuls la matière colorante que le chlore ne pouvait plus mettre en évidence.

J'avais d'abord cru que l'acide sulfurique était dans ce cas. En effet, en ajoutant, dans une infusion de pancréas très-ancienne, de l'acide sulfurique, je voyais apparaître la matière rouge qui, sous l'influence d'un excès d'acide, ne disparaissait pas, comme nous avons vu que cela a lieu pour un excès de chlore. Mais en variant les expériences avec divers acides à l'état de pureté, je pus acquérir la preuve que l'acide sulfurique qui avait donné la réaction n'était pas pur, et que c'était à de petites quantités d'acide nitrique qui s'y trouvaient mélangées, qu'était due l'apparition de la matière colorante pancréatique.

De sorte que le résultat de toutes mes expériences, qui furent extrêmement nombreuses pour séparer les incessantes causes d'erreur qui s'y glissaient, me conduisirent à ce résultat : qu'il n'y avait qu'un seul acide capable de faire reparaître la matière colorante, et cet acide est l'acide nitrique, ou plutôt l'acide nitreux.

J'ai vu de plus qu'il convient mieux d'employer un

mélange d'acide sulfurique et d'acide nitrique ; on peut
avec ce réactif faire apparaître la matière colorante
rouge dans un liquide pancréatique où le chlore avait
cessé de la manifester.

Voici comment je prépare le réactif :

On mélange ensemble deux parties d'acide sulfurique et une partie d'acide nitrique. C'est ce mélange
que l'on ajoute dans la dissolution pancréatique, pour
faire apparaître la matière colorante. Tantôt on ajoute
l'acide peu à peu, et, en agitant le liquide, on remarque que la liqueur s'échauffe, et la coloration
rouge apparaît successivement pour ne pas disparaître
sous l'influence d'un excès de réactif. Tantôt on ajoute
l'acide tout d'un coup en le faisant couler le long des
parois du verre, afin qu'il tombe au fond du verre et
ne se mêle pas avec le liquide ; on laisse le mélange
en repos, et on voit une coloration rouge se manifester
d'abord au point de contact des deux liquides, puis
cette coloration rouge se propage peu à peu dans le
liquide.

Cette dernière manière d'agir convient généralement
mieux quand la matière colorante qu'il s'agit de déceler
est en petite quantité.

Cette matière colorée ne nous occupe ici qu'à titre de
caractère propre à faire reconnaître le tissu du pancréas ; nous ne nous arrêterons donc pas aux caractères chimiques de cette matière colorante. Nous dirons seulement que cette substance, qui a la propriété
de se colorer, semble appartenir aux principes pro-
téiques qui se rapprochent de la caséine. En effet, si

l'on ajoute dans une infusion pancréatique un excès de sulfate de magnésie, qui a la propriété de coaguler la caséine, on voit que la matière colorante reste sur le filtre avec le sulfate de magnésie dont on peut ensuite la séparer par une dissolution nouvelle ; tandis que le sulfate de soude en excès, qui a la propriété de coaguler l'albumine et de laisser passer la caséine, laisse également passer la matière colorante pancréatique.

Quant à la réaction qui se passe lorsque cette matière se colore sous l'influence du chlore ou de l'acide nitrique, il est probable que c'est une action oxydante, analogue à ce qui a lieu pour d'autres matières animales, telle, la bile, par exemple.

En résumé, vous voyez, d'après tout ce qui précède, que le tissu du pancréas, lorsqu'il est abandonné dans l'eau à la décomposition spontanée, peut présenter trois périodes :

Dans la première période de décomposition, l'infusion du tissu pancréatique présente une matière coagulable par les acides énergiques, le chlore, la chaleur ; mais aucune matière colorante ne s'y manifeste ni par le chlore ni par l'acide nitrique.

Dans la deuxième période de décomposition, la matière albuminoïde cesse en totalité ou en partie d'être coagulable par les agents précédents ; mais le chlore y décèle une coloration rouge vineuse très-intense, coloration qui disparaît par un excès de réactif. A cette période de décomposition, l'acide nitrique ne fait apparaître aucune coloration rouge.

Dans la troisième période de décomposition, au contraire, le chlore cesse de faire apparaître la coloration rouge et l'acide nitrique seul peut la manifester.

Toutes les périodes de réactions, comme vous le pensez, se succèdent par des passages insensibles ; de sorte qu'il peut arriver, dans certaines circonstances, que l'on ait des caractères mixtes de deux périodes.

Il peut arriver, par exemple, que l'on ait une infusion pancréatique qui manifeste une coloration rouge à la fois par le chlore et par l'acide nitrique.

Peut-on distinguer le tissu du pancréas des autres tissus de l'économie par la production de la matière colorante rouge ? — Nous n'avons étudié la matière colorante rouge du pancréas que pour y chercher un caractère propre à faire distinguer le pancréas des autres organes de l'économie dont on l'avait rapproché. C'est le but que nous nous proposions, et, pour l'atteindre, il fallait nécessairement comparer, sous ce rapport, les infusions des autres tissus avec celle du tissu du pancréas.

Les organes que nous avons dû comparer d'abord sont les glandes salivaires, qui, de tout temps, ont été, comme on le sait, comparées au pancréas. Ici encore, nous aurons l'occasion de montrer que ce rapprochement est tout à fait inexact. En effet, si l'on prend des tissus de diverses glandes salivaires, parotide, sous-maxillaire, sublinguale, ou les tissus de la glande de Nuck ou des glandes de la joue ou des lèvres, etc. ; que l'on broie ces tissus et qu'on les fasse macérer dans l'eau ordinaire, on verra bientôt que, ainsi que je l'ai dit

ailleurs, le liquide des glandes sublinguales, sous-
maxillaire, glande de Nuck, glandules buccales, donnent un liquide excessivement visqueux, tandis que la
parotide donne un liquide dépourvu de viscosité. Mais
aucun de ces liquides de macération, à quelque période
de décomposition qu'on le prenne, et de quelque manière qu'on le traite, ne donne jamais le caractère dû
à la matière colorante que nous avons signalée dans le
pancréas. Nous sommes par conséquent amené à constater que sur ce point encore le tissu du pancréas diffère
de celui des glandes salivaires.

Nous avons employé également ce caractère pour
rechercher si les glandes duodénales ou de Brunner
se rapprochent du pancréas ou s'en distinguent. Nous
avons remarqué que les glandes de Brunner qui sont
immédiatement après le pylore, fournissent une infusion visqueuse comme les glandes salivaires sous-
maxillaire, sublinguale, etc. ; mais qu'elles ne rou-
gissent pas sous l'influence des réactifs précités, tandis
que les glandes de Brunner qui sont placées au-dessous
de l'insertion du conduit pancréatique, fournissent
une infusion qui est dépourvue de viscosité et qui a la
propriété de se colorer en rouge par le chlore. Donc
nous sommes arrivé, à l'aide de ce réactif, à la même
conclusion que nous avions déjà formulée à propos de
la propriété acidifiante du suc pancréatique ; c'est-à-
dire que les glandes de Brunner qui sont situées dans
l'intestin grêle vers le niveau de l'insertion des canaux
pancréatiques, sont des analogues du pancréas, tandis
que celles qui sont au-dessus de l'insertion pancréa-

tique et près du pylore sont des analogues des glandes
salivaires.

Nous voyons d'après cela qu'on peut distinguer par
ces caractères des tissus glandulaires les glandes pancréatique, salivaires et celles de Brunner. Mais on ne
pourrait pas les différencier anatomiquement. C'est donc
la matière chimique qui distingue les cellules, mais
non leur forme, qui est à peu près la même, ainsi qu'on
le voit dans la figure suivante :

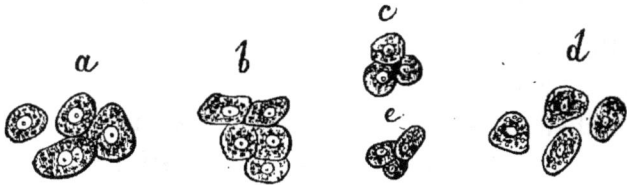

Fig. 51.

a, cellules de la glande parotide ; — *b*, de la glande sous-maxillaire ; —
c, du pancréas ; — *e*, des glandes de Brunner ; — *d*, de la glande sublinguale.

Il s'agissait encore de vérifier si le tissu du pancréas se distingue également des autres tissus paren-
chymateux tels que celui du foie, de la rate, etc.

Pour cela on a pris des tissus du foie, de la rate,
des ganglions lymphatiques mésentériques ou autres,
des testicules, du corps thyroïde, du thymus, des
muscles, du cerveau, etc. Puis on a laissé macérer ces
tissus dans l'eau et l'on a examiné, aux différents
moments de la décomposition, l'eau de macération,
soit directement, soit après l'avoir fait bouillir et
filtrer pour obtenir un liquide limpide. On essaya si
cette eau présentait la propriété de rougir avec le

chlore. Dans toutes ces expériences, qui ont été excessivement nombreuses, j'ai pu constater que certains
tissus, tels que celui du foie, de la rate et des glandes
lymphatiques, possèdent la propriété de rougir avec
le chlore. Il y a d'autres tissus, tels que celui des reins,
et le sang lui-même, qui, lorsqu'ils sont décomposés,
ne donnent pas de coloration rouge avec le chlore,
mais seulement avec l'acide azotique. Relativement au
sang, j'ai remarqué que le sérum, aussi bien que le
caillot, donne lieu à ce phénomène, et j'ai cru voir
que le sang veineux est plus apte à donner cette
réaction que le sang artériel. Cette propriété, qui
n'arrive que lorsque le sang est tout à fait décomposé,
paraît ensuite s'y conserver indéfiniment. Du sang de
canard, conservé dans un flacon depuis trois ans, fut
bouilli avec un peu d'eau et filtré. Le liquide qui
passait à la filtration donnait la coloration rouge
d'une manière très-évidente. J'ai fait ces expériences
sur le foie de beaucoup d'animaux ; et le foie des poissons est celui qui présente ces caractères de la manière
la plus énergique.

En résumé, le caractère que nous venons d'examiner,
caractère tiré de la propriété que possède le tissu du
pancréas de donner une eau de macération susceptible
de rougir par le chlore ou l'acide azotique, est un caractère de décomposition de l'organe, puisque, comme
nous l'avons vu, cette matière rouge n'apparaît que
lorsque le tissu commence à se putréfier. Si cette matière rouge apparaît très-vite pour le tissu du pancréas, on pourrait peut-être penser que cela tient à

ce que le tissu du pancréas se putréfie plus facilement que celui d'aucun autre organe de l'économie. Mais on ne pourrait pas en faire un caractère distinctif, puisque certains autres organes, tels que le foie, la rate, etc., peuvent présenter ce caractère à divers degrés. Toutefois, il y a certains organes qui à aucun des degrés de leur décomposition ne présentent ce caractère. Les glandes salivaires sont dans ce cas, et je n'ai jamais trouvé qu'elles donnassent lieu à un liquide susceptible de prendre la coloration rouge dans les circonstances précédentes. Je ne sais pas s'il y aurait possibilité d'établir une distinction entre les organes du corps dont les tissus présentent pendant leur décomposition l'apparition de cette matière rouge, et ceux qui ne la présentent pas ; seulement je veux faire remarquer ici, que, si l'on devait établir une semblable classification, le pancréas, au lieu de se rapprocher des glandes salivaires, s'en séparerait au contraire et serait plus analogue, sous ce rapport, au foie et à la rate.

Le pancréas bouilli perd la propriété de rougir par le chlore.

Le tissu du pancréas possède encore la propriété de transformer l'amidon en sucre. Cette propriété du tissu du pancréas a d'abord été indiquée par Valentin, en 1840. Plus tard, MM. Bouchardat et Sandras, l'ont signalé, et aujourd'hui, cette transformation de l'amidon en sucre sous l'influence du tissu pancréatique est une propriété que tous les physiologistes ont pu constater. Il suffit, pour cela, de faire hydrater préalablement la fécule, de manière à en faire de l'empois, car si la fécule n'était pas hydratée, l'action n'aurait pas lieu, et d'y ajouter du tissu pancréatique broyé ou coupé en morceaux, et de maintenir le mélange à une douce température ou même à la température ambiante, si elle n'est pas inférieure à + 10 degrés.

On voit peu à peu l'amidon se fluidifier et bientôt l'iode ajouté au mélange ne donner plus la coloration de l'iodure d'amidon, parce que la fécule s'est transformée en sucre en passant par la forme intermédiaire de dextrine.

Alors, si l'on soumet le liquide à la réaction du tartrate de cuivre et de potasse, on obtient une réduction très-abondante ; et, par la fermentation avec la levûre de bière, on obtient de l'alcool et de l'acide carbonique. On a, par conséquent, la preuve de la transformation de l'amidon en sucre, sous l'influence du tissu pancréatique.

J'ai dû examiner si cette propriété du tissu du pancréas lui était spéciale et pouvait le distinguer des glandes salivaires ou des autres organes de l'économie. J'ai observé sous ce rapport des particularités singulières. Chez le chien, la distinction est possible : en effet, lorsqu'on prend comparativement un morceau du tissu du pancréas et des morceaux des différentes glandes salivaires et qu'on les met avec de l'empois d'amidon, on constate qu'au bout de très-peu de temps l'amidon est changé en sucre avec le tissu du pancréas, tandis qu'il n'y a aucun changement appréciable avec le tissu des glandes salivaires. Seulement, au bout d'un temps considérable, la transformation peut avoir lieu, lorsque le tissu des glandes salivaires commence à s'altérer, et cela se passe ainsi pour un tissu quelconque de l'économie qui commence à se décomposer. Chez l'homme cette distinction n'est plus possible ; car j'ai mis l'empois d'amidon en contact avec le tissu du pancréas et le tissu des diverses glandes salivaires, pris chez un supplicié, et j'ai constaté que la transformation de l'amidon en sucre a lieu très-rapidement, et au moins aussi rapidement avec les glandes salivaires qu'avec le pancréas.

Chez le lapin, le tissu des glandes salivaires agit également sur l'amidon, mais peut-être un peu moins rapidement que le tissu du pancréas. Chez les autres animaux on peut observer des variations individuelles ; mais il y a des cas où il est impossible de distinguer par cette propriété les glandes salivaires du pancréas.

Nous avons vu précédemment que, après avoir été macéré dans l'alcool, si l'on remet le tissu du pancréas dans de l'eau, la matière spéciale s'y redissout pour donner lieu à l'acidification de la graisse et à la formation de la matière colorante rouge sous l'influence du chlore ou de l'acide azotique. Il en est de même de la propriété qui nous occupe en ce moment ; et, quand on a fait macérer le pancréas dans l'alcool, et qu'on le remet dans de l'eau, il acquiert immédiatement la propriété de transformer l'amidon en sucre. J'ai voulu savoir s'il en était de même des glandes salivaires et j'ai mis macérer des glandes salivaires d'homme dans de l'alcool, puis ensuite le tissu, après avoir été desséché et comprimé entre du papier brouillard, a été remis dans de l'eau tiède avec de l'amidon ; et bientôt la transformation s'est effectuée. De sorte que, sous ce rapport, le tissu des glandes salivaires et celui du pancréas se ressemblent complétement. Mais, ce qu'il y eut de plus curieux, c'est que le tissu des glandes salivaires des chiens, qui n'ont pas la propriété de transformer l'amidon en sucre, acquiert cette propriété immédiatement par le fait de leur macération dans l'alcool. Ainsi, j'ai pris des glandules salivaires sur un chien immédiatement après la mort ; on les a coupées et plongées dans l'alcool ordinaire où on les a laissées macérer pendant quelques jours. Puis, ayant séché le tissu de la glande entre deux feuilles de papier brouillard, on l'a remis dans l'eau, et la transformation de l'amidon en sucre a bientôt pu être constatée par les réactifs appropriés.

Nous avons dit ailleurs que le tissu des glandes salivaires sous-maxillaire et sublinguale, quand elles sont fraîches, donne un liquide de macération filant, ce qui les distingue de la parotide, qui n'est pas dans le même cas. Lorsque ces glandes ont macéré dans l'alcool et qu'on les remet dans l'eau, elles ne donnent plus de liquide filant ; ce qui prouve que la substance qui transforme l'amidon en sucre est d'une autre nature que la ptyaline (matière filante de la salive). Mais ces expériences démontrent aussi que la matière qui acidifie la graisse dans le pancréas est différente de celle qui transforme l'amidon en sucre ; puisqu'en effet nous voyons que les glandes salivaires qui se rapprochent du pancréas par cette propriété de transformer l'amidon en sucre, s'en distinguent cependant totalement par l'autre propriété d'acidifier la graisse qui n'appartient qu'au pancréas.

Quand on a mis les tissus dans l'alcool, il n'est donc plus possible, même chez le chien, de penser à vouloir distinguer le pancréas des glandes salivaires par cette propriété, comme nous l'avons fait pour les deux qui précèdent. Il y a plus : c'est que cette propriété de transformer l'amidon en sucre ne peut plus même servir à caractériser le pancréas et les glandes salivaires ; et tous les tissus muqueux, particulièrement, peuvent l'acquérir lorsqu'on les a fait macérer dans l'alcool. C'est ainsi que j'ai fait macérer dans de l'alcool la membrane muqueuse de la bouche, de l'estomac, de l'intestin grêle, du gros intestin, de la vessie. de la trachée, etc., puis, toutes ces membranes étant desséchées entre du papier brouillard et remises dans de l'eau avec de l'empois, ont transformé l'amidon en sucre, aussi rapidement que le tissu du pancréas et des glandes salivaires. Toutes ces expériences prouvent donc que la transformation de l'amidon en sucre n'a rien de spécial, et que la diastase animale ou salivaire ne caractérise aucun tissu. De sorte qu'il ne nous est pas possible d'utiliser cette propriété pour en faire un caractère distinctif du tissu du pancréas.

En résumé, des trois propriétés que nous avons examinées successivement dans le tissu du pancréas, une seule lui appartient exclusivement : c'est celle d'acidifier les graisses. La propriété de donner de la matière rouge par sa décomposition, si elle ne lui est pas exclusive, le sépare cependant très-nettement des glandes salivaires, et le rapproche du foie et de la rate. La troisième propriété, d'agir sur l'amidon, lui est commune avec beaucoup d'autres organes. D'après cela, l'importance que nous devons attribuer à la propriété d'acidifier les graisses sera justifiée, quand nous verrons qu'elle est en rapport direct avec l'énergie physiologique de l'organe. Ainsi, elle est en général plus énergique au moment de la digestion que pendant l'abstinence ; chez les animaux à sang chaud que chez les animaux à sang froid ; et nous verrons même plus tard, en parlant de l'anatomie comparée du pancréas, que cette propriété peut disparaître quand la fonction cesse.

Messieurs, toutes les leçons que nous avons faites jusqu'ici se sont rapportées à l'histoire des glandes salivaires, telles que les avaient déterminées les anatomistes qui avaient fait du pancréas une glande salivaire abdominale. Nous avons vu combien cette opinion était antiphysiologique, puisque non-seulement les glandes salivaires proprement dites ne se ressemblent pas et que le pancréas en diffère éminemment. Nous regardons ces faits comme assez probants pour que cette distinction antique n'ait plus aujourd'hui qu'une existence historique.

Nous ne pouvons pas nous dispenser maintenant de suivre le suc pancréatique dans l'intestin et d'étudier son influence sur la digestion. Pour cela il ne faut plus seulement l'étudier d'une manière isolée, mais en

contact avec les différents liquides qui agissent avec
lui. Cette étude qui nous conduira naturellement à
passer en revue rapidement les phénomènes de la digestion, nous la commencerons dans la séance prochaine.

QUINZIÈME LEÇON

20 juin 1855.

MESSIEURS,

Nous avons dit dans la dernière séance que les digestions artificielles, c'est-à-dire l'action des liquides
digestifs étudiés séparément sur les aliments hors de
l'individu, constituaient un moyen excellent pour analyser les phénomènes de la digestion, et constater
exactement les propriétés de chacun des fluides digestifs isolément ; mais c'est là une méthode insuffisante pour apprécier le phénomène dans son ensemble.
Si l'on voulait s'en contenter, on n'aurait pas de cette
façon les phénomènes tels qu'ils se passent réellement
dans l'intestin, où il y a non-seulement un mélange de
tous les liquides les uns avec les autres, mais une action
successive et déterminée par la position qu'occupe chacun des organes qui déversent leur fluide dans le canal
intestinal. C'est donc dans cette étude que nous allons
entrer, étude qui consistera à suivre les matières alimentaires dans le canal intestinal depuis leur entrée
jusqu'au moment où les parties digérées ont pu être

absorbées, et les parties excrémentitielles rejetées. Nous verrons que, dans le mélange successif des liquides, il se passe des actions mixtes qui sont le résultat du mélange de plusieurs liquides, actions qu'on n'avait pas pu prévoir par le procédé des digestions artificielles mentionné plus haut.

Nous commencerons nécessairement par les liquides qui sont déversés les premiers dans le canal intestinal, et nous étudierons successivement les altérations que les aliments éprouvent en descendant dans l'intestin.

Le premier liquide dont nous avons à nous occuper est le liquide salivaire ; nous nous sommes déjà occupés des sources de ce liquide, et nous avons vu que son écoulement était en rapport avec les actes masticatoire et gustatif ainsi qu'avec l'acte de la déglutition. Nous ne reviendrons pas sur ce que nous avons dit à ce sujet ; nous examinerons seulement si l'insalivation des aliments exerce une influence sur la digestion que les aliments doivent subir dans l'estomac.

D'abord, nous rappellerons que le liquide salivaire mixte, par lequel les aliments sont imbibés avant de parvenir dans l'estomac, est constitué non-seulement par le mélange des liquides fournis par les glandes salivaires dont nous avons fait l'histoire, mais qu'il s'y joint encore d'autres liquides qui sont avalés avec les aliments ; tels sont le mucus nasal, les larmes qui s'écoulent par les narines postérieures dans le pharynx, le mucus fourni par les amygdales et par les glandes pharyngiennes et œsophagiennes, qui sont très-nombreuses dans certains animaux, chez le cheval par exemple, où elles fournissent un liquide visqueux et très-abondant. Nous avons déjà dit que les aliments n'avaient pas le temps d'être modifiés chimiquement dans la bouche ni dans les voies de la déglutition avant d'arriver dans l'estomac, et que cela avait lieu tout au plus, dans certaines circonstances pour des matières féculentes; mais que, généralement, les aliments arrivaient dans l'estomac après avoir été seulement divisés et humectés dans la bouche, sans avoir subi des modifications chimiques appréciables.

Ce n'est que dans l'estomac que les phénomènes chimiques de la digestion commencent réellement.

La question qui se présente à nous est de savoir si un aliment arrivant dans l'estomac par les voies ordinaires, c'est-à-dire après avoir traversé la bouche, le pharynx et l'œsophage et y avoir subi le contact de la salive; si, dis-je, cet aliment est mieux digéré que s'il était introduit directement dans l'estomac, par une fistule stomacale, par exemple; c'est de cette manière seulement qu'on peut juger si l'insalivation joue ou non un rôle pour favoriser la digestion stomacale.

Mais avant d'aborder cette question, il est nécessaire que nous retracions en quelques mots l'histoire très-importante du suc gastrique dont nous n'avons pas encore parlé, et dont nous devons cependant tenir compte dans les phénomènes ultérieurs, et à propos de l'action finale du suc pancréatique.

Le suc gastrique est un liquide digestif sécrété par l'estomac, comme l'indique son nom. Son histoire, ainsi que tout le monde sait, peut remonter jusqu'à

Vallisnieri qui admettait dans l'estomac une sorte d'eau-forte animale capable de dissoudre les aliments. Plus tard Réaumur, Spallanzani, donnèrent des moyens d'obtenir le liquide stomacal, et instituèrent avec lui des expériences faites en dehors de l'économie, auxquelles on donne le nom de digestions artificielles.

Dans ce siècle, ce liquide fut mieux étudié d'abord par MM. Tiedemann et Gmelin, Leuret et Lassaigne. Chez l'homme même, on eut l'occasion d'observer l'action et les propriétés du suc gastrique, et W. Beaumont nous a donné l'histoire d'un homme qui, à la suite d'une blessure d'arme à feu, fut atteint d'une fistule à l'estomac ; cet individu était encore vivant il y a cinq ans.

J'ai appris à cette époque, par l'intermédiaire du docteur Edwards, de Saint-Louis, à qui écrivit le docteur Beaumont, que ce Canadien était aujourd'hui retourné à sa profession primitive (il chasse les animaux pour la pelleterie) et qu'il était en bonne santé, portant toujours la fistule dont il maintient l'orifice bouché à l'aide d'une espèce de ceinture.

Cette fistule siége au-dessous du rebord des fausses côtes gauches. L'estomac adhère à la plaie de telle façon qu'on peut voir l'intérieur de la cavité stomacale.

Il existe toutefois un repli de la membrane muqueuse qui forme comme une espèce de cloison et peut, dans certaines circonstances, obstruer l'ouverture extérieure de la fistule. On voit cette disposition dans

(1) *Experiments and observations on the gastric juice and the physiology of digestion*, Plattsburgh, 1833.

les fig. 52, 53, 54, données d'après le docteur William Beaumont.

Cet exemple remarquable, ayant prouvé que l'homme

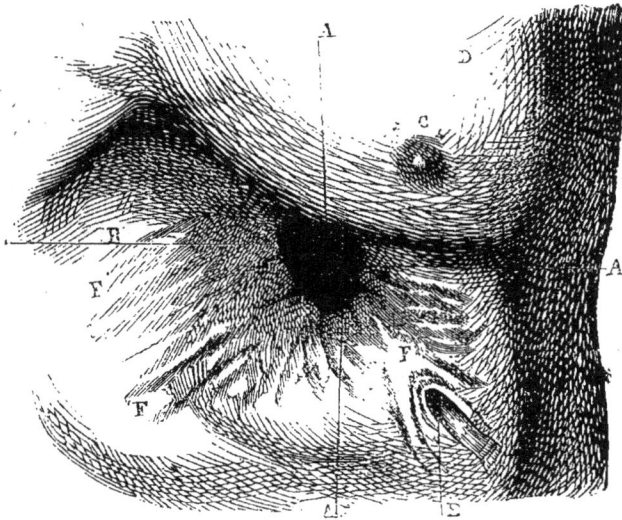

Fig. 52. — *Côté gauche de la poitrine et du flanc ; le sujet est debout ; l'ouverture est bouchée par la valvule que forme la muqueuse stomacale.*

A, A, A, bord de l'ouverture au fond de laquelle se voit la valvule ; — B, insertion de l'estomac à la partie supérieure de l'orifice ; — C, mamelon ; — D, face antérieure de la poitrine (côté gauche) ; — E, cicatrices faites avec le scalpel pour l'ablation d'un cartilage ; — F, F, cicatrices de l'ancienne plaie.

pouvait survivre à des fistules de l'estomac, on devait supposer que les animaux y résisteraient encore mieux. Cette idée a été réalisée par M. Blondlot, qui a montré qu'on pouvait faire impunément des fistules stoma- cales aux chiens pour recueillir le suc gastrique et étudier ses propriétés. Depuis ce temps, on a retrouvé des cas de fistule stomacale chez l'homme, et l'on a pu constater que l'analyse chimique et les propriétés physiques de ce liquide étaient, quant à l'essentiel, les mêmes chez l'homme et chez les animaux.

Ainsi donc, pour étudier le suc gastrique et pour se

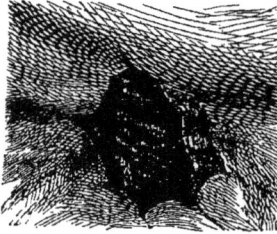

Fig. 53.

Fig. 53. — *Aspect de l'ouverture lorsque la valvule fermée par la muueuses tomacale est abaissé dans cet organe. On voit au fond la cavité de l'estomac; à droite, les insertions de la muqueuse formant valvule au bord de l'orifice.*

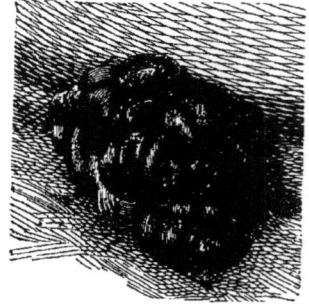

Fig. 54.

Fig. 54. — *Saillie de la muqueuse stomacale à travers l'ouverture sur les bords de laquelle elle s'étale, montrant sa surface intérieure retournée. Entre les saillies formées par les replis de cette surface sont des dépressions remplies de mucus.*

le procurer facilement, il faut pratiquer une fistule stomacale sur un animal et particulièrement sur les chiens. Nous désirons vous montrer cette expérience.

Le procédé qu'a suivi M. Blondlot consiste à prendre un chien en digestion, pratiquer une incision qui, partant de l'appendice xiphoïde, se dirige en suivant la ligne blanche du côté du pubis, sur une étendue de 7 à 8 centimètres. Le péritoine étant ouvert avec précaution pour ne point léser les intestins, on voit l'estomac distendu par les aliments; on le saisit avec les doigts, on l'attire vers la plaie et on le traverse de part en part avec la pointe d'un bistouri à lame étroite. On passe dans cette piqûre un fil d'argent recuit d'une longueur convenable pour en former une anse.

La partie de l'estomac qui retient le fil, d'une étendue de 3 à 4 centimètres, appartient au grand cul-de-sac de l'estomac ; on ferme ensuite la plaie à l'aide de quelques points de suture, après avoir fait rentrer dans l'abdomen les parties de l'intestin qui s'étaient échappées. Seulement, on laisse passer au dehors les deux bouts du fil d'argent entre lesquels on place un petit billot de bois, sur lequel on les tord l'une sur l'autre, de manière à amener la portion de l'estomac comprise dans l'anse en contact immédiat avec le bord interne de la plaie. De cette façon, l'estomac contracte des adhérences solides avec les parois abdominales, et, à la chute de l'eschare, une fistule se trouve établie. Plus tard, lorsque les bords de la plaie sont cicatrisés, et pour combattre la tendance qu'a le trajet fistuleux à se fermer, on y introduit une canule d'argent qui reste ensuite à poste fixe.

On voit que, d'après le procédé précédent, l'expérience se fait en deux temps : le premier dans lequel on établit les adhérences, le second dans lequel on place la canule. Le procédé que nous suivons est plus expéditif et nous plaçons la canule d'un seul coup, ainsi que vous allez nous le voir faire sur le chien.

Cet animal, laissé à jeun depuis vingt-quatre heures, a pris, il y a quelques instants un repas très-copieux, de manière à distendre considérablement son estomac, et de façon que le viscère touche les parois de l'abdomen, et que le rapport qui existe entre ces deux parois soit normal. Ensuite, l'animal étant couché sur le dos, convenablement maintenu, nous faisons une incision à 3 centimètres au-dessous de l'appendice xiphoïde, sur le bord externe du muscle droit du côté gauche. Cette incision ne doit avoir que 2 à 3 centimètres au plus. Immédiatement après l'incision, on aperçoit la paroi de l'estomac collée contre la paroi de l'abdomen ; on la saisit avec une érigne, on l'attire dans la plaie, on passe une aiguille avec un fil, et ensuite on fait une ponction à la paroi de l'estomac. Alors, avec deux érignes placées aux deux angles de la plaie, on maintient l'estomac soulevé, et l'ouverture tendue comme une boutonnière, pendant qu'on y introduit avec force le rebord de la canule. On fait rentrer la canule dans le ventre, et il suffit ensuite d'un ou de deux points de suture pour réunir la plaie, et la canule reste fixée en place. On a eu soin que le fil qui maintenait l'estomac fût passé dans les parois abdominales, et lié de manière que les parois de l'estomac restassent collées aux parois de l'abdomen. Les bords de la plaie vont se tuméfier légèrement, et c'est pour que dans cette tuméfaction ils ne soient pas trop comprimés et ne passent pas sur les rebords de la canule, que nous avons fait dévisser celle-ci de manière à allonger l'espace qui existe entre les deux rebords (fig. 55). Plus tard, lorsque la tuméfaction sera passée, nous les serrerons de nouveau en vissant la canule.

Vous voyez que l'animal que nous venons d'opérer devant vous ne paraît pas très-troublé de cette opération. Nous pourrons très-facilement nous en servir pour nous procurer du suc gastrique, en ajoutant à la canule une petite vessie de caoutchouc dans laquelle tombe peu à peu le suc gastrique. D'ici à très-peu de jours, les adhérences seront établies de telle façon que la cavité de l'estomac communiquera avec l'extérieur à l'aide d'une sorte d'infundibulum qui contient la canule, ainsi que vous le voyez ici sur cette pièce qui appartenait à un chien muni d'une fistule (fig. 56).

Lorsqu'on fend cette sorte de pédicule qui fait communiquer la cavité de l'estomac avec l'extérieur, on trouve que la membrane muqueuse stomacale a contracté des adhérences avec la paroi même de l'abdomen, comme vous le voyez sur la pièce (fig. 57). On peut enlever la canule à un chien, et peu à peu l'ouverture se rétrécit et se cicatrise ; l'adhérence de l'estomac à la paroi abdominale finit par se résorber complétement.

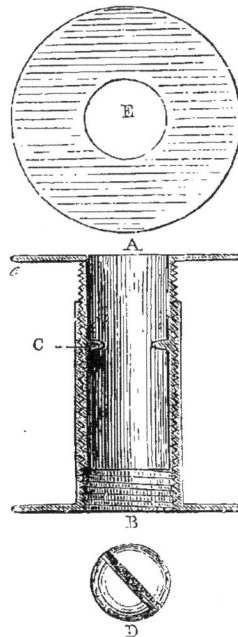

Fig. 55.

A B, coupe de la canule d'argent en partie divisée et allongée par suite; e, rebords de la canule ; — C, saillies qui entrent dans la clef destinée à visser et à diviser les deux parties de la canule ; — D, tête de la clef vue de face ; — E, ouverture de la canule vue entière et par une de ses extrémités.

On peut pratiquer ces fistules sur différents animaux, soit sur des chiens, sur des chats, etc. Mais si l'on voulait opérer sur des ruminants, il faudrait pratiquer la fistule sur la caillette, qui est le seul estomac qui fournisse le suc gastrique. On sait déjà que M. Flou-

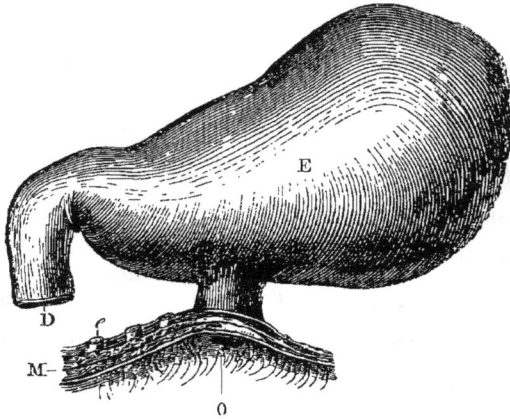

Fig. 56.

E, estomac; — D, duodenum; — M, muscles de la paroi addominale coupés; — O, orifice extérieur de la fistule stomacale.

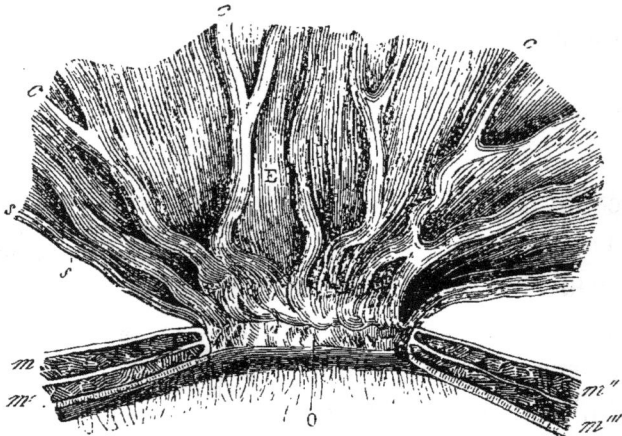

Fig. 57.

m, m', m'', m''', coupe de la paroi de l'abdomen; — s, s, coupe des parois de l'estomac; — c,c, replis de la membrane muqueuse gastrique; — E, membrane muqueuse dans l'intervalle des replis; — O, tissu cicatriciel formant le pourtour extérieur de la fistule.

rens avait pratiqué des fistules aux estomacs de ces animaux pour étudier les phénomènes de la rumination.

On peut même pratiquer des fistules gastriques sur certains oiseaux ; les corbeaux y résistent assez bien.

Examinons maintenant quelles sont les conditions de sécrétion du suc gastrique qui ont été étudiées chez l'homme, par le docteur W. Beaumont, et chez les animaux à l'aide des fistules dont nous venons de parler.

L'estomac, pendant l'abstinence, est complétement vide ; il est pâle, exsangue ; sa membrane muqueuse est recouverte par une couche de mucus grisâtre qui présente généralement une réaction alcaline.

Au moment où les aliments descendent dans l'estomac, des mouvements se manifestent dans l'organe, une vascularisation plus grande s'y développe. La membrane muqueuse devient comme turgescente, et il suinte de toutes parts une espèce de sueur acide qui soulève la couche de mucus grisâtre et permet alors de voir au-dessous la muqueuse colorée par une forte vascularisation. Tels sont les phénomènes que l'on a observés chez l'homme, chez les chiens où l'estomac est complétement vide pendant l'abstinence.

Il y a des animaux chez lesquels l'estomac contient constamment des aliments : tel est le lapin, par exemple ; ce qui, chez ces animaux, rendrait difficile la récolte de suc gastrique par les fistules. Si l'on tue, par exemple un lapin, même après plusieurs jours d'abstinence, on trouve encore des aliments dans son estomac ; on en trouverait encore alors même qu'on l'eût laissé mourir de faim.

Van Helmont, qui connaissait ce fait, le croyait général, et disait qu'il restait toujours dans l'estomac un levain destiné à provoquer la fermentation des aliments nouveaux qu'on y introduisait.

La sécrétion du suc gastrique se fait au moyen de glandules contenues dans la paroi de l'estomac ; ces glandules sont plus abondantes dans la région pylorique que dans le grand cul-de-sac ; elles sont très-connues des anatomistes.

Nous n'avons pas à nous arrêter plus longtemps sur l'histoire du suc gastrique, et nous nous hâtons d'arriver à l'étude de ses propriétés et de son action chimique sur les aliments.

Le suc gastrique est un liquide clair, transparent, incolore, offrant constamment une réaction acide au papier de tournesol, et donnant à l'analyse chimique les résultats suivants.

D'après Tiedemann et Gmelin (1), le suc gastrique contient des acides libres qui seraient :

1° De l'acide chlorhydrique ;

2° De l'acide acétique ;

3° De l'acide butyrique.

Ce dernier acide a été trouvé seulement dans l'estomac des chevaux.

Ils y ont encore trouvé, chez le chien et le cheval, une matière animale insoluble dans l'alcool, soluble dans l'eau, qui est de la matière salivaire ; et une autre matière animale soluble dans l'alcool : l'osmazome.

(1) *Recherches expérimentales, physiologiques et chimiques sur la digestion,* traduites de l'allemand, par A.-J.-L. Jourdan, Paris, 1827, p. 166 et 167.

Quant aux sels rencontrés dans la cendre du suc
gastrique filtré, ce sont, chez le chien, beaucoup de
chlorure et un peu de sulfates alcalins. Jamais on ne
trouva ni carbonate ni phosphate alcalins. L'alcali était
en très-grande partie de la soude. La cendre contenait
encore un peu de carbonate et de phosphate de chaux,
quelquefois aussi du sulfate de chaux et du chlorure
de calcium.

Dans le cheval, la partie soluble de la cendre consistait en une grande quantité de chlorure et un peu
de sulfate alcalin. L'alcali était de la soude, avec un peu
de potasse. On trouva, en outre, dans un cheval, beaucoup de chlorure de calcium et de magnésium. La portion insoluble de la cendre contenait du carbonate et
du phosphate de chaux, avec un peu de magnésie,
d'oxyde de fer, et même, à ce que pensent MM. Tiedemann et Gmelin, de l'oxyde de manganèse.

D'après MM. Leuret et Lassaigne, le suc gastrique
est composé de la manière suivante :

Eau.	98
Acide lactique.	
Hydrochlorate d'ammoniaque.	
Chlorure de sodium.	
Matière animale soluble dans l'eau......	2
Mucus.	
Phosphate de chaux...................	
	100.

D'après M. Blondlot :

Eau.................................   99

Sels. $\begin{cases} \text{Phosphate acide de chaux........} \\ \quad — \quad \text{d'ammoniaque........} \\ \text{Chlorure de sodium. ....} \end{cases}$

Matières organiques. $\begin{cases} \text{Principe aromatiq.} \\ \text{Mucus............} \\ \text{Matiè}^{re}\text{ particulière} \end{cases}$ 1

————

100

W. Beaumont avait déjà donné quelques indications sur la composition du suc gastrique de l'homme. Plus récemment on a donné des analyses plus complètes. Voici les conclusions de trois analyses du suc gastrique de l'homme, faites par M. Otto, de Grünewaldt :

Le suc gastrique de l'homme contient une substance albuminoïde (de la pepsine), qui se coagule vers 100 degrés centigrades.

On y trouve de l'acide butyrique et très-vraisemblablement de l'acide lactique, que l'on doit regarder comme le produit des métamorphoses que subissent, sous une chaleur de 35 à 37 degrés, les aliments hydrocarbonés.

Le suc gastrique de l'homme ne contient pas d'acide chlorhydrique libre. Ce suc gastrique est nécessairement mélangé à de la salive. Le tableau suivant permet, par comparaison avec ce qui se passe chez le chien, de tenir compte autant que possible de l'influence que la présence de la salive peut exercer sur la composition de ce liquide :

	SUC GASTRIQUE			
	DE CHIEN sans salive.	DE CHIEN avec salive.	DE MOUTON avec salive.	D'HOMME avec salive.
Eau.............................. 973,062	971,171	986,147	956,595
Matières solides. } 26,938 { Ferment, etc. 17,127 .... Mat. inorgan. 9,811	17,336 ...... } 28,829 11,493	4,055 ...... } 13,853 9,798	36,603 ...... } 43,405 6,802
	1000,000	1000,000	1000,000	1000,000

Les matières inorganiques sont :

Acide chlorhydrique......	3,050	2,337	1,234	»
Chlorure de potassium....	1,125	1,073	1,518	»
— de sodium......	2,507	3,147	4,369	4,633
— de chaux.......	0,624	1,661	0,114	»
— d'ammoniaque..	0,468	0,537	0,468	»
Phosphate de chaux......	1,729	2,294	1,182	0,961
— de magnésie...	0,226	0,323	0,577	0,260
— de fer........	0,082	0,121	0,331	0,006
Matière organique retenue par la potasse.........	»	»	»	0,363

On voit, d'après ce qui précède, que la présence de
la salive chez le chien n'a donné que de très-légères
différences dans la composition du suc gastrique. Ce
résultat, sur lequel nous n'insisterons pas, prouve
combien il serait difficile de différencier absolument,
par l'analyse, des liquides dont la composition est tout
à fait analogue, et qui ne diffèrent que par la présence
d'une matière qui les caractérise, matière qui, presque
insignifiante au point de vue chimique, ne peut être reconnue qu'à ses propriétés physiologiques.

Si maintenant nous recherchons les substances;

actives parmi celles que nous venons de mentionner dans les analyses précédentes, nous verrons qu'elles sont au nombre de deux : l'acide d'une part, et une matière organique de l'autre, à laquelle on donne le nom de *pepsine*.

L'un et l'autre de ces agents sont indispensables pour l'activité du suc gastrique, qui ne réside ni dans l'un ni dans l'autre, et résulte de leur action simultanée. En effet, si l'on neutralise le suc gastrique avec du carbonate de soude, il perd immédiatement ses propriétés digestives et il les reprend quand on lui restitue sa réaction acide. Si l'on fait bouillir le suc gastrique, il perd ses propriétés digestives, non pas que sa réaction acide ait disparu, mais parce que la matière organique a été coagulée. C'est ainsi que la suppression de l'un de ces agents suffit pour détruire toute l'action du suc gastrique.

On a beaucoup discuté sur la nature de l'acide libre qui existe dans le suc gastrique, parce qu'on avait cru pouvoir lui attribuer les qualités caractérisques du suc gastrique. Nous avons fait avec M. Barreswil des expériences sur le suc gastrique du chien, et nous n'y avons trouvé que de l'acide lactique.

Voici quelles sont ces expériences :

Nous avons cherché à constater la nature des acides que contient le suc gastrique. Avant d'indiquer la marche que nous avons suivie dans ces expériences, je ferai observer que toutes ont été faites avec du suc gastrique pris à divers chiens bien portants.

L'acide acétique étant un acide volatil, nous avons

soumis le suc gastrique à la distillation, à une douce
chaleur, avec les précautions convenables pour éviter
les soubresauts et l'entraînement mécanique du liquide
à distiller; les premiers produits recueillis et essayés au
papier de tournesol ne présentaient pas de réaction
acide. Comme contre-épreuve, nous avons distillé de
l'eau très-faiblement acidulée par du vinaigre ; le liquide qui passa le premier à la distillation avait une
réaction manifestement acide. Le suc gastrique auquel
nous avons ajouté une trace d'acide acétique, et même
d'acétate de soude, s'est comporté à la distillation de
la même manière. Ayant saturé le suc gastrique par du
carbonate de soude, puis évaporé la dissolution à sec
et traité le résidu par l'acide arsénieux, nous n'avons
pas remarqué l'odeur d'oxyde de cacodyle, qui est,
comme on le sait, si caractéristique de l'acide acétique.
D'après ces expériences, il nous semble prouvé que le
suc gastrique ne contient pas d'acide acétique libre, et
ne renferme pas non plus d'acétates.

En réfléchissant que les premiers produits de la distillation du suc gastrique ne donnent jamais du liquide
acide, nous avions été tenté d'invoquer ce même fait
pour rejeter aussi la présence de l'acide chlorhydrique
libre, parce que, suivant les idées admises, cet acide,
qui est volatil, aurait dû passer dans les premiers instants. Cependant nous serions tombé dans l'erreur,
comme on va le voir par l'expérience suivante. En
effet, si l'on acidule très-légèrement de l'eau avec de
l'acide chlorhydrique, et qu'on distille, on remarque
qu'il ne passe d'abord à la distillation que de l'eau pure,

tandis que l'acide qui se concentre dans les derniers
produits ne se dégage qu'à la fin de l'opération. Ce fait
ici prévu nous détermina à distiller de nouveau lesuc
gastrique pur en poussant ladistillation jusqu'à siccitét.
Voici ce qu'on observe alors ; d'abord, et pendant presque toute la durée de l'expérience, il ne passe à la dis-
tillatation qu'un liquide neutre, limpide, ne précipitant
pas par le nitrate d'argent ; puis, le suc gastrique étant
évaporé à peu près aux $4/5^{es}$, le liquide qui distille est
sensiblement acide, mais ne précipite aucunement par
les sels d'argent. Enfin, vers les derniers instants seulement, lorsqu'il ne reste plus que quelques gouttes de
suc gastrique à évaporer, le liquide acide qui se produit
donne, par les sels d'argent, un précipité manifeste
que ne fait pas disparaître l'acide nitrique concentré.

Il n'est pas douteux que ce dernier produit soit de l'a-
cide chlorhydrique, mais il resterait à déterminer s'il
existe dans le suc gastrique, ou si, dans les circonstances
de l'opération, il n'est pas produit par la décomposition
d'un chlorure.

Lorsqu'on ajoute au suc gastrique qui, comme on
le sait, contient de la chaux, une proportion minime
d'acide oxalique, on obtient un trouble évident dû à la
formation de l'oxalate de chaux insoluble dans le suc
gastrique, tandis qu'une égale quantité du même réactif
ne produit aucun trouble dans de l'eau contenant 2 millièmes d'acide chlorhydrique, à laquelle on a ajouté du
chlorure de calcium. Cette seule expérience démontre
évidemment que l'acide chlorhydrique existe à l'état de
chlorure et ne se trouve pas à l'état de liberté dans le

suc gastrique; nous aurons encore plus loin occasion de confirmer ce fait par d'autres expériences.

L'acide phosphorique étant un acide fixe, nous avons dû également le rechercher dans le suc gastrique concentré par la distillation ; ce résidu avait acquis une réaction extrêmement acide et faisait effervescence avec la craie, mais il ne perdait jamais entièrement sa réaction acide, malgré l'excès de carbonate calcaire. Ce caractère, ajouté à ceux qu'ont donnés les différents auteurs, indique positivement la présence de l'acide phosphorique dans le suc gastrique. Nous avons ensuite saturé du suc gastrique par la chaux et par l'oxyde de zinc ; les liqueurs filtrées étaient neutres et nous ont présenté tous les caractères de la chaux et du zinc. Cette expérience prouve que l'acide phosphorique n'est pas le seul acide libre du suc gastrique; car, s'il en eût été ainsi, en raison de l'insolubilité des deux phosphates, nous n'aurions trouvé ni chaux ni zinc dans le liquide filtré. Nous nous sommes assuré que les principes étrangers du suc gastrique, tels que le chlorure de sodium, ne masquaient en rien cette réaction.

Pour déterminer maintenant la nature de l'acide qui, existant dans le suc gastrique, a pu donner naissance à des sels solubles de chaux et de zinc, nous devons nous rappeler que c'est un acide qui passe vers les derniers instants de la distillation et ne précipite pas les sels d'argent.

L'*acide lactique* nous a présenté des caractères semblables ; nous avons soumis à la distillation de l'eau acidulée par l'acide lactique, et retrouvé dans cette opéra-

tion une analogie frappante avec les phénomènes qui
se produisent dans la distillation du suc gastrique, savoir : que dans les premiers temps de la distillation il
ne passe que de l'eau pure, puis vers la fin un liquide
acide, et qu'il reste un résidu liquide fortement acide
faisant effervescence avec les carbonates.

En distillant de l'eau acidulée par l'acide lactique à
laquelle on avait ajouté un peu de chlorure de sodium,
nous avons obtenu une analogie encore plus complète,
c'est-à-dire que nous avons vu la distillation présenter
trois périodes distinctes, absolument comme pour le suc
gastrique : dans les premiers moments il ne passa que
de l'eau pure, ensuite un acide ne précipitant pas par
les sels d'argent, et les dernières gouttes de liquide en-
traînèrent de l'acide chlorhydrique.

Cette expérience explique nettement la présence de
l'acide chlorhydrique dans les produits ultérieurs de la
distillation du suc gastrique; cet acide provient, en
effet, de la décomposition des chlorures par l'acide lactique dans les liqueurs concentrées. Si ce fait ne suffisait pas pour prouver que le suc gastrique ne contient
pas d'acide chlorhydrique libre, l'expérience suivante
lèverait tous les doutes à cet égard.

Si l'on fait bouillir de l'amidon avec de l'acide chlorhydrique, celui-ci perd bientôt la propriété de bleuir
par l'iode, tandis que l'acide lactique ne lui fait éprouver
aucune modification, même après une ébullition prolongée.

D'un autre côté, si l'on fait bouillir de l'amidon avec
de l'acide chlorhydrique auquel on a ajouté un lactate

soluble en excès, on remarque que la fécule reste inaltérée, comme si l'on opérait au sein de l'acide lactique.
Cette expérience pouve à l'évidence que l'acide chlorhydrique ne peut exister à l'état de liberté en présence
d'une lactate en excès. Par des épreuves semblables, on
peut prouver que l'existence de l'acide chlorhydrique
est de même inadmissible en présence d'un phosphate
ou d'un acétate en excès.

En résumant ces expériences, nous voyons que
l'acide lactique et l'acide du suc gastrique présentent
pour caractères communs d'être fixes au feu, d'être entraînés à la distillation par la vapeur d'eau, et de chasser l'acide chlorhydrique des chlorures. Poursuivant la
comparaison entre ces deux acides, nous avons reconnu
à l'acide du suc gastrique tous les caractères indiqués
par M. Pelouze pour l'acide lactique : ces deux acides,
en effet, donnent des sels de chaux, de baryte, de zinc,
de cuivre, solubles dans l'eau ; un sel de cuivre qui
forme avec la chaux un sel double, soluble, dont la couleur est plus intense que celle du sel simple ; un sel de
chaux soluble dans l'alcool et précipitable par l'éther
de sa dissolution alcoolique. Déjà M. Chevreul, et
MM. Leuret et Lassaigne, avaient signalé l'acide lactique
dans le suc gastrique ; et d'après l'ensemble des caractères que nous venons d'énumérer, l'existence de cet
acide nous paraît être aujourd'hui hors de contestation.

La *pepsine* est une substance que l'on peut retirer du
suc gastrique au moyen de la précipitation par l'alcool
de l'acide du suc gastrique ou de l'acide lactique ; mais
on sait aujourd'hui que la nature de l'acide est indiffé-

rente, pourvu que la réaction soit acide. Enfin nous constatons que la pepsine est une matière qui existe dans l'estomac, comme nous l'avons déjà dit pour les autres principes actifs intestinaux, et l'on peut faire, à cause de cela, un suc gastrique artificiel avec la membrane même de l'estomac.

Il suffira de séparer une portion de la membrane muqueuse stomacale, puis de la faire digérer dans de l'eau acidulée par l'addition de 3 ou 4 millièmes d'acide chlorhydrique, par exemple ; après vingt-quatre ou trente heures de cette digestion à une température douce, la membrane muqueuse étant en partie dissoute, il suffit de filtrer le mélange, et le suc gastrique artificiel que l'on obtient ainsi a la propriété du suc gastrique naturel.

L'estomac de l'homme peut servir à cette expérience comme celui des animaux ; il faut toutefois que l'estomac sur lequel on opère appartienne à un sujet mort en santé : c'est ainsi que l'estomac d'un supplicié donne des résultats qu'on n'obtiendrait pas avec celui d'un cadavre d'un individu mort de maladie.

La pepsine précipitée par l'alcool ayant la propriété de se redissoudre dans l'eau, il est probable qu'on pourrait faire du suc gastrique artificiel avec une membrane conservée dans l'alcool.

On avait proposé autrefois, et l'on a repris cette idée dans ces derniers temps, de donner de la pepsine aux malades dont les fonctions digestives étaient troublées : cette pratique pourrait être bonne si, comme l'avait cru Spallanzani, et comme le soutient encore M. Blondlot, le suc gastrique était le liquide digestif unique : mais comme le suc gastrique n'a qu'une action très-limitée dans les phénomènes de la digestion, on ne saurait remédier ainsi à l'insuffisance nutritive, d'autant plus que l'on emploie la pepsine des herbivores, de toutes la moins active, ainsi que nous le verrons en étudiant plus tard comparativement l'action des différents sucs gastriques.

Avant d'examiner si le suc gastrique agit avec la salive d'une manière particulière, il est nécessaire de savoir comment il agit isolément d'une manière générale.

1° Sur les matières grasses à l'état liquide, le suc gastrique n'a aucune action. Pour celles qui sont encore contenues dans des vésicules adipeuses, le suc gastrique dissout les parois de la cellule et permet à la graisse d'en sortir à l'état fluide. Ainsi le suc gastrique fluidifie la graisse, mais il n'agit aucunement sur ses qualités physiques et chimiques.

Du reste les matières grasses qui peuvent être fluidifiées dans l'estomac sont toutes celles qui peuvent être rendues fluides à la température du corps, qui ne dépasse pas ordinairement 38 à 40 degrés.

La fécule, quand elle se trouve contenue dans des cellules végétales, ainsi que cela a lieu dans les pommes de terre, par exemple, se trouve désagrégée, c'est-à-dire que le suc gastrique dissout les parois azotées des cellules végétales, et les grains de fécules sont dissociés et mis en contact directement avec le suc gastrique. Dans ce contact la fécule s'hydrate soit à cause de la température même du liquide, soit surtout à cause de sa réaction acide. Toutefois cette hydratation de la

fécule ne change que ses caractères physiques sans altérer les caractères chimiques : en effet, à l'aide de la
teinture d'iode, on obtient la réaction caractéristique
de l'iodure d'amidon.

Les matières sucrées ne sont modifiées par le suc
gastrique que dans certaines circonstances : lorsqu'elles
ont été trop longtemps en contact avec lui. Ainsi le sucre de canne ou de betterave peut, dans certaines circonstances, être en partie ramené à l'état de sucre de
fécule; probablement par l'acidité du suc gastrique.
Le sucre de fécule peut lui-même être changé en acide
lactique par un contact prolongé avec le suc gastrique.

Quant aux aliments azotés, le suc gastrique a une
action très-évidente sur eux. La viande, par exemple,
se ramollit, se réduit en une espèce de pâte grisâtre, à
laquelle on a donné le nom de *chyme*. Mais si l'on examine au microscope en quoi consiste cette altération de
la viande ou de la chair musculaire, on voit que ce tissu
n'a pas perdu complétement ses caractères primitifs.
Les fibres musculaires sont dissociées, séparées les unes
des autres ; mais encore parfaitement reconnaissables
au microscope. Ce n'est que le tissu cellulaire unissant
ces fibres qui a été dissous, mais les fibres musculaires
elles-mêmes ne l'ont pas été. Il en est de même pour la
plupart des autres tissus organiques, et je me sers du
suc gastrique pour en isoler les éléments histologiques
et les étudier au microscope. Dans le tissu nerveux, on
reçonnaît très-bien les tubes et les cellules, dans le tissu
glandulaire également ; et même j'ai pu, dans des ganglions lymphatiques qui étaient chargés de matière mé-

tallique provenant d'un tatouage, dissoudre les parties organiques, et séparer la matière colorante, reconnaissable au microscope, et chimiquement, pour être du vermillon ou d'autres substances colorantes. Cette dissociation des fibres musculaires est plus rapide pour de la viande cuite que pour de la viande crue, et c'est pour cette raison que la digestion de la viande cuite est plus rapide que la digestion de la viande crue. Sur un chien muni d'une fistule, et auquel on a fait prendre un repas de viande cuite, on trouve l'estomac vide au bout de trois heures, tandis qu'il en faut au moins quatre, s'il a mangé de la viande crue.

Il y a beaucoup d'autres éléments complexes sur lesquels le suc gastrique a une action particulière : tel est, par exemple, le lait coagulé ; telle est l'albumine cuite, qu'il redissout ; tels sont les os, qu'il digère : c'est-à-dire que le liquide gastrique dissout la partie azotée du tissu osseux, et en dissocie les parties calcaires ou terreuses qui sont ensuite expulsées en plus grande partie comme matières excrémentitielles. On voit que dans ce cas le suc gastrique agit tout autrement que l'eau acidulée, qui dissoudrait au contraire les matières calcaires, et laisserait intacte la trame gélatineuse.

Enfin, il y a des substances sur lesquelles le suc gastrique n'a aucune action : telles sont les matières épidermiques végétales et animales. Dans toutes ces actions, le suc gastrique agit par ses deux éléments, et cette action peut être regardée comme physiologique. Il peut cependant, dans certaines circonstances, agir uniquement par son acide, à la manière de l'eau acidulée.

C'est ainsi, lorsqu'on introduit de la limaille de fer dans l'estomac, qu'il se produit une réaction qui décompose l'eau en attaquant le fer. Certains sels, tels que les cyanures, sont très-facilement décomposés lorsqu'ils arrivent dans l'estomac, et c'est à la mise en liberté de l'acide cyanhydrique par l'acide du suc gastrique qu'il faut attribuer l'empoisonnement si rapide. Nous avons pu constater que pendant la digestion, alors que la sécrétion gastrique est abondante, l'empoisonnement par le cyanure de mercure, par exemple, est beaucoup plus rapide que pendant l'abstinence.

On peut tirer de ces faits la conclusion que, lorsqu'on veut administrer une substance sur laquelle l'acidité du suc gastrique doit agir, il faut l'ingérer pendant la période digestive. Mais on a cru aussi pouvoir en inférer qu'il fallait se garder surtout de donner en même temps des alcalis. Il a été dit, relativement à l'administration du fer, qu'on ne devait pas le mélanger à des solutions alcalines qui neutraliseraient l'action du suc gastrique sur le fer. Ces considérations paraissent justes au premier abord, et elles le seraient en effet, si le suc gastrique était contenu dans un verre ou dans une cornue. Mais dans l'estomac, les choses fournissent d'autres résultats : non pas que le suc gastrique y soit différent, mais parce que les glandules de l'estomac réagissent sous l'influence de certains stimulants. C'est ainsi, par exemple, que lorsqu'on administre du fer avec un alcali faible (du carbonate de soude, par exemple), il est plus rapidement attaqué, contre les prévisions qu'on aurait pu avoir d'après ce qui a été dit plus haut. Dans ce cas, l'alcali a sans doute neutralisé une certaine quantité de l'acide du suc gastrique, mais les glandules ont été excitées par l'action de l'alcali à en sécréter une beaucoup plus grande quantité qui a compensé, et au delà, ce qui a été saturé. Cet exemple prouve, ainsi que beaucoup d'autres que nous pourrions citer, que, lorsqu'il s'agit de conclusions tirées de phénomènes physiologiques, il faut non-seulement tenir compte des propriétés physiques et chimiques des liquides, mais encore des propriétés physiologiques des tissus dans lesquels ces liquides se sécrètent.

Telle est en résumé, et d'une manière très-succincte, l'action apparente du suc gastrique sur les principales matières alimentaires ; nous aurons plus tard à considérer l'essence même de cette action. Les modifications dont nous venons de parler sont celles que produit le suc gastrique agissant isolément sur les aliments ; mais nous ne les avons indiquées que pour voir maintenant par comparaison si cette action est la même quand le suc gastrique est mélangé avec la salive, dont l'action précède la sienne, et avec les autres fluides qui se déversent après lui : c'est ce que nous ferons dans la prochaine leçon, où nous examinerons la nature de la digestion stomacale.

SEIZIÈME LEÇON

22 JUIN 1855.

SOMMAIRE : Pourquoi le suc gastrique ne digère pas les parois de l'estomac. — Grenouilles et anguilles digérées vivantes. — De l'action combinée de la salive et du suc gastrique. — De la rapidité de l'acte stomacal. — Action réciproque des aliments. — Qualités différentes du suc gastrique chez des animaux différents. — Comparaison de l'acte stomacal avec la cuisson dans l'eau.

MESSIEURS,

Dans la dernière séance nous avons voulu examiner les modifications que les aliments subissent hors de l'estomac sous l'influence du suc gastrique, et nous avons dû préalablement faire son histoire. Aujourd'hui nous devons constater les mêmes faits sur l'animal vivant, et rechercher si le mélange du suc gastrique avec le mucus et la salive apporte une modification dans son action.

Mais avant, nous devons rappeler une question qu'on a soulevée à propos de l'influence dissolvante du suc gastrique. On a demandé comment il se faisait, puisque ce liquide pouvait dissocier la chair et les tissus animaux, quil ne digérât pas les parois mêmes de l'estomac qui le sécrétaient.

Pour expliquer la non-digestion de l'estomac par le suc gastrique, on a prétendu d'abord que la vie mettait obstacle à la production de la réaction chimique constaté hors de l'individu vivant. C'est exact, sans doute, mais ce n'est pas une explication. D'autres, précisant davantage, pensèrent que le suc gastrique pénétrait les parois de l'estomac, et que, s'il ne digérait pas ses membranes, c'est qu'il était emporté incessamment par le courant sanguin, à son contact avec les vaisseaux. Si cette théorie était exacte, on devrait rencontrer la pepsine dans le sang ; or il est impossible de l'y trouver.

Si peu compromettante que fût d'ailleurs l'opinion que la vie garantissait le tissu de l'estomac des effets du suc gastrique, elle reposait cependant sur une vue générale inexacte. On peut s'en assurer en introduisant du suc gastrique sous la peau d'un animal vivant. La dissolution du tissu cellulaire a lieu, et, en incisant la partie dans laquelle le suc gastrique a été injecté, on trouve, non pas un abcès, mais un amas de produits digérés, une espèce de liquéfaction de la couche de tissu avec laquelle le suc gastrique a été mis en rapport.

Messieurs, si le suc gastrique ne digère pas les parois de l'estomac vivant, c'est que pendant la vie il est impossible que la pepsine puisse être absorbée. La présence de l'épithélium sur les muqueuses en général, sur la muqueuse stomacale notamment, oppose un obstacle complet à l'absorption d'un certain nombre de matières organiques ; les ferments destinés à agir sur les aliments sont ainsi arrêtés ; il en est de même des virus.

La couche épithéliale se détruit et se renouvelle avec une grande facilité : de là, quand la vie cesse, sa rapide altération. L'estomac se trouve alors exposé à absorber indifféremment tout ce qu'il contient ; aussi se trouve-t-il désarmé contre les effets du suc gastrique, qui le digère. Spallanzani a observé d'abord ces faits, et j'ai vu, chez des animaux tués en digestion, le suc gastrique détruire l'estomac, la moitié du foie, la rate, quelquefois même une partie des intestins, pourvu qu'on ait eu la précaution de maintenir l'animal dans une étuve, à une température voisine de la température animale.

L'épithélium de la muqueuse stomacale, espèce de mucus gluant qui tapisse la paroi interne de ce viscère, et qu'on peut très-bien voir, quand on ouvre un animal encore vivant, enferme donc le suc gastrique comme dans un vase aussi imperméable que s'il était de porcelaine ; avec cette différence, toutefois, que cet enduit protecteur est soumis à une mue incessante et disparaît avec les causes qui en favorisent le renouvellement.

Une expérience vous rendra sensible le rôle protecteur que joue l'épithélium dans cette circonstance. Certains épithéliums, celui de la peau des grenouilles, par exemple, sont détruits de façon à ne plus pouvoir se renouveler lorsqu'ils ont été en contact avec des liquides acides qui modifient puissamment les propriétés de la surface qu'ils recouvrent. Les solutions acidules produisent cet effet sur la peau des grenouilles, l'épithélium y est détruit et ne se renouvelle plus.

Par une fistule gastrique que porte ce chien, nous avons introduit, il y a environ trois quarts d'heure, dans son estomac, l'arrière-train d'une grenouille. Cette grenouille que vous voyez s'agiter en dehors est encore bien vivante; et cependant nous pouvons, en la retirant, constater que les membres postérieurs sont en grande partie digérés. Si, au lieu d'être à jeun, le chien eût été en pleine digestion, cette action digestive aurait marché bien plus rapidement. Qu'est-il arrivé dans cette circonstance ?

L'arrière-train de la grenouille, arrivant dans un milieu acide, a été dépouillé de son épithélium et est devenu aussitôt perméable au principe actif du suc gastrique, qui en a commencé la digestion. Cette expérience, en même temps qu'elle établit nettement le rôle protecteur de l'épithélium, montre que la vie n'est pas un obstacle à l'action du suc gastrique, qui se produit énergiquement sur des parties où la circulation a encore lieu.

Les anguilles se dirigèrent également vivantes, quand on introduit leur corps dans l'estomac et qu'on laisse sortir la tête au dehors. Un animal dont l'épithélium ne serait pas attaquable par les acides pourrait y séjourner sans être digéré. On pourrait mettre le doigt dans l'estomac de ce chien et l'y laisser longtemps sans qu'il soit attaqué; tandis que, chez la grenouille et l'anguille, l'épithélium a des propriétés particulières que détruit l'acide du suc gastrique.

Spallanzani avait déjà examiné la question de savoir si l'insalivation est ou non nécessaire pour la digestion des substances alimentaires, et il avait conclu à la nécessité de cet acte préliminaire. Sans aucun doute, des substances qui sont mâchées et imbibées par la salive peuvent, mises en contact avec du suc gastrique, en éprouver l'action plus facilement que des substances qui n'ont pas été soumises préalablement à la mastication. Mais, dans ce cas, on peut dire que cela prouve simplement que la division mécanique, en rendant le contact du suc gastrique plus étendu, a rendu son action plus intense. Cette dernière supposition paraît être la vérité. En effet, lorsqu'on triture mécaniquement une substance alimentaire, et qu'on la soumet à l'action du suc gastrique, elle s'y altère à peu près aussi facilement que si elle avait été soumise à la division préalable des mâchoires. La mastication est un acte qui peut être remplacé par des agents purement mécaniques, et l'insalivation ne paraît pas jouer un rôle indispensable pour que le suc gastrique agisse. En un mot, si une substance est convenablement divisée, on peut l'introduire par une fistule de l'estomac, et elle est digérée ; et l'animal peut être nourri comme s'il avait réellement mangé la substance. M. Sédillot, de Strasbourg, dut étudier cette question afin de savoir si chez les hommes où la déglutition est rendue impossible par des altérations cancéreuses ou autres, on ne pourrait pas permettre à la nutrition de continuer au moyen d'une fistule pratiquée à l'estomac. Il fallait donc préalablement savoir si l'aliment introduit par cette fistule pouvait être digéré. Les expériences prouvèrent que cela avait lieu.

On lia l'œsophage à des chiens, on réséqua même une partie de ce conduit sur des chiens munis de fis-

tules à l'estomac ; ces animaux ne pouvaient par conséquent vivre qu'avec les aliments qu'on leur introduisait
directement sous l'estomac. Or les chiens vécurent des
temps considérables, et il arriva même à la fin ce fait
singulier, que l'œsophage se rétablit et que les animaux
purent plus tard reprendre leur nourriture par les
voies ordinaires. Chez les animaux, ainsi opérés par la
ligature de l'œsophage, on était bien sûr qu'on avait
éliminé toute la salive, et que le suc gastrique qui était
dans l'estomac devait être du suc gastrique pur. Or, le
suc gastrique pur a agi sur les aliments et les a digérés.
De tout cela, nous devons conclure que l'action de la
salive n'intervient pas sensiblement dans la digestion
stomacale, en tant qu'elle communiquerait au suc gastrique des propriétés spéciales. On avait autrefois cru
que la salive donnait ses propriétés au suc gastrique ;
Montègre avait même été jusqu'à soutenir que le suc
gastrique n'était que de la salive acidifiée. Pour le prouver, il mâchait un morceau de pain, le laissait abandonné à lui-même, et, le voyant devenir acide, en concluait que là, de même que dans l'estomac, la salive
s'était acidifiée pour donner naissance au suc gastrique.
Aujourd'hui cette opinion ne peut plus être soutenue,
parce qu'on sait que cette réaction est due à de l'acide
lactique formé aux dépens de l'amidon et du sucre que
le pain contient. On a parlé d'un usage de la salive dans
l'estomac, qui est en rapport avec l'alcalinité de la
salive. On a dit, par exemple, que les aliments, arrivant alcalins et imbibés de salive dans l'estomac,
déterminaient une sécrétion plus abondante de suc

gastrique que s'ils avaient été neutres ou acides.

Cette observation est assez juste, mais on comprend qu'on puisse facilement remplacer cette réaction particulière dans l'estomac. On a dit encore que la salive a pour usage d'emprisonner de l'air avec les aliments, et de favoriser ainsi la digestion dans l'estomac ; cet usage ne paraît nullement démontré. Enfin, quand on fait des digestions artificielles avec du suc gastrique et qu'on mélange ce suc gastrique avec la salive, on ne voit pas que ce mélange lui communique des propriétés particulières. De toutes ces observations, il résulte donc que la salive n'est pas un fluide actif dans les actes chimiques de la digestion. Cependant ce liquide salivaire, qui a été déversé pour les besoins de la mastication et de la déglutition, est probablement réabsorbé ; car tout le monde sait que chez les malades atteints de fistules salivaires, la perte de ce liquide est pour eux une cause considérable d'épuisement. Nous devons ajouter que cela a lieu d'une manière générale pour toutes les fistules par lesquelles se fait une déperdition considérable du liquide.

Le suc gastrique dans l'estomac imbibe les aliments pendant un certain temps, les dissout et les ramollit. Ce temps est variable pour certains animaux : chez les lapins, par exemple, il y a constamment des aliments dans l'estomac, et ils peuvent y séjourner pendant plusieurs jours, car on en trouve encore même chez des animaux morts de faim. Lorsque les aliments nouveaux descendent chez ces animaux, ils chassent les anciens qui sont déjà digérés par le suc gastrique.

C'est ce que l'on voit parfaitement quand on fait manger à un lapin deux substances de couleur différente que l'on peut bien distinguer l'une de l'autre. Ainsi, lorsqu'on fait manger à un lapin des feuilles de carottes vertes, et que, le lendemain, après vingt-quatre heures d'abstinence, on lui donne à manger la carotte elle-même ; si, quelques heures plus tard, on sacrifie l'animal, on voit dans l'estomac que la racine de carottes, reconnaissable à sa couleur, chasse devant elle les aliments verts qu'on aperçoit très-distinctement.

La digestion stomacale est quelquefois très-rapide. Chez le cheval, par exemple, les aliments s'arrêtent à peine dans l'estomac, qui est très-petit, comme on le sait, comparativement à l'intestin de l'animal. Lorsque l'alimentation est mixte, les aliments ne sortent pas tous ensemble de l'estomac. Ainsi on a observé chez l'homme, dans des cas de fistules duodénales, que les aliments végétaux sortaient plus vite de l'estomac que les aliments animaux, et que les parties végétales, telles que les feuilles de salade, les morceaux de carottes, sortaient de l'estomac ayant conservé tous les caractères physiques qui permettaient de les reconnaître.

Lorsqu'on donne à un animal une alimentation unique, l'estomac contient une pâte homogène ou bien un mélange de la substance avec du mucus. Cette pâte stomacale ne mérite pas alors le nom de chyme. On a donné ce nom à un mélange d'aliments mixtes, et c'est surtout chez le chien qu'on a décrit l'espèce de mélange grisâtre qui en résulte.

A ce propos on a dit que, dans l'alimentation mixte,

les aliments réagissaient les uns sur les autres, de manière à se digérer en quelque sorte les uns par les autres. Il y a dans cette observation un fait réel, c'est qu'une matière non azotée doit toujours être accompagnée d'une matière azotée qui joue par rapport à elle le rôle de ferment. Il en est ainsi partout dans la nature : la diastase accompagne la fécule ; l'émulsine et la caséine accompagnent l'amygdaline et les matières grasses, etc. Il en résulte donc que, dans l'estomac, lorsqu'il y a un mélange de substances azotées et de substances non azotées, elles peuvent à la rigueur avoir une certaine réaction les unes sur les autres, réaction capable de rendre leur mélange plus intime, mais non d'opérer leur digestion proprement dite.

Avant de quitter les phénomènes de la digestion stomacale, et d'examiner l'action que les fluides versés dans le duodenum exercent sur cette espèce de pâte chymeuse, nous devons chercher d'abord si elle est la même chez tous les animaux ; si le suc gastrique, en un mot, a opéré chez tous sur les mêmes aliments une action identique. Les expériences que nous avons rapportées dans la dernière séance sur l'action du suc gastrique sont relatives à l'action du suc gastrique du chien. Nous avons essayé de reproduire ces mêmes expériences avec du suc gastrique de lapin et de cheval, et nous n'avons pas obtenu des résultats semblables. Le suc gastrique, acide chez les lapins comme chez les chiens, mis en contact avec la viande crue, décolore la viande, la crispe, l'imbibe comme vous le voyez ici, mais ne la désagrége pas et ne la ramollit pas avec la même énergie que le fait le suc gastrique de chien, et ne fait pas disparaître les stries transversales des fibres. Ceci s'observe également quand on fait manger du bœuf à des lapins ; on rencontre dans l'estomac de la viande décolorée, comme cuite, mais présentant des caractères différents de ceux qu'on observe dans la viande mise dans l'estomac d'un chien.

Ces différences que nous constatons ici dans le suc gastrique du lapin et du chien, nous les avons constatées également avec le suc gastrique artificiel de ces mêm an- maux. Nous avons fait de ce suc gastrique avec la membrane stoma- cale du chien, du lapin, du cheval, du veau, et nous avons constaté que le suc gastrique du

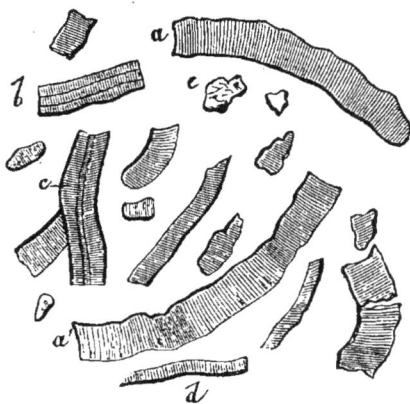

Fig. 58. — *Viande de bœuf cuite digérée dans le suc gastrique d'un lapin.*

a, *a*¹, fibres musculaires désagrégées; on voit très-bien les stries transversales? — *b*, *c*, on distingue sur ces fibres une suture longitudinale, et ces fibres se séparent ensuite longitudinalement, comme on le voit en *d*.

chien et celui de l'homme se ressemblent ; tandis que le suc gastrique du lapin et celui du cheval pré- sentaient des caractères comparables à ceux du suc gastrique naturel de ces mêmes animaux. Nous avons même fait du suc gastrique avec le ventricule succen- turié des oiseaux, et nous avons trouvé que ce suc gastrique n'avait pas la propriété de ramollir et de dissoudre la chair musculaire comme le suc gastrique du chien et de l'homme.

L'action de ces différentes espèces de sucs gastriques n'est pas la même sur les os, et les sucs gastriques d'homme et de chien sont les seuls qui dissolvent d'une manière très-active la trame gélatineuse des os.

De tout cela, on peut conclure que, si le suc gastrique est semblable chez tous les animaux, en ce que chez tous il présente une réaction acide, on doit cependant admettre qu'il y a des différences dans l'énergie et le mode d'action de ce liquide. L'énergie paraît être en rapport avec la quantité du principe actif accusée par l'analyse chimique, ainsi que nous l'avons vu dans les analyses rappelées dans la dernière leçon.

Si nous voulons maintenant nous rendre compte de l'action intime du suc gastrique sur les aliments, nous pourrons dire que ce liquide agit en quelque sorte comme la cuisson dans l'eau bouillante. En effet, examinons comparativement l'action de la cuisson à l'eau bouillante, et celle du suc gastrique sur les trois classes de substances alimentaires.

D'abord, relativement aux matières grasses, la cuisson ne fait que les fluidifier ; elle brise ou dissout l'enveloppe celluleuse qui retient la graisse. Le suc gastrique, bien qu'à une température beaucoup plus basse, agit exactement de la même manière.

Relativement aux matières féculentes et sucrées, nous avons dit que le suc gastrique hydrate la fécule ;

l'eau bouillante produit absolument le même effet. Nous avons dit que le suc gastrique peut quelquefois transformer le sucre de première espèce en sucre de deuxième espèce ; l'ébullition prolongée produit le même résultat.

Voyons maintenant si la comparaison peut se poursuivre pour les matières azotées, sur lesquelles le suc gastrique paraît avoir une action plus spéciale. Nous avons dit que le suc gastrique dissout la matière unissante dans la chair musculaire, et celle qui unit les molécules terreuses dans les os ; de sorte qu'il désagrége ainsi les tissus après avoir dissous la partie animale intermédiaire qui est formée par un tissu susceptible de donner de la colle. L'ébullition prolongée produit exactement le même effet : ainsi, quand on fait bouillir des os, quand on fait bouillir de la peau ou de la viande, le tissu cellulaire seul est dissous, et il se prend souvent en gelée par le refroidissement. On retrouve d'un autre côté les parties terreuses ou les fibres musculaires qui ont simplement été dissociées.

Le suc gastrique, par la digestion, désagrége également les autres éléments anatomiques des tissus, tels que les éléments nerveux glandulaires, etc. ; aussi je me sers depuis longtemps, et je recommande, dans mes cours, l'emploi du suc gastrique dans la préparation microscopique des tissus.

La preuve que l'action du suc gastrique dissout une matière gélatineuse intermédiaire aux tissus proprement dits, c'est qu'en prenant les matières animales contenues dans l'estomac d'un chien en digestion, de la

viande crue, ou de la viande cuite, les humectant avec
de l'eau et jetant le tout sur un filtre, on recueille un
liquide clair, transparent, moins acide que le suc gastrique, et se prenant en gelée par le refroidissement.
Cette action a lieu surtout parce qu'on diminue l'acidité
du suc gastrique, qui empêche, comme on sait, la gélatine de se solidifier par le refroidissement. Ainsi, en

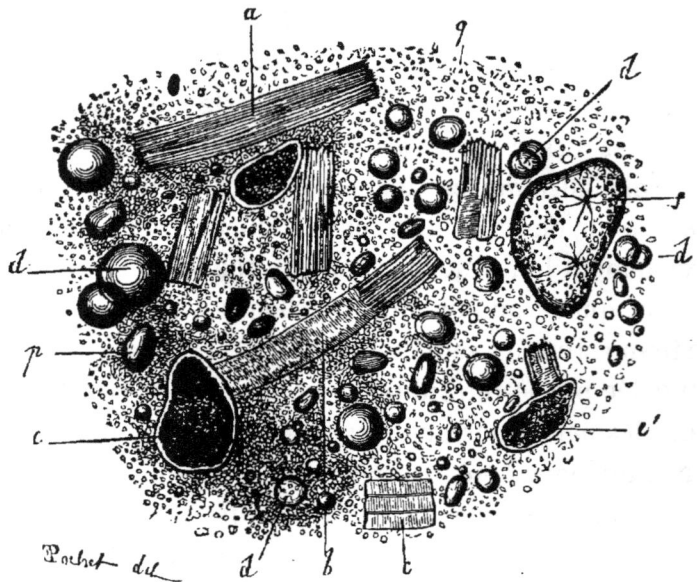

Fig. 59. — *Chyme pris dans la partie pylorique de l'estomac d'un chien
en digestion d'aliments mixtes.*

a, fibre musculaire désagrégée dans laquelle les stries ont disparu; — b,
fibre musculaire dans laquelle les stries ont en partie disparu; — d, d, d,
globules de graisse; — e, e, e, fécule; — q, granulations moléculaires.

résumé, le suc gastrique a pour effet de dissoudre
dans les aliments azotés les matières animales capables
de donner de la colle ou de la gélatine par leur dissolu-

tion, et nous voyons que l'ébullition produit exactement le même effet, en sorte qu'en définitive l'action la plus générale que le suc gastrique semble exercer sur toutes les substances alimentaires serait de leur faire éprouver l'action que produit l'ébullition prolongée (fig. 59.)

DIX-SEPTIÈME LEÇON

27 JUIN 1855.

SOMMAIRE : — De l'action combinée de la bile et du suc gastrique. — Réaction du glycose sur le réactif cupro-potassique en présence de l'albuminose. — Sécrétion biliaire. — Action de la bile sur les matières azotées. — Influence du système nerveux sur les phénomènes digestifs.

MESSIEURS,

Vous nous avez vu, dans une précédente séance, pratiquer sur un chien une fistule à l'estomac pour obtenir du suc gastrique. Vous voyez ici cet animal qui a parfaitement guéri de cette opération et ne paraît nullement incommodé par cette fistule. Nous allons nous servir de l'ouverture que nous avons pratiquée pour recueillir du suc gastrique. Nous avons laissé l'animal à jeun pendant quelque temps, et nous lui faisons manger des tripes bouillies et bien lavées. Au bout d'un quart d'heure ou d'une demi-heure, le suc gastrique sera sécrété, mais la digestion des aliments n'aura pas encore eu le temps de s'effectuer. Nous retirerons alors le bouchon de la canule, et nous recueillerons, à l'aide de notre petite vessie, le liquide qui s'en écoule. Il est mélangé de quelques particules alimentaires ; mais, si l'on avait voulu avoir le suc gastrique complétement pur, il aurait fallu introduire des graviers dans l'estomac de l'animal ; la sécrétion aurait eu lieu, car elle dépend uniquement de l'action physique exercée par le contact d'une substance quelconque sur les parois stomacales. Nous aurions eu ainsi son suc gastrique parfaitement débarrassé de parties alimentaires. Seulement cette opération fatigue beaucoup l'estomac des animaux, qui ne peuvent la supporter longtemps. C'est pourquoi il vaut encore mieux, malgré l'inconvénient d'une pureté moindre dans le produit obtenu, en provoquer la sécrétion en faisant avaler des aliments.

En prenant des aliments dissous dans l'estomac, ou en recueillant par la fistule une certaine quantité du liquide qui se trouve dans cet organe, puis en le filtrant, nous avons un liquide qui contient une matière analogue à la gélatine, qu'on appelle albuminose. Toutefois il faudrait savoir si quelques-uns des caractères qu'on attribue à une matière digérée ne viennent pas directement de la sécrétion gastrique ; car, en ingérant de l'éther ou de l'alcool dans l'estomac des chiens à jeun, j'ai vu se former une sécrétion gastrique acide abondante, dans laquelle on pouvait constater tous les caractères de l'albuminose, bien qu'il n'y eût aucune trace de viande ingérée dans l'estomac à ce moment.

Vous voyez que nous avons recueilli ici une certaine quantité du liquide contenu dans l'estomac ; nous le jetons sur un filtre : nous aurons ainsi un liquide parfaitement clair, à l'aide duquel nous pourrions constater toutes les propriétés du suc gastrique naturel.

C'est ce que nous allons essayer de vous montrer en mettant en train quelques expériences avec ce liquide.

Les aliments qui ont subi le contact du suc gastrique se trouvent donc, aussitôt après leur sortie de l'estomac, en présence de la bile, et il est par conséquent très-intéressant de se demander quel est le rôle respectif de ces deux liquides à l'égard l'un de l'autre. On savait déjà que, si la bile venait à refluer dans l'estomac au moment où cet organe était plein d'aliments, la digestion était entravée, et l'estomac se débarrassait de son contenu par le vomissement.

Les expériences physiologiques ont permis aujourd'hui de constater le phénomène.

Quand on met du suc gastrique en contact avec de la viande, il y a une désagrégation de la fibre musculaire; il se forme un dépôt qui se compose des particules des fibres musculaires dissociées. C'est cette désagrégation qui constitue l'action du suc gastrique. Mais si l'on ajoute de la bile dans le mélange, immédiatement le travail de dissociation s'interrompt. Ainsi, si nous mettons dans ces deux verres, d'une part de la viande avec du suc gastrique mélangé d'un peu de bile; de l'autre de la viande avec du suc gastrique seul, vous verrez dans la prochaine séance que dans ce second verre la désagrégation de la viande aura été complète, tandis que rien ne se sera produit dans le premier. Par suite de son mélange avec la bile, le suc gastrique, bien qu'il soit resté acide, aura perdu ses propriétés. Il en est absolument de même dans l'estomac, la digestion s'arrête dès qu'il y pénètre de la bile.

Lorsque les matières azotées ou albuminoïdes dissociées par le suc gastrique et dissoutes seulement en partie arrivent dans le duodenum, elles s'y comportent tout autrement que les matières non azotées. Tandis que ces dernières ne subissent pas de précipitation par leur contact avec la bile, les premières, au contraire, sont immédiatement précipitées de leur dissolution acide par le fluide biliaire. La partie celluleuse de l'aliment azoté qui a été dissoute par le suc gastrique est coagulée par la bile : on peut se convaincre de cela en filtrant le contenu de l'estomac chez un animal en digestion de viande. En ajoutant de la bile au liquide filtré, on obtient immédiatement un précipité, ce qui n'a pas lieu quand la sécrétion du suc gastrique est excitée chez l'animal à jeun, ou que le suc gastrique a été mis en contact avec des matières non azotées, fécule, sucre ou graisse. Quand les aliments azotés passent de l'estomac dans le duodenum, il se forme un précipité jaunâtre de toute la matière dissoute, qui adhère intimement aux villosités intestinales. La sécrétion visqueuse des glandes duodénales favorise, sans aucun doute encore, cet arrêt des substances précipitées, retient en même temps les matières non dissoutes et les fait séjourner plus longtemps dans le duodenum, comme pour leur faire subir d'une manière plus prolongée l'action des liquides digestifs qui s'y rencontrent.

Dans cette précipitation, l'action du suc gastrique a complétement été annihilée, de même que cela a lieu par son mélange avec la bile. Si l'on recueille, par exemple, le liquide qui passe à travers le filtre, on n'a plus aucune espèce d'action digestive, bien qu'on aci-

dule ce liquide, s'il s'est trouvé neutralisé. Ceci semblerait indiquer que la bile précipite la pepsine en
même temps que la matière rendue soluble de l'aliment. Ce fait pourrait expliquer comment la présence
de la bile dans l'estomac trouble la digestion. Du suc
gastrique auquel on a ajouté une proportion de bile
perd également ses propriétés digestives.

Il suit de ce qui précède que le suc pancréatique
devra agir dans le duodenum sur deux espèces de produits : 1° sur les fibres musculaires ou autres éléments
de tissus animaux seulement dissociés, mais non dissous ; 2° sur la partie de l'aliment azoté qui, ayant été
rendue soluble par le suc gastrique, a de nouveau été
précipitée à l'état insoluble par l'action de la bile. C'est,
en effet, le suc pancréatique qui a la propriété spéciale
de dissoudre définitivement ces deux produits, car la
digestion des matières azotées est loin d'être achevée
dans l'estomac, ainsi qu'on le croit généralement.

Il se passe donc dans l'estomac et dans l'intestin deux
actes parfaitement distincts qui doivent s'accomplir l'un
après l'autre. La digestion stomacale n'est qu'un acte
préparatoire, comme nous le verrons tout à l'heure.

On a dit, dans ces derniers temps, qu'il y avait un
moyen sûr de reconnaître lorsqu'une matière azotée
avait subi l'action du suc gastrique, parce qu'alors elle
avait acquis la propriété de masquer la réaction du
sucre avec le tartrate cupro-potassique. On avait même
voulu en tirer un procédé pratique pour reconnaître si
la digestion dans certains cas s'était ou non effectuée.

Nous connaissons déjà le réactif en question, qui est

un tartrate de cuivre dissous dans la potasse. Vous savez que, lorsqu'il est pur et bien préparé, on peut le faire bouillir sans produire en lui la moindre décomposition ; mais si l'on y ajoute un peu d'eau sucrée par du glycose, immédiatement, sous l'influence de l'ébullition, l'oxyde de cuivre se précipite. La réduction de ce liquide bleu indique ainsi la présence du sucre.

On a dit que cette réduction était empêchée quand il y avait en présence du sucre des matières albuminoïdes dissoutes dans le suc gastrique ; en d'autres termes, que, si l'on mettait ensemble dans l'estomac des matières sucrées avec des matières albuminoïdes, il pourrait fort bien se faire qu'au moyen de la réaction du tartrate cupro-potassique, on ne trouvât pas de sucre dans l'intestin, quoiqu'il y en eût. On a dit aussi que cette propriété de masquer la présence du sucre était spéciale au suc gastrique tenant en dissolution ce produit vague qu'on désigne sous le nom d'albuminose. D'où l'on concluait à un moyen propre à faire reconnaître les substances digérées par le suc gastrique.

Il y a en effet certaines substances, et en particulier les substances albuminoïdes, qui peuvent masquer la réaction du glycose, c'est là un fait connu depuis longtemps ; aussi quand on veut rechercher la présence du sucre dans une liqueur au moyen de ce réactif, faut il avoir soin de précipiter la matière organique avec l'acétate de plomb, par le charbon animal ou par tout autre procédé. Mais il s'agit ici de savoir si ce caractère est spécial au suc gastrique. Il résulte de nos expériences que cette propriété de masquer la réaction n'appar-

tient pas exclusivement à l'abuminose regardée comme
un produit alimentaire sur lequel le gaz gastrique aurait agi ; nous avons trouvé que la gélatine possède ce
caractère à un très-haut degré, quand on a soin d'en
mettre une quantité suffisante. Ainsi, si nous prenons
ce liquide dans lequel se trouve du glycose, qui donne
au réactif cupro-potassique une réduction très-manifeste, et si nous y ajoutons une dissolution de gélatine,
vous allez voir que la réduction du sel et du cuivre n'a
plus lieu. L'ébullition produit dans le mélange une
coloration violette, mais elle n'y forme pas de précipité.
On ne peut donc pas dire que ce soit là un moyen de
reconnaître la présence de l'albuminose. D'ailleurs cette
matière que dissout le suc gastrique est très-analogue
à la gélatine, et ce qu'il y a de particulier, c'est qu'on
la retrouve dans le suc gastrique artificiel et dans celui
qui est sécrété par un estomac sous une influence autre
que celle des aliments.

En sortant de l'estomac, le chyme, c'est-à-dire le
mélange du suc gastrique, des aliments et de la salive,
arrive au contact de la bile, qui est le premier liquide
qui se déverse dans le duodenum. Toutefois, avant la
bile, il y a le liquide des glandes duodénales ou de Brunner. Ces glandes forment une espèce d'anneau aussitôt
après le pylore, et elles fournissent un liquide visqueux, gluant, qui paraît avoir beaucoup d'analogie
avec la salive sublinguale ; ce liquide se mélange avec
le suc gastrique et la bile, sans qu'on ait pu déterminer
au juste son mode d'action. Nous avons dit ailleurs qu'il
y a dans le duodenum d'autres glandules qui sont si-

tuées au niveau de l'insertion du canal pancréatique,
qui réagissent à la manière du pancréas, et qui présentent les caractères chimiques du tissu de cette glande.
Dans l'intention de savoir si les liquides fournis par ses
glandes pancréatiques avaient réellement les propriétés
du suc pancréatique, nous avons fait l'expérience suivante:

Sur un chien de taille moyenne et vigoureux, à jeun
depuis la veille, on fit une incision au-dessous des
bords des côtes du côté droit, et l'on attira au dehors
la partie supérieure du duodenum et le pylore. On chercha les conduits pancréatique et cholédoque pour les
lier. L'opération fut assez longue ; et en cherchant le
petit conduit pancréatique et le canal cholédoque, quelques vaisseaux se rendant au duodenum furent lésés.
On posa ensuite une ligature sur le pylore ; puis une
ouverture étant faite à la partie inférieure du duodenum, on y poussa de l'eau tiède avec une seringue, à
trois ou quatre reprises, afin de laver l'intestin ; ensuite
en rentra l'intestin dans le ventre, et l'on fixa sur l'ouverture faite à l'intestin du tube auquel fut adaptée une
vessie et sur lequel on lia l'intestin lui-même. Après l'o-
pération, l'animal fit quelques efforts de vomissement,
puis il resta calme et ne parut pas souffrir beaucoup. Trois
heures après l'opération, la vessie contenait environ
3 grammes d'un liquide un peu rougi par le sang, ayant
une réaction alcaline et contenant beaucoup de grumeaux qui semblaient être des débris de la muqueuse
intestinale. Huit heures après l'opération, on retira encore 7 ou 8 grammes d'un liquide présentant les mê-

mes caractères, seulement il était un peu plus coloré
par le sang.

On fit sur un autre chien en digestion la même opération, et l'on retira, dix-huit heures après l'opération,
également après avoir lavé convenablement l'intestin,
un liquide légèrement visqueux, offrant des grumeaux
et ayant une odeur désagréable. Ce liquide formait avec
l'huile une émulsion, mais peu forte, et transformait
rapidement l'amidon en glycose. Bien que ces liquides
ainsi recueillis ne fussent pas obtenus dans de très-
bonnes conditions, car l'opération produisait une inflammation dans le duodenum, et par conséquent un
trouble dans la sécrétion des glandes, ce liquide se
rapprochait du suc pancréatique, puisqu'il émulsionnait assez la graisse, et transformait l'amidon en glycose. Dans les autres parties de l'intestin, ce liquide
n'offre pas les mêmes propriétés.

Sur des lapins l'expérience est beaucoup plus facile,
et nous avons obtenu ce liquide intestinal en faisant
une plaie au duodenum, au-dessus du conduit pancréatique. Nous allons faire l'expérience devant vous.

Nous pratiquons dans le flanc droit del'animal, au
niveau de l'ombilic, entre lui et la colonne vertébrale,
une incision verticale. Vous voyez qu'aussitôt que
nous avons pénétré dans la cavité du péritoine, il
s'en est échappé une assez grande quantité d'un liquide incolore, semblable à de la sérosité. Je vous signale cette particularité en passant, parce que je l'ai
toujours observée chez les lapins et même chez les
chiens en digestion, plus particulièrement quand ils

sont jeunes. Alors il existe toujours dans le péritoine une certaine quantité de liquide, quelquefois très-considérable chez les lapins. Ce liquide, extrait de la cavité péritonéale, ressemble parfaitement à de la lymphe : il se coagule et contient de la fibrine, de l'albumine et toujours du sucre. Il est probable que ce liquide résulte d'une sorte d'exhalation des vaisseaux lymphatiques de l'intestin, et particulièrement de ceux du foie, qui sont très-gorgés au moment de la digestion.

Revenons à notre expérience. Par la plaie des parois de l'abdomen, nous apercevons le cœcum qui forme une masse énorme qui sépare la masse de l'intestin grêle, situé à gauche, du duodenum, situé à droite. Nous repoussons le cœcum à gauche, et à droite nous trouvons une anse d'intestin grêle : c'est le duodenum, que nous attirons dans la plaie. Nous voyons l'abouchement du conduit pancréatique ; nous faisons au-dessus une ligature, et nous fixons sur l'intestin un tube par lequel nous recueillerons le liquide venant de la partie supérieure du duodenum. Pour obtenir ce liquide pur, nous n'aurions qu'à attirer l'intestin et à faire la ligature du canal cholédoque.

Le liquide qu'on obtient ainsi est le liquide intestinal, moins le suc pancréatique : il est alcalin, gluant, il transforme l'amidon en sucre, mais agit avec peu d'énergie sur les matières grasses, et ne les acidifie pas.

Quoi qu'il en soit, nous allons maintenant examiner l'action de la bile et des autres liquides intestinaux sur les matières qui sortent de l'estomac. D'abord nous devons rappeler que le déversement de la bile dans l'intestin se fait d'une manière successive à mesure que les aliments y arrivent. Nous avons déjà dit ailleurs que la bile n'était pas sécrétée au moment de la digestion. Chez les mammifères pourvus de fistules biliaires, on a constaté que la sécrétion de la bile avait lieu à la fin de la digestion, c'est-à-dire de cinq à sept heures après l'ingestion alimentaire. Nous avons nous-même constaté chez les mollusques, tels que les limaces, que, lorsque les aliments descendent dans l'intestin, il s'y trouve déjà de la bile en réserve, de telle sorte que la bile qui sert dans une digestion a toujours été sécrétée à la fin de la digestion précédente. L'écoulement de la bile se fait au moment où les aliments descendent, ainsi que nous l'avons dit, et l'on a pensé que c'était le contact acide du chyme qui déterminait l'écoulement de la bile ; ce qui n'aurait pas lieu, si le liquide sorti de l'estomac ne présentait pas cette réaction acide. En effet, si l'on ouvre le duodenum sur un animal vivant et que l'on touche l'orifice du conduit cholédoque avec une baguette de verre imprégnée d'acide acétique faible, on voit immédiatement un flot de bile lancé dans l'intestin ; ce qui ne se fait pas si, au lieu de toucher l'orifice du conduit cholédoque avec un liquide acide, on le touche avec un liquide légèrement alcalin, comme du carbonate de soude par exemple.

Nous devons examiner quelles sont les modifications que la bile fait éprouver au mélange qui sort de l'estomac. En agissant sur les matières grasses qui sortent de l'estomac, la bile ne leur fait éprouver aucune modification bien apparente, et l'on reconnaît la graisse dans

le mélange jaunâtre de suc gastrique et de bile. Cela
se voit également dans le cas où les animaux, ayant eu
le pancréas détruit, rendent la graisse avec les excréments ; elle est seulement colorée en jaune par la matière colorante de la bile.

Les matières amylacées n'éprouvent pas de modification par le contact de la bile seule : ainsi lorsque la
fécule hydratée sort de l'estomac et se met en contact
avec la bile, elle n'est pas modifiée et il n'y a pas formation de sucre ; seulement il devient difficile d'y reconnaître la présence de la fécule avec l'iode, à cause
de la présence de la bile.

C'est particulièrement sur les matières azotées albuminoïdes que la bile paraît agir d'une manière évidente : il y a un précipité des matières azotées qui ont
été dissoutes, et celles qui n'ont pas été dissoutes dans
l'estomac sont imprégnées de la matière biliaire ; de
façon qu'on peut dire que, si certaines matières azotées
ont été dissoutes par le suc gastrique dans l'estomac,
elles arrivent néanmoins à l'état solide dans le duodenum, parce qu'elle, se trouvent précipitées par la bile :
de telle sorte qu'en réalité, à l'entrée du duodenum,
toutes les matières alimentaires seraient insolubles.

Les matières grasses et amidonnées seraient insolubles, mais ensuite les matières azotées dissoutes rede-
viendraient elles-mêmes insolubles ; et nous savons que
la caséine est une de ces matières qui deviennent insolubles sous l'influence du suc gastrique, et arrive ainsi
dans le duodenum.

Quoi qu'il en soit, lorsque la bile seule a imprégné

les substances alimentaires qui sortent de l'estomac baignées de suc gastrique, la digestion s'est complétement arrêtée, les substances restent dans l'état où elles étaient. Et ce qu'il y a de particulier, c'est qu'elles peuvent se conserver presque indéfiniment dans cet état, sans pourrir, ce qui a fait dire que la bile avait une action antiseptique ou antiputride ; de sorte que la bile a arrêté complétement les propriétés du suc gastrique dont le rôle finit au pylore, sans que jamais l'action se continue dans l'intestin, excepté lorsque la bile n'intervient pas.

Il y a des animaux chez lesquels la bile arrive dans l'intestin mélangée avec du suc pancréatique, et alors elle agit sur la graisse comme un mélange de deux fluides. Cela a lieu chez la chèvre, le mouton, le bœuf. Chez ce dernier animal, il y a des petits conduits souvent au nombre de deux ou trois, qui se trouvent dans la partie de la glande qui entoure le conduit cholédoque et qui viennent s'ouvrir dans le conduit. J'ai même vu dans un cas un de ces conduits qui venait s'ouvrir dans le col de la vésicule du fiel. De sorte que, chez le bœuf, il peut parvenir en réalité du suc pancréatique parfois dans la vésicule du fiel, et se mélanger avec la bile ; aussi ai-je trouvé quelquefois cette bile qui émulsionnait la graisse et l'acidifiait, ce qui s'explique parfaitement. On peut très-bien voir les conduits dont nous parlons, en procédant comme nous l'avons fait pour les autres animaux, en injectant de l'eau par le gros conduit. On voit donc ainsi que, chez le bœuf, comme chez le chien et le lapin, il ne suffirait pas de supprimer le gros conduit pour croire avoir par cela supprimé le suc pancréatique de l'intestin.

Nous verrons plus tard comment, à la suite de cette suppression de la bile, il peut arriver des troubles dans la digestion. On comprend donc que, si la bile seule agissait sur les matières qui sortent de l'estomac, la digestion se trouverait arrêtée ; et c'est ce qui a lieu, comme nous l'avons dit, lorsque la bile reflue dans l'estomac en assez grande quantité. Mais après l'action de la bile il intervient d'autres fluides dont nous devons maintenant examiner les propriétés ; et il arrive alors des phénomènes de digestion tout à fait différents de ceux de la digestion stomacale. Ainsi on peut dire qu'il y a deux digestions : l'une, la digestion stomacale, qui n'est que préparatoire ; l'autre, la digestion intestinale, qui est définitive. L'action de la bile s'interpose entre ces deux digestions, arrête la digestion stomacale pour permettre à la digestion intestinale de commencer.

Enfin, Messieurs, pour compléter ce que nous avons à dire sur la digestion, il nous resterait à examiner l'influence du système nerveux sur l'ensemble des phénomènes physico-chimiques de la digestion. Il est important de savoir quelle idée on se fait de l'action du système nerveux sur un phénomène chimique. Nous examinerons successivement l'action du système nerveux sur les mouvements du canal intestinal et sur les sécrétions qui se déversent dans cet appareil.

Relativement à l'influence du système nerveux sur

les mouvements de l'appareil digestif, nous avons peu de chose à dire. Les mouvements des actes préparatoires, de la mastication, etc., sont sous l'influence du facial et de la cinquième paire ; les mouvements du canal digestif commencent à l'œsophage, et là ils se trouvent sous l'influence du pneumogastrique. En effet, lorsqu'on a coupé les pneumo-gastriques, les mouvements de déglutition deviennent impossibles, et d'autre part, lorsqu'on excite le pneumo-gastrique, on provoque ces mouvements de déglutition.

Voici un chien sur lequel on a coupé un pneumogastrique dans la région moyenne du cou. Nous excitons légèrement par le galvanisme le bout périphérique et le bout central : à chaque excitation légère du bout central, il y a un mouvement de déglutition. Lorsqu'on excite le bout inférieur, il y a des contractions dans l'œsophage au-dessous, mais il n'y a pas de mouvement de déglutition provoqué chez l'animal.

Quand on galvanise le bout supérieur un peu plus fort, on détermine en même temps un arrêt de la respiration, ainsi que je l'ai dit depuis longtemps. On produit également cet arrêt de la respiration lorsqu'on fait la trachéotomie à l'animal, et l'on voit également ce fait curieux que, chez un animal auquel on a pratiqué la trachéotomie, la respiration vient à se suspendre lorsque l'on comprime la trachée ou le larynx au-dessus de l'ouverture faite à la trachée ; ce qui prouverait que cette suspension de la respiration est un phénomène réflexe qui arrive par suite d'une sensation produite dans le larynx, sans qu'il y ait réellement obstacle à l'entrée de l'air. On peut même ainsi produire une espèce d'asphyxie incomplète sur l'animal qui a la trachée ouverte. Mais comme le nerf que nous galvanisons est mixte, c'est-à-dire qu'il contient, chez le chien, le nerf sympathique et le pneumogastrique lui-même, il faut savoir si les effets que nous produisons sur la respiration et la déglutition appartiennent à l'un ou à l'autre des éléments nerveux.

Pour cela nous faisons l'expérience sur un lapin chez lequel le grand sympathique est séparé du pneumo-gastrique, et nous galvanisons isolément le sympathique et le pneumo-gastrique ; et nous voyons que, à chaque galvanisation légère du bout céphalique du grand sympathique, il y a un mouvement de déglutition sans que la respiration soit influencée, tandis que, quand nous galvanisons le pneumo-gastrique seul, il n'y a pas de mouvement de déglutition provoqué, mais la respiration se trouve seule arrêtée. Ceci prouve évidemment que le mouvement de déglutition réflexe est sous l'influence du grand sympathique.

Lorsqu'un animal a eu les pneumo-gastriques coupés dans la région moyenne du cou, il lui est impossible de déglutir. Cependant, si on lui donne à manger, il prend les aliments et les avale pendant un certain temps, et cela a lieu particulièrement pour les lapins, surtout si l'on a eu soin de les tenir à jeun pendant vingt-quatre heures avant l'expérience. Mais bientôt l'animal suffoque et ses aliments lui sortent par la bouche en même temps qu'il fait des efforts de vomissement. On en avait conclu autrefois que, après la section des pneumogastriques, les animaux n'avaient plus le sentiment de la satiété, et qu'ils mangeaient de manière à s'emplir outre mesure l'estomac et l'œsophage jusqu'au larynx. Il y a là une cause d'erreur que nous avons reconnue en pratiquant l'expérience qui suit.

Pour étudier quels étaient les phénomènes que produit sur l'estomac la section des pneumo-gastriques, nous avions fait une fistule stomacale à un chien. Cette fistule, plus large qu'à l'ordinaire, était maintenue habituellement bouchée avec une éponge. Il y avait plusieurs semaines que la fistule était parfaitement établie lorsque nous fîmes la section des pneumo-gastriques : à ce moment l'animal était à jeun. Aussitôt après l'opération on lui donna à manger de la viande qu'il prit avec avidité. Pendant ce temps nous regardions dans l'estomac ce qui s'y passait, et nous fûmes très-étonnés de voir que rien de ce que l'animal mangeait n'arrivait dans l'estomac. Tout s'était accumulé dans son œsophage et l'animal se prit à vomir lorsque les aliments furent parvenus au niveau du larynx. La même expérience se produit chez les lapins, et l'œsophage se remplit de matières alimentaires qui s'arrêtent au niveau du cardia. Cela tient à ce que, dans cette condition, l'œsophage ne se trouve complétement paralysé qu'un certain temps après la section des pneumo-gastriques.

Lorsqu'on galvanise les bouts inférieurs des pneumo-gastriques coupés, on peut produire des mouvements péristaltiques dans l'estomac. Toutefois, c'est

particulièrement pendant la digestion que ces résultats s'obtiennent, et lorsqu'on galvanise les pneumo-
gastriques vers la partie inférieure de l'œsophage, à
l'endroit où ils forment une sorte de plexus autour de
ce conduit. Cette remarque a été faite par Tiedemann
et Gmelin, il y a plus de trente ans.

Dans l'intestin, il existe également des mouvements
péristaltiques qui se manifestent particulièrement au
moment de la mort. Ces mouvements violents, qui
n'ont pas lieu pendant la vie, m'ont paru commencer
au moment de la cessation de la circulation artérielle.
On a nié que les mouvements existassent pendant la vie
et qu'ils fussent la cause du cheminement des aliments
dans l'intestin. Quoi qu'il en soit, on peut dire que ces
mouvements sont sous l'influence du grand sympathique, ainsi que le prouve l'expérience suivante :

Sur un chien qui avait été préalablement éthérisé,
puis tué par la section du bulbe rachidien, on galvanisa le premier ganglion thoracique du côté gauche,
et l'on vit, sous l'influence de cette galvanisation, le
cœur se remettre à battre, et des mouvements énergiques se manifester dans l'intestin grêle et dans
l'estomac. Ce qui semblerait prouver que, quand on
galvanise le pneumo-gastrique plus haut, c'est par l'intermédiaire du grand sympathique que les mouvements
de l'estomac ont lieu. Quand on galvanisa au contraire
le ganglion cœliaque du même côté, on vit le gros
intestin se contracter et les mouvements de l'intestin
grêle s'arrêter. On constata à plusieurs reprises ce
même phénomène. Ensuite on agit sur le ganglion

thoracique du côté opposé, et l'on obtint les mêmes
résultats. Enfin, on coupa le filet qui continue inférieurement le ganglion nerveux, et l'on eut encore le
même résultat ; ce qui prouverait que cette action sur
les intestins se fait par action réflexe et par l'intermédiaire de la moelle. En effet, en galvanisant le bout
supérieur tenant au ganglion, on produisit les effets
précités, tandis que, en agissant sur le bout inférieur,
on ne produisit rien.

J'ai observé qu'on peut obtenir, en agissant sur le
plexus solaire, des mouvements réflexes même dans les
membres et dans les parois du tronc. Mais il faut alors
que la moelle épinière soit coupée ou que les pneumo-
gastriques soient coupés ou liés. Cela a lieu surtout
lorsqu'on entretient la respiration artificielle quelque
temps après la mort de l'animal. Ce qui semblerait
prouver qu'il y a une sorte d'exaltation dans l'excitabi-
lité du grand sympathique, après la ligature des pneumogastriques ou la section de la moelle.

Quant aux influences que les phénomènes chimiques
reçoivent de l'action nerveuse, elles sont encore très-
peu connues. On sait seulement que certaines sécrétions sont activées par l'excitation des nerfs. Ainsi, nous
savons que la glande sous-maxillaire, par exemple,
sécrète activement lorsqu'on vient à exciter les filets
qui s'y rendent et qui partent du ganglion sous-maxillaire. On a dit également que le suc gastrique se trouve
sécrété en plus grande abondance sous l'excitation des
nerfs vagues, et qu'elle est suspendue par la section de
ces mêmes nerfs.

Nous avons fait des expériences sur ce sujet, et nous avons vu, en pratiquant une fistule à un chien et lui coupant ensuite les pneumo-gastriques, qu'au moment de la section, la muqueuse stomacale, turgescente et sensible au toucher, s'affaisse aussitôt et devient pâle : la sécrétion du suc gastrique s'arrête alors dans l'estomac pendant un certain temps, et la digestion stomacale se trouve suspendue d'une manière incomplète s'il y avait eu préalablement du suc gastrique sécrété dans l'estomac, et d'une manière complète si l'on neutralise ce suc gastrique par l'injection dans l'estomac d'une liqueur alcaline. En même temps la sensibilité et les mouvements de l'estomac se sont éteints. Lorsque la section des nerfs est opérée sur un animal en digestion, j'ai remarqué que l'absorption du chyle semble s'arrêter, et si l'animal meurt peu de temps après, on trouve les vaisseaux chylifères contenant du chyle coagulé jusque dans les villosités elles-mêmes, qui alors apparaissent dans l'intestin sous la forme d'un pointillé blanchâtre. On ne saurait toutefois conclure de ces expériences que la section du pneumo-gastrique arrête la formation du suc gastrique : il semble arrêter bien plutôt son excrétion. J'ai vu, en effet, sur un chien qui a survécu dix-sept jours à la section des deux pneumogastriques, que la sécrétion acide de l'estomac était revenue au bout de quelques jours après cette suspension momentanée résultant du trouble subit apporté dans la fonction.

L'influence du système nerveux sur la sécrétion biliaire et pancréatique est peu étudiée : cependant il y a des actions nerveuses qui font couler plus activement la bile ou le suc pancréatique ; et ces actions sont généralement sous l'influence du grand sympathique. Le ganglion solaire ne paraît pas avoir d'influence directe sur la sécrétion pancréatique, et il paraîtrait plus probable que cette sécrétion fût influencée par le premier ganglion thoracique, de même que les mouvements de l'intestin grêle et de l'estomac.

En résumé, l'action des nerfs sur les sécrétions est encore fort obscure ; néanmoins, d'après les faits que nous connaissons, on doit la considérer plutôt comme une action mécanique destinée à mettre en mouvement des liquides qui par leur rencontre donnent lieu à des phénomènes chimiques qui sont le résultat de leurs propriétés physico-chimiques. Mais le nerf n'a pas d'action spéciale sur la formation de la matière elle-même, formation qui a lieu par une évolution organique indépendante de l'action du système nerveux, ainsi que cela se voit dans les organismes embryonnaires où les phénomènes chimiques ont lieu avant que les phénomènes nerveux soient développés.

DIX-HUITIÈME LEÇON

29 juin 1855.

SOMMAIRE : Digestion intestinale : bol alimentaire après l'imprégnation biliaire. — Action du suc pancréatique et de la bile réunis. — Identité du suc intestinal mixte chez les différentes espèces animales. — Ses propriétés physiologiques. — Développement des villosités intestinales en rapport avec l'apparition des différents liquides digestifs. — Troubles de la circulation hépatique au moment de la suppression de la circulation placentaire. — Résumé des phénomènes digestifs.

MESSIEURS,

Jusqu'à présent nous avons étudié la digestion stomacale, nous devons maintenant examiner les phénomènes de la digestion intestinale.

Lorsque la bile a imprégné les substances alimentaires, elle a, comme nous l'avons déjà dit, arrêté tous les phénomènes digestifs, elle a précipité les parties alimentaires solubles, et ces différentes matières coagulées s'arrêtent sur les parois de la muqueuse duodénale ; puis, elles descendent lentement dans l'intestin pour se mettre en contact avec d'autres liquides. Le liquide qui se rencontre immédiatement après la bile, ou quelquefois simultanément avec elle, est le suc pancréatique, dont nous avons examiné l'action isolément, et dont nous devons étudier maintenant les propriétés sur le mélange alimentaire descendant de l'estomac, après que celui-ci a reçu l'imprégnation biliaire. Le suc pancréatique alcalin agit sur toutes les matières descendues de l'estomac.

1° Il émulsionne les matières grasses et les rend aptes à être absorbées;

2° Il transforme la fécule en sucre ;

3° Enfin, il agit sur les matières azotées, soit sur celles qui n'avaient pas été dissoutes par le suc gastrique, soit sur celles qui, après avoir été dissoutes par ce fluide, ont été précipitées de nouveau par la bile.

Nous allons, par des expériences directes, démontrer ce que nous avançons. Nous prenons ici du suc gastrique contenant en dissolution des matières azotées ; puis nous ajoutons à ce suc gastrique un peu de bile. Nous voyons immédiatement un précipité abondant avoir lieu ; puis, si nous ajoutons à ce précipité un peu de suc pancréatique, nous voyons le précipité formé se redissoudre de nouveau. Si, au lieu de prendre des substances dissoutes, nous prenons des matières sorties de l'estomac sans avoir été liquéfiées, telles que des morceaux de caséine ou des parties de muscles non encore dissoutes, et que nous y ajoutions du suc pancréatique, après les avoir soumises à l'action de la bile, nous voyons la digestion s'opérer ; ce qui n'aurait pas eu lieu si l'action de la bile n'était pas intervenue et si le suc pancréatique avait été ajouté directement après le suc gastrique. Cette dernière expérience prouve que le suc pancréatique ne peut agir efficacement sur les matières azotées que lorsque la bile a préalablement agi ; et qu'il doit y avoir nécessairement l'ordre de succession que nous avons indiqué : 1° suc gastrique; 2° bile ; 3° suc pancréatique.

L'action que le suc pancréatique exerce sur les matières azotées ne paraît pas être une action qui lui soit propre, puisqu'il ne peut l'opérer qu'autant que la bile s'est mélangée avec lui ; ce qui semblerait prouver que le mélange de la bile et du suc pancréatique produit un liquide mixte à propriétés particulières. C'est en effet ce qui a lieu, et nous avons dans le duodenum et dans l'intestin des actions physiologiques qu'on ne pourrait rapporter ni à l'action du suc gastrique seul, dont les propriétés ont cessé au pylore, ainsi que nous l'avons dit, ni à l'action isolée du suc pancréatique, mais à son action simultanée avec la bile. On peut, en effet, prouver que la bile et le suc pancréatique réunis constituent un nouveau liquide doué de propriétés tout à fait spéciales. Nous avons produit ce liquide, soit à l'aide de la bile et du suc pancréatique naturel, soit avec du tissu même du pancréas. Quand on mélange de la bile et du suc pancréatique, ce mélange agit à la fois sur tous les principes alimentaires, sur les matières grasses et sur les matières azotées ; seulement, quand on fait agir ce liquide mixte sur de la fécule seule, il conserve sa réaction alcaline, tandis que, si on le fait agir sur des matières azotées ou sur des matières grasses, il prend une réaction acide. Cette réaction est due à l'action spéciale du suc pancréatique sur les matières grasses, ainsi que nous le savons déjà.

Nous devons donc étudier maintenant les propriétés de ce liquide intestinal nouveau qui, ainsi qu'on le voit, n'est pas la sécrétion d'une glande particulière, mais

qui n'est que le mélange de deux liquides qui donnent
naissance à un troisième liquide digestif. Nous devons
d'abord observer que ce liquide mixte qui se forme dans
l'intestin peut-être obtenu d'une manière naturelle. Il
suffit pour cela de recueillir sur un animal en digestion
le contenu du duodenum et de la partie supérieure de
l'intestin grêle, de jeter le tout sur un filtre. Alors le
liquide jaunâtre qu'on obtient représente exactement,
chez tous les animaux, les propriétés dont nous parlons.
Nous avons obtenu ce liquide chez les oiseaux, les
mammifères, les poissons, et nous avons constaté qu'il
avait chez tous ces animaux des propriétés identiques.
De sorte qu'il y a une uniformité beaucoup plus grande
dans ce liquide intestinal que dans le suc gastrique lui-
même. En effet, nous avons vu ailleurs que le suc gastrique présente des variétés dans son action chez les herbivores et chez les carnivores, tandis que le suc intestinal ne
présente aucune différence appréciable; le liquide ainsi
retiré est acide dans l'alimentation mixte, ou azoté et
alcalin dans l'alimentation végétale. Il possède toutes
les propriétés digestives réunies, c'est-à-dire qu'il digère à la fois les matières azotées, les matières albuminoïdes, les matières grasses et les matières féculentes.
Toutefois il ne digère ces substances qu'autant qu'elles
ont été préalablement préparées. Pour qu'il agisse sur
les matières grasses, il faut que celles-ci aient été préalablement débarrassées de leur enveloppe cellulaire ;
pour agir sur les matières féculentes, il faut que celles-
ci aient été hydratées; et enfin, pour agir sur les matières
albumineuses, il faut que celles-ci aient été modifiées

par une action semblable à celle qu'opère le suc gastrique. Or nous avons dit, dans une des dernières séances,
que le suc gastrique agissait sur les matières alimentaires
à la manière de la cuisson. Si cela est vrai, l'action du
suc gastrique devra pouvoir être remplacée par la cuisson, relativement à l'action du liquide que nous examinons. C'est en effet ce qui a lieu : le liquide mixte
digère parfaitement la viande cuite, mais ne digère pas
la viande crue. Lorsque la viande est cuite et que le
tissu cellulaire qui unit les fibres de la viande a été dissous, ce suc intestinal digère la partie musculaire proprement dite,
et si l'on y place
un morceau de
viande crue, la
fibre muscu-
laire se dissout,
mais la partie
cellulaire reste
intacte, ainsi
que le montre
cette figure.

On constate
les mêmes phé-
nomènes lors-
qu'on place
dans l'intestin
de l'animal vi-

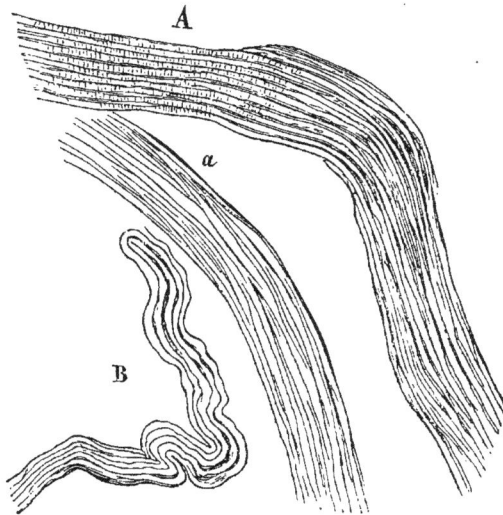

Fig. 60.

A, a, B, fibres du tissu cellulaire provenant d'un
morceau de viande crue qui avait été digéré dans le
suc intestinal mixte de chien.

vant les mêmes substances alimentaires. Si, après avoir
tiré le duodenum et avoir fait une petite ouverture, on

introduit un morceau de viande cuite que l'on attache avec un fil, pour qu'il ne soit pas emporté par les mouvements intestinaux, et qu'on introduise par la même ouverture un morceau de viande crue maintenu également par un fil, on voit, au bout de quelques heures, en retirant les fils ou en sacrifiant l'animal, que le morceau de viande cuite a été complétement digéré. Nous pouvons répéter ces expériences en dehors de l'animal avec un liquide artificiellement préparé. Voici la manière dont nous avons opéré :

On prend de la bile fraîche de bœuf ou de chien et l'on ajoute dans cette bile du suc pancréatique. Mais ce mélange ne pourrait pas se conserver longtemps, il se putréfierait bientôt ; pour empêcher sa décomposition, il suffit d'y ajouter un peu de matière grasse qui donne immédiatement une réaction acide, et l'on a de cette façon un liquide qui possède toutes les propriétés digestives. Si l'on n'a pas de suc pancréatique, on peut ajouter dans la bile un morceau de tissu de pancréas frais avec un peu de matière grasse. On voit bientôt, en soumettant ce mélange à une douce température, le morceau de pancréas se dissoudre complétement et rapidement, et le liquide acide posséder toutes les réactions que nous avons indiquées. Ce liquide peut se conserver assez longtemps, surtout si le flacon est bien rempli et exactement bouché ; mais on peut encore le conserver pendant très-longtemps en y ajoutant du sucre de manière à former une espèce de sirop. Sous cette forme le liquide garde toujours ses propriétés digestives.

Dans ce mélange ainsi composé, mélange qui a la propriété de digérer toutes les matières alimentaires féculentes hydratées, grasses, rendues libres et albuminoïdes cuites, le principe le plus actif vient toujours néanmoins du suc pancréatique.

D'après tout cela nous devons comprendre le rôle du suc pancréatique tout autrement qu'on ne l'avait fait, et, au lieu de voir en lui un liquide qui a une action isolée sur une substance alimentaire unique, nous voyons au contraire un liquide qui agit sur toutes les matières alimentaires et qui tend à les décomposer.

On peut dire de cette façon que le pancréas est certainement la glande qui fournit le liquide intestinal le plus actif de tous ; et quand nous aurons, à ce point de vue, ultérieurement, à faire l'anatomie comparée du pancréas, nous verrons que cet organe est un des plus importants, et conséquemment un de ceux dont la fixité est la plus grande dans l'appareil digestif. Nous verrons qu'à ce propos nous sommes bien loin de ceux qui mettent le pancréas et les glandes salivaires sur le même rang quant à leur importance. Maintenant nous allons revenir, après cette analyse des actions différentes des liquides, sur l'explication des phénomènes qu'on observe chez les animaux auxquels on a enlevé les différents liquides intestinaux ; nous pourrons ainsi juger par contre-preuve l'importance relative des différents fluides, ainsi que nous l'avons établie.

Il nous suffit maintenant de rappeler que de tous les organes digestifs, celui qu'on peut le moins enlever sans inconvénients, est le pancréas.

Quand on enlève les glandes salivaires, les phénomènes chimiques de la digestion ne sont pas troublés ;
il suffit, pour s'en convaincre, de se reporter à ce que
nous avons dit des salives.

Le suc gastrique peut jusqu'à un certain point être
remplacé par les préparations que la cuisson fait subir
aux aliments, ainsi que le prouve la digestion intestinale
des viandes cuites.

Quand on enlève la bile, les animaux digèrent mal,
finissent par mourir, mais au bout d'un certain temps.
Quand, par la destruction de l'organe, on enlève le suc
pancréatique, la digestion est complétement arrêtée,
et les animaux meurent rapidement dans le marasme.

On peut convenablement observer ces effets de la
soustraction de la bile, quand, au moyen d'une fistule
biliaire et intestinale, on peut, comme nous l'avons fait,
supprimer alternativement le cours de la bile dans
l'intestin ou rendre la bile à l'animal.

Il y a un fait singulier dans la suppression du suc
pancréatique : la membrane muqueuse de l'intestin
semble altérée, et les villosités paraissent atrophiées
dans certaines parties, comme si la présence de ce
liquide était nécessaire pour la régénération des cellules
épithéliales de l'intestin grêle.

Actuellement que nous avons considéré l'action du
suc pancréatique en connexion avec les autres liquides,
et particulièrement avec la bile, il s'agit de savoir si ce
fluide existe avant la naissance dans l'intestin, de même
que la bile, et si d'autres liquides existent aussi dans
l'intestin chez les fœtus.

J'ai examiné très-souvent sur des fœtus de veaux et de moutons de tout âge le contenu du canal digestif, ainsi que les propriétés des glandes qui y versent leur produit.

Nous avons dit ailleurs que le foie chez les fœtus contient du sucre ; et l'on sait qu'il verse également de la bile dans l'intestin. Tous les estomacs sont remplis par un liquide gluant, alcalin, qui n'a pas les caractères du suc gastrique. Dans l'intestin, le liquide mixte qui s'y rencontre, lorsqu'il est altéré, prend par le chlore la coloration rouge qui appartient au suc pancréatique ; de plus, le tissu du pancréas infusé dans l'eau donne cette coloration, ainsi que l'acidification de la graisse par le réactif que nous avons indiqué. Toutefois ces caractères n'apparaissent que vers le milieu de la vie intra-utérine. Les glandes salivaires ne présentent leur caractère de viscosité que beaucoup plus tard ; de même que le suc gastrique n'apparaît réellement qu'après la naissance.

Nous devons donc admettre, d'après cela, que le suc pancréatique existe avant la naissance, et si nous ne pouvons pas alors lui donner un rôle à remplir relativement à une alimentation déterminée, on pourrait supposer que son action est relative au développement des épithéliums et des villosités de l'intestin. J'ai souvent examiné, en effet, la membrane muqueuse intestinale des veaux, et l'on peut avec facilité voir le développement de ces villosités ; voici ce que j'ai observé :

En mettant la membrane intestinale d'un veau de

trois semaines sous le microscope, on aperçoit de légères élevures qui sont disposées en lignes parallèles et sont le commencement de villosités (fig. 61).

Un peu plus tard, sur un veau de trois mois, les villosités commencent à être très-marquées, et voici le développement qu'on leur trouve à cette période de la vie intra-utérine (fig. 62).

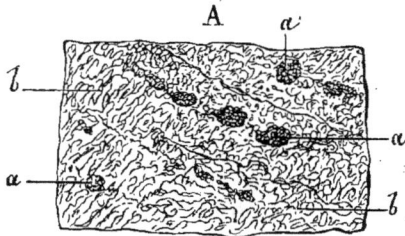

Fig. 61. — *Fragment de la muqueuse intestinale d'un fœtus de veau de trois semaines.*

a, a, a, a, petits bourgeons des villosités; — *b, b,* membrane muqueuse entre les lignes parallèles qui forment les séries de villosités naissantes.

Déjà ces villosités ont à peu près leur développement complet, et, en les soumettant à un grossissement plus fort, on aperçoit parfaitement les vaisseaux sanguins qui forment des arcades dans l'intérieur des villosités, ainsi que l'épithélium qui entoure de tous côtés ces prolongements vasculaires (fig. 63 et 64).

Nous voyons donc qu'avant la naissance les villosités de l'intestin sont déjà parfaitement organisées. La question de savoir si elles fonctionnent réellement, et si déjà elles absorbent dans l'intestin des matières dissoutes provenant des sécrétions intestinales, ne peut être résolue que par l'expérience. Les faits nous manquent pour avoir actuellement une opinion exacte à ce sujet.

Voici un petit veau sur lequel vous avez pu voir le liquide gluant contenu dans l'estomac, ainsi que les autres particularités dont nous avons parlé.

Il existe encore chez cet animal un fait intéressant :
c'est une hémorrhagie dans le tissu du foie ; le sang

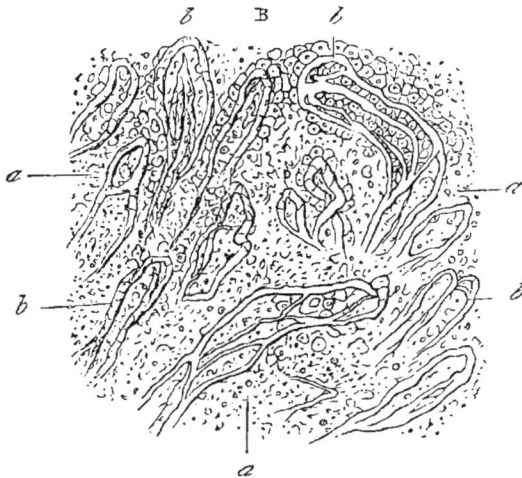

Fig. 62. — *Fragment de la muqueuse intestinale d'un veau de trois mois.*

a, a, membrane muqueuse dans l'intervalle des villosités ; — *b, b,* villosités dont quelques-unes sont entourées de leur épithélium.

s'est ensuite répandu dans la cavité du péritoine. J'avais
souvent observé que, chez certains fœtus de veau et de
mouton, il existait une hémorrhagie qui remplissait la
cavité du péritoine, tandis que chez d'autres ce phénomène n'avait pas lieu. J'avais cru d'abord que cela
tenait à des contusions de foie, mais je m'aperçus bientôt
que ces phénomènes ne se rencontraient que chez les
plus jeunes fœtus ; et je recueillis avec soin des fœtus
de tout âge pour les préserver de toute espèce de vio-
lence ou de lésion, et je vis alors que cette hémorrhagie
arrivait au moment où l'on interrompait la circulation
placentaire, et il resta établi par mes expériences que

cette interruption de la circulation placentaire est constamment suivie d'une apoplexie du foie chez les très-

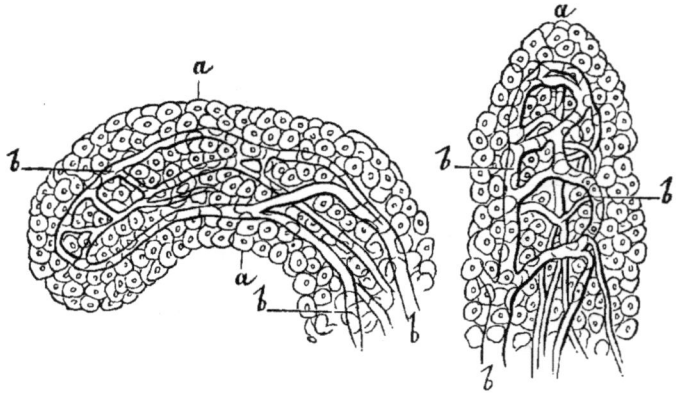

Fig. 63.

jeunes fœtus, tandis que plus tard elle n'a plus les
mêmes inconvénients. Ce fait, qui se rattache certai-

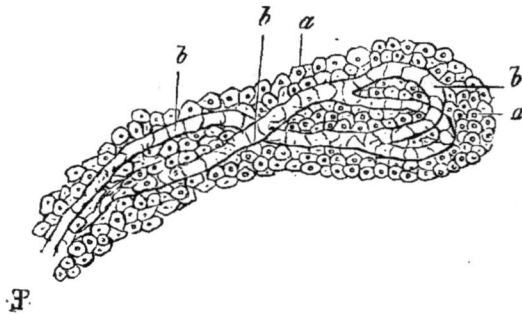

Fig. 64.

a, a, a, épithélium intestinal; — *b, b, b*, vaisseaux recouverts par l'épithélium.

nement à la viabilité du fœtus aux différentes époques
de la vie intra-utérine, prouve qu'il y a alors un mouvement considérable dans la circulation du foie, mou-

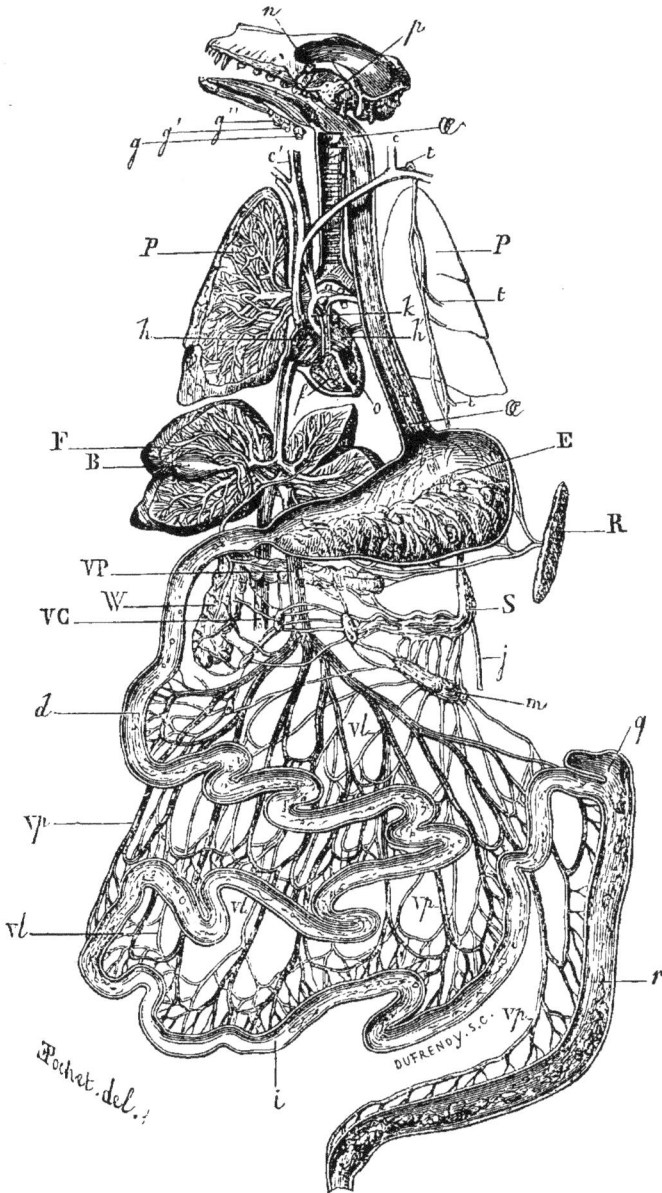

Fig. 65.

Fig. 65. — *Figure d'ensemble représentant le canal alimentaire pendant la digestion.*

Dans la bouche, les aliments reçoivent les liquides salivaires g, g', g'', n, p. — OE, OE, œsophage pour l'ingestion alimentaire ; — E, estomac où les aliments séjournent pour subir l'action du suc gastrique ; ils arrivent ensuite dans le duodenum, où ils subissent les actions de la bile, du suc pancréatique ; ils traversent ensuite les sinuosités de l'intestin i, arrivent dans le cœcum q, et descendent dans le gros intestin r.

Dans leur trajet dans l'intestin, les substances alimentaires, devenues solubles, sont absorbées par deux ordres de vaisseaux : 1° par la veine porte Vp, Vp, Vp, qui les chasse dans le foie F, d'où elles ressortent par les veines hépatiques pour se rendre dans la veine cave inférieure VC, dans le cœur droit h, de là au poumon P par l'artère pulmonaire, et finalement dans le cœur gauche, où le sang est définitivement constitué tel qu'il doit être fourni aux organes par le système artériel ; 2° par les vaisseaux chylifères Vl, Vl, qui traversent des ganglions lymphatiques, puis arrivent dans le réservoir de Pecquet S, remontent par le canal thoracique t, t, et viennent s'aboucher dans la veine sous-clavière gauche pour se mélanger au sang et aller traverser le poumon.

n, glande salivaire de Nuck ; — p, glande parotide ; — g, glande sous-maxillaire ; — g', g'', glande sublinguale ; — c, c', artères carotides ; — k, artère aorte ; — f, ventricule droit ; — o, ventricule gauche ; — h, oreillette droite ; — h', oreillette gauche ; — t, t, t, canal thoracique ; — OE, OE, œsophage ; E, estomac ; — d, duodenum ; — F, foie ; — B, vésicule du fiel ; — S, réservoir de Pecquet ; — R, rate ; — m, masse des ganglions mésentériques ; — j, vaisseaux lymphatiques ; — Vl, Vl, Vl, vaisseaux chylifères ; — VP, tronc de la veine porte : — Vp, Vp, rameaux de la veine porte ; — q, cœcum ; — W, pancréas ; — i, intestin.

vement qui se fait au moment où le fœtus des mammifères passe à la vie extra-utérine. Je ne fais que vous signaler en passant ces observations qui peuvent devenir le point de départ de recherches intéressantes.

Nous pouvons maintenant, Messieurs, résumer l'ensemble des phénomènes physico-chimiques de la digestion (fig. 65).

Nous avons un long tube que doivent traverser les substances alimentaires pour éprouver les différentes modifications qui les rendent solubles et absorbables. Suivons ces substances alimentaires dans le canal intestinal d'un chien auquel nous avons donné une alimentation mixte (fig. 65).

1° De la bouche à l'estomac, il ne se passe guère que

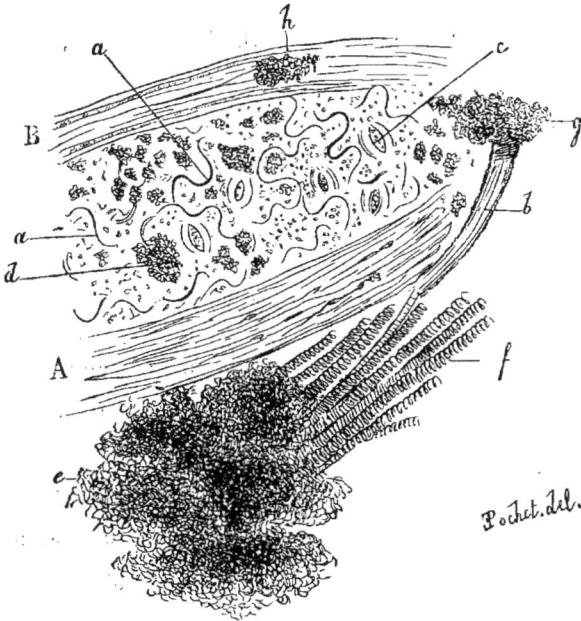

Fig. 66. — *Chyme de lapin en digestion de tiges, de feuilles herbacées.*

A, B, fragments de tige ; — a, feuille encore très-reconnaissable par les stomates qu'on y voit ; — d, amas de matière colorante verte ; — c, parcelles ligneuses ; — f, trachées reconnaissables et isolées par le suc gastrique comme cela a lieu pour les tissus animaux.

des phénomènes physiques de trituration ou d'imbibition, et leur transport jusque dans l'estomac. En effet, nous reconnaissons dans l'estomac, au moment de l'ingestion, à leurs caractères physiques ou chimiques, toutes les matières alimentaires qui n'ont encore subi aucun commencement d'altération. La fécule, les matières grasses, les matières albuminoïdes, y sont reconnaissables à tous leurs caractères (voy. fig. 59, p. 418).

2° Le séjour dans l'estomac, au contact du suc gastrique, agit à la façon de la cuisson, en dissolvant les parties susceptibles de former de la gélatine, et en dissociant seulement les autres éléments des tissus animaux. Ce liquide hydrate la fécule (fig. 69, *d, e*), et fait fondre la graisse (fig. 70, *b, b*).

3° Ainsi préparés, les aliments arrivent dans l'intestin au contact de la bile et du suc pancréatique, où s'opère une véritable dissolution définitive. Cette dissolution n'est qu'une décomposition se faisant toujours avec une réaction inverse de celle qu'aurait produite leur décomposition spontanée, et où les parties qui sont réfractaires aux liquides digestifs se séparent pour être rejetées ultérieurement avec les matières excrémentitielles.

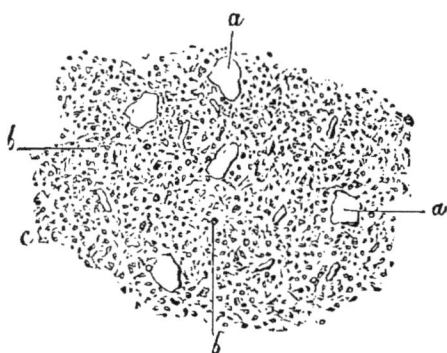

Fig. 67. — *Chyme de chien, pris à la fin du duodénum.*

a, a, fragments de muscle en voie de dissolution ; — *b, b,* globules graisseux très-finement divisés ; — *c,* granulations moléculaires.

Il faut noter qu'il reste toujours une grande quantité de matières alimentaires en excès, qui sont rejetées avec les excréments. Celles-ci, étant arrivées dans le cœcum, y subissent alors une véritable décomposition spontanée

qui présente cette fois une réaction inverse de celle de
l'intestin grêle.

A propos de ces réactions des différentes parties de
l'intestin, voici ce
que l'on peut dire.
La bouche, pen-
dant l'afflux de la
salive, offre cons-
tamment une réac-
tion alcaline. L'es-
tomac, pendant la
digestion, offre
constamment,
chez tous les ani-
maux, une réac-
tion acide. L'in-
testin grêle offre

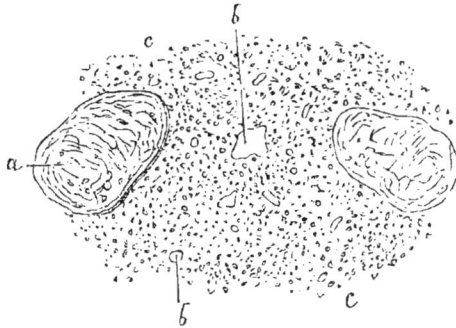

Fig. 68.— *Chyme de lapin en digestion d'aliments
mixtes descendu dans le duodenum.*

a, cellules d'amidon ; la fécule a disparu : —
b, fragment de fibre musculaire en voie de dissolution ; *c*, granulations moléculaires résultant
de la dissolution de la pièce.

une réaction tantôt acide, tantôt alcaline : alcaline,
quand les matières alimentaires non azotées dominent
dans l'alimentation ; acide, quand ce sont les matières
azotées. Le cœcum, avons-nous dit, présente une réaction inverse.

Un fait que j'ai signalé depuis longtemps. en 1846,
c'est que, pendant la digestion, la réaction des urines
traduit celle de l'intestin : aussi, chez les herbivores,
le contenu de l'intestin est constamment alcalin, comme
les urines ; chez les carnivores, il est au contraire acide,
comme les urines.

Chez les carnivores qu'on soumet exclusivement à
une alimentation non azotée, comme chez les chiens

auxquels on ne donne à manger que des pommes de terre, la réaction devient alcaline ; mais il faut, pour que la réaction soit bien nette, donner une quantité d'aliments assez considérable pour que l'animal ne soit pas en même temps, par suite de la nourriture insuffisante, sous l'influence de l'abstinence, qui correspond exactement, pour la réaction des urines, à une alimentation car-

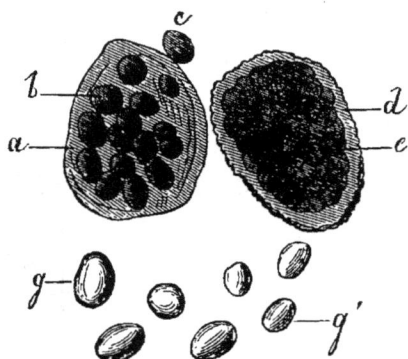

Fig. 69. — *Cellules végétales d'amidon prises dans l'estomac du chien.*

a, b, c, la cellule végétale est rompue et les granulations de fécule *g, g'* en sortent; — *d, e,* cellule végétale pleine de fécule et intacte.

nivore. J'ai montré aussi que chez tous les animaux à jeun, herbivores ou carnivores, il y a des urines excessivement acides, contenant énormément d'urée, au point qu'elle peut quelquefois se cristalliser directement, comme je l'ai observé

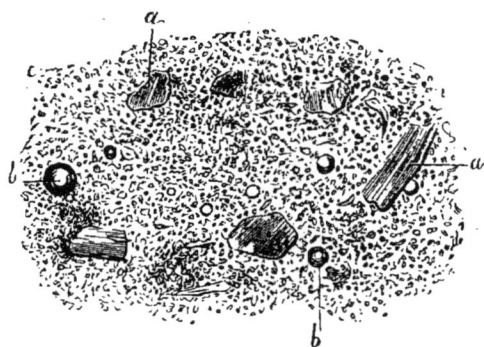

Fig. 70. — *Chyme de chien à l'entrée du duodenum.*

a, fibres musculaires non encore totalement dissoutes ; — *b, b,* globules de graisse non encore émulsionnée ; — *c,* granulations moléculaires.

dans l'urine des chevaux. On ne peut pas dire que dans

ces cas l'urine s'est concentrée dans la vessie ; j'ai constaté qu'elle avait ces caractères au sortir du rein dans l'uretère.   Lorsqu'un animal herbivore à jeun, avec les urines acides, arrive en digestion de ses aliments ordinaires, peu à peu la réaction change, et les urines, en devenant alcalines , se troublent par suite d'une réaction

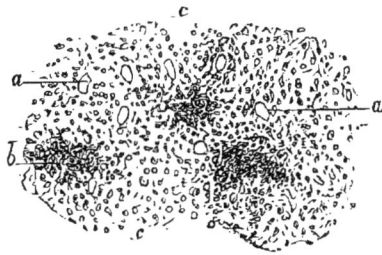

Fig. 71.— *Chyme de lapin descendu dans l'intestin.*

a, a, fragments de matière verte ; — *b b,* granulations moléculaires.

qui a lieu entre une sécrétion évidemment acide et une autre alcaline. Sans me prononcer sur ce phénomène, je

Fig. 72. — *Modification des fibres musculaires en arrivant dans le duodenum.*

A, fibre musculaire ; — les stries transversales ont disparu, et il y a des fibres longitudinales ; — *a,* fibre musculaire dont les stries transversales sont également effacées ; —*b, b,* morceau de fibre musculaire cassée en voie de désagrégation ; — *c,* molécules granulaires.

me bornerai à vous dire que ce n'est pas dans la vessie qu'a lieu la réaction qui amène le précipité, mais bien dans le bassinet du rein; car j'ai constaté, en isolant l'uretère chez les lapins, que l'urine coule trouble avant d'arriver dans la vessie.

Chez l'homme, qui est carnivore et omnivore, les urines sont généralement acides, parce que les aliments azotés dominent; mais elles peuvent devenir alcalines quand on le soumet à un régime végétal. On sait depuis longtemps que lorsqu'on mange beaucoup de fruits, les urines deviennent alcalines;

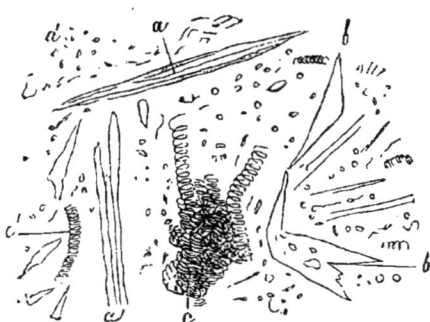

Fig. 73. — *Matières prises dans le cœcum chez un lapin nourri d'herbe.*

a, b, fragments d'herbe restés réfractaires à la digestion; — *c, c,* trachées qui ont également résisté à la digestion; — *d,* granulations moléculaires.

on m'a même rapporté que le même résultat s'était montré après avoir mangé beaucoup de gelée de groseille. Toutefois, chez l'homme, ce changement de réaction m'a paru se faire assez difficilement, si j'en juge par une expérience que j'ai faite autrefois sur moi, et que voici :

Le 6 juin 1846, je me soumis à un régime de substances aussi peu azotées que possible, afin de faire varier la réaction dans mon urine. La veille, j'avais mangé à mon dîner du pigeon, des petits pois, de la soupe au lait, du fromage, du café. Les urines rendues après ce repas étaient, comme toujours, très-acides, colorées, et déposant de l'acide urique par le refroidissement.

Le 6, je pris le matin, à huit heures, deux grandes assiettées d'une bouillie faite avec de la fécule de pomme de terre, de l'eau et du beurre. Mes urines, examinées à dix heures et à onze heures trois quarts, étaient toujours très-acides, déposant de l'acide urique par le refroidissement, dépôt grisâtre qui, adhérant au verre du bocal, lui donne l'air dépoli dans toute la partie en contact avec l'urine.

A midi, je mangeai des choux-fleurs à l'huile, des carottes sautées au beurre, de la salade de laitue, du vin et du sucre, mais pas de pain ; mes urines, examinées à deux heures et à quatre heures, étaient toujours acides.

A six heures du soir, je mangeai deux assiettées d'un potage à la julienne, des pommes de terre frites, des petits pois au beurre; en guise de pain, des pommes de terre cuites à l'eau ; enfin de la salade d'oranges à l'eau-de-vie et du café. Le soir, à dix heures, mes urines étaient toujours acides; je les essayai de nouveau au moment de me coucher, à minuit ; elles semblaient d'une acidité moins prononcée, bien que la réation fût encore très-nette.

Le lendemain matin, 7 juin, je constatai en me levant, à six heures, que mes urines étaient bien nettement alcalines, moins colorées que la veille, limpides et ne déposant pas d'acide urique.

Versant au contraire de cette urine dans un bocal, aux parois duquel adhérait un dépôt d'acide urique, celui-ci se trouva dissous au bout de quelques instants. A huit heures, mes urines étaient très-alcalines au papier de tournesol, et n'offraient pas de dépôt d'acide urique. Je déjeunai alors de café au lait et de pain.

A midi, mes urines alcalines ne précipitaient plus d'acide urique et étaient peu colorées. Je déjeunai alors avec du veau rôti froid, des œufs, du fromage, du pain, du vin. A deux heures, mes urines étaient encore alcalines, et ne déposaient toujours pas d'acide urique. Elles bleuissaient moins fortement le papier de tournesol rougi. A quatre heures, elles étaient sensiblement neutres, mais ne déposaient pas d'acide urique.

A six heures, je pris un potage gras au riz, du bœuf, des petits pois au lard, une côtelette de mouton, du pain. Les urines, examinées au moment du repas, étaient peu colorées et ne déposaient pas d'acide urique; elles étaient cependant redevenues nettement acides.

Le lendemain, 8 juin, lorsque je me levai, mon urine était colorée, très-acide, laissant précipiter de l'acide urique par le refroidissement; elle était donc redevenue exactement ce qu'elle était avant l'expérience.

DIX-NEUVIÈME LEÇON

3 JUILLET 1855.

SOMMAIRE : Du pancréas considéré dans la série animale : chez les oiseaux, chez les reptiles et les poissons. — Du pancréas chez les invertébrés. — Physiologie comparée du pancréas.

MESSIEURS,

D'après les expériences physiologiques rapportées jusqu'ici et instituées chez les animaux mammifères, nous sommes arrivé à cette conclusion, que le pancréas, par la sécrétion qu'il fournit, joue un rôle indispensable et très-important dans l'accomplissement des phénomènes digestifs. Il s'agit actuellement de savoir si dans les autres classes d'animaux vertébrés ou invertébrés, où la même fonction digestive doit se retrouver à des degrés différents, à cause de l'analogie chimique des matières alimentaires, nous retrouverons le pancréas avec un tissu et un suc doués des mêmes propriétés physiologiques : rien n'est plus propre qu'une pareille étude à nous donner une idée exacte de l'importance physiologique du pancréas.

Malgré les modifications que les fonctions et les organes digestifs éprouvent dans la série des animaux, on doit toujours retrouver les mêmes liquides doués d'action déterminée, sécrétés par des organes physio-

logiquement identiques, et ne pouvant être suppléés
par aucun autre. Je pense et je professe depuis longtemps que, dans les sécrétions proprement dites, le
produit caractéristique et actif de la sécrétion doit être
considéré comme créé sur place dans la glande par une
véritable évolution morphologique. Cette évolution organique, comme les autres actes de ce genre, est tout à
fait spéciale à un organe déterminé et ne saurait être
accomplie par un autre. Si l'organe manque, la fonction qu'il accomplissait manque également. Ses organes
qui, après leur disparition dans les organismes animaux, peuvent être suppléés par d'autres appareils,
sont généralement doubles : tels sont les reins, qui sont
des organes excréteurs et qui peuvent se suppléer l'un
l'autre, et qui chez les insectes paraissent remplacés
par la membrane intestinale. Mais là, ce déplacement
de la fonction sécrétoire n'existe réellement pas, car les
reins ne forment pas l'acide urique ni l'urée. Ce n'est
qu'un déplacement du phénomène d'excrétion qu'il ne
faut pas confondre avec la sécrétion.

Si ce que nous venons de dire n'était pas vrai, la
physiologie comparée deviendrait impossible. Car il
faudrait admettre qu'une fonction est accomplie dans
une classe d'animaux par des organes qui ne sont plus
les mêmes dans une autre classe. Dès lors, il deviendrait inutile de rechercher les analogies qui existent
entre les appareils organiques, puisqu'on reconnaîtrait
d'avance qu'il n'y a pas de rapports nécessaires entre
la nature physiologique de ces appareils et les fonctions
qu'ils remplissent.

Nous espérons vous prouver que le pancréas se retrouve, avec les propriétés que nous avons assignées à
son tissu et à son suc, chez les mammifères, dans tous
les animaux où il doit s'opérer une dissolution digestive proprement dite.

Le pancréas est généralement très-volumineux chez
les oiseaux. Il constitue en quelque sorte chez ces animaux un organe multiple, en ce qu'il existe plusieurs
conduits pancréatiques partant de pancréas distincts et
venant se rendre dans l'intestin sans communiquer les
uns avec les autres. Ces différents conduits pancréatiques ne s'anastomosent pas entre eux, ce qui constitue
une différence entre les conduits pancréatiques des
oiseaux et ceux des mammifères.

L'insertion des conduits pancréatiques chez les
oiseaux a lieu d'après la même loi que chez les mammifères ; ils affectent les mêmes rapports avec le conduit biliaire, c'est-à-dire que le conduit biliaire s'ouvre toujours avant les conduits pancréatiques. Chez
quelques oiseaux, tels que le pigeon, par exemple, il
existe trois conduits biliaires et trois conduits pancréatiques qui alternent successivement les uns avec les
autres (fig. 74). Dans ces cas, les deux fluides biliaire
et pancréatique peuvent être considérés comme se dé-
versant simultanément. Mais toutes les fois que, chez ces
animaux, les conduits biliaires et pancréatiques se trouvent séparés par une grande distance les uns des autres,
on observe constamment que, comme chez les mammifères, le déplacement a lieu dans le conduit pancréatique. C'est ainsi que chez l'autruche, par exemple, ce

dernier s'ouvre beaucoup plus bas que le conduit cholédoque.

La structure histologique du pancréas ne diffère

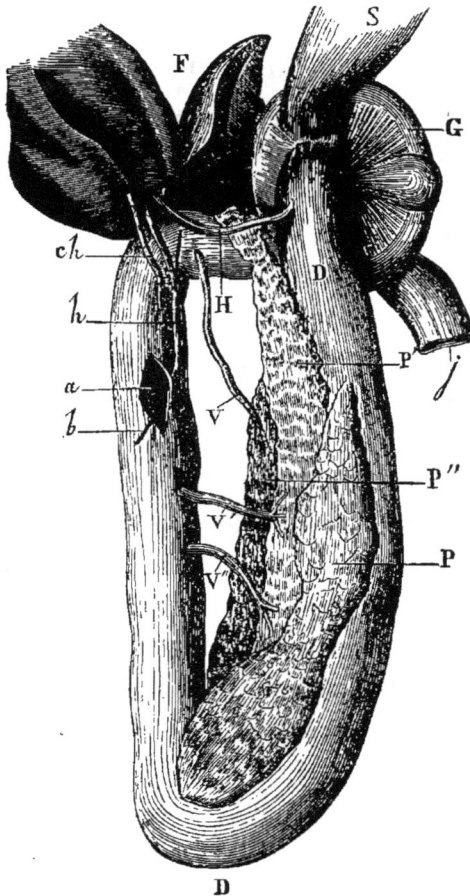

Fig. 74. — *Pancréas du pigeon.*

P, premier pancréas avec son conduit V″; — P′, P″, deuxième pancréas avec deux conduits V, V′; — H, conduit cholédoque s'ouvrant dans le duodenum D, non loin du gésier G ; après ces canaux pancréatiques il y a deux petits conduits biliaires *h*, *ch*, qui viennent s'ouvrir dans la partie ascendante du duodenum, entre le deuxième et le troisième conduit pancréatique. Ces conduits m'ont paru vides de bile ; cependant ils sont perméables et une soie a pu être passée dans le conduit *h b*.

F, foie ; — S, partie in-férieure du jabot ; — G, gésier ; — P, P′, P″, pan-créas ; — V, V′ V″, con-duits pancréatiques ; — H, conduit cholédoque ; — D, D, duodenum ; — *ch, h*, conduits biliaires secondaires ; — *b*, soie sortant du conduit biliaire *h* par une ouverture faite à l'intestin.

Fig. 74.

pas essentiellement chez les oiseaux et chez les mammifères.

Les propriétés du tissu pancréatique sont identiques

avec celles· que je vous ai signalées chez les mammifères. Nous ne ferons que les indiquer ici brièvement ;
nous nous sommes largement étendu sur la manière de
constater ces propriétés à propos du pancréas des
mammifères.

1° L'infusion du tissu pancréatique dans un commencement de décomposition possède la propriété de
rougir par le chlore. Cette matière colorable paraît
même très-abondante, et elle se comporte vis-à-vis des
réactifs exactement comme celle qui provient du pancréas des mammifères.

2° Le tissu frais du pancréas possède, comme chez
les mammifères, la propriété de fluidifier rapidement
l'empois d'amidon, et de le transformer en dextrine et
en glycose.

3° L'acidification des matières grasses est, chez les
oiseaux comme chez les mammifères, le caractère
essentiel ou exclusif du tissu pancréatique. Quand on
traite ce tissu par l'alcool, et ensuite par le réactif
éthéré et la solution aqueuse de tournesol, on voit
très-rapidement la réaction acide caractéristique se
manifester, et cela à l'exclusion de tous les tissus glandulaires ou autres de l'animal.

Le caractère de l'acidification de la graisse est
beaucoup plus certain chez les mammifères que la
coloration par le chlore ; il en est de même chez les
oiseaux. Chez eux, comme chez les mammifères, des
infusions de la membrane muqueuse intestinale prise
dans le jabot, l'intestin grêle, peuvent quelquefois fournir la coloration rouge par le chlore. Chez les chiens,

j'ai vu également les membranes stomacales intestinales infusées, et même celle de la vessie urinaire,
donner la coloration rouge avec le chlore, quand ces
infusions commençaient à se décomposer. Mais jamais
ces diverses membranes, chez les oiseaux comme chez
les mammifères, ne donnent la réaction qui résulte de
l'acidification de la graisse.

J'ai répété les expériences citées plus haut avec
des pancréas de poulet, de pigeon et de canard,
d'oie, etc.

4° Le tissu du pancréas des oiseaux a la propriété
d'émulsionner la graisse quand il est broyé avec elle,
et de l'acidifier ensuite rapidement, ainsi que le prouve
l'expérience suivante :

Des pancréas de poulets furent pilés et broyés avec
de l'huile, il en résultait immédiatement une sorte
d'émulsion pâteuse. Une portion de cette émulsion
fut portée à l'ébullition au bain-marie ; alors une partie de l'huile se sépara, et il s'exhalait du mélange par
la cuisson une odeur tout à fait identique avec l'odeur
de poulet rôti.

Une autre portion de la même émulsion fut laissée
à une température de 25 à 30 degrés, dans une étuve,
pendant vingt-quatre heures. Elle devint acide, et, en
ajoutant de la potasse dans une partie de ce mélange,
il se dégagea de l'ammoniaque en grande quantité, et
l'on reconnut, en traitant convenablement l'autre partie du mélange, la présence d'un acide gras.

5° Le suc pancréatique se présente aussi chez les
oiseaux avec les mêmes caractères essentiels que nous

avons observés dans les mammifères, ainsi qu'on va
le voir :

Le 5 avril 1851, sur une oie adulte, bien portante,
nourrie depuis quelques jours avec des pommes de
terre cuites à l'eau et mélangées avec de la graisse,
et étant en digestion, je pratiquai une fistule pancréatique. L'animal étant placé sur le dos, je fis immédiatement, au-dessous du sternum, une incision qui inté-
ressa successivement la peau et les muscles, et j'arrivai
sur le duodenum après avoir déjeté le gésier à droite.
Comme chez tous les animaux en digestion, le duodenum et le pancréas étaient rouges et présentaient
une vive injection. Je cherchai les deux conduits pancréatiques principaux, et j'y introduisis, après les
avoir fendus, des petits tubes d'argent de 8 à 9 centimètres de longueur et de 1 millimètre environ de
diamètre intérieur, et je les fixai par une ligature. Les
deux tubes étant serrés sur chacun des conduits, je
replaçai le pancréas dans l'abdomen, et je fis une suture
aux parois du ventre, en ayant soin de laisser sortir
au dehors les extrémités libres des deux tubes. Je
laissai ensuite l'animal en liberté, et il ne paraissait
pas souffrant de l'opération, si ce n'est qu'il rendait
très-fréquemment des excréments, qui finirent même
par être composés exclusivement par de l'acide urique.
L'opération, qui fut assez rapidement faite, fut terminée à midi et demi.

Le suc pancréatique ne commença à s'écouler par
les tubes qu'à deux heures trente minutes (deux heures
après l'opération). On apercevait alors à l'extrémité

d'un des tubes, que nous nommerons le tube A ,
une goutte seulement d'un liquide clair, transparent,
gluant et alcalin. J'appliquai alors une petite vessie
de caoutchouc pour recueillir le liquide qui s'écoulait ; l'animal ne paraissait pas souffrant et mangea du
pain. A cinq heures du soir (quatre heures et demie
après l'opération), je trouvai environ 1 gramme de
suc pancréatique dans la vessie de caoutchouc ; l'autre
tube, que nous nommerons tube B, restait toujours
sec et ne donnait lieu à aucun écoulement de liquide.
Le suc pancréatique obtenu par le tube A était clair,
visqueux et gluant, offrant tout à fait les caractères
physiques de celui du chien. Une petite portion,
chauffée dans un tube, se coagula complétement, à la
manière du blanc d'œuf. Le suc offrait, au papier de
tournesol, une réaction alcaline très-marquée. Après
avoir constaté ces caractères, la partie restante du suc
pancréatique fut mélangée avec quelques gouttes
d'huile d'olive ; il opéra aussitôt par l'agitation une
émulsion parfaite, qui persistait encore le lendemain
dans le même état, et le mélange avait pris une réaction très-manifestement acide au papier de tournesol.
Le surlendemain, on examina le mélange acide au microscope, et l'on y constata la présence de cristaux
ressemblant à ceux de la stéarine ou de l'acide stéa-
rique.

Le même jour, 5 avril, à dix heures du soir, je recueillis encore environ 1 gramme 1/2 de suc pancréatique dans la vessie A de caoutchouc. Il présentait
les mêmes caractères que ceux déjà indiqués plus haut ;

seulement il contenait quelques grumeaux de matière muqueuse. A ce suc pancréatique alcalin j'ajoutai un peu de beurre, et je maintins le mélange à une douce température. L'émulsion se fit avec facilité et d'une manière persistante. Le lendemain, le mélange était fortement acide au papier de tournesol, et j'y constatai au microscope la présence de cristaux ressemblant aux cristaux déjà indiqués plus haut. C'est à ce moment (dix heures du soir) qu'apparut seulement le suc pancréatique dans le second tube d'argent (tube A) auquel j'adaptai alors une vessie de caoutchouc comme au premier.

Le lendemain 6 avril, à sept heures du matin, je trouvai la vessie A remplie complétement par 1 gramme 1/2 environ de suc pancréatique : c'était tout ce qu'elle pouvait contenir. La vessie du tube B ne contenait rien, parce que le bouchon avait été déplacé pendant la nuit, et que tout le suc sécrété s'était écoulé au dehors.

Le suc pancréatique recueilli le 6 avril présentait les mêmes caractères que la veille : il était toujours alcalin, visqueux et coagulable ; toutefois sa viscosité et sa coagulabilité avaient un peu diminué, et il s'en séparait, par le repos, quelques grumeaux muqueux qui présentaient au microscope un aspect filamenteux, en même temps que, par le refroidissement, ce liquide se prenait en une masse gélatineuse, caractère que nous avons souvent observé chez le chien. L'oie ne paraissait pas malade ; elle mangea de la soupe qu'on lui donna. A dix heures trente minutes du matin, on recueillit encore dans la vessie A environ 1 gramme de suc pancréatique que l'on ajouta à celui précédemment obtenu, et qui servit aux expériences suivantes :

1° L'acide azotique produisit la coagulation en masse du suc pancréatique ; en ajoutant un excès d'acide, la matière ne fut pas dissoute, mais elle se crispa et devint jaune ; en faisant bouillir, cette matière fut dissoute complétement. On constata comparativement avec du suc pancréatique de chien l'apparition des mêmes caractères.

2° Par l'alcool le suc pancréatique de l'oie donna lieu à la précipitation abondante de flocons blanc bleuâtre ; on laissa déposer ces flocons à la partie inférieure du tube. On décanta ensuite l'alcool avec précaution, et l'on ajouta de l'eau à la température de 30 à 40 degrés, qui opéra la dissolution de la matière préalablemént coagulée, à l'exception de la substance muqueuse qui resta déposée et insoluble ; mais on constata qu'il y avait eu réellement dissolution de la matière précipitée par l'alcool, car si l'on reprenait le liquide filtré et débarrassé des parties muqueuses insolubles, on y retrouvait les caractères de l'albumine, c'est-à-dire coagulation par la chaleur et précipitation par l'acide azotique. Cette expérience démontre que la matière organique du suc pancréatique de l'oie, comme celle du même liquide chez le chien, a la propriété de se redissoudre une fois qu'elle a été précipitée par l'alcool.

Le même jour, 6 avril, à cinq heures trente minutes du soir, les deux tubes furent dérangés par l'animal, et l'écoulement du suc pancréatique s'arrêta. On enleva les tubes.

D'après l'expérience précédente, nous voyons que le suc pancréatique de l'oie nous a offert tous les caractères du suc pancréatique du chien. Alcalin, coagulable et visqueux, il agit de même sur les matières grasses avec une grande énergie. Nous devons remarquer que l'oie a supporté plus facilement cette opération que les mammifères, puisque, immédiatement après, elle a continué à manger, ce qui n'arrive que très-rarement chez le chien. De même le liquide n'a pas paru s'altérer aussi rapidement que chez le chien, ce qui, du reste, s'accorde avec ce qu'on sait déjà sur le peu de gravité des opérations qu'on pratique dans l'abdomen chez les oiseaux. Après cette opération, l'oie a parfaitement guéri de sa plaie, et je constatai à l'autopsie, faite dix-neuf jours après, que les deux conduits ne s'étaient pas ressoudés de manière à permettre au suc pancréatique de reprendre son cours, mais qu'ils se trouvaient oblitérés de telle façon qu'ils étaient dilatés par le suc pancréatique accumulé.

Puisque nous trouvons chez les oiseaux le suc pancréatique avec les mêmes caractères que chez les mammifères, nous devons être portés à admettre qu'il remplit les mêmes fonctions dans l'animal vivant, et qu'il doit servir également à produire l'émulsion des matières grasses et à favoriser leur absorption.

En effet, cette action spéciale d'émulsionner et d'acidifier la graisse appartient exclusivement, chez les oiseaux, au suc pancréatique de même qu'au tissu du

pancréas, de telle sorte que les caractères que nous
avons donnés pour reconnaître le tissu du pancréas
dans les mammifères s'appliquent aux oiseaux, ainsi
que nous l'avons vérifié chez un grand nombre d'animaux de cette classe soumis à des alimentations très-
variées.

Reptiles. — Le pancréas existe chez tous les reptiles,
de même que dans les mammifères et les oiseaux.

Dans la grenouille, la salamandre et dans la tortue, etc., le pancréas donne un conduit très-distinct ;
mais dans beaucoup de reptiles, dans les ophidiens,
par exemple, le pancréas forme autour du conduit
biliaire, à son abouchement dans l'intestin, une sorte
de virole qui quelquefois se confond avec la rate. Chez
la couleuvre, j'ai vu le pancréas et la rate formant ainsi
une masse qui, à l'aspect, paraissait constituée par une
glande formée de deux portions distinctes.

Les conduits qui déversent le suc pancréatique s'a-
bouchent, dans l'intestin, dans les mêmes rapports avec
le canal biliaire, après l'estomac et au commencement
de l'intestin grêle. Aucun observateur, à ma connaissance, n'a encore obtenu du suc pancréatique chez les
reptiles, ce qui tient à la petite taille des animaux sur
le pancréas desquels il est très-difficile d'expérimenter.
J'ai essayé une seule fois sur une tortue, je n'ai pas eu
de résultat satisfaisant dans cette première expérience,
mais il n'est pas impossible de réussir ; je n'ai pas eu
occasion de réitérer l'expérience.

Le tissu du pancréas des reptiles agit de la même
manière que celui des mammifères et des oiseaux, il

présente exactement le même caractère de pouvoir acidifier et émulsionner la graisse. L'infusion du tissu du
pancréas altéré rougit également par le chlore. Et ces
caractères sont églement propres au tissu du pancréas
chez les reptiles, comme ils le sont chez les animaux
précédemment cités, ainsi que le prouvent les expériences suivantes :

Sur une couleuvre prise depuis peu de jours dans la
campagne (au commencement du mois d'octobre), j'ai
examiné le pancréas, qui est chez cet animal absolument confondu avec la rate. Les deux organes réunis
forment une masse arrondie qui se trouve placée vers
le coude de l'estomac et de l'intestin grêle. Toutefois à
la couleur on reconnaît ce qui appartient à la rate, qui
a une teinte plus rouge, tandis que le tissu du pancréas est plus pâle. J'ai pris un fragment du tissu du
pancréas et de la rate, et je les ai mis en contact avec
un mélange de monobutyrine et de teinture de tournesol. La coloration rouge de l'acidification de la monobutyrine s'est manifestée assez vite, tandis qu'elle ne
s'est pas montrée du tout avec le tissu de la rate. J'avais
placé comparativement une parcelle de tissu du pancréas du lapin dans le même réactif, et la coloration
s'est manifestée beaucoup plus vite ; ce qui montre que
cette propriété acidifiante du tissu pancréatique est plus
énergique dans le lapin que dans la couleuvre. C'est
un fait général, ainsi que nous l'avons dit, qui paraît
distinguer le tissu pancréatique des animaux à sang
chaud de celui des animaux à sang froid.

Sur une autre couleuvre dans les mêmes conditions,

j'ai obtenu des résultats semblables. J'ai placé des fragments de tissu du pancréas, de la rate, du foie, du rein
dans de l'alcool pendant deux heures environ; puis je
les ai soumis au mélange de monobutyrine et de teinture de tournesol : la coloration rouge s'est manifestée
exclusivement avec le tissu du pancréas.

J'ai constaté les mêmes propriétés du tissu pancréatique chez des grenouilles et chez une tortue. Mais, pour
obtenir ces résultats, il faut faire l'expérience sur des
animaux en digestion et hors de l'état d'hibernation,
ainsi qu'il sera dit bientôt.

A l'aide du tissu pancréatique, on peut constater
également que le pancréas des reptiles transforme la
fécule en dextrine et en glycose.

Bien qu'on n'ait pas encore extrait du suc pancréatique chez les reptiles, on doit cependant penser que
ce fluide exerce les mêmes actions sur la digestion intestinale en se mélangeant avec la bile dans l'intestin.
En effet, en mettant de la bile en contact avec du pancréas, ou bien en prenant du liquide intestinal chez
des reptiles en digestion, tels que des lézards, couleuvres ou salamandres, j'ai pu constater que ce liquide,
de même que celui des animaux à sang chaud, possède
des propriétés digestives capables d'agir sur les matières grasses, les matières féculentes et les matières azotées. La bile seule n'a aucunement ces propriétés digestives chez les reptiles. Chez ces animaux comme chez
les oiseaux et les mammifères, elle les doit à son mélange avec le suc pancréatique.

Les phénomènes chimiques de la digestion devront

donc s'effectuer très-probablement chez les reptiles, comme cela a été dit pour les autres animaux, sous l'influence de l'action fermentescible du suc pancréatique. Mais l'absorption de ces matières alimentaires digérées semble devoir s'opérer chez eux comme chez les oiseaux, exclusivement par les rameaux de la veine porte. Il m'a été impossible, en effet, de démontrer l'existence de vaisseaux chylifères chez des reptiles, et je ne sache pas que personne en ait jamais constaté chez ces animaux. J'ai expérimenté à différentes reprises chez des grenouilles ou des salamandres soumises à une alimentation graisseuse, et il m'a été impossible de constater la présence de ces vaisseaux. Du reste, chez ces animaux comme chez les oiseaux, la graisse émulsionnée absorbée par la veine porte pourrait peut-être aussi parvenir dans le système circulatoire général sans passer par le foie, puisqu'il existe des communications entre la veine porte et la veine cave par le système veineux de Jacobson.

En ingérant de l'éther tenant de la graisse en dissolution, je n'ai pas provoqué de chylifères chez les reptiles (grenouilles, salamandres, couleuvres), pas plus que chez les oiseaux.

Je dois maintenant signaler un point intéressant de la physiologie du pancréas : c'est que, chez les reptiles, les fonctions digestives éprouvent dans certains moments de l'année une espèce de suspension qui coïncide avec un ralentissement remarquable dans tous les autres phénomènes physiologiques. Pendant ce temps, auquel on donne le non d'*hibernation*, j'ai observé

que le tissu du pancréas perd les propriétés d'acidifier
la graisse et de rougir au contact du réactif que nous
avons signalé plus haut. Ces propriétés du tissu du pancréas qui existent à leur summum pendant la période
digestive, diminuent peu à peu à mesure qu'on s'éloigne du temps de la digestion et qu'on s'approche du
moment de l'hibernation. Il n'est pas moins remarquable de voir que cette propriété du tissu pancréatique
revient au moment où les phénomènes de l'hibernation
vont cesser. De sorte que, indépendamment des caractères de forme des organes, il existe des propriétés
physiologiques qui sont mobiles et peuvent osciller et
disparaître pendant un certain temps, pour reparaître
ensuite lorsque l'accomplissement desphénomènes de
la vie nécessite leur existence : telle est la présence du
sucre dans le foie, qui disparaît lorsque les phénomènes
de la nutrition s'éteignent ; telle est la membrane muqueuse de l'utérus qui s'atrophie quand la fonction de
l'organe ne l'exige pas ; telle est aussi la propriété du
tissu pancréatique, etc. On pourrait citer encore les
villosités de l'intestin qui tombent en quelque sorte et
se dépouillent de leur épithélium chez des individus
qui sont malades ou qui ont été soumis à une longue
abstinence. Les culs-de-sac de la glande mammaire s'a-
trophient quand la glande cesse de sécréter, et se développent en bourgeonnant pour ainsi dire aussitôt que
la sécrétion recommence à s'effectuer. Tels sont encore
les testicules qui meurent et renaissent pour ainsi dire
chez certains animaux, etc. Tous ces exemples prouvent
une proposition que nous n'avons point à développer

ici, mais qu'il nous suffira de signaler, à savoir, qu'il y
a une mobilité dans les caractères anatomiques spéciaux des organes en rapport avec les fonctions, et que,
pour avoir une idée complète d'un appareil organique,
il faut le surprendre dans le moment de sa fonction.
Tous ces changements physiologiques sont liés à des
modifications anatomiques qui oscillent comme la fonction elle-même.

Poissons. — Dans cette seule classe de vertébrés, il
existe des animaux chez lesquels on a nié l'existence du
pancréas. Depuis longtemps on avait constaté, chez
certaines espèces de poissons, la présence d'un pancréas très-bien développé et s'ouvrant par un conduit
dans l'intestin grêle, près du conduit cholédoque : tel
est le cas de la raie, par exemple. Chez cet animal, le
pancréas est volumineux, présente une structure glandulaire et vient s'ouvrir dans l'intestin, près du canal
cholédoque, par un orifice très-fin placé au sommet
d'une papille longue et flottante dans l'intestin. J'ai
trouvé que le pancréas de la raie est placé dans une
espèce de muscle suspenseur qu'on observe dans le
ventre, et que je n'ai pas vu mentionner par les anatomistes. Ce muscle part de la partie antérieure de sa
colonne vertébrale, et il se dirige vers l'estomac en em-
brassant le pancréas qui y adhère. Les vaisseaux mésentériques sont compris dans ce muscle dont la couleur est rougeâtre et qui est composé de fibres non
striées. Le pancréas de la raie (fig. 75) est en quelque
sorte formé de deux portions communiquant par un
petit canal. J'ai injecté avec diverses matières colorées

le pancréas chez la raie, après la mort, et l'injection a toujours passé facilement dans les vaisseaux sanguins

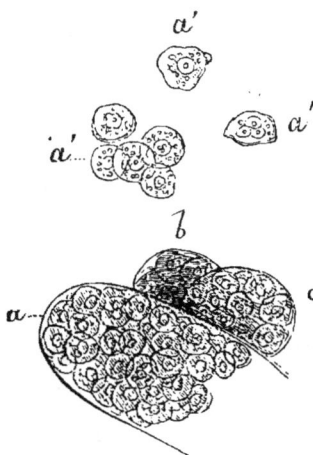

Fig. 75.— *Structure du pancréas.*

a, b, c, culs-de-sac glandulaires ; — *a', a', a',* cellules glandulaires isolées.

et dans les lymphatiques, ainsi que cela a lieu du reste chez les mammifères, même pendant la vie.

Mais les anatomistes n'avaient pu constater aucune trace de pancréas dans beaucoup d'autres espèces de poissons, tels que les cyprins, les saumons, etc. Cuvier divisa les poissons en deux catégories sous le rapport de l'existence du pancréas, et admit que le pancréas, chez les poissons, pouvait être représenté par des appendices pyloriques. Cette vue a été infirmée par l'anatomie aussi bien que par la physiologie, et aujourd'hui on sait parfaitement que ces appendices pyloriques, qui augmentent la surface de l'intestin et arrêtent la matière alimentaire, et qui sont probablement en rapport avec le mode de l'alimentation, ne sont pas les analogues du pancréas. Steller a dit le premier qu'on trouvait de vrais pancréas chez des poissons pourvus d'appendices pyloriques, ce qui prouve que ces organes ne se suppléent pas. On rencontre en effet des poissons possédant à la fois des appendices pyloriques et des pancréas.

Ce qui avait été considéré comme le pancréas de

l'esturgeon n'est que les appendices pyloriques agglo-
mérés. J'ai constaté que le suc contenu dans cette
espèce d'organe est gluant et acide, et possède toutes
les propriétés du suc intestinal qui est dans les appendices pyloriques des autres poissons. Du reste, je considère cette doctrine qui regarde les tubes pyloriques
comme des rudiments de glandes qui se perfectionnent
et se ramifient, comme très-difficile à appliquer pour
les explications dont il est ici question, car la partie
sécrétante réelle est la cellule glandulaire, souvent ca-
duque, qui est à l'extrémité d'un conduit excréteur. Et
d'ailleurs ne pourrait-il pas se produire un organe
glandulaire sur une surface muqueuse, comme il se fait
une vraie glande sur la muqueuse du jabot du pigeon,
sans qu'il soit utile d'invoquer une forme en tube ou
une forme quelconque de la membrane muqueuse? Ce
sont là au contraire des mamelons glandulaires, ce qui
prouverait qu'il doit y avoir des glandes en saillie. Et,
du reste, on comprend qu'il ne serait pas même nécessaire de l'existence de ces glandes en saillie ; il suffirait
qu'à la surface de la membrane muqueuse il se formât
des cellules ayant les propriétés des cellules du pancréas, pour que le mélange digestif intestinal pût se
réaliser. Nous avons dit ailleurs que les cellules glandulaires du tissu pancréatique se distinguent des autres
glandes en ce que la bile les dissout très-vite. Les
cellules épithéliales qui recouvrent les villosités intestinales peuvent aussi avoir la propriété de le dissoudre ;
et l'on sait que ces cellules se reproduisent dans chaque
digestion pour tomber pendant l'accomplissement de

l'acte digestif ; de sorte que ce seraient là en réalité des pancréas sans cesse renaissants.

Stannius et ensuite Brockmann, qui a publié une thèse très-importante sur ce sujet, ont confirmé l'opinion de Steller, et ont trouvé un certain nombre de poissons munis à la fois d'appendices pyloriques et d'un vrai pancréas. J'ai trouvé un pancréas s'ouvrant dans un appendice pylorique chez un poisson dont je n'ai pas pu savoir le nom (fig. 76) ; n'ayant pas eu l'animal entier, mais seulement ses intestins, je n'ai pas pu déterminer son espèce. J'ai fait représenter ce pancréas ; l'animal était déjà altéré, je n'ai pas constaté les caractères chimiques du pancréas.

Il n'est pas douteux qu'à mesure qu'on multipliera les investigations, on finira par trouver une plus grande quantité de poissons pourvus de pancréas, et rien n'autorise aujourd'hui à dire que le pancréas n'existe pas chez les poissons où il n'a pas encore été signalé, car il n'est pas nécessaire, ainsi que nous l'avons déjà dit, que le pancréas constitue un organe lobulé séparé ; il suffit qu'il soit disséminé en glandules dans les parois intestinales pour que ses fonctions puissent s'exécuter, bien qu'il soit difficile de le voir extérieurement. En poursuivant des études sur le pancréas des poissons, il sera donc nécessaire de se servir de réactif pour distinguer le tissu du pancréas. Le réactif que nous avons indiqué, et qui nous a servi à caractériser le tissu du pancréas chez les mammifères, les oiseaux et les reptiles, s'applique parfaitement bien au tissu du pancréas chez les poissons, ainsi qu'on va le voir.

J'ai pris la moitié environ du pancréas d'une raie fraîche et en digestion; j'ai divisé le pancréas et l'ai

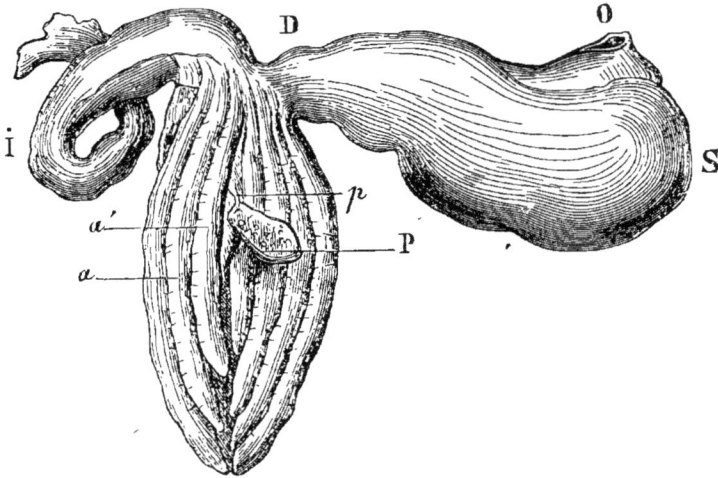

Fig. 76.

O, cardia; — S, estomac; — D, pylore; — a, a' appendice pylorique; — P, pancréas; — p, conduit pancréatique s'ouvrant dans un appendice pylorique.

mis à macérer dans l'alcool pendant environ deux ou trois heures. Après ce laps de temps, j'ai pris un fragment du tissu de ce pancréas, et je l'ai soumis à l'éther contenant du beurre en dissolution, puis je l'ai immergé dans de la teinture de tournesol, sur une lame de verre creusée d'un petit godet, ainsi qu'il a été dit ailleurs. Peu à peu l'acidification s'est manifestée, mais plus lentement que pour le tissu pancréatique des mammifères et des oiseaux. Nous avons déjà vu qu'il en est de même pour les reptiles. Les tissus du foie et de la rate de la même raie, traités de la même manière, n'ont communiqué aucune acidification à la teinture de tournesol, qui n'a pas changé de couleur. J'ai remarqué qu'il ne faut pas laisser trop longtemps, pas au delà de cinq à six heures, le tissu du pancréas dans l'alcool, car après, il perdrait la propriété de rougir par le réactif éthéré, sans doute parce que la matière ne se redissout plus dans l'eau. Cette remarque s'applique au pancréas des reptiles et des poissons.

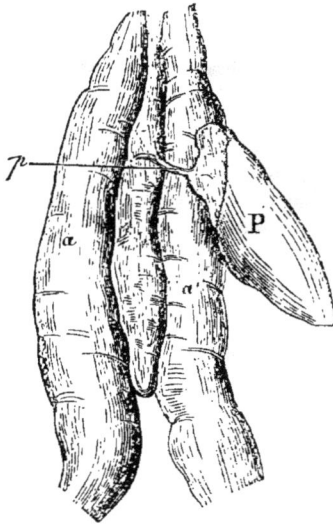

Fig. 77. — *Même pancréas de la figure 76 un peu grossie.*

P, pancréas : — *p*, conduit pancréatique ; — *a, a'*, appendice pylorique.

Le pancréas de la raie a également la propriété d'agir sur l'amidon pour le changer en sucre et en dextrine. Avec l'autre moitié du pancréas de la même raie, j'ai fait une infusion avec le tissu broyé et de l'eau d'empois d'amidon. Après quelque temps, il y avait transformation en sucre et réduction du tartrate de cuivre dissous dans la potasse.

Je ne sache pas qu'on ait jamais recueilli du suc pancréatique sur des poissons vivants pour en étudier les propriétés. Cependant nous sommes autorisé à le croire semblable à celui des animaux plus élevés, puisque le tissu de l'organe donne toujours lieu aux mêmes réactions sur la graisse et sur l'amidon ; et il faut ajouter de plus qu'il jouit aussi exactement de cette même propriété, qui consiste à donner une infusion qui, lorsqu'elle commence à se décomposer, prend une belle coloration rouge par le chlore.

J'ignore s'il existe pour les poissons un temps d'hibernation pendant lequel le tissu de l'organe perd ses propriétés : cela pourrait être, mais je ne l'ai pas constaté.

Le pancréas de la raie est volumineux ; mais chez beaucoup de poissons il est très-petit, et chez d'autres il n'a pas encore été trouvé. On doit penser que chez ces derniers il est très-petit ; même on peut se demander s'il n'est pas confondu avec quelque organe voisin, comme dans la couleuvre nous l'avons vu uni intimement avec la rate.

E.-H. Weber a indiqué chez quelques poissons une espèce de fusion entre le pancréas et le foie. Il a décrit particulièrement cette disposition chez la carpe, et il admet que les organes peuvent aussi se suppléer les uns les autres, et que, chez le poisson dont il parle, on doit supposer que le même tissu organique sécrète à la fois la bile et le suc pancréatique. Je n'admets pas cette opinion en tant qu'elle suppose que le même tissu organique peut avoir des fonctions fort différentes. Mais il pourrait cependant bien se faire à la rigueur, dira-t-on, que les deux tissus du pancréas et du foie, bien qu'essentiellement distincts, anatomiquement et physiologiquement, fussent confondus dans une même enveloppe formant une masse commune. Cette supposition même ne me paraît pas fondée, car j'ai observé chez le turbot, où le pancréas existe bien réellement sous la forme d'une masse conglomérée placée sur le côté de l'intestin, un conduit nacré qui pénètre dans l'intestin, et qui m'a semblé être autre chose qu'un canal cholédoque double. Toutefois il y a ceci de particulier, que je n'ai jamais rencontré dans ce canal de la bile, tandis qu'il en existe une grande quantité dans l'autre conduit biliaire; de plus, il part dupoint de l'intestin où s'insère cette espèce de conduit biliaire une multitude de ramifications nacrées, excessivement déliées, qui communiquent avec une espèce de cloaque qui existe à l'orifice du canal pancréatique dans l'intestin, et qui se répandent dans l'intestin et dansle foie, à la manière de vaisseaux lymphatiques dont la disposition serait, dans tous les cas, incompréhensible dans l'état actuel de nos connaissances anatomiques. Je pense plutôt qu'il s'agit ici d'un appareil encore inconnu qui existe d'ailleurs chez les poissons d'espèce différente.

Mais si l'anatomie nous fait défaut pour constater le pancréas chez certains poissons, les caractères physiologiques viendront à notre aide, et nous serviront de guide plus certain que la forme anatomique. Nous savons, en effet, que chez les mammifères et les oiseaux, la bile ne devient digestive que par son mélange avec le suc pancréatique. Chez les poissons, où le pancréas est bien distinct, il en est de même. C'est ce mélange qui constitue le liquide intestinal, qui offre toujours les mêmes caractères.

En prenant le contenu intestinal et en le mettant en contact avec le réactif éthéré que nous avons indi-

qué, on constate qu'il y a acidification toutes les fois
qu'une proportion, même très-minime, de suc pan-

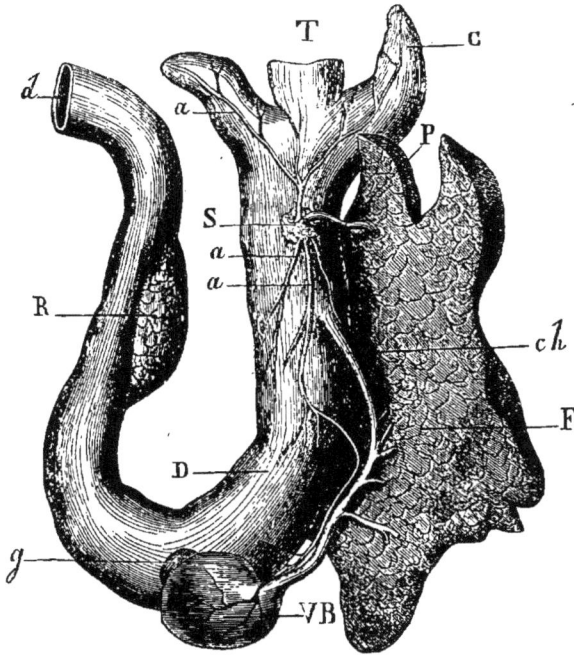

Fig. 78. — *Pancréas de turbot.*

T, partie pylorique de l'estomac ; — P, conduit pénétrant dans le foie et
d'autre part dans l'intestin : il est entouré à son insertion dans l'intestin
d'une masse pancréatique; — S, au-dessous de cette masse se voit une sorte
de confluent angulaire où se versent les conduits pancréatiques, et tous les
conduits *a, a, a, a*, qui vont en divergeant et se ramifiant dans divers sens
jusqu'à la vésicule du fiel; — D, duodenum ; — R, rate ; *d*, ouverture du
duodenum coupé; — *c h*, conduit cholédoque; — F, foie; — V B, vésicule
du fiel; — *g*, petit corps d'apparence glandulaire collé à la vésicule biliaire.

créatique s'est écoulée dans l'intestin ; de telle façon
qu'il suffit du liquide intestinal d'un animal pour
déterminer s'il a ou non un pancréas, dès que l'on a
pu démontrer, en excluant le suc pancréatique chez

les animaux où cet organe est bien déterminé, que cette réaction cesse d'avoir lieu, et qu'elle est, par conséquent, la preuve de la présence du suc pancréatique dans l'intestin. Or, dans le liquide intestinal d'aucun poisson, je n'ai constaté l'absence de ce caractère, et je suis porté à conclure que le pancréas existe nécessairement chez tous les poissons, bien qu'il n'ait pas encore été anatomiquement démontré.

Jusqu'ici nous avons vu que la forme anatomique ne suffisait pas pour caractériser le pancréas, qu'il fallait absolument avoir recours aux qualités du produit ou du tissu de l'organe sécréteur. Chez les animaux invertébrés, ce secours nous devient très-utile, parce que les animaux sont, en général, trop petits, et que, d'autre part, l'organe pancréatique est absolument inconnu.

Il est vrai que certains appendices en forme de cœcum, que l'on trouve annexés à l'intestin d'animaux invertébrés, ont été regardés comme des organes capables de remplir dans la digestion les fonctions du pancréas des animaux vertébrés. Ainsi, chez quelques *rotifères,* il existe un ou plusieurs cœcums, à parois épaisses, revêtus d'un épithélium ciliaire, et venant s'aboucher au commencement de l'estomac ou sur ses côtés. Chez un certain nombre de *céphalopodes,* on rencontre aussi des tubes glandulaires, ramifiés, courts et d'un jaune pâle, qui, dans beaucoup d'espèces, sont annexés aux conduits hépatiques. Enfin, il est des insectes qui ont des appendices glanduleux annexés à l'iléon.

Sans vouloir entrer dans une discussion sur la signification de ces cœcums en tant qu'organes glandulaires
simples qui se perfectionnent en se ramifiant, hypothèse déjà émise à propos des appendices pyloriques
des poissons, je ferai seulement remarquer que rien
n'autorise à considérer ces appendices des invertébrés
comme des pancréas; et que, d'ailleurs, il y a le plus
grand nombre des animaux invertébrés qui en sont
dépourvus. Mais c'est par le côté physiologique que
nous essayerons d'attaquer la question, et nous dirons
ce que nous avons vu en examinant les caractères
du suc intestinal chez les invertébrés. Sur un calmar
en digestion, j'ai recueilli le liquide jaunâtre, gluant,
de l'intestin; j'ai fait de même chez les limaces, chez
les huîtres, etc.; le liquide intestinal, qui est acide,
jouit aussi de la propriété d'agir sur l'amidon, la
graisse, et de donner en s'altérant une coloration
rouge par le chlore. Or, si nous considérons que chez
les mammifères il faut absolument l'intervention du
pancréas pour donner ces propriétés au liquide intestinal, naturel ou artificiel, nous ne pouvons pas admettre qu'il en soit autrement chez les invertébrés. Il
y a beaucoup d'invertébrés qui ont un foie distinct;
mais il y en a chez lesquels il est étalé dans les parois
de l'intestin. Or, le pancréas pourrait aussi consister
en cellules sur les parois de l'intestin, comme le foie
des sangsues, par exemple. Dans l'estomac de la li-
mace, j'ai vu des villosités glandulaires analogues au
pancréas par leur réaction, de sorte que, puisque nous
avons les mêmes propriétés physiologiques dans le

suc, nous devons conclure aux mêmes éléments anatomiques de sécrétion.

Toutes nos expériences tendent évidemment à démontrer que le pancréas exerce une action chimique
sur les aliments, et que cette action n'est pas limitée
à une seule classe de matières, mais s'étend à toute
espèce d'aliments végétaux et animaux. Avec une telle
signification physiologique, on ne saurait donc vouloir
localiser le pancréas exclusivement dans certains animaux et le mettre en rapport uniquement avec la digestion de certains aliments déterminés. On pourrait
encore moins, par le volume de cet organe, prétendre
juger une prédominance d'une alimentation spéciale
chez les différents animaux. En effet, les fonctions du
pancréas doivent être envisagées d'une manière plus
large, si l'on veut comprendre son rôle en le comparant dans l'ensemble des animaux.

Il existe deux ordres de phénomènes digestifs : les
uns purement mécaniques, qui n'entraînent qu'une
trituration ou une division des substances alimentaires
sans changement de nature ; les autres essentiellement
chimiques et amenant une modification intime dans la
substance alimentaire.

On peut concevoir qu'il n'existe aucun appareil digestif chimique ni mécanique, parce que l'animal vit
dans un milieu où il absorbe directement les matières
qui servent à sa nutrition.

On peut concevoir encore que l'acte digestif se ré-
duise à un seul appareil mécanique qui ait pour but
d'exprimer certains sucs alimentaires qui peuvent servir

à la nutrition sans modifications chimiques préalables.

Mais le plus ordinairement l'acte digestif se compose de deux ordres de phénomènes physiques et chimiques accomplis par deux appareils distincts. Les appareils mécaniques sont très-variés et parfaitement connus ; nous n'avons pas à nous en occuper ici. Les phénomènes chimiques sont effectués par les liquides intestinaux, mais plus spécialement par le suc pancréatique, qui possède au plus haut degré la propriété décomposante qu'il transmet aux substances en contact avec lui ; de sorte qu'on peut établir d'une manière générale que le pancréas est directement en rapport avec le développement de la partie chimique de la digestion ; et si l'on veut avoir une idée juste des modifications que les variétés de volume du pancréas peuvent apporter dans la digestion, il faudra toujours considérer les phénomènes d'une manière générale, et non les limiter à telle ou telle substance plus spécialement. C'est ainsi, par exemple, que, si l'on voulait mettre en rapport le développement du pancréas avec chacune de ses propriétés, on arriverait à des résultats contradictoires. Le pancréas agit sur la graisse, mais on ne saurait en conclure que cet organe est d'autant plus développé que l'animal fait usage dans son alimentation d'une plus grande quantité de substances grasses ; en effet, les herbivores sont pourvus d'un pancréas très-volumineux. Le suc pancréatique agit sur l'amidon pour digérer cette substance et la transformer en sucre ; on ne saurait en conclure que le volume du pancréas est en rapport avec l'intensité de la digestion des féculents, car les carnivores possèdent un pancréas relativement très-développé. Tout raisonnement exclusif relativement à une seule substance alimentaire serait fautif de la même manière. C'est donc à un ordre de phénomènes digestifs, et non pas à une classe d'aliments, que doit se rapporter le pancréas.

Nous voyons, en effet, que c'est à l'ordre des phénomènes chimiques que répond le développement plus ou moins considérable de cet organe. Le pancréas sera généralement d'autant plus développé, que les substances alimentaires sont plus réfractaires à subir des modifications chimiques capables de les rendre solubles ; les substances ligneuses qui contiennent des matières nutritives très-difficilement séparables sont particulièrement dans ce cas, et l'on observe d'une manière générale que les animaux qui se nourrissent de ces substances ont un pancréas très-développé : tels sont les chevaux, les bœufs, etc., etc.

Les phénomènes chimiques de la digestion s'accomplissent également avec une rapidité d'autant plus grande que le pancréas est plus développé : c'est ainsi que le pancréas est plus développé chez les oiseaux, où la digestion est très-rapide, que chez les mammifères, les reptiles ou les poissons, où la digestion présente une lenteur de plus en plus considérable.

Le pancréas ne devrait donc être considéré que comme le représentant des phénomènes chimiques digestifs, et, pour justifier le rôle que nous lui attribuons, il s'agirait de prouver son existence partout où des phénomènes chimiques de la digestion se manifestent.

Chez les vertébrés la chose est facile ; et s'il existe encore quelques poissons chez lesquels cet organe n'a pas encore été démontré, ces exceptions diminuent chaque jour, et tout porte à croire qu'elles disparaîtront complétement. Quant aux invertébrés, la question est beaucoup plus difficile à résoudre pour le moment, dans l'état de la science où un organe de la nature du pancréas n'a été encore rigoureusement déterminé par aucun observateur. Cependant, au point de vue physiologique, il est permis de penser que les phénomènes chimiques, qui sont si évidents chez les mollusques, par exemple, doivent avoir leurs mêmes représentants organiques ; car nous voyons que le foie, par exemple, qui, par sa sécrétion biliaire, s'associe aux usages du pancréas, se trouve constitué par les mêmes éléments anatomiques que chez les vertébrés. Or nous avons constaté dans le suc intestinal de différents mollusques, tels que le calmar, les limaces, l'huître, l'anodonte, etc., l'existence des réactions propres au mélange du suc pancréatique et de la bile des vertébrés.

Il y a donc lieu de penser que le suc pancréatique se produit là par un organe analogue dans ses fonctions et même dans son tissu ; car, quel que soit le degré de l'organisation d'un animal, quand un phénomène semblable s'y retrouve, il y est toujours accompli par un même organe spécial. De même, dans toutes les variétés d'organisation, si le phénomène disparaît, on voit l'organe correspondant disparaître également, et non pas se fondre et se transformer en un autre pour accomplir des fonctions sécrétoires nouvelles.

VINGTIÈME LEÇON

6 JUILLET 1855.

SOMMAIRE : Du but final de la digestion. — Nécessité de l'existence d'une fonction intermédiaire entre l'absorption et l'assimilation, ou nutrition. — Quelques considérations sur le parallèle entre les phénomènes de nutrition chez les animaux et les végétaux.

MESSIEURS,

Après avoir vu en quoi consiste la digestion, qui a pour but de rendre solubles les substances alimentaires qui ne le sont pas, et de les faire pénétrer dans le sang, nous devons nous demander si ce travail digestif qui s'exerce sur les matières alimentaires arrive à faire de toutes ces matières une ou plusieurs substances identiques dans tous les animaux, malgré la diversité d'alimentation, et enfin de quelle nature serait cette substance, résultat final de la digestion.

Les anciens pensaient que toutes les matières alimentaires, quelle que fût leur nature, se réduisaient toutes en une substance homogène qu'ils appelaient le chyle, et qui n'était en quelque sorte qu'un sang grossier et ayant besoin d'être élaboré dans le poumon. Aujourd'hui nous savons que le mot *chyle*, pris dans cette acception, n'a plus aucune valeur, et que le chyle est loin d'être la quintessence des aliments, car il peut n'en

contenir qu'un des principes. Aussi avons-nous dit
qu'on doit supprimer cette proposition contenue encore
dans la plupart des traités de physiologie, savoir, que
la digestion a pour but de faire le chyle.

Les modernes ont admis d'autres opinions sur la digestion. Nous avons vu en effet qu'il y a trois espèces de
substances alimentaires :

1° Les substances azotées ou albumineuses ;

2° Les substances féculentes ou sucrées ;

3° Les matières grasses.

Or, on a pensé qu'il y avait un produit ultime de
la digestion répondant à chacun de ces groupes de matières, et qu'il fallait bien qu'il en fût ainsi, puisque
les éléments du corps sont eux-mêmes constitués par
ces trois ordres de substances, savoir : des éléments
sucrés, albuminoïdes et gras ; et comme on admettait,
d'autre part, que les animaux étaient incapables de
créer aucun principe immédiat, on pensait qu'il fallait
qu'ils trouvassent dans les aliments les principes constituants tout faits ; que s'il apparaissait de la graisse
dans un animal, il fallait que cette graisse provînt de
ses aliments, et qu'il en était de même des matières albuminoïdes et sucrées. En un mot, on admettait qu'il y
avait nutrition directe, c'est-à-dire une sorte de mi-
gration, du milieu extérieur dans l'animal, des principes immédiats tout faits, et l'on opposait cette forme
de nutrition directe des animaux à celle des végétaux
capables de produire avec des éléments des principes
immédiats. Une doctrine aussi absolue doit être abandonnée, et nous savons déjà, par les faits que nous avons

énoncés dans le semestre dernier, que les animaux sont capables de produire des principes immédiats; de sorte qu'il n'est pas nécessaire, pour qu'un animal vive, qu'il prenne absolument dans ses aliments tous les principes immédiats dont son corps est constitué. Il faut, sans aucun doute, qu'il prenne les éléments de ces principes immédiats; mais il peut les modifier pour en faire des principes immédiats nouveaux et les approprier à sa substance. Il suffit de réfléchir un instant pour comprendre que cette nutrition directe ne peut pas avoir lieu, et qu'il faut bien que l'organisme animal prenne une part très-active dans la préparation de ces principes immédiats et ne les reçoive pas passivement. Aucun des éléments azotés, par exemple, qui existent dans l'animal vivant, ne peut entrer sous cette forme par la digestion. Il est bien clair que la fibrine du sang, que l'albumine, ne sortent pas de l'intestin à l'état de fibrine ou d'albumine, etc. Les graisses ne se trouvent pas non plus toutes formées dans l'alimentation : ainsi les herbages ne contiennent pas la graisse du mouton ou du bœuf à l'état où elle se trouve chez ces animaux. De tout cela, il résulte que les animaux n'ont pas besoin de digérer nécessairement des principes alimentaires des trois espèces pour vivre.

D'abord il n'est pas nécessaire que l'animal prenne des matières sucrées; il peut s'en passer indéfiniment. C'est le cas des animaux carnivores, qui ne mangent jamais de matières sucrées. Cependant il n'est pas à dire pour cela qu'il n'y a pas de matière sucrée dans ces animaux; seulement elle est créée dans l'organisme, dans le foie, et ne provient pas toute formée de la matière sucrée de l'alimentation. Les matières grasses ne sont pas non plus indispensables et l'on peut les supprimer. Si on ne le peut en totalité, ce qui est très-difficile, on peut au moins n'en laisser que de très-faibles quantités, sans que l'alimentation des animaux en souffre et sans que pour cela il cesse de s'accumuler de la graisse en proportion considérable dans leurs tissus. Mais il y a une classe de matières dont l'animal ne peut se passer : ce sont les matières albuminoïdes ou azotées. La suppression des matières azotées dans l'alimentation, comme l'ont déjà vu MM. Chevreul et Magendie, amène rapidement la mort, et la vie ne saurait être longtemps soutenue uniquement à l'aide d'aliments sucrés ou gras.

Aussi, bien que les aliments qui pénètrent dans l'intestin soient de nature variée, bien que les proportions relatives de ces aliments soient aussi très-variables, le travail de la digestion n'en est pas pour cela profondément influencé. Il ne faudrait pas croire qu'il y aura absorption d'autant plus forte d'une substance alimentaire, que cette substance est ingérée en plus grande quantité dans l'intestin ; en effet, il y a toujours de très-faibles proportions de matières sucrées et de matières grasses absorbées comparativement aux matières azotées, quelle que soit d'ailleurs la quantité introduite dans l'intestin.

Il y a une saturation d'absorption qui est généralement plus vite atteinte pour les matières sucrées et pour les matières salines que pour les substances azotées.

Toutes les substances qui pénètrent dans l'organisme, quelles que soient leurs proportions d'ailleurs, et qu'elles arrivent par la veine porte ou par les vaisseaux chylifères, ne constituent pas immédiatement un élément du sang, par cela seul qu'elles y ont pénétré. Nous savons, par exemple, qu'en injectant dans une veine du système veineux général du sucre ou de l'albumine, on voit ces substances passer dans les urines ; tandis que, si on les introduit dans l'intestin, ou si on les injecte dans les mêmes proportions par la veine porte, l'apparition de cette matière dans les urines n'a plus lieu.

Le passage de l'albumine dans les urines, lorsqu'elle a été injectée dans le sang, est un des faits les plus curieux, parce que l'albumine qui existe dans le sang paraîtrait être une substance de la même nature que celle de l'œuf qu'on peut y injecter, et l'on ne comprend pas pourquoi cette matière ne reste pas dans le sang. Mais non-seulement l'albumine de l'œuf sort du sang, mais l'albumine du sérum passe elle-même ; et en injectant, par exemple, 4 centimètres cubes de sérum d'homme dans la veine jugulaire d'un lapin, on voit, au bout d'une demi-heure ou d'une heure, non-seulement de l'albumine dans les veines, mais des globules de sang en quantité considérable, de manière à rendre l'urine sanguinolente ; la mort de l'animal en est même quelquefois la conséquence. Toutefois ces désordres ne se remarquent pas quand on injecte l'albumine de l'œuf ; le passage de cette substance dans les urines est le seul phénomène observé.

Toutes ces expériences prouvent donc que l'albumine injectée dans le sang, sans avoir passé par le
travail digestif et surtout par le foie, est impropre à
entrer dans le sang comme un de ses éléments constituants. Ceci est surtout très-remarquable pour l'albumine du sang ; car on pouvait supposer que cette
albumine, extraite du sang normal, était dans les conditions convenables pour entrer dans la composition du
sang. Ceci prouverait encore que l'albumine, lorsque
nous la prenons dans le sérum du sang, n'est plus
la même matière que celle qui circule dans le sang vivant ; en effet, la fibrine qui se trouve à l'état de dissolution dans le sang est probablement unie avec l'albumine dans un composé qui cesse d'exister quand le
sang sorti des vaisseaux se coagule.

Lorsque les substances ont passé par la veine porte
et par le foie, elles ont acquis la propriété de rester
dans l'organisme, et d'entrer comme éléments constituants dans le sang. D'après cela, on voit donc
qu'entre les produits des aliments et le sang du cœur,
dans lequel ils doivent se rendre, il existe une fonction intermédiaire qui a pour but de rendre assimi-
lables les substances arrivées de l'intestin et destinées
à la nutrition. Non-seulement les substances puisées
dans l'intestin sont modifiées dans leur nature, mais
on peut même dire qu'elles n'y entrent qu'en certaine
proportion : c'est ainsi, par exemple, que, quelles que
soient les quantités des matières différentes contenues
dans l'alimentation, la composition du sang reste la
même. C'est ce qui explique comment le sang qui

sort du foie est à peu près le même chez tous les animaux, qu'ils soient herbivores ou carnivores. Cette
fonction intermédiaire à la digestion et à la nutrition,
qui se fait par la circulation hépatique, est sans contredit une des plus importantes. Nous savons que pendant son accomplissement il se crée des matières nouvelles ; qu'un animal nourri exclusivement de matières
azotées produit du sucre, etc. ; que pendant ces métamorphoses de matière, il se développe une élévation de
température constante ; et nous savons aussi que, lorsque cette fonction cesse de s'accomplir, les phénomènes de la vie deviennent languissants, et que la mort
en est la conséquence plus ou moins immédiate.

Cependant il n'est pas à dire pour cela que le foie
agisse directement sur tous les principes du sang pour
les changer moléculairement au moment où ils traversent le tissu capillaire de cet organe ; mais il existe
dans le foie une création de matériaux nouveaux qui
se mélangent au sang, tel qu'il arrive par la veine
porte, et qui réagissent sur ses éléments de telle façon
qu'ils donnent lieu à des combinaisons nouvelles.

On a cité des exemples chez l'homme dans lesquels
la veine porte, au lieu de traverser le foie, allait se rendre directement dans la veine cave inférieure. Dans ces
cas, la vie n'avait pas paru en souffrir et le foie avait accompli ses fonctions, parce qu'il recevait du sang par
les artères hépatiques. De sorte que la fonction intermédiaire que nous signalons ici n'est pas l'action
directe du tissu du foie sur le sang qui le traverse,
mais le mélange d'une certaine quantité de matériaux

fournis par le foie au sang qui le traverse. Maintenant on conçoit que ce mélange pourrait avoir lieu lors même que le sang ne traverserait pas immédiatement le foie.

D'après tout ce que nous avons dit précédemment, nous devons donc reconnaître que la nutrition n'est pas directe, qu'aucun élément alimentaire ne peut servir immédiatement à la nutrition, et qu'il est nécessaire, pour atteindre ce but, qu'il soit modifié préalablement en traversant un organe situé entre l'appareil digestif, par où pénètrent les matières alimentaires, et le système sanguin, qui doit porter ces matières dans les différents organes pour les nourrir.

Cette fonction spéciale qu'accomplit le foie, qui mériterait d'être dénommée d'une manière particulière, n'est pas la seule à considérer. Certains éléments peuvent pénétrer par les chylifères avant d'arriver à constituer le sang artériel, qui est le liquide nutritif définitif, et qui seul arrive aux organes pour leur fournir les conditions d'excitation et de nutrition nécessaires pour l'entretien des phénomènes de la vie.

C'est ainsi qu'on doit comprendre l'ensemble des phénomènes nutritifs, qui sont loin d'être aussi simples qu'on a voulu le dire, et ne se bornent pas seulement à l'absorption directe des matières alimentaires.

Tout ce que nous avons dit précédemment ne s'applique qu'aux phénomènes de la nutrition chez les animaux; il s'agirait maintenant de savoir si ces généralités peuvent s'appliquer aux végétaux, ou bien si, comme on l'a pensé, il faut établir une différence radicale sous ce rapport entre les végétaux et les animaux.

On admet généralement qu'il y a antagonisme entre les phénomènes nutritifs dans le règne végétal et dans le règne animal ; si bien qu'il existerait une espèce d'harmonie entre les produits de ces phénomènes dans les deux règnes : que, par exemple, les végétaux, ayant pris dans l'atmosphère des éléments gazeux et de l'eau, constituent avec ces substances des principes immédiats. Ces principes seraient ensuite pris par les animaux qui les détruisent, les ramènent à l'état de principes élémentaires ammoniacaux ou carbonés, qui sont rendus à l'atmosphère et repris par les végétaux pour recommencer le même circuit. Cette espèce d'échange perpétuel fait dépendre en quelque sorte les animaux des végétaux, les premiers étant considérés comme des appareils réducteurs, les seconds comme des appareils comburants.

Sans vouloir nier l'espèce de rapport général que nous venons de signaler, nous sommes loin d'admettre les conclusions qu'on en tire, à savoir, que les végétaux prennent des matières élémentaires pour en faire des principes immédiats, et que tous les principes immédiats formés dans les animaux proviennent nécessairement des végétaux, etc. En effet, il n'est pas exact de dire que les végétaux se nourrissent autrement que les animaux ; une plante comme un animal se nourrit avec des principes immédiats. C'est ainsi, par exemple, que primitivement l'embryon de la plante vit avec un blastème comme l'embryon de l'animal vit avec un blastème analogue ; et, plus tard, quand le végétal est formé, il rassemble dans certaines parties de son organisme des principes immédiats dont il se nourrit ensuite, de même que l'animal rassemble dans son sang ou dans ses tissus des principes immédiats dont il se nourrira plus tard. C'est ainsi que la betterave, par exemple, accumule dans sa racine du sucre et des matières albuminoïdes qui disparaissent en montant dans la tige pour aller nourrir la plante au moment de la floraison et de la fructification.

Mais, dira-t-on, si la plante se nourrit avec ces principes immédiats comme l'animal, au moins la plante a-t-elle formé ces principes immédiats, tandis que les animaux empruntent ces principes à d'autres organismes.

Ici on a émis une assertion qui ne repose sur aucune preuve, et qui est donnée pour expliquer comment le végétal peut produire des quantités quelquefois si considérables de certains principes immédiats sans qu'on puisse en trouver la source dans la terre où il est fixé. Mais il est bien clair que, pour prouver que les principes immédiats des plantes sont produits aux dépens de l'eau, de l'ammoniaque ou de l'acide carbonique, toutes substances parvenues à l'état d'indifférence chimique, il faudrait prouver qu'un végétal forme ses principes immédiats en vivant uniquement en contact avec les éléments précités ; mais il n'en est rien. Dans toutes les expériences de ce genre, le végétal a pu se développer

en usant les principes immédiats qu'il avait mis en
réserve. Mais, est-ce que dans la terre les racines ne
puisent pas des matières organiques en voie de décomposition et tout à fait analogues aux éléments puisés
dans l'intestin de l'animal? Les engrais n'ont-ils pas
pour effet d'activer la végétation, en donnant à la terre
des produits de décomposition? Seulement, il paraît
étonnant que ces matières organiques, toujours en petite
quantité, puissent suffire à la végétation de la plante,
et c'est pour cela qu'on avait pensé que les matériaux
gazeux de l'atmosphère fournissaient de leur côté des
éléments pour la formation des principes immédiats ;
mais on se rend compte très-bien du phénomène par
lequel ces matières organiques, puisées dans la terre,
peuvent néanmoins fournir à la nutrition, quand on
sait, d'après les expériences de Hales, que l'absorption
est dix-sept fois plus active dans la plante que dans
l'animal.

Nous pourrions poursuivre cette comparaison plus
loin, et prouver qu'il y a beaucoup plus de phénomènes
semblables que de dissemblables dans les animaux et
les végétaux.

En résumé, nous sommes entré dans tous ces dé-
veloppements pour vous montrer que le problème de la
nutrition, tel qu'on l'entend aujourd'hui, ne peut pas
être démontré directement par les expériences sur les
êtres vivants. Il n'est pas possible, en effet, de prouver
qu'il y a une nutrition directe, c'est-à-dire un transport des matériaux tout formés du règne végétal dans
le règne animal. Il n'est pas possible de prouver non

plus que les plantes peuvent vivre exclusivement avec
des substances inorganiques élémentaires à l'état d'indifférence chimique ; car il se trouve toujours dans la
terre où ces plantes sont fixées, et même dans l'air qui
les environne, des matières organiques en voie de décomposition. Il semble, en un mot, que les êtres vivants,
aussi bien dans le règne animal que dans le règne végétal, de même qu'ils se développent dans un milieu
neutre qu'on appelle le blastème, ne peuvent ensuite
se nourrir qu'au moyen de substances parvenues à cet
état par suite de leur décomposition. Le blastème, tel
qu'il est décrit et tel qu'il existe dans les organismes
embryonnaires animaux, est une matière liquide, légèrement blanchâtre, composée d'une matière azotée
protéiforme, sans caractère fixe déterminé, unie à très-
peu de matière grasse et sucrée, il y a dans les végétaux
des matières tout à fait analogues. C'est dans ce milieu
que se développent les cellules primitives de l'organisation. La digestion, plus tard, chez l'animal adulte,
ne fournit en réalité que les matériaux d'un blastème
perpétuel, c'est-à-dire que, pour devenir aptes à la
nutrition, ces matières, qui se sont dissoutes dans
l'intestin et ont pu entrer dans le sang en conservant
encore quelques-uns de leurs caractères, les perdent
complétement et deviennent des matières indiffé-
rentes, analogues au blastème primitif, qui vont bai-
gner les tissus pour servir au développement inces-
sant des cellules dont le renouvellement perpétuel
entretient par une sorte de génération continuelle la
composition des organes.

C'est pendant ces mutations incessantes que se passent les phénomènes chimiques de l'organisme, auxquels concourt l'oxygène. Mais la nature de ces phénomènes nous est elle-même très-peu connue ; et si nous connaissons exactement les deux extrêmes, c'est-à-dire si nous constatons qu'il entre de l'oxygène dans l'organisme, et qu'il en sort de l'acide carbonique, nous ne pouvons pas juger par là des phénomènes intermédiaires, pas plus, ainsi que l'a dit un célèbre chimiste, qu'on ne pourrait savoir exactement ce qui se passe dans une maison par la connaissance de ce qui y entre et de ce qui en sort. Tous les phénomènes intermédiaires nous sont par conséquent inconnus, et ne sont que des hypothèses dans lesquelles il faut aujourd'hui introduire l'expérience physiologique.

En définitive, vous voyez, Messieurs, que, malgré tous les efforts et tous les travaux dont ces questions ont été l'objet, il nous reste beaucoup à apprendre, et que les sujets de recherches ne manquent pas à ceux d'entre vous qui voudront explorer cet ordre de phénomènes.

FIN DU TOME SECOND.

TABLE DES MATIÈRES

DU TOME SECOND.

FIN DE LA TABLE DES MATIÈRES DU TOME SECOND.

CARUS. **Traité élémentaire d'anatomie comparée**, suivi de **Recherches d'anatomie philosophique** ou **transcendante** sur les parties primaires du système nerveux et du squelette intérieur et extérieur, par C. C. CARUS, D. M., professeur d'anatomie comparée; traduit de l'allemand et précédé d'une *esquisse historique et bibliographique de l'Anatomie comparée*, par A. J. L. JOURDAN. Paris, 1835. 3 forts vol. in-8 accompagnés d'un *bel Atlas de 31 planches grand in-4 gravées*........................ 10 fr.

CHAUVEAU. **Traité d'anatomie comparée des animaux domestiques**, par A. CHAUVEAU, professeur à l'École impériale vétérinaire de Lyon. Paris, 1857. 1 beau vol. grand in-8 de 838 pages, avec 207 figures dessinées d'après nature.. 14 fr.

COLIN. **Traité de physiologie comparée des animaux domestiques**, par M. G. C. COLIN, professeur à l'École impériale vétérinaire d'Alfort. Paris, 1855-1856. 2 vol. grand in-8 de chacun 700 pages, avec 114 figures intercalées dans le texte.. 18 fr.

CZERMAK. **Du laryngoscope** et de son emploi en physiologie et en médecine, par le docteur J.-N. CZERMAK, professeur de physiologie à l'Université de Pesth. Paris, 1860. In-8, avec deux planches gravées et 31 figures... 3 fr. 50

DAVAINE. **Traité des Entozoaires et des maladies vermineuses de l'homme et des animaux domestiques**, par le docteur C. DAVAINE, membre de la Société de Biologie, lauréat de l'Institut. Paris, 1860. 1 fort vol. in-8 de 950 pages, avec 88 figures........................... 12 fr.

DE LA RIVE. **Traité d'électricité** théorique et appliquée, par A. A. DE LA RIVE, membre correspondant de l'Institut de France, ancien professeur de l'Académie de Genève. Paris, 1854-1858. 3 vol. in-8, avec 450 figures intercalées dans le texte... 27 fr.

Encyclopédie anatomique, comprenant l'Anatomie descriptive, l'Anatomie générale, l'Anatomie pathologique, l'histoire du Développement, par G. T. Bischoff, J. Henle, E. Huschke, T. G. Sœmmering, F. G. Theile, G. Valentin, J. Vogel, G. et E. Weber; traduit de l'allemand par A. J. L. JOURDAN, membre de l'Académie impériale de médecine. Paris, 1843-1847. 8 forts vol. in-8, avec deux atlas in-4.. 32 fr.

FLOURENS. **Cours de physiologie comparée.** De l'ontologie ou Étude des êtres. Leçons professées au Muséum d'histoire naturelle, par P. FLOURENS, recueillies et rédigées par Ch. ROUX, et revues par le professeur. Paris, 1856. In-8.. 1 fr. 50

FLOURENS. **Mémoire d'anatomie et de physiologie comparées**, contenant des recherches sur 1° les lois de la symétrie dans le règne animal ; 2° le mécanisme de la rumination; 3° le mécanisme de la respiration des poissons; 4° les rapports des extrémités antérieures et postérieures dans l'homme, les quadrupèdes et les oiseaux. Paris, 1844 ; gr. in-4, avec 8 planches gravées et coloriées... 9 fr.

FLOURENS. **Théorie expérimentale de la formation des os**, par P. FLOURENS. Paris, 1847. In-8, avec 7 planches gravées.............. 3 fr.

GUILLOT. **Exposition anatomique de l'organisation du centre nerveux** dans les quatre classes d'animaux vertébrés, par le docteur Nat. GUILLOT, médecin de l'hôpital de la Charité, professeur à la Faculté de médecine de Paris. Paris, 1844. In-4 de x-370 pages, avec 18 planches, contenant 224 figures... 6 fr.

LIBRAIRIE J. B. BAILLIÈRE et FILS

BEALE. De l'Urine, des dépôts urinaires et des calculs, de leur composition chimique, de leurs caractères physiologiques et pathologiques et des indications thérapeutiques qu'ils fournissent dans le traitement des maladies, par LIONEL BEALE, médecin du King's college hospital, professeur de physiologie et d'anatomie générale et pathologique au King's college, etc.; traduit de l'anglais sur la seconde édition et annoté par MM. Auguste OLLIVIER et G. BERGERON, internes des hôpitaux. 1 volume in-18, xxx-540 pages, avec 136 figures.. 7 fr.

COMTE. Cours de philosophie positive, par Auguste COMTE, répétiteur d'analyse transcendante et de mécanique rationnelle à l'École polytechnique. *Deuxième édition*, augmentée d'une préface par E. LITTRÉ, et d'une table alphabétique des matières. Paris, 1864. 6 vol. in-8...................... 45 fr.

DUCHENNE. Physiologie des mouvements, démontrée par l'expérimentation électro-physiologique et l'observation clinique, par G. B. DUCHENNE, de Boulogne, lauréat de l'Institut et de l'Académie de médecine. Paris, 1865. 1 vol. in-8, avec 60 figures.

FRERICHS. Traité pratique des maladies du foie, par FRERICHS, professeur de clinique médicale à l'Université de Berlin, traduit de l'allemand par les docteurs DUMESNIL et PELLAGOT. *Deuxième édition*, revue par l'auteur, corrigée et augm. Paris, 1865. 1 vol. in-8 de xvi-774 pages, avec 12 fig.. 12 fr.

MOREL. Traité élémentaire d'Histologie humaine normale et pathologique, précédé d'un Exposé des moyens d'observer au microscope, par C. MOREL, professeur agrégé à la Faculté de médecine de Strasbourg. Paris, 1864. 1 vol. in-8 de 200 pages, avec un atlas de 34 planches dessinées d'après nature par le docteur A. VILLEMIN, professeur agrégé à l'École d'application de médecine militaire du Val-de-Grâce...................... 12 fr.

Nouveau Dictionnaire de médecine et de chirurgie pratiques, illustré de figures intercalées dans le texte, rédigé par BERNUTZ, BOECKEL, BUIGNET, CUSCO, DENUCÉ, DESNOS, DESORMEAUX, DEVILLIERS, Alfr. FOURNIER, T. GALLARD, H. GINTRAC, GOSSELIN, Alph. GUÉRIN, A. HARDY, HIRTZ, JACCOUD, JACQUEMET, KŒBERLÉ, S. LAUGIER, LIEBREICH. P. LORAIN, LUNIER, MARCÉ, A. NÉLATON, ORÉ, PANAS, PÉAN, V. A. RACLE, M. RAYNAUD, RICHET, Ph. RICORD, Jules ROCHARD (de Lorient), Z. ROUSSIN, Ch. SARAZIN, Germain SÉE, Jules SIMON, SIREDEY, STOLTZ, A. TARDIEU, S. TARNIER, TROUSSEAU. Directeur de la rédaction : le docteur JACCOUD.

Le *Nouveau Dictionnaire de médecine et de chirurgie pratiques*, illustré de figures intercalées dans le texte, se composera de 15 vol. gr. in-8 cavalier de 800 p. Prix de chaque vol. de 800 p., avec fig. intercal. dans le texte..... 10 fr.

Les tomes I, II, III sont en vente. — Les principaux articles du tome III sont : **Aphasie**, par Aug. VOISIN; **Aphrodisiaques**, par RICORD; **Apoplexie**, par JACCOUD; **Appareil**, par SARAZIN; **Argent**, par BUIGNET et HIRTZ; **Arsenic**, par ROUSSIN, TARDIEU et HIRTZ; **Artères**, par NÉLATON et M. RAYNAUD; **Artériel (Canal)**, par BERNUTZ; **Arthritis**, par DESNOS; **Articulations**, par PANAS; **Ascite**, par GINTRAC; **Asphyxie**, par BERT et TARDIEU; **Asthénopie** et **Astigmatisme**, par LIEBREICH; **Asthme**, par G. SÉE; **Ataxie locomotrice**, par TROUSSEAU; **Atloïde (Région)**, par DENUCÉ.

NYSTEN. Dictionnaire de médecine, de chirurgie, de pharmacie, des sciences accessoires et de l'art vétérinaire, d'après le plan suivi par NYSTEN. *Douzième édition*, entièrement refondue par E. LITTRÉ, membre de l'Institut de France, et Ch. ROBIN, professeur à la Faculté de médecine de Paris; ouvrage augmenté de la synonymie *grecque*, *latine*, *anglaise*, *allemande*, *italienne* et *espagnole*, et suivi d'un Glossaire de ces diverses langues. Paris, 1865. 1 beau vol. grand in-8 de 1800 pages à deux colonnes, avec 540 figures intercalées dans le texte... 18 fr.

VIRCHOW. La Pathologie cellulaire basée sur l'étude physiologique et pathologique des tissus, par R. VIRCHOW, professeur d'anatomie pathologique, de pathologie générale et de thérapeutique à la Faculté de médecine de Berlin, médecin de la Charité, membre correspondant de l'Institut; traduit de l'allemand sur la deuxième édition, par le docteur P. PICARD; édition revue et corrigée par l'auteur. 2e tirage. Paris, 1865. 1 vol. in-8 de xxx:1-416 pages, avec 144 figures intercalées dans le texte... 8 fr.

CORBEIL, typ. et ster. de CRÉTÉ.

www.ingramcontent.com/pod-product-compliance
Lightning Source LLC
Chambersburg PA
CBHW060911220326
41599CB00020B/2919